普通高等教育土木与交通类"十四五"精品教材

桩基工程（算

U0167351

主　编　刘明维　贺林林

副主编　梁　越　吴林键

　　　　周世良　庄　宁

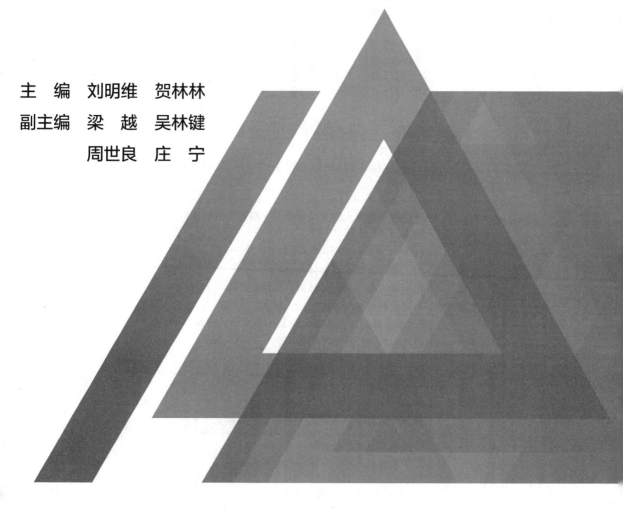

中国水利水电出版社

www.waterpub.com.cn

·北京·

内 容 提 要

桩基础在各类工程中得到广泛应用。本书在上一版的基础上,基于最新的桩基工程国家规范编写,涉及港口、航道与海岸工程专业,包含了桩基础在海岸工程、港口工程、海洋工程中的应用,并系统阐述了桩基工程的分析和设计方法,使读者较系统地掌握桩基的工作机理、承载力和变形特性、设计和施工方法、载荷试验及测试技术等,为解决桩基工程问题提供理论和技术支撑。本书共分为十三章,主要介绍了桩基工程的基本原理与计算方法、设计原则、施工方法以及在港航工程中的应用。在每章都配有例题,帮助学生理解本章所学内容。

本书不仅适用于港口航道与海岸工程专业的学生,还适用于普通土木类专业学生的学习。

图书在版编目(CIP)数据

桩基工程 / 刘明维,贺林林主编. -- 2版. -- 北京:
中国水利水电出版社,2023.10
普通高等教育土木与交通类"十四五"精品教材
ISBN 978-7-5226-1897-5

Ⅰ. ①桩… Ⅱ. ①刘… ②贺… Ⅲ. ①桩基础-高等
学校-教材 Ⅳ. ①TU473.1

中国国家版本馆CIP数据核字(2023)第201826号

书　名	普通高等教育土木与交通类"十四五"精品教材 **桩基工程(第2版)** ZHUANGJI GONGCHENG	
作　者	主　编　刘明维　贺林林 副主编　梁　越　吴林键　周世良　庄　宁	
出版发行	中国水利水电出版社 (北京市海淀区玉渊潭南路1号D座　100038) 网址:www.waterpub.com.cn E-mail:sales@mwr.gov.cn 电话:(010)68545888(营销中心)	
经　售	北京科水图书销售有限公司 电话:(010)68545874、63202643 全国各地新华书店和相关出版物销售网点	
排　版	中国水利水电出版社微机排版中心	
印　刷	清淞永业(天津)印刷有限公司	
规　格	184mm×260mm　16开本　20.25印张　493千字	
版　次	2015年2月第1版第1次印刷 2023年10月第2版　2023年10月第1次印刷	
印　数	0001—2000册	
定　价	**65.00**元	

　　《桩基工程》第1版出版于2015年，随着港口与海洋工程中桩基技术的不断发展，桩基工程持续成为工程界关注的热点与难点，为了适应现代港口与海洋工程建设发展的需要，以及得到中国水利教育协会的肯定与支持，指定本书为"十四五"时期水利类专业教材重点建设教材之一，特在原版的基础上进行再版修订。

　　本书在现有桩基工程教材的基础上，吸收了近些年我国港口与海洋工程中桩基建设取得的部分新成果、新应用、新实例，并根据交通运输部最新颁布的行业规范对部分内容进行了修改。本书共分为十三章，分别为：第一章绪论，第二章抗压桩受力性状，第三章桩基沉降计算，第四章抗拔桩受力性状，第五章水平受荷桩工作性状，第六章桩基的结构设计，第七章桩基的施工，第八章大直径嵌岩灌注桩，第九章抗滑桩的设计与施工，第十章大直径钢护筒嵌岩桩，第十一章桩基检测，第十二章桩基础在港口与海洋工程中的应用，第十三章桩基工程应用实例。

　　本书是在结合作者多年本科、研究生教学和科研实践的基础上完成的，也是重庆交通大学《港口水工建筑物》国家精品资源课程及港口航道与海岸工程国家一流专业建设的重要支撑课程。由重庆交通大学刘明维教授编写第一、二、八、九、十章，重庆交通大学贺林林副教授编写第五、十二、十三章，重庆交通大学梁越教授编写第三、十一章，重庆交通大学吴林键副教授编写第四章，周世良教授编写第六章，河海大学庄宁教授编写第七章，全书由刘明维教授统稿。

　　本书深入贯彻党的二十大精神，坚持正确方向，用习近平新时代中国特色社会主义思想铸魂育人；坚持全局站位，紧密对接国家重大发展战略需求；坚持自信自立，加快推进中国自主知识体系构建；坚持守正创新，实现党的二十大精神向教材有机转化；坚持效果导向，推动教材铸魂育人开创新局面。本书从现场测试、理论研究与工程实践相结合的角度，力求突出水利、土木学科专业特色，语言描述清晰、内容系统精练，注重培养学生掌握桩基工程问题的分析方法和解决桩基工程问题的基本能力与创新思想。

本书编写过程中主要参考了《桩基工程手册》《建筑桩基技术规范》（JGJ 94—2014）、《水运工程桩基设计规范》（JTS 147-7—2022）、《码头结构设计规范》（JTS 167—2018）等相关的规范、标准，同时还参考并引用了国内外许多科研、高校、工程单位及其研究人员的研究成果及已有教材、著作等，在此一并表示感谢。此外，本书得到了"十二五"国家科技支撑计划项目（项目编号：2012BAB05B04）、国家自然科学基金面上项目（基金编号：51479014；52279124；52379097）的资助，在此表示感谢。

感谢研究生邓申谊、范富贤、彭银霞、何景生、金勇等参与本书的校对、插图绘制等工作。

由于编者水平所限，书中难免存在不当之处，敬请有关专家和读者批评指正，以提高本书的质量与水平。

编者

2023 年 10 月

第1版前言

随着高层建筑、铁路、高速公路、港口码头、海洋平台以及跨海桥隧等基础设施的大规模开发建设，桩基已成为工程中应用最广泛的基础形式之一。近年来，桩基工程理论和技术研究不断取得新进展，同时，在桩基工程设计、施工、检测实践中也出现了不少新问题，桩基工程仍然是工程界关注的热点和难点。

桩基工程是港口、海岸及近海工程、土木工程等专业的专业技术课程，具有很强的理论性和实用性。通过本课程的学习，便于使读者较系统地掌握桩基的工作机理、承载力和变形特性、设计和施工方法、载荷试验及测试技术等，为解决桩基工程问题提供理论和技术支撑。

本书是结合作者多年本科、研究生教学和科研实践的基础上完成的，是重庆交通大学"港口水工建筑物"国家精品资源课程的重要支撑课程。本书系统阐述了桩基工程的分析和设计方法，包括抗压桩的受力性状、桩基沉降计算、抗拔桩、水平受荷桩工作性状、桩基的结构设计、桩基的施工、大直径嵌岩灌注桩、抗滑桩的设计与施工、大直径钢护筒嵌岩桩、桩基检测等内容。

本书共分十一章，重庆交通大学国家内河航道整治工程中心刘明维教授编写第一、五、八、九、十章；重庆交通大学周世良教授编写第二、四章，河海大学庄宁副教授编写第六、七章，重庆交通大学梁越副教授编写第三、十一章。全书由刘明维教授统稿。

本书编写过程中主要参考了《桩基工程手册》《建筑桩基技术规范》（JGJ 94—2008）《港口工程桩基规范》（JTS 167 - 4—2012）等相关的规范、标准及教材。此外，重庆交通大学王多银教授、何光春教授、王俊杰教授、张小龙博士等提出了宝贵意见。重庆交通大学研究生李鹏飞、陈刚、彭炳力、苏广泉、陈珏、胡沛、文鹏等参与本书的校对、插图绘制等工作，谨向这些单位和个人致以衷心的感谢！本书得到了"十二五"国家科技支撑计划项目（项目编号：2012BAB05B04）、国家自然科学基金（基金编号：51479014）的资助，在此表示感谢。

本书力求突出水利、土木学科专业特色，描述清晰，内容系统精练，便于读者掌握基本理论，丰富工程实践知识。由于作者水平和能力所限，书中内容疏漏之处在所难免，敬请有关专家和读者批评指正。

编者

2014 年 11 月

目　录

第一章 绪 论

第一节 桩基的特性和适用条件

一、桩基的特性

1. 桩基的定义

桩是深入土层或岩层的柱型构件，桩与连接桩顶的承台共同组成桩基础。桩基础分为单桩基础和群桩基础。在设计合理和施工保证质量的前提下，桩基础具有承载力大、稳定性好、绝对变形和相对变形值小等特点，但造价相对较高，如图 1-1-1 所示。

2. 桩基的作用

桩基的作用是将上部结构的荷载通过桩身穿过较弱地层或水传递到深部更坚硬、压缩性小的土层或岩层中，从而减少上部建（构）筑物的沉降，确保建筑物安全。桩基承受荷载作用分为 4 种情况：一是承受轴向荷载的抗压作用，如一般房屋桩基础、储罐桩基础；二是承受轴向荷载的抗拔作用，如在干船坞底板桩基础、大型地下室等工程中桩基；三是承受水平荷载的抗弯作用，如港口码头、桥梁，高耸塔型建筑、近海钻采平台、支挡建筑以及抗震建筑等工程中，桩需承受来自侧向的船舶荷载、风力、波浪力、土压力等水平荷载；四是承受上述几种荷载叠加的组合荷载作用。通常桩的轴向荷载是通过作用在桩尖（桩端）的地层阻力和桩周土

图 1-1-1 桩基础

层的摩阻力来承受，水平荷载则是依靠桩侧土层的侧向阻力及岩层嵌固力来承受。

二、桩基础的适用条件

桩基础是工业与民用建筑、桥梁、港湾及海洋建筑物中经常采用的深基础形式。

1. 工业与民用建筑桩基础

工业与民用建筑桩基础，如图 1-1-2 所示，适用条件为：

（1）对于高重建筑物，天然地基承载力与变形不能满足要求时。

（2）地基上部土层软弱，地基持力层埋藏较深，采用浅基础或进行地基处理在技术上和经济上不合理时。

（3）地基软硬不均或荷载不均，结构物对不均匀沉降敏感时。

（4）地基土性质特殊，如遇液化土层、自重湿陷性黄土、膨胀土、季节性冻土等特殊地基土时。

（5）建筑受相邻建筑物或地面超载影响时。

（6）在地震地区，当采用浅基础不能满足抗震要求时。

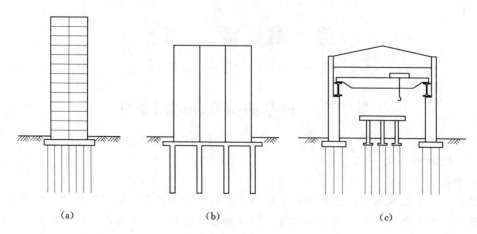

(a)   (b)   (c)

图 1-1-2 建筑桩基础

（a）桩筏基础；（b）单柱单桩基础；（c）厂房与设备桩基

2.桥梁桩基础

跨越江河、湖海、峡谷的铁路、公路桥梁的基础，当水流冲刷力较大，基础须埋设在水流冲刷线以下、稳定性良好的持力层上时，一般采用桩基础。如图 1-1-3 所示为几种形式的桥梁桩基础。

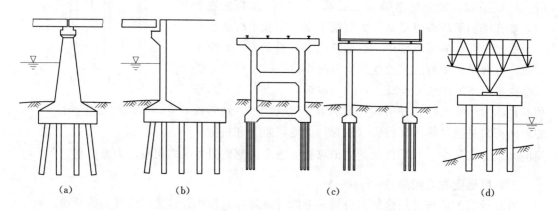

(a)   (b)   (c)   (d)

图 1-1-3 桥梁桩基础

（a）桥墩；（b）桥台；（c）桥梁框架桩基；（d）桥梁高承台桩基

3.港湾及海洋建筑物桩基础

（1）港湾处的码头、栈桥、平台等，当其地基土层为较厚的软基层时，多采用桩基。

（2）海上采油平台及输油、输气等管道支架基础一般采用桩基。

（3）当有水的浮托力或波浪的上托力作用于软基上水工建筑物的底板或面板时采用桩基，如船闸或船坞底板、外海开敞式码头。

（4）当施工水位或地下水位较高，采用其他深基础施工不方便或经济不合理时采用桩基。

港湾和海洋构筑物桩基的常用形式如图 1-1-4 所示。

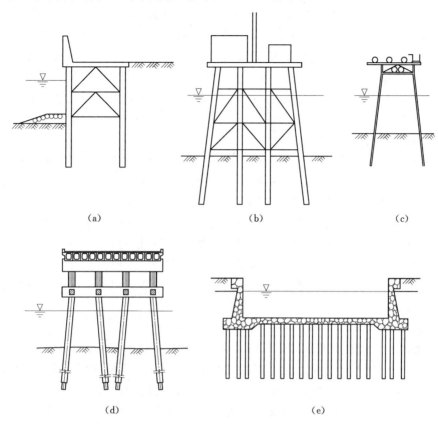

(a)　　　　　　　　　(b)　　　　　　　　　(c)

(d)　　　　　　　　　　　(e)

图 1-1-4　港湾及海洋建筑物桩基础
(a) 钢结构护岸；(b) 海上采油平台；(c) 管道支架；(d) 栈桥；(e) 船坞

4. 忌用桩基的地基土

(1) 在上层为硬塑的黏土层，而其下为软黏土的地基，采用桩基会增大软黏土下卧层的沉降和破坏坚实黏土层的结构，降低其承载力。

(2) 不宜在紧密的砂土中打桩，因为打桩会把砂土扰动。

(3) 当地基中下卧层中有承压水时。

(4) 软土层较薄，岩层较高，桩的入土深度不能满足稳定性要求时，不宜用桩基础（或采用嵌岩钻孔桩）。

第二节　桩基的发展过程

桩基础作为一种古老的基础形式，应用历史悠久，至今已有 12000～14000 年的历史。桩基的发展过程是伴随桩基材料和成桩工艺两方面的进步而发展的。

一、桩基材料发展

1. 木桩

从人类有记载历史至 19 世纪中末期，主要桩型为木桩。木桩的突出优点是：强度与

3

质量之比值（R/m）大，易于搬运和施工操作。当全部处于稳定的地下水位以下时，由于能抵抗真菌的腐蚀，木桩几乎具有无限长的寿命。但木桩如处于水位变化或干湿交替的环境中，极易腐烂，即使做防腐处理，其耐久性也很差。

世界许多国家都存在着人类自新石器时代伊始在不同年代利用木桩支承房屋、桥梁、高塔、码头、海塘或城墙的遗址。古罗马帝国 2000 多年前就用木桩造桥，中世纪在东安格里拉沼泽地区修建的大修道院采用了橡木和赤杨木桩。美国肯塔基大学的考古学家在智利的蒙特维尔德附近的杉树林内发现了一所支承于木桩上的木屋，可能是全球迄今所发现的人类最古老的建筑物和木桩遗存之一。

在我国，浙江省东部余姚市的河姆渡村新石器时代的文化遗址出土的木桩和木结构遗存距今 6000～7000 年。从一些出土的墓砖、随葬品或古画、古籍等历史文物中可领略数千年以前的木桩建筑物的风貌。宋《营造法式》中就载有"临水筑基"一节。到明、清年间桩基技术更趋完善，清《工部工程做法》等古文文献中对桩基材料、排列布置和施工方法等方面都有具体规定。上海龙华塔始建于三国东吴时期（220—280 年），重建于宋代（977 年），是中国古代在软基上采用木桩建筑高层的范例。大约至 20 世纪 20 年代或稍晚一些，上海即使是三四层的房屋也常用木桩。20 世纪 50 年代以前中国的铁路桥梁和码头船坞大多采用木桩基础。

2. 铸铁板桩、钢桩、钢筋混凝土及预应力钢筋混凝土桩

19 世纪 20 年代，国外采用铸铁板桩修筑围堰码头。20 世纪初，美国开始出现大量 H 型钢桩，密西西比河上的钢桥大量采用钢桩基础，到 30 年代钢桩在欧洲也被广泛采用。第二次世界大战后，各种直径的无缝钢管开始被作为桩材应用。

19 世纪后期，钢、水泥和混凝土相继问世，并且研究生产了钢筋混凝土，它们先被成功地应用于桥梁、房屋建筑等的上部结构，继而又被成功地用作制桩材料。

20 世纪初钢筋混凝土预制构件问世，出现了预制和现场预制钢筋混凝土桩。1949 年美国雷蒙特混凝土桩公司最早用离心机生产了中空预应力钢筋混凝土管桩。除钢筋混凝土桩获得较广泛的应用外，还发展了一系列的桩系，如钢桩系列、水泥土桩系列、特种桩（超高强度、超大直径、变截面等）系列以及天然材料的砂桩、灰土桩和石灰桩等。另外，还出现了大量的新桩型、新工艺、新技术等。

我国在 20 世纪 20 年代开始采用钢筋混凝土预制桩，从而出现了木桩、混凝土桩和钢桩三者并存的时期。20 世纪 20 到 30 年代已出现沉管灌注混凝土桩，20 世纪 50 年代开始生产预制钢筋混凝土桩。我国铁路系统于 50 年代末生产使用预应力钢筋混凝土桩，如武汉长江大桥、南京长江大桥、潼关黄河大桥等桥梁工程。1979 年以后，我国出现了空前的大规模用桩的时期，钢桩、钢筋混凝土桩、预应力钢筋混凝土桩等不同的制桩材料并存。80 年代三航局在连云港研制出了后张法预应力大管桩，应用于码头和海洋工程。近些年来，还发展了水泥土桩系列、特种桩系列以及天然材料的砂桩、灰土桩和石灰桩、螺旋桩、高压旋喷桩及刚柔复合桩、长短桩组合等桩基新技术。

二、成桩工艺发展

1. 打入桩工艺

人类最早所使用的木桩，主要是凭四肢和体力攀折大自然中的树木枝干打入土中，后

来才逐渐借助于最原始的石器工具砍树伐木打入土中而成桩。

大约中世纪，在瑞典，打桩的工具由手工木槌、石槌渐渐发展至绞盘提升锤头后自由坠落冲击桩顶的落锤法施工。随着打桩数量的增加和深度的加深，至1782年，蒸汽打桩锤应运而生；至1911年，导杆式柴油打桩锤问世；大约又过了20年，高效的筒式柴油打桩锤问世。

2. 就地灌注桩工艺

1871年美国芝加哥市发生的一场大火，产生了直至今日一直被世界许多国家和地区广泛应用的人工挖孔桩。1899年俄国工程师斯特拉乌斯首创了沉管灌注桩。1900年美国工程师雷蒙特（Raymond）在信息封闭完全不知道前者的情况下，也独自制成了沉管灌注桩，并命名为"雷蒙特桩"。

20世纪40年代，随着大功率钻孔机具研制成功，钻孔灌注桩首先在美国问世。20世纪50年代，出现了钻孔灌注混凝土或钢筋混凝土桩。在50—60年代，我国的铁路和公路桥梁，曾大量采用钻孔灌注混凝土桩和挖孔灌注桩。70—80年代以来，钻孔桩在世界范围出现了蓬勃发展的局面，其用量逐年上升，居高不下。

我国早期使用的钻孔灌注桩，桩长和桩径都很小，单桩承载力也较低。20世纪90年代以后，随着大批跨海跨江大桥的修建，钻孔灌注桩得到了广泛应用。1985年，河南省郑州黄河大桥，桩深70m，桩径2.2m；1989年，武汉长江公路桥，桩深65m，桩径2.5m；1990年，铜陵长江大桥，桩深100m，桩径2.8m。苏通大桥主桥两个主墩基础分别采用131根直径2.5～2.85m，长约120m的灌注桩。目前，我国桥梁工程中桩长已有达140m，桩径3.0m，单桩承载力高达130000kN的灌柱桩。港口建设中也大量采用桩基，重庆寸滩港嵌岩钻孔灌注桩直径2.2m，重庆果园港钢护筒嵌岩钻孔灌注桩直径2.5m，重庆纳溪沟集装箱码头嵌岩钻孔灌注桩直径3.0m。

3. 其余桩基技术的发展

近年来，随着我国基础设施建设的快速发展，用桩规模急剧增大，除了广泛应用的打入桩、现场灌注桩工艺外，还出现了树根桩技术、小桩及锚杆静压桩技术、钻（挖）孔扩底桩、钻孔植桩技术、挤扩支盘灌注桩和DX挤扩桩等新技术，促进了我国桩基技术全面、快速发展。

第三节　桩基的分类

桩基根据不同的分类标准可以划分不同的桩型。可按桩身材料、成桩方法、直径、桩端形状、横截面形状、扩底形状、承台设置、挤土情况、功能、用途等方面进行分类。

一、按桩身材料分类

1. 木桩

木桩只适用于在地下水位以下地层中，因在这种条件下木桩能抵抗真菌的腐蚀而保持耐久性。随着我国木材资源减少，工程实践中早已趋向于不采用木桩。

2. 钢桩

钢桩除具有断面可变及挤土效应小外，还具有抗冲击性能好、接头易于处理、运输方便、施工质量稳定等优点。钢桩可根据荷载特征制作成各种有利于提高承载能力的断面，如钢管桩、H形或工字形的钢桩以及箱形截面的钢桩等。钢桩的最大缺点是造价高，一般在深厚软土层上的高层建筑物或海洋石油钻采平台基础中使用。

3. 钢筋混凝土桩和预应力钢筋混凝土桩

钢筋混凝土桩的配筋率一般较低，而混凝土取材方便、价格便宜、耐久性好。钢筋混凝土桩既可预制又可现浇（灌注桩），还可以采用预制和现浇组合，适用于各种地层，成桩直径和长度可变范围大。因此，桩基工程中的绝大部分基桩是钢筋混凝土桩。

预应力钢筋混凝土桩：对桩身主筋施加预拉应力，混凝土受预压应力，从而提高起吊时桩身的抗弯能力和冲击沉桩时的抗拉能力，改善抗裂性能，节约钢材。港口中用得最多的是方形空心预应力混凝土桩，它相比实心桩可节省20％的混凝土用料。

近十多年来，先张法预应力混凝土管桩在港口工程、桥梁工程中获得广泛应用，在我国多数采用室内离心成型、高压蒸养法生产，其混凝土强度等级可达C60～C80。管桩按混凝土强度等级分为预应力混凝土管桩（PC）和预应力高强混凝土管桩（PHC）。

4. 组合桩

组合桩结合两种桩型的优势，扬长避短，优势互补，达到提高承载力、减小桩顶沉降、降低造价、方便施工的目的，在实际桩基工程施工中得到广泛的应用。如目前内河港口采用的钢护筒嵌岩桩，主要由两部分组成：一是埋入地层一定深度的钢护筒；二是钢护筒内进入地层更深的钢筋混凝土。钢护筒嵌岩桩在施工期间以钢护筒的型式出现，主要作用是作为施工措施，施工完毕后，钢护筒和桩芯钢筋混凝土共同受力，如图1-3-1所示。此外还有锚杆筒嵌岩桩，利用锚杆嵌入岩体使桩与基岩锚固，如图1-3-2所示。

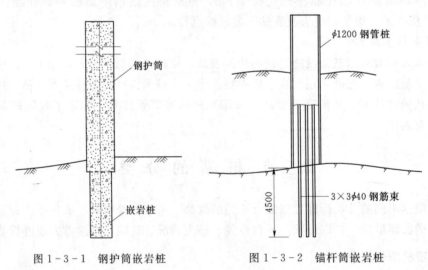

图1-3-1 钢护筒嵌岩桩　　　　　　图1-3-2 锚杆筒嵌岩桩

二、按成桩方法分类

1. 预制桩

预制桩有钢桩、混凝土或预应力混凝土实心桩、管桩等，预制桩可通过锤击、振动、射水、静压或钻孔埋置的方法沉至所需深度的地基内。

2. 灌注桩

采用不同的钻（挖）孔方法，在土中形成一定直径的井孔，达到设计标高后，将钢筋骨架（笼）吊入井孔中，灌注混凝土形成桩基础，如图 1-3-3 所示。灌注桩包括沉管灌注桩、钻孔灌注桩、冲击成孔灌注桩和人工挖孔桩等。

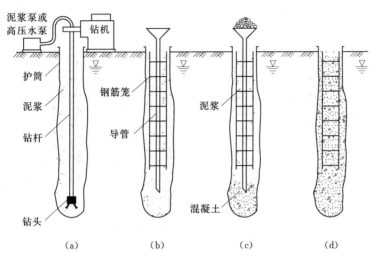

图 1-3-3　钻孔灌注桩施工程序

（a）成孔；（b）下导管和钢筋笼；（c）浇灌水下混凝土；（d）成桩

3. 就地搅拌桩

就地搅拌桩是利用搅拌和高压将需要处理的地基土和固化剂拌和，通过固化剂的水化、离子交换、团粒化、硬凝等反应就地加固软土形成桩基。常见的有水泥土搅拌桩和石灰土搅拌桩，前者是利用水泥或水泥砂浆作为固化剂，通过特制的搅拌机械，在地基深处就地将软土和固化剂强制搅拌，产生一系列物理化学反应，使软土硬结成具有整体性、水稳定性和一定强度的完整桩体，搅拌桩的施工流程如图 1-3-4 所示。后者是以石灰作为

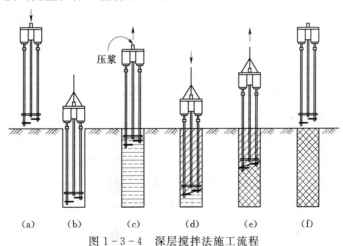

图 1-3-4　深层搅拌法施工流程

（a）定位；（b）沉入到底部；（c）喷浆搅拌（上升）；（d）重复搅拌（下沉）；

（e）重复搅拌（上升）；（f）完毕

固化剂，通过特制的搅拌机械，使土体和石灰进行充分拌和，形成具有整体性好、水稳定性好和一定强度的石灰土桩施工方法，石灰土搅拌桩有深层搅拌法和高压喷射法，高压喷射注浆法适用于超深基坑的止水帷幕桩，可分为旋喷、定喷和摆喷 3 种形式，如图 1-3-5 所示。定喷和摆喷通常用于基坑防渗、改善地基土的水流性质和稳定边坡等工程，旋喷法较为常用。

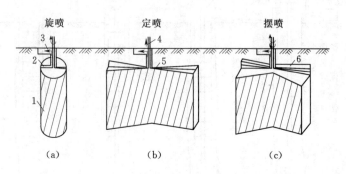

图 1-3-5　高压喷射注浆法的 3 种形式
1—桩；2—射流；3—冒浆；4—喷射注浆；5—板；6—墙

三、按直径分类

当桩基直径 d 不大于 250mm 时，为小直径桩；d 在 250～800mm 范围时为中直径桩；d 不小于 800mm 时为大直径桩。

四、按桩端形状分类

按桩端形状，预制打入桩可分为尖底桩、平底桩；预应力管桩可分为闭口桩、开口桩；沉管灌注桩可分为有桩尖、无桩尖、夯扩桩；钻孔桩可分为尖底、平底、扩底桩。

五、按横截面形状分类

按桩基横截面形状可分为方桩、圆桩、管桩、三角形桩、工字形、H 形桩、X 形桩、Y 形桩、T 形桩、十字形桩、长方形桩、外方内圆空心桩、外方内异形空心桩、多角形桩等。

六、按扩底形状分类

按扩底形状可分为炸扩桩、夯扩桩、人工扩底桩、机械扩底桩、注浆桩等。

七、按承台设置分类

按承台设置可分为高承台桩、低承台桩，如图 1-3-6 所示。若桩身全部埋入土中，承台底面与土体接触，则称为低承台桩基，一般的建筑物桩基础、船坞桩基础都采用低承台桩；当桩身上部露出地面而承台底面位于地面以上，则称为高承台桩基，港口工程中高桩码头桩基础、桥梁桩基础等一般为高承台桩基。

八、按挤土情况分类

1. 挤土桩

挤土桩指打入或压入的预制桩、封底钢管桩、混凝土管桩等。

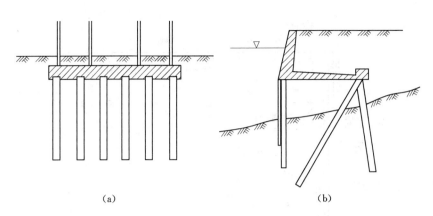

图 1-3-6　按承桩台设置分类的桩基
(a) 低承台桩；(b) 高承台桩

2. 部分挤土桩

部分挤土桩指打入小截面的 H 形和 I 形钢桩、钢板桩、开口钢管、螺旋桩等。

3. 非挤土桩

非挤土桩指挖孔桩、钻孔桩、预钻孔埋桩等。

九、按桩的功能分类

按桩的功能可分为抗轴向压的桩、抗横向压的桩、抗拔桩和复合受荷桩。

1. 抗轴向压的桩

抗轴向压的桩主要包括摩擦桩、端承摩擦桩、端承桩、摩擦端承桩，如图 1-3-7 所示。

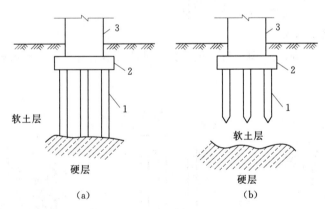

图 1-3-7　端承桩与摩擦桩
(a) 端承桩；(b) 摩擦桩
1—桩；2—承台；3—上部结构

2. 抗横向压的桩（水平承载桩）

港口码头中的板桩，如图 1-3-8 所示。基坑的支护桩、靠船桩、抗滑桩等都主要承受作用在桩上的水平荷载。

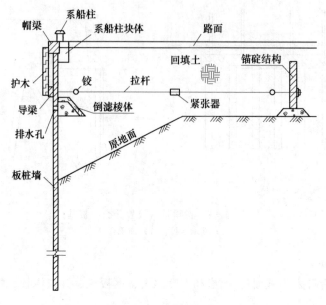

图 1-3-8 板桩码头

3. 抗拔桩

抗拔桩主要靠桩身与土层的摩擦力来承受作用在桩上的拉拔荷载，如板桩墙后的锚桩，高层建筑多层地下室设置的抗浮桩，抗拔桩的抵抗力主要是桩侧摩阻力。

4. 复合受荷桩

复合受荷桩指所受的竖向、水平荷载均较大的桩，如图 1-3-9 所示应按竖向抗压（或抗拔）桩及水平受荷桩的要求进行验算。

十、按桩的用途分类

按用途可以分为基础桩、围护桩、试锚桩、试成孔桩、标志桩、抗滑桩，如图 1-3-10 所示。

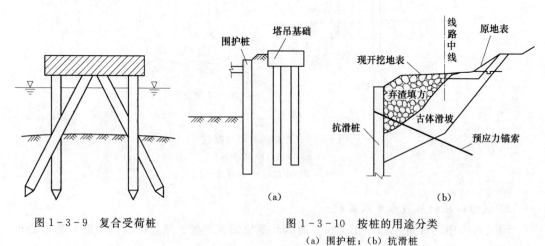

图 1-3-9 复合受荷桩

图 1-3-10 按桩的用途分类

(a) 围护桩；(b) 抗滑桩

第四节　我国的桩型体系及桩基工程发展特点

一、我国桩型体系

桩基础在我国具有悠久的历史，有着长期的发展应用过程，尤其是改革开放后。随着桩基础在工程建设中被大规模应用，适合我国国情的桩型体系逐渐形成。表 1-4-1 列出了目前我国广义的桩型体系。

表 1-4-1　　　　　　　　　　　我国的桩型体系

成桩方法	成桩材料与工艺	桩身与桩尖形状			沉桩施工工艺
灌注桩	钻（冲、挖）孔灌注桩	直身桩			钻孔灌注
		扩底桩			冲孔灌注
		挤扩支盘灌注桩			成孔后挤扩灌注
	人工挖孔桩	嵌岩桩			人工挖孔灌注
	取土型灌注桩	矩形地下连续墙板桩			抓斗取土灌注
		全套管取土型圆桩			套管取土灌注
	沉管灌注桩	普通沉管灌注桩（直身预制圆锥形桩尖）			锤击沉管灌注 振动沉管灌注
		大直径混凝土筒桩（环型桩尖）			
		就地取材碎石型锤击灌注桩			
		扩底	内击式扩底		
			无桩靴夯扩		
			平底大头		
预制桩	钢筋混凝土	方桩	空心	尖底	锤击沉桩 振动沉桩 射水沉桩 静压沉桩
			实心	桩端型钢加强	
		其他形状桩			
	预应力管桩	开口			
		闭口			
		预应力管桩竹节桩			
	钢桩	钢管	开口		
			闭口		
		H 形钢			
		钢板			
		钢管混凝土桩			
搅拌桩	水泥搅拌桩	浆体搅拌			就地搅拌
		粉喷搅拌			
	加筋水泥土搅拌桩	就地搅拌			
	石灰土搅拌桩				
桩土注浆	注入水泥浆及添加剂	预埋管高压注浆或钻孔注浆			桩侧或桩端土注浆

从表1-4-1可以看出，目前我国应用的各种桩型具有以下几个特点：①不同的桩型并存，包括实心桩、空心桩、直身桩、扩底桩以及支盘桩等；②不同的成桩材料并存，包括混凝土桩、钢桩以及新近应用的钢管混凝土桩；③不同的成桩方法与施工工艺并存，灌注桩有机械成孔与人工成孔，预制桩沉桩有锤击、振动和静压，还有搅拌桩等。世界各地在桩的发展历史过程中所出现的各种基本桩型乃至现代的最先进的桩型，在我国几乎都有所应用。

二、我国桩基工程发展的特点

我国桩基工程的实践和理论研究具有很高的水平，主要在于：①我国的地质条件极其多样，不同的地质条件，地基基础的工程问题不同，解决的方法和手段也不相同，给桩基工程的发展提供了非常大的空间；②我国的建设规模极其巨大，高层建筑、大桥、高耸塔架、海洋平台、地下铁道、高速公路等基础设施大量兴建，对基础工程提出了各种不同的要求，为桩基工程的发展提供了极其广阔的前景。

（1）发展的桩型多，新的施工工艺、新的桩型不断出现。经过工程实践的筛选，保留了许多具有经济效益和社会效益的新桩型和新的施工工艺及方法。

（2）现场模型试验和原型试验研究的规模大。测试项目齐全，涉及的领域广泛，在竖向承压桩方面积累的资料最为丰富，在抗拔承载力、水平承载力方面也进行过颇具代表性的大型模型和原型试验，取得了宝贵的数据。此外，还做了许多桩内力、变形的量测，为桩的受力机理研究提供了大量的数据。

（3）单桩承载力确定方法的研究与推广应用广泛。一些方法如静力触探预估单桩承载力的经验公式及确定单桩承载力的桩侧摩阻力和桩端阻力的系数表等都已进入全国规范和部分地方规范。

（4）在桩的荷载传递机理、桩土共同作用的研究及群桩的变形计算、变形控制理论和计算方法等方面均取得了大量的成果。

（5）我国现有桩基技术规范体系日益完善。目前，我国在建筑、公路、铁路、水运等领域分别颁布了相应的桩基技术规范，如建筑桩基技术规范、公路桥涵地基与基础设计规范、铁路桥涵地基和基础设计规范、港口工程桩基规范、港口工程嵌岩桩设计与施工规范、港口工程灌注桩设计与施工规范等，为各行业桩基工程设计与施工提供技术保障。

第五节 桩基发展新趋势

一、新桩型的不断出现

近年的工程实践极大地推动了一些传统桩型和新桩型的发展。

（1）注浆桩。桩端（侧）压力注浆技术效果好、速度快，可以节省大量成本，减少建筑物的整体沉降和不均匀沉降，它适用于桩端土加固和桩侧土固化。

（2）挤扩支盘灌注桩。其对摩擦型桩的桩侧摩阻力的提高效果较好，且经济效益明显，它适用于以黏性土为主的摩擦型桩基，如图1-5-1所示。

（3）预应力混凝土竹节桩。在管桩桩身上设计凸出的混凝土肋环，称预应力管竹节桩，如图 1-5-2（d）所示。适用于淤泥质土层，改善桩侧软土土质，提高单桩承载力。其他典型异型桩如图 1-5-2 所示。

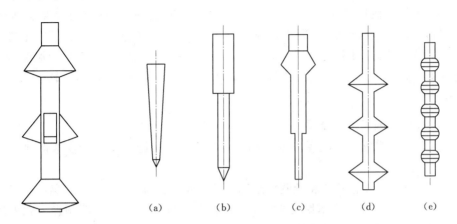

图 1-5-1　挤扩支盘
灌注桩桩身

图 1-5-2　典型的异型桩
(a) 锥形桩；(b) 扩颈桩；(c) 多级扩颈桩；(d) 竹节桩；(e) 葫芦形桩

（4）大直径筒桩。由于采用环形桩尖，形成大直径现浇混凝土薄壁筒桩，具有抗水平力强的优点，被应用于单桩竖向荷载不高的堤防工程中。

（5）碎石型锤击灌注桩。由于是现场锤击成孔、现场碎石浇灌，故常被广泛应用于残坡积的土层加固基础中。

（6）大直径钻埋空心桩。在已钻好的大直径孔内沉放预制桩壳，形成空心桩，主要被应用于桥梁深基础中，而大直径和预拼工艺也是当前桥梁深基础工程的发展趋势。

二、向大直径超长发展

随着跨江、跨海特大桥梁、大型深水码头及高层、超高层建筑物建设，上部结构对桩基础承载力与变形的要求越来越高，桩径越来越大，桩长越来越长，使桩出现了向超长、大直径方向发展的趋势。上海环球世贸中心、金茂大厦都采用了桩长超过 80m 的钢管桩；温州世贸中心采用了 80～120m 不等的钻孔灌注桩，南京长江二桥主塔墩基础反循环钻成孔灌注桩直径为 3m，深度 150m，杭州钱塘江六桥采用的钻孔灌注桩更长达 130m，香港西部铁路桩基础最长达 139m。日本横滨港跨径 460m 的横断大桥桩基础嵌岩扩孔至直径 10m，我国江西贵溪大桥的桩基础直径也达到 9.5m。

三、向微型桩方向发展

小桩又称微型桩或 IM 桩，是法国索勒唐舍（SOLETANCHE）公司开发的一种灌注技术。小桩及锚杆静压桩技术主要用于老城区改造、老基础托换加固、建筑物纠偏加固、建筑物增层等需要。小桩实质上是压力注浆桩，桩径为 70～250mm（国内多用 250mm），长径比大于 30（国内桩长多用 8～12m，长径比通常为 50 左右），采用钻孔（国内多用螺旋钻成孔）、强配筋（配筋率大于 1%）和压力注浆（注浆压力为 1.0～2.5MPa）工艺施工。锚杆静压桩的断面为 $200 \times 200 \sim 300 \times 300$（$mm^2$）；桩段长度取决于施工净空高度和机具情况，通常为 1.0～3.0m，桩入土深度 3～30m。

四、向工厂化生产方向发展

桩正向着工厂化生产的趋势发展，而工厂化生产也促使这些桩型在工程建设中被广泛地使用，如在我国使用多年的预应力混凝土管桩（PC 管桩）、预应力混凝土薄壁管桩（PTC 管桩）及高强度预应力混凝土管桩（PHC 管桩）。随着港口工程、民用建筑、公路桥梁建设发展，管桩以工厂化生产、产品质量稳定、施工速度快、施工中无泥浆污染、施工周期短及经济性价比好等优点，在国内基础工程中，尤其在沿海港口、软土地区的多层和小高层建筑工程中被广泛应用。

五、向环保型施工工艺发展

随着人们对建筑施工环境保护要求越来越高，环保型施工工艺新技术得到了快速的发展。

（1）埋入法施工工艺。是将预制桩或钢管桩沉入钻成的孔中后，采用某些手段增强桩承载力的工法。2000 年，日本埋入式桩工法已占预制桩施工 78%。我国埋入式桩的种类很少，这也正给桩基施工企业发展和上升提供了良好的空间。

（2）泵式反循环钻进工艺。由于正循环钻孔桩泥浆处理污染环境，所以出现了成套工艺的泵式反循环钻进工艺系统，泥浆循环全部进入钢制的泥浆箱（包括排渣池、循环池、沉淀池）。

（3）贝诺特（Benoto）灌注桩施工法。该法利用摇动装置的摇动使钢套管与土层间的摩阻力大大减少，边摇动边压入，同时利用冲抓斗挖掘取土，直至套管下到桩端持力层为止。成孔后将钢筋笼放入，接着将导管竖立在钻孔中心，最后灌注混凝土成桩。该法实质上是冲抓斗跟管钻进法。该法由于环保效果好（噪声低、振动小、无泥浆污染与排放）、施工现场文明，在国内外被广泛采用。

（4）旋挖钻斗钻成孔灌注桩工艺。该工艺是 20 世纪 20 年代后期美国 CALWELD 公司改造钻探机械而用于灌注桩施工的方法。其利用了旋挖钻机的钻杆和钻斗的旋转及重力使土屑进入钻斗，提升钻斗出土，多次反复而成孔。该工艺有振动小、噪声低，适宜在黏性土中干作业钻成孔；并且具有钻机安装较简单、桩位对中容易、场内移动方便、钻进速度较快、工程造价较低、成孔成桩质量高等优点。

（5）组合式工艺。采用单一工艺的桩型往往满足不了工程要求时，实践中经常出现组合式工艺桩。例如，钻孔扩底灌注桩有成直孔和扩孔两个工艺；桩端压力注浆桩有成孔成桩与成桩后向桩端地层注浆两个工艺；预钻孔打入式预制桩有钻孔、注浆、插桩及轻打（或压入）等工艺。

六、向组合桩方向发展

当采用单一桩型满足不了工程要求时，实践中可以采用组合桩型式。

（1）刚柔复合桩组合。柔性桩一般采用混凝土桩且是长桩，打到较好的持力层；刚性桩一般采用水泥搅拌桩且为短桩、摩擦桩型。柔性桩起到控制沉降的作用，刚性桩起到变形协调的作用。桩基设计按复合桩基设计。

（2）长短桩组合。即桩身材料同为混凝土桩，但根据上部荷载的特点和地质条件选择不同的桩长和不同的持力层。优点是可以调整基础荷载，使其受力基本均匀，缺点是不同桩长会带来不同的沉降。

（3）咬合桩组合。即同类型间或不同类型间桩的咬合。可以是灌注混凝土桩之间的咬合；可以是钢筋混凝土桩与水泥搅拌桩之间的咬合；可以是预制桩与水泥搅拌桩之间的咬合，也可以是预制桩与现场灌注混凝土桩之间的咬合。

（4）桩长度方向上的组合。为了将桩打入持力层较坚硬的岩土层中，桩基中上部为混凝土桩，下部为钢桩；反之，根据桩的轴力上大下小的特点，也有组合桩采用单桩桩身中上部采用高配筋高强度的混凝土、桩身中下部采用低配筋低强度的混凝土，以适应不同地质条件中桩的受力特点。

七、向高强度桩方向发展

随着对打入式预制桩要求越来越高，诸如高承载力、穿透硬夹层、承受较高的打击应力及快速交货等要求，普通钢筋混凝土桩（简称 R.C 桩，混凝土强度等级为 C25～C40）已满足不了上述要求，而预应力钢筋混凝土桩（简称 P.C 桩，混凝土强度等级为 C40～C80）和预应力高强度混凝土桩（简称 P.H.C 桩，混凝土强度等级不低于 C80）使用越来越广泛。

思　考　题

1. 桩基的定义、作用和使用条件是什么？
2. 桩基有着怎样的发展过程？
3. 桩基如何进行分类？
4. 我国的桩型是怎样的？我国桩基工程发展的特点是什么？
5. 桩基的发展有什么趋势？

第二章 抗压桩受力性状

第一节 桩土体系的荷载传递

一、桩土体系的荷载传递机理

在桩顶竖向荷载作用下，桩身将发生轴向弹性压缩，同时桩顶荷载通过桩身传到桩底，桩底下土层也将发生压缩，这两部分之和就是桩顶的轴向位移。置于土中的桩与其侧面土体紧密接触，桩相对于土体向下位移，产生土体对桩向上作用的桩侧摩阻力（定义为正摩阻力）。桩顶荷载沿桩身向下传递的过程中，必须不断克服这种摩阻力，这样桩身截面轴向力就随着深度逐渐递减，传至桩底截面的轴向力就等于桩顶荷载减去全部桩侧摩阻力，它与桩底支承反力（端阻力）大小相等，方向相反。通过桩侧摩阻力和桩端阻力，桩将荷载传给了地基。

因此，可以认为地基对桩的支撑力是由桩侧摩阻力和桩端阻力两部分组成，桩的极限承载力 Q_u（或称桩的极限荷载）就等于桩侧摩阻力极限值 Q_{su} 与桩端阻力极限值 Q_{pu} 之和。但两者并不同时发生，因为它们的发挥程度与桩土间的变形性状有关，各自达到极限值时所需的位移量并不相同。

当桩顶荷载较小时，桩身混凝土的压缩也在桩的上部，桩侧上部土的摩阻力得到逐步发挥，此时在桩身中下部桩土相对位移等于零处，其桩侧摩阻力尚未开始发挥作用而等于零。随着桩顶荷载增加，桩身压缩量和桩土相对位移量逐渐增大，桩侧下部土层的摩阻力随之逐步发挥出来，桩底土层也因桩端受力被压缩而逐渐产生桩端阻力；当荷载进一步增大，桩顶传递到桩端的力也逐渐增大，桩端土层的压缩也逐渐增大。桩端土层压缩和桩身压缩量加大了桩土相对位移，从而使桩侧摩阻力得以进一步发挥。

当桩侧土层的摩阻力发挥到极限，若继续增加桩顶荷载，那么其新加的荷载增量将全部由桩端阻力来承担。当桩端持力层产生破坏时，桩顶位移急剧增大，桩顶所能承受的荷载往往下降，此时桩基已发生破坏。桩基发生破坏时作用在桩顶的荷载称为单桩的破坏承载力，而破坏之前的前一级荷载称为单桩竖向极限承载力，也称为桩顶所能稳定承受的最大试验荷载。桩顶在竖向荷载作用下的传递规律可总结如下：

（1）桩侧摩阻力是自上而下逐渐发挥的，而且不同深度的桩侧摩阻力是异步发挥的。

（2）当桩土相对位移大于各种土性的极限位移后，桩土之间要产生滑移，滑移后其抗剪强度将由峰值强度跌落为残余强度，亦即滑移部分的桩侧土产生软化。

（3）桩端阻力和桩侧阻力是异步发挥的。只有当桩身轴力传递到桩端并对桩端土产生压缩时才会产生桩端阻力，而且一般情况下（当桩端土较坚硬时），桩端阻力随着桩端位移的增大而增大。

（4）单桩竖向极限承载力是指静载试验时单桩桩顶所能稳定承受的最大试验荷载。

二、荷载传递基本微分方程

根据上述分析，轴向荷载作用下桩土体系荷载传递过程可简单地描述为：桩身位移 $s(z)$ 和桩身荷载 $Q(z)$ 随深度递减，桩侧摩阻力 $q_s(z)$ 自上而下逐步发挥。桩侧摩阻力 $q_s(z)$ 发挥值与桩土相对位移量有关，如图 $2-1-1$ 所示。

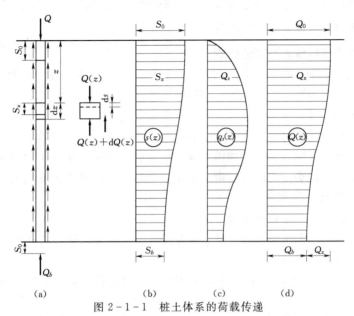

图 $2-1-1$ 桩土体系的荷载传递

由图 $2-1-1$ (a)，取深度 z 处的微小桩段 $\mathrm{d}z$ 作受力分析，根据力的平衡条件可得

$$q_s(z) \cdot U \cdot \mathrm{d}z + Q(z) + \mathrm{d}Q(z) = Q(z)$$

由此得

$$q_s(z) = -\frac{1}{U} \cdot \frac{\mathrm{d}Q(z)}{\mathrm{d}z} \tag{2-1-1}$$

由桩身材料弹性阶段的应力应变关系可得

$$\mathrm{d}s(z) = -Q(z)\frac{\mathrm{d}z}{AE_p}$$

故 z 截面轴向荷载

$$Q(z) = -AE_p \frac{\mathrm{d}s(z)}{\mathrm{d}z} \tag{2-1-2}$$

将式 $(2-1-2)$ 代入式 $(2-1-1)$ 可得

$$q_s = \frac{AE_p}{U} \cdot \frac{\mathrm{d}^2 s(z)}{\mathrm{d}z^2} \tag{2-1-3}$$

式 $(2-1-3)$ 是进行桩土体系荷载传递分析计算的基本微分方程。

同时，任意深度 z 处的桩身截面轴向荷载和竖向位移可以表示为

$$Q(z) = Q_0 - U\int_0^z q_s(z)\mathrm{d}z \tag{2-1-4}$$

$$s(z) = s_0 - \frac{1}{E_p A}\int_0^z Q(z)\mathrm{d}z \tag{2-1-5}$$

式中　A——桩身横截面面积，m^2；

　　　E_p——桩身弹性模量，Pa；

　　　U——桩身周长，m。

式（2-1-1）～式（2-1-3）分别表示于图2-1-1（c）、（d）和（b）中。通过在桩身埋设应力或应变测试元件（钢筋应力计、应变片等）利用式（2-1-4）和式（2-1-5）即可求得轴力和侧阻沿桩身的变化曲线。

三、影响单桩荷载传递性状的因素

影响桩土体系荷载传递的因素主要包括桩顶的应力水平、桩端土与桩侧土的刚度比、桩身混凝土与桩侧土的刚度比、桩长径比、桩底扩大头与桩身直径之比和桩土界面粗糙度等。

1. 桩顶的应力水平

当桩顶应力水平较低时，桩侧上部土阻力得到逐渐发挥，当桩顶应力水平增高时，桩侧土摩阻力自上而下发挥，而且桩端阻力随着桩身轴力传递到桩端土而慢慢发挥。桩顶应力水平继续增高时，桩端阻力的发挥度一般随着桩端土位移的增大而增大。

2. 桩端土与桩侧土的刚度比 E_b/E_s

如图2-1-2所示，在其他条件一定时：

当 $E_b/E_s=0$ 时，荷载全部由桩侧摩阻力所承担，属纯摩擦桩。在均匀土层中的纯摩擦桩，摩阻力接近于均匀分布。

当 $E_b/E_s=1$ 时，属均匀土层的端承摩擦桩，其荷载传递曲线和桩侧摩阻力分布与纯摩擦桩相近。

当 $E_b/E_s=\infty$ 且为短桩时，为纯端承桩。当为中长桩时，桩身荷载上段随深度减小，下段近乎沿深度不变。即桩侧摩阻力上段可得到发挥，下段由于桩土相对位移很小（桩端无位移）而无法发挥出来。桩端由于土的刚度大，可分担60%以上荷载，属摩擦端承桩。

3. 桩身混凝土与桩侧土的刚度比 E_p/E_s

如图2-1-3所示，在其他条件一定时：

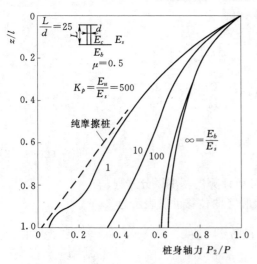

图 2-1-2　不同 E_b/E_s 下的桩身轴力图

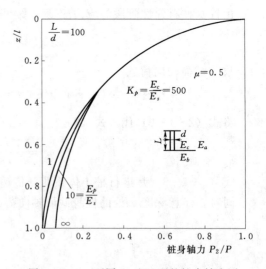

图 2-1-3　不同 E_p/E_s 下的桩身轴力图

E_p/E_s 越大，桩端阻力所分担的荷载比例越大；反之，桩端阻力分担的荷载比例降低，桩侧阻力分担的荷载比例增大。

对于 E_p/E_s 小于 10 的中长桩，其桩端阻力比例很小。说明对于砂桩、碎石桩、灰土桩等低刚度桩组成的基础，应按复合地基工作原理进行设计。

4. 桩长径比 l/d

在其他条件一定时，l/d 对荷载传递的影响较大。在均匀土层中的钢筋混凝土桩，其荷载传递性状主要受 l/d 的影响。当 l/d 大于 100 时，桩端土的性质对荷载传递不再有任何影响。可见，长径比很大的桩都属于摩擦桩或纯摩擦桩，在此情况下显然无须采用扩底桩。

5. 桩底扩大头与桩身直径之比 D/d

如图 2-1-4 所示，在其他条件一定时，D/d 越大，桩端阻力分担的荷载比例越大。

6. 桩侧表面的粗糙度

一般桩侧表面越粗糙，桩侧阻力的发挥度越高，桩侧表面越光滑，则桩侧阻力发挥度越低，所以桩基施工方式是影响单桩荷载传递的重要因素。

钻孔桩由于钻孔使桩侧土应力松弛，同时由于泥浆护壁使桩侧表面光滑而减少了界面摩擦力，所以普通钻孔灌注桩的侧阻发挥度不高，如果对钻孔桩的桩土界面实行注浆，实质上是提高了其界面粗糙度同时也相对扩大了桩径，从而提高了侧阻力。

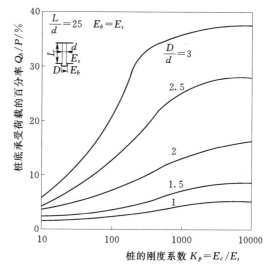

图 2-1-4　不同 D/d 下的端承力

预应力管桩等挤土桩由于打桩挤土对软土桩上界面的上层进行了扰动，从而在短期内降低了桩侧摩阻力，当然在长期休止后，随着软土的触变恢复，桩侧摩阻力会慢慢提高。

7. 其他因素

此外，单桩荷载传递性状还与桩型、打桩顺序和打桩节奏、打桩后龄期、地下水位、表层土的欠固结程度、静载试验的加荷速率等因素有关。

综上所述，单桩竖向极限承载力与桩顶应力水平、桩侧土的单位侧阻力 q_{su} 和单位端阻力 q_{pu}、桩长径比、桩端土与桩侧土的刚度比 E_b/E_s、桩侧表面的粗糙度以及桩端形状等因素有关。设计中应掌握各种桩的桩土体系荷载传递规律，根据上部结构的荷载特点、场地各土层的分布与性质，合理选择桩型、桩径、桩长、桩端持力层、单桩竖向承载力特征值，合理布桩，在确保长久安全的前提下充分发挥桩土体系的力学性能，做到既经济合理又施工方便快速。

第二节 单桩荷载-沉降（Q-S）曲线

一、单桩荷载-沉降（Q-S）曲线一般特点

单桩荷载-沉降（Q-S）曲线是指静载试验中桩顶沉降随着桩顶荷载逐级增加的变化曲线，是桩土体系的荷载传递、侧阻和端阻的发挥性状的综合反应（图 2-2-1）。Q-S 曲线的特性随桩侧土层分布与性质、桩端持力层性质、桩径、桩长、长径比、成桩工艺与成桩质量等诸多因素而变化。由于桩侧阻力一般先于桩端阻力发挥出来（支承于坚硬基岩的短桩除外），因此 Q-S 曲线的前端主要受侧阻力制约，而后段则主要受端阻力制约。但是对于下列情况则例外：

（1）超长桩（$L/d>100$），Q-S 全程受侧阻性状制约。

（2）短桩（$L/d<10$）和支承于较硬持力层上的短至中长（$L/d\leqslant25$）扩底桩，Q-S 前端同时受侧阻和端阻性状的制约。

（3）支承于岩层上的短桩，Q-S 全程受端阻制约。

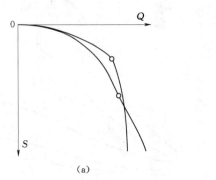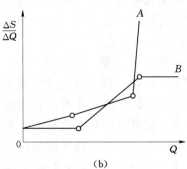

图 2-2-1 单桩静载实验曲线

(a) 荷载-沉降 Q-S；(b) 荷载沉降梯度 Q-$\Delta S/\Delta Q$

一般情况下，当桩顶荷载 Q 较小时，首先产生桩侧上部摩阻力，其 Q-S 曲线表现为斜率很小的直线段，当 Q 继续增大，桩侧摩阻力向下部发展。待全桩长的桩侧摩阻力充分发挥，桩的 Q-S 曲线出现第一个拐点，该拐点称为荷载的弹性界限，拐点以前的变形近似弹性，一般认为属于弹性变形阶段。拐点以后的变形都是非线性。

桩侧摩阻力充分发挥后，桩顶荷载传递至桩端，随着桩顶荷载继续增加，桩端地基土的变形表现为弹性、弹塑性直至塑性破坏 3 个阶段，当桩端地基土从弹塑性变形阶段发展到塑性破坏阶段时，端阻力达到极限值，Q-S 曲线出现第二拐点，该点对应的 Q 值称为桩的极限荷载或桩的极限承载力。

二、工程中常见的几种 Q-S 曲线

工程中常见的 Q-S 曲线如图 2-2-2 所示，从中可以进一步剖析荷载传递和承载力性状。

（1）软弱土层中的摩擦桩（超长桩除外）。桩端一般为刺入剪切破坏，桩端阻力分担

的荷载比例小，Q-S 曲线呈陡降型，破坏特征点明显，如图 2-2-2（a）所示。

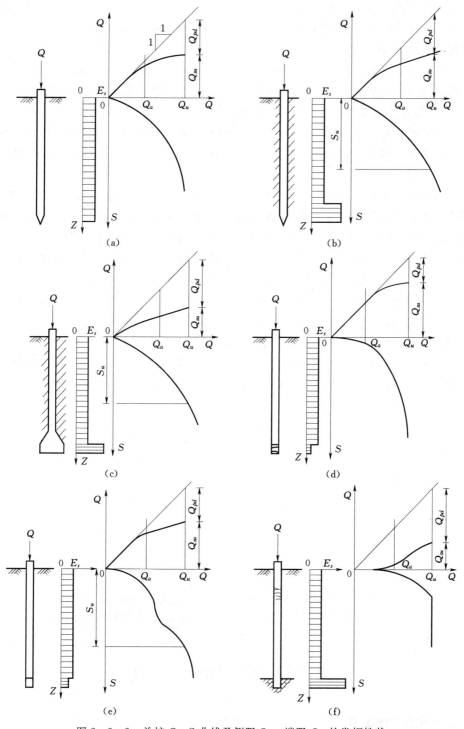

图 2-2-2　单桩 Q-S 曲线及侧阻 Q_s、端阻 Q_p 的发挥性状

（a）均匀土中的摩擦桩；（b）端承于砂层中的摩擦桩；（c）扩底端承桩；（d）孔底
有沉淤的摩擦桩；（e）孔底有虚土的摩擦桩；（f）嵌入坚硬基岩的端承桩

（2）桩端持力层为砂土、粉土的桩。端阻所占比例大，发挥端阻所需位移大，Q-S曲线呈缓变形，破坏特征点不明显，如图 2-2-2（b）所示。桩端阻力的潜力虽较大，但对于建筑物而言已失去利用价值，因此常以某一极限位移 s_u，一般取 $s_u = 40 \sim 60\text{mm}$，控制确定其极限承载力。

（3）扩底桩。支承于砾、砂、硬黏性土、粉土上的扩底桩，由于端阻破坏所需位移量过大，端阻力占比例较大，其 Q-S 曲线呈缓变形，极限承载力一般可取 $s_u = （3\% \sim 6\%）D$（桩径大者取低值，桩径小者取高值）控制，如图 2-2-2（c）所示。

（4）泥浆护壁作业、桩端有一定淤泥的钻孔桩。由于桩底沉淤强度低、压缩性高，桩端一般呈刺入剪切破坏，接近于纯摩擦桩，Q-S 曲线呈陡降型，破坏特征点明显，如图 2-2-2（d）所示。

（5）桩周为加工软化型土（硬黏性土、粉土、高结构性黄土等）无硬持力层的桩。由于侧阻在较小位移下发挥出来并出现软化现象，桩端承载力低，因而形成突变、陡降型 Q-S 线型，如图 2-2-2（d）所示孔底有淤泥的摩擦桩的 Q-S 曲线相似。

（6）干作业钻孔桩孔底有虚土。Q-S 曲线前段与一般摩擦桩相同，随着孔底虚土压密，Q-S 曲线的坡度变缓，形成"台阶形"，如图 2-2-2（e）所示。

（7）嵌入坚硬基岩的短粗端承桩。由于采用挖孔成桩，清底好，桩不太长，桩身压缩量小和桩端沉降小，在侧阻力尚未充分发挥的情况下，便由于桩身材料强度的破坏而导致桩的承载力破坏，Q-S 曲线呈突变、陡降型，如图 2-2-2（f）所示。

当桩的施工存在明显的质量缺陷时，其 Q-S 曲线将呈现异常。异常形态随缺陷的性质、桩侧与桩端土层性质、桩型等而异，图 2-2-3 列举了 4 类缺陷形成的异常 Q-S 曲线。

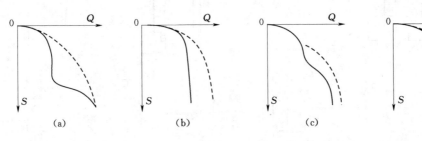

图 2-2-3　异常 Q-S 曲线

实线—异常；虚线—正常

（a）打入桩接头被拉断或灌注桩断桩；（b）桩身混凝土强度不足被压碎；
（c）干作业钻孔桩孔底虚土过厚；（d）泥浆护壁作业孔底沉淤过厚

第三节　桩 侧 阻 力

一、桩侧极限摩阻力

桩基在竖向荷载作用下，桩身混凝土产生压缩，桩侧土抵抗桩身向下位移而在桩上界面产生向上的摩擦阻力称为桩侧摩阻力，亦称为正摩阻力。

桩侧极限摩阻力是指桩土界面全部桩侧土体发挥到极限所对应的摩阻力，实质上是全部桩侧土所能稳定承受的最大摩阻力（峰值阻力）。由于桩侧土摩阻力是自上而下逐渐发挥的，因此桩侧极限摩阻力很大程度上取决于中下部土层的摩阻力发挥。桩侧极限摩阻力的发挥与桩长、桩径、桩侧土的性状、桩端土的性状、桩上界面性状、桩身模量等有关。由于不同的桩长、不同桩身模量的桩达到桩侧极限荷载时对应的桩顶沉降不一样，所以桩侧极限摩阻力与桩顶相对位移并没有定值关系。

实质上桩侧极限摩阻力的值与桩端相对位移有关。因此可以定义桩侧极限摩阻力为桩端刚产生明显位移（$1\sim3\text{mm}$，视不同的桩端土而定）时所对应的桩顶试验荷载值，亦即 $\text{d}s_d/\text{d}Q$ 明显增大时所对应的桩顶试验荷载。

这样定义具有以下优点：

（1）可以消除不同桩长和桩身压缩量大小不一对桩顶位移的影响。

（2）可以消除不同桩身混凝土强度对极限侧阻力的影响。

（3）可以消除不同施工工艺（沉渣、泥皮）对侧阻力确定值的影响。

（4）反映了不同桩顶荷载水平下侧阻、端阻的发挥特性和承载机理。

（5）使得本来就是统一整体的桩侧土阻力与嵌岩段侧阻重新统一起来，也方便设计和监理把关。

下面举例说明采用实测桩端位移来确定任一级荷载作用下的桩侧摩阻力和桩端阻力的方法。

某大直径钻孔灌注桩的桩顶荷载-桩顶沉降、桩顶荷载-桩端沉降和桩顶荷载-桩身压缩曲线如图 2-3-1 所示。

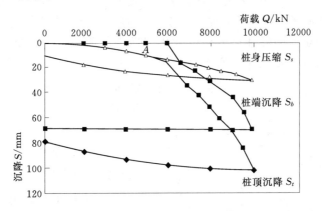

图 2-3-1　桩顶荷载与桩顶沉降、桩端沉降、桩身压缩曲线

桩在荷载作用下，桩顶沉降 S_t 为桩身压缩 S_s 和桩端沉降 S_b 之和。因此在某级荷载作用下，桩身压缩 S_s 即为桩顶沉降 S_t 与桩端沉降 S_b 之差，可以通过荷载-桩身压缩曲线反映出来。从图中可以看出，此曲线前部随着荷载的增加呈现向下弯曲的形状，表明桩身压缩与荷载之间并不是线性关系。从桩身压缩回弹曲线可知，桩身在大荷载下出现了塑性变形。

由图 2-3-1 可知，单桩的桩端沉降随着荷载水平的变化而变化。当荷载较小时，桩顶荷载全部由桩身混凝土压缩引发的桩侧摩阻力承担，此时桩端沉降 S_b 为 0，桩端阻力

P_b 也为 0；随着桩顶荷载增加，桩土相对位移增大，桩侧阻力得到充分发挥，S_b 和 P_b 开始出现，对应于荷载桩端沉降曲线上的 A 点。OA 段的特征为荷载-桩顶沉降曲线与荷载-桩身压缩曲线完全重合，桩端沉降为 0，桩侧阻力即为桩顶荷载，桩端阻力为 0。

随着荷载的继续增大，桩端沉降也越来越大，使得荷载-桩顶沉降曲线和荷载-桩身压缩曲线分离开来，表明桩端阻力逐渐得到发挥。

从图中可以看出，当桩顶施加荷载小于 6000kN 的前一级荷载时，桩顶沉降量主要是由桩身压缩所引起的；当桩顶施加第五级荷载 6000kN 时，桩端刚开始出现沉降量 1.15mm；继续加载到第六级荷载 7000kN 时，桩顶本级荷载沉降量为 20.82mm，而桩端本级荷载沉降量为 19.87mm，说明桩顶沉降主要由桩端沉降引起，亦即桩侧摩阻力已达到逐渐破坏状态，所以该桩的桩侧极限摩阻力可取 6000kN，也就是说桩侧极限摩阻力为桩端产生明显沉降（即 $\Delta s_d / \Delta Q$ 突然增大）的前一级荷载所对应的桩顶荷载值，即桩端沉降（1～3mm）所对应的桩顶荷载值。

二、桩侧阻力的影响因素

影响单桩桩侧阻力发挥的因素主要包括以下几个方面：桩侧土的力学性质、发挥桩侧阻力所需位移、桩径 d、桩端土性质、桩长 L、桩侧土厚度及各层中的 q_{sik} 值、桩土相对位移量、加载速率、时间效应、桩顶荷载水平等。

1. 桩侧土的力学性质

桩侧土的性质是影响桩侧阻力最直接的决定因素。一般说来，桩周土的强度越高，相应的桩侧阻力就越大。许多试验资料指出，在一般的黏性土中，桩侧阻力等于桩周土的不排水抗剪强度；在砂性土中的桩侧阻力系数平均值接近于主动土压力系数。

由于桩侧阻力属于摩擦性质，是通过桩周土的剪切变形来传递的，因而它与土的剪切模量密切相关。超压密黏性土的应变软化剂砂土的剪胀，使得侧阻力随位移增大而减小；在正常固结以及轻微超压密黏性土中，由于土的固结硬化，侧阻力会由于桩顶反复加载而增大；松砂中由于剪缩也会产生同样的结果。

2. 发挥桩侧阻力所需位移

按照传统经验，发挥极限侧阻所需位移 W_u 与桩径大小无关，略受土类、土性影响对于黏性土 W_u 为 6～12mm，对于砂类土 W_u 为 8～15mm。对于加工软化型土（如密实砂、粉土、高结构性黄土等）所需 W_u 值较小，且 q_s 达最大值后又随 W 的增加而有所减小。对于加工硬化型土（如非密实砂、粉土、粉质黏土等）所需 W_u 更大，且极限特征点不明显（图 2-3-2）。这一特性宏观地反映于单桩静载试验 Q-S 曲线。

发挥桩侧阻力所需相对位移趋于定值的结论，是 Whitake（1966）、Reese（1969）等根据

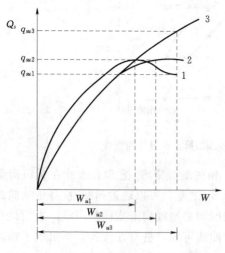

图 2-3-2　土性对桩侧阻力发挥性状的影响
1—加工软化性；2—非软化、硬化型；
3—加工硬化型

少量桩的实验结果得出的。随着近年来大直径灌注桩应用的不断增多，对大直径桩承载性状的认识逐步深化。就桩侧阻力的发挥性状而言，大量测试结果表明，发挥侧阻所需相对位移并非定值，与桩径大小、施工工艺、土层性质与分布位置等有关。

表 2 - 3 - 1 所列为日本某地灌注桩的实测桩土相对位移与桩侧阻力（Masam & Fukuoka，1988），桩侧为砂土夹薄层黏土层，桩端进入密砂层，桩径 $d=2m$，桩长 $L=40m$。

表 2 - 3 - 1　　　　　　　　　实测桩土相对位移 W 与桩侧阻力 q_s （kPa）　　　　　　　单位：mm

深　度	荷载/kN 分项	5	10	15	20	25	30	35	40
0～2m 冲填砂	W	1.59	4.79	12.85	29.1	45.30	71.25	123.3	202.36
	W/d	0.080	0.240	0.643	1.455	2.265	3.568	6.165	10.118
	q_s	0	15.9	15.9	31.8	63.7	63.7	63.7	63.7
2～8.5m 冲填砂、淤积砂	W	1.40	4.40	12.40	28.35	44.40	70.20	122.00	201.20
	W/d	0.070	0.220	0.62	1.418	2.220	3.510	6.100	10.060
	q_s	0	9.8	14.7	26.9	59	64.7	99.0	99.0
8.5～15m 淤积砂黏土	W	1.13	3.85	11.75	27.30	43.05	68.65	120.10	198.85
	W/d	0.057	0.193	0.588	1.365	2.153	3.433	6.005	9.943
	q_s	14.7	22.0	41.6	49.0	73.5	73.5	73.5	78.3
15～24m 砂砾黏土	W	0.80	3.30	10.95	26.20	41.65	67.00	118.15	196.55
	W/d	0.040	0.165	0.548	1.310	2.083	3.350	5.908	9.828
	q_s	10.6	26.5	49.5	65.4	70.7	97.3	123.8	141.5
24～40m 砂、黏土 交互层	W	0.50	2.70	10.10	25.05	40.25	65.30	116.15	194.20
	W/d	0.025	0.135	0.505	1.253	2.063	3.265	5.808	9.710
	q_s	30.7	46.1	57.1	74.6	98.8	109.8	115.2	133.9

由表 2 - 3 - 1 可知，该静力试桩桩顶荷载达 40MN，沉降达 202.36mm（约相当于桩径的 10%），浅层土的侧阻力最大值对应的桩土相对位移为 23～25mm（$W/d≈2.2\%$）；随着土层埋置深度增加，发挥侧阻所需位移增大，24m 以下处，当位移接近桩径的 10% 时，其侧阻力尚未达最大值。

上述测试结果足以说明侧阻力的性状是随桩径、土性、土层相对位置等变化的。不过，大量常规直径桩的测试结果表明发挥侧阻力所需相对位移一般不超过 20mm，即先于端阻力发挥出来；对于大直径桩，虽然所需相对位移较大，但从一般控制沉降量 $s=(3\%～6\%)d$ 确定单桩极限承载力而言，其侧阻力也已绝大部分发挥出来。

3. 桩径 d

侧摩阻力与桩的侧表面积（πDL）有关。按照规范大直径桩的桩侧阻力按式（2 - 3 - 1）

计算

$$Q_{sk} = u \sum \psi_{si} q_{sik} l_{si} \qquad (2-3-1)$$

式中 ψ_{si}——大直径桩桩侧阻力尺寸效应折减系数；对于黏性土和粉土有 $\psi_{si} = \left(\dfrac{0.8}{D}\right)^{\frac{1}{5}}$；

对于砂土和碎石土有 $\psi_{si} = \left(\dfrac{0.8}{D}\right)^{\frac{1}{3}}$；

D——桩直径，m。

Masakiro Koike 等通过试验研究发现，非黏性土中的桩侧阻力存在明显的尺寸效应，这种尺寸效应源于钻、挖孔时侧壁土的应力松弛。桩径越大、桩周土层的黏聚力越小，侧阻降低得越明显。

另外，沿桩长方向桩径的变化有利于提高侧阻，如挤扩支盘桩、竹节桩等正是利用桩径变化提高摩阻力的一种例子。

桩径变化宜在性质好的土层处扩径，这样可以提高侧阻力。

4. 桩端土性质

大量试验资料发现桩端条件下不仅对桩端阻力，同时对桩侧阻力的发挥有着直接的影响。在同样的桩侧土条件下，桩端持力层强度高的桩，其桩侧阻力要比桩端持力层强度低的桩高，即桩端持力层强度越高，桩端阻力越大，桩端沉降越小，桩侧摩阻力就越高；反之亦然。

另外，钻孔桩由于施工工艺，经常在桩端存在部分沉渣，或者在持力层较差时，桩端土的弱化将会导致极限侧阻力的降低。因此一般要求浇前孔底沉渣厚度小于 50mm。

5. 桩长 L、桩侧土厚度及各层中的 q_{sik} 值

桩侧摩阻力 Q_{su} 计算式为

$$Q_{su} = \pi d \sum q_{sik} l_i \qquad (2-3-2)$$

式中 q_{sik}——单位侧摩阻是桩土相对位移的函数，即 $q_{sik} l_i = \tau(z)$；

$\tau(z)$——荷载传递函数，常有弹塑性型、对折线型和双曲线型多种，如图 2-3-3～图 2-3-6 所示。不同的荷载传递函数分别可以反映加工硬化、加工软化和弹塑性的变化情况。

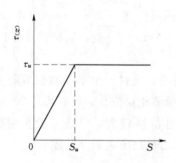

图 2-3-3 理想线弹塑性传递函数

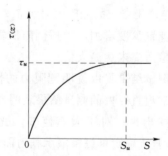

图 2-3-4 双曲线型传递函数

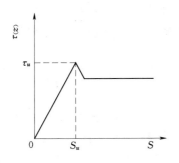

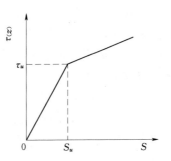

图 2-3-5　桩侧土软化三折线传递函数　　图 2-3-6　桩端土硬化传递模型

由于桩侧摩阻力是从上层土到下层土逐步发挥的，所以对同样的土性，其埋藏深度不同，其侧阻的发挥值也不同，实质上式（2-3-2）中侧阻力分层累计叠加计算是与实际受力情况不同的，因为自上而下的桩侧土并不是同时达到极限值。

6. 桩土相对位移量

竖向荷载作用桩顶后，桩身自上而下压缩，从而激发向上的桩侧阻力和向下的桩土相对位移量 s。桩土相对位移量实质上是桩身某点与该处土相互错开的位移的量值。

由于桩侧作用，桩的压缩应变自上而下由大变小，相对位移量也相应地由大变小。当荷载水平较小时，桩身某点深度处桩土相对位移 s 为 0。随着荷载增大，零点下移。当桩侧土由于欠固结等原因沉降时，此时桩顶桩侧土的沉降有可能大于桩的沉降，我们定义：

某点桩与土相对位移量 $s(z_i)$ ＝桩顶沉降量 s_t －桩顶至该点桩身混凝土压缩量 $s_{桩i}$ －桩周土的沉降量 $s_{\pm i}$，即

$$s(z_i) = s_t - s_{桩i} - s_{\pm i} \tag{2-3-3}$$

若 $s(z_i)$ 为正，则产生向上摩阻力为正摩阻力；

若由外部因素或自身欠固结引起的土沉降量 $s(z_i)$ 为负，则产生负摩阻力。

7. 加载速率及时间效应

对于打入桩，在淤泥质土和黏土中通常快速压桩瞬时阻力较小，其后随着土体固结桩侧阻力会增大较多；在砂土中，快速压桩由于应力集中瞬时摩擦加大，侧阻也大，其后砂土容易松弛。

时间效应包含土的固结及泥皮固结问题。软土中长桩其承载力是随着龄期增加逐渐增大的。

8. 桩顶荷载水平

每层土桩侧摩阻力的发挥与桩顶荷载水平直接有关，在桩荷载水平较低时，通常桩顶上层土的摩阻力得到发挥；到桩顶荷载水平较高时，桩顶下层乃至桩端处桩周土摩阻力得到发挥，上部土层有可能产生桩土滑移（要视桩土相对位移而定）；随着荷载进一步提高，只有桩端附近土摩阻力得到发挥及桩端阻力得到发挥。

所以桩顶荷载水平是决定侧阻与端阻相对比例关系的主要因素之一。

三、松弛效应对侧阻的影响

非挤土桩（钻孔、挖孔灌注桩）在成孔过程中由于孔壁侧向应力解除，出现侧向松弛变形。孔壁土的松弛效应导致土体强度削弱，桩侧阻力随之降低。

桩侧阻力的降低幅度与土性、有无护壁、孔径大小等诸多因素有关。对于干作业钻、挖孔桩无护壁条件下，孔壁土处于自由状态，土产生向心径向位移，浇筑混凝土后，径向位移虽有所恢复，但侧阻力仍有所降低。

对于无黏聚性的砂土、碎石类土中的大直径钻、挖孔桩，其成桩松弛效应对侧阻力的削弱影响看来是不容忽略的。

在泥浆护壁条件下，孔壁处于泥浆侧压平衡状态，侧向变形受到制约，松弛效应较小，但桩身质量和侧阻力受泥浆稠度、混凝土浇灌等因素的影响而变化较大。

四、桩侧阻力的软化效应

对于桩长较长的泥浆护壁钻孔灌注桩，当桩侧摩阻力达到峰值后，其值随着上部荷载的增加（桩土相对位移的增大）而逐渐降低，最后达到并维持一个残余强度。我们将这种桩侧摩阻力超过峰值进入残余值的现象定义为桩侧摩阻力的软化。

图 2-3-7 中 $Q-S$ 曲线为杭州余杭某大厦静载荷试验结果，试桩桩径 $\phi 1000 \mathrm{mm}$，桩长 52.5m，根据地质报告计算的桩侧极限摩阻力为 6000kN，静载荷试验时，加载到 4000kN 桩顶即发生较大的沉降，达 100mm，随后在卸载过程中，桩顶沉降仍持续增加，即桩顶承载力随沉降增加出现跌落。

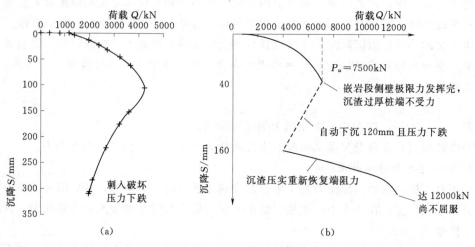

图 2-3-7　典型桩侧土摩阻力软化 $Q-S$ 曲线

(a) 刺入破坏；(b) 沉渣过厚

桩侧摩阻力在达到极限值后，随着加载产生的沉降的增大，其值出现下降的现象，即桩侧土层的侧阻发挥存在临界值问题。对超长桩，因为承受更大的荷载，桩顶的沉降量较大，这种现象更为普遍。当桩长达到 60m 或者更长时，这个临界值对桩承载力的影响更为敏感。众多的超长桩静载荷试验实测结果表明，这种现象比较普遍。

由于各个土层的临界位移值不同，各层土侧摩阻力出现软化时的桩顶位移量（即桩土相对位移）也不同，也即各层土侧摩阻力的软化并不是同步的，因此桩顶位移的大小直接影响侧摩阻力的发挥程度，也影响着承载力，尤其对超长桩，由于其桩身压缩量占桩顶沉降的比例较大，在下部沉降还较小的情况下，桩顶沉降已经比较大。对超长桩，桩身压缩在极限荷载作用下可达到桩顶沉降的 80% 以上。由于桩身压缩量占桩顶沉降量比例较大，使得在桩下部位移较小的情况下，桩上部已经发生较大的沉降，表现为较大的桩土相对位移，引起侧阻的软化。

因此，在桩基设计时，特别是摩擦型桩基设计时，承载力的确定应考虑桩侧摩阻力软化带来的影响，大直径超长桩的侧阻软化也会降低单桩的承载力，因此要采取措施加以解决，通常可以采用桩端（侧）后注浆的方法，有着较好的效果。

五、桩侧阻力的挤土效应

不同的成桩工艺会使桩周土体中应力、应变场发生不同变化，从而导致桩侧阻力的相应变化。这种变化又与土的类别、性质，特别是土的灵敏度、密实度、饱和度密切相关。图 $2-3-8$（a）、（b）、（c）分别表示成桩前、挤土桩和非挤土桩桩周土的侧向应力状态，以及侧向与竖向变形状态。

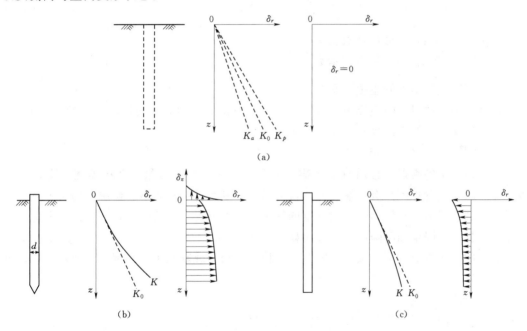

图 $2-3-8$　桩周土的应力及变形

（a）成桩前（K_0、K_a、K_p 为静止、主动、被动土压力系数）；（b）挤土桩，$K>K_0$。

（c）非挤土桩，$K<K_0$（δ_r，δ_z 为土的侧向竖向位移）

挤土桩（打入、振入、压入式预制桩，沉管灌注桩）成桩过程中产生的挤土作用，使桩周土扰动重塑、侧向压应力增加。对于非饱和土，由于受挤而增密。土愈松散，黏性愈低，其增密幅度愈大。对于饱和黏性土，由于瞬时排水固结效应不显著，体积压缩变形小，引起超孔隙水压力，土体产生横向位移和竖向隆起或沉陷。

1. 砂土中侧阻力的挤土效应

松散砂土中的挤土桩沉桩过程使桩周土因侧向挤压而趋于密实，导致桩侧阻力增高。对于桩群，桩周土的挤密效应更为显著。另外孔压膨胀，使侧阻力降低。

2. 饱和黏性土中的成桩挤土效应

饱和黏性土中的挤土桩，成桩过程使桩侧土受到挤压、扰动和重塑，产生超孔隙水压力，随后出现孔压消散、再固结和触变恢复，导致侧阻力产生显著的时间效应。

第四节 桩 端 阻 力

一、桩端阻力的定义

桩端阻力是指桩顶荷载通过桩身和桩侧土传递到桩端土所承受的力。极限桩端阻力在量值上等于单桩竖向极限承载力减去桩的极限侧阻力。

二、桩端阻力的计算

桩端阻力根据地质资料的计算公式为

$$Q_{pu} = \psi_p \pi \frac{D^2}{4} q_{pu} \qquad (2-4-1)$$

式中 ψ_p——端阻尺寸效应系数；

q_{pu}——桩端持力层单位端承力。

三、影响桩端阻力的主要因素

影响单桩桩端阻力的主要因素有：穿过土层及持力层的类别与性质、桩的成桩效应、进入持力层深度、桩截面尺寸、加荷速率等。

1. 桩端持力层类别与性质的影响

桩端持力层的类别与性质直接影响桩端阻力的大小和沉降量。低压缩性、高强度的砂、砾、岩层是理想的具有高端阻力的持力层，特别是桩端进入砂、砾层中的挤土桩，可获得很高的端阻力。高压缩性、低强度的软土几乎不能提供桩端阻力，并导致桩发生突进型破坏，桩的沉降量和沉降的时间效应显著增加。

不同的土在桩端以下的破坏模式并不一样。对松砂或软黏土，出现刺入剪切破坏；对密实砂或硬黏土，出现整体剪切破坏。

2. 成桩效应的影响

桩端阻力的成桩效应随土性、成桩工艺而异。

对于非挤土桩，成桩过程桩端土不产生挤密，而是出现扰动、虚土或沉渣，因而使端阻力降低。

对于挤土桩，成桩过程中松散的桩端土受到挤密，使端阻力提高。对于黏性土与非黏性土、饱和与非饱和状态、松散与密实状态，其挤土效应差别较大。如松散的非黏性土挤密效果最佳。密实或饱和黏性土的挤密效果较小，有时可能起反作用。因此，不同土层端阻力的成桩效应相差也较大。

对于泥浆护壁钻孔灌注桩，由于成桩施工方法不当易使桩底产生沉渣，当沉渣达到一定厚度时，会导致桩的端阻力大幅下降。

3. 桩截面尺寸的影响

桩端阻力与桩端面积直接相关，但随着桩端截面面积尺寸的增大，桩端阻力的发挥度变小，硬土层中桩端阻力具有尺寸效应。

Menzenbaeh（1961）根据 88 根压桩资料统计得桩端阻力尺寸效应系数 φ_{pa} 为

$$\phi_{pa} = 1/[1 + 1 \times 10^{-5}(\overline{q_c})^{1.3} \cdot A] \qquad (2-4-2)$$

式中 $\overline{q_c}$——桩尖以下 $(1\sim3.75)d$ 范围的静力触探锥尖阻力 q_c 平均值，MPa；

A——桩的截面面积，cm^2。

Menzenbaeh 由统计结果得出了两点结论，即：

(1) 对于软土 $(\overline{q_c} \leqslant 1MPa)$，尺寸效应并不显著，在工程上可以不必考虑。

(2) 对于硬土层，如中密—密实砂土 $(\overline{q_c} \geqslant 10MPa)$，尺寸效应明显，值得注意。

4. 加荷速率的影响

试验表明在砂土中加荷速率增快 1000 倍，桩端阻力增大约 20%。在软黏土中，加荷速率对桩端阻力的影响在 10% 以内，所以快速加荷比慢速加荷得到的桩端阻力要高。

四、端阻力的深度效应

1. 端阻力的临界深度 h_{cp}

桩端阻力随桩入土深度按特定规律变化。当桩端进入均匀土层或穿过软土层进入持力层，开始时桩端阻力随深度基本上呈线性增大；当达到一定深度后，桩端阻力基本恒定，深度继续增加，桩端阻力增大很小，见图 2-4-1。图中恒定的桩端阻力称为桩端阻力稳值 q_{pl}。恒定桩端阻力的起点深度称为该桩端阻力的临界深度 h_{cp}。

根据模型和原型试验结果，端阻临界深度和端阻稳值具有如下特性：

(1) 端阻临界深度 h_{cp} 和端阻稳值 q_{pl} 均随砂持力层相对密实度 D_r 增大而增大。所以，端阻临界深度随端阻稳值增大而增大。

(2) 端阻临界深度受覆盖压力区（包括持力层上覆土层自重和地面荷载）影响而随端阻稳值呈不同关系变化，见图 2-4-2。从图中可以看出：

1) 当 $p_0 = 0$ 时，h_{cp} 随 q_{pl} 增大而线性增大。

2) 当 $p_0 > 0$ 时，h_{cp} 与 q_{pl} 呈非线性关系，p_0 越大，其增大率越小。

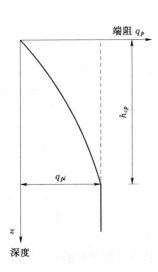

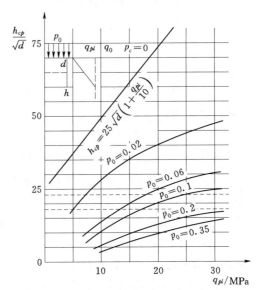

图 2-4-1 端阻临界深度示意　　图 2-4-2 临界深度，端阻稳值及覆盖压力的关系（h_{cd}，d 的单位为 cm）

3）在 q_{pl} 一定的条件下，h_{cp} 随 p_0 增大而减小，即随上覆土层厚度增加而减小。

（3）端阻临界深度 h_{cp} 随桩径 d 的增大而增大。

（4）端阻稳值 q_{pl} 的大小仅与持力层砂的相对密实度 D_r 有关，而与桩的尺寸无关。由图 2-4-3 看出，同一相对密实度 D_r，砂土中不同截面尺寸的桩，其端阻稳值 q_{pl} 基本相等。

（5）端阻稳值与覆盖层厚度无关。如图 2-4-4 所示为均匀砂和上松下密双层砂中的端阻曲线。均匀砂（$D_r=0.7$）中的贯入曲线 1 与双层砂（上层 $D_r=0.2$，下层 $D_r=0.7$）中的贯入曲线 2 相比，其线型大体相同，桩端稳值也大体相等。

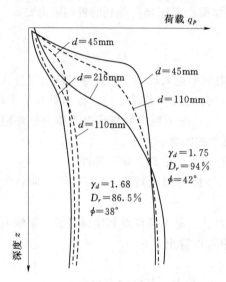

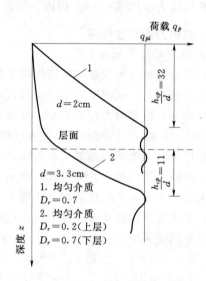

图 2-4-3　端阻稳值与砂土的相对　　　图 2-4-4　均匀与双层砂中端阻的变化
密实度和桩径的关系

2. 端阻的临界厚度 t_c

上面所讲的端阻稳值的临界深度一般是在砂土层中得到的，也就是桩入砂土层的最大入土深度。达到该深度后，相同桩径下桩端阻力不随桩进入持力层深度的增加而增大。

另外一种情况是当桩端下存在软弱下卧层时，桩端离软弱下卧层的顶板必须要有一定的距离，这样才能保证单桩不产生刺入破坏，群桩不发生冲切破坏。我们定义能保证持力层桩端力正常发挥的桩端面与下部软土顶板面的最小距离端阻的"临界厚度" t_c，也就是说设计的时候必须保证桩端面与软弱下卧层的顶板面的临界厚度，才能使持力层的端承力得到正常发挥，不至于发生刺入或冲切破坏。

图 2-4-5 表示软土中密砂夹层厚度变化及桩端进入夹层深度变化对端阻的影响。当桩端进入密砂夹层的深度以及离软弱下卧层距离足够大时，其端阻力可达到密砂中的端阻稳值 q_{pl}。这时要求夹层总厚度不小于 $h_{cp}+t_c$，如图 2-4-5 中的④；反之，当桩端进入夹层的深度 h 小于 h_{cp} 或距软层顶面距离 t_p 小于 t_c 时，其端阻值都将减小，如图 2-4-5 中的①、②、③。

软弱下卧层对端阻产生影响的机理，是由于桩端应力沿扩散角 α（α 角是砂土相对密

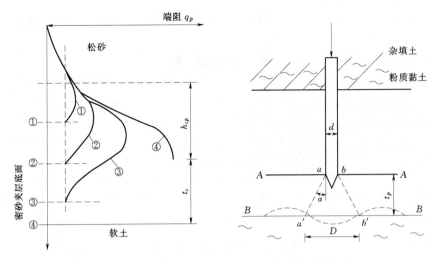

图 2-4-5　端阻随桩入密砂深度及离软弱下卧层距离的变化

实度 D_r 的函数并受软弱下卧层强度和压缩性的影响，其范围值为 $10° \sim 20°$。对于砂层下有很软土层时，可取 $\alpha = 10°$）向下扩散至软弱下卧层顶面，引起软弱下卧层出现较大压缩变形，桩端连同扩散锥体一起向下位移，从而降低了端阻力，如图 2-4-6 所示。若桩端荷载超过该端阻极限值，软下卧层将出现更大的压缩和挤出，导致冲剪破坏。

临界厚度 t_c 主要随砂的相对密实度 D_r 和桩径 d 的增大而加大。

对于松砂，$t_c \approx 1.5d$；密砂，$t_c = (5 \sim 10)d$；砾砂，$t_c \approx 12d$；硬黏性土，$h_{cp} \approx t_c \approx 7d$。

根据以上端阻的深度效应分析可见，对于以夹于软层中的硬层作桩端持力层时，为充分发挥端阻，要根据夹层厚度综合考虑桩端进入持力层的深度和桩端下硬层的厚度，不可只顾一个方面而导致端阻力降低。

3. 砂层中端阻深度效应

(1) 砂土的强度和变形特性。对于任何初始密度的砂，在三轴压缩试验中，当轴向变形足够大（$\varepsilon_1 > 20\%$）时，砂的密实度达到一稳定值，此时土样中各点处于全塑状态，该相对密实度称之为"临界密实度" D_{rc}。每一临界密实度对应于一个"临界压力" p_c（图 2-4-7）。只有处于临界密实度和临界压力下的砂才不发生剪切体积变化，对于任何初始密

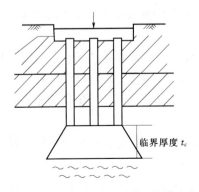

图 2-4-6　软弱层对端阻的影响

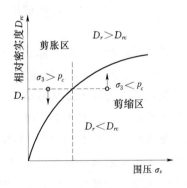

图 2-4-7　砂土的临界图

实度的砂，存在一临界压力 p_c，不同围压下砂的密实度变化及破坏方式见表 2-4-1 及图 2-4-7。

表 2-4-1　　　　　　　　　　　　　不同围压下砂破坏方式

围压	砂密实度	破坏方式
$\sigma_3 = p_c$	$D_r = D_{rc}$	砂样剪坏时体积不变
$\sigma_3 < p_c$	其密实度减小到与 σ_3 相适应的稳定密实度	砂样呈剪胀破坏
$\sigma_3 > p_c$	其密实度将增大到与 σ_3 相适应的稳定密实度	砂样呈减缩破坏

（2）砂土中端阻的深度效应。当桩深 h 小于或大于临界深度 h_{cp} 中，达到极限平衡时，端阻力将产生不同的受力性状和桩端破坏方式，见表 2-4-2。

表 2-4-2　　　　　　　　　　　端阻力产生的不同桩端破坏方式

桩深/h	桩端处围压	桩端破坏方式	桩 端 阻 力
$h < h_{cp}$	$\sigma_3 < p_c$	土将剪胀，即土向四周和向上挤出，呈整体剪切破坏或局部剪切破坏	端阻力主要受剪切机理制约，其极限端阻力可表示为 $q_{pu} = \gamma h N_q$，即随深度线性增大
$h > h_{cp}$	$\sigma_3 > p_c$	端阻力的破坏主要由土的压缩机理所制约，呈刺入剪切破坏	桩端土不再产生挤出剪切破坏，而是被桩挤向四周而加密，故端阻力保持临界深度的对应值 q_{pl}

第五节　单桩竖向承载力计算

一、单桩竖向承载力的基本概念

（1）单桩轴向极限承载力 Q_u 是指单桩在轴向荷载作用下达到破坏状态前的最大荷载或出现不适于继续承载的变形时所对应的荷载。其定义包含两个方面的含义：一是桩基结构自身的极限承载力；二是支撑桩基结构的地基的极限承载力。通常桩的破坏是由于地基土强度破坏而引起的，因此，单桩轴向极限承载力通常是指支撑桩基结构的地基的极限承载力。

（2）单桩轴向极限承载力标准值 Q_k 是基于单桩轴向极限承载力 Q_u 实测值统计分析的结果。《水运工程桩基设计规范》（JTS 147-7—2022）规定：当试桩数量 n 不小于 2，且各桩的极限承载力最大值与最小值比值小于等于 1.3 时，取其平均值作为单桩轴向极限承载力标准值；其比值大于 1.3 时，经分析确定。

（3）单桩轴向破坏承载力 Q_p 是指单桩轴向静载试验时桩发生破坏时桩顶的最大试验荷载，它是比单桩轴向极限承载力 Q_u 高一级的荷载。

（4）单桩轴向承载力设计值 Q_d 为单桩轴向极限承载力标准值 Q_k 除以单桩轴向承载力分项系数 γ_R。不同行业的桩基规范对该系数有不同的规定。

二、单桩竖向极限承载力的确定方法

单桩竖向承载力的确定方法通常有以下几种：静载试验法、静力法、原位测试法、经验公式法。

1. 静载试验法确定单桩轴向承载力

静载试验是最基本也是最可靠的确定单桩承载力的方法。它不仅可确定桩的极限承载力，而且通过埋设各类测试元件可获得荷载传递、桩侧阻力、桩端阻力、荷载-沉降关系等诸多资料。静载试验包括传统的静载试验和自平衡试桩法两种。

传统的静载试验是在现场对原型桩或工程桩进行加载试验，求桩的承载力。由于试桩条件与桩的实际受力情况较为一致，所求的单桩承载力比较可靠，因此《水运工程桩基设计规范》（JTS 147－7—2022）规定单桩承载力应首先根据静荷载试验确定。当遇下列情形之一时，也可不进行桩的静载试验。

（1）当附近工程有试桩资料，且沉桩工艺相同，地质条件相近时。

（2）重要工程中的附属建筑物。

（3）桩数较少的重要建筑物，并经技术论证。

（4）小港口中的建筑物。

当进行静荷载试桩时，单桩轴向承载力设计值应按式（2－5－1）计算

$$Q_d = \frac{Q_k}{\gamma_R} \qquad (2-5-1)$$

式中　Q_d——单桩轴向承载力设计值，kN；

　　　Q_k——单桩轴向极限承载力标准值，kN；

　　　γ_R——单桩轴向承载力分项系数，《水运工程桩基设计规范》（JTS 147－7—2022）按表 2－5－1 取值。

表 2－5－1　　　　　　　　单桩轴向承载力抗力分项系数 γ_R

桩 的 类 型			静载试验法 γ_R	经 验 参 数 法		
打入桩			1.30～1.40	γ_R 取 1.45～1.55		
灌注桩			1.50～1.60	γ_R 取 1.55～1.65		
嵌岩桩	抗压		1.60～1.70	覆盖层 γ_{cs}	预制型	1.45～1.55
					灌注型	1.55～1.65
				嵌岩段 γ_{cR}	1.70～1.80	
	抗拔		1.80～2.00	覆盖层	预制型	1.45～1.55
					灌注型	1.55～1.65
				嵌岩段	2.00～2.20	

注　1. 受压桩当地质情况复杂或永久作用所占比重较大时取大值，反之取小值；抗拔桩地质情况复杂或永久作用所占比重较小时取大值，反之取小值。

　　2. 采用表中经验参数法的分项系数时，应采用本规范建议的计算公式及相应的参数计算承载力标准值；

　　3. γ_{cs} 为覆盖层单桩轴向受压承载力分项系数，γ_{cR} 为嵌岩段单桩轴向受压承载力分项系数。

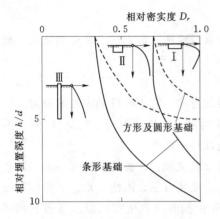

图 2-5-1　地基破坏模式

Ⅰ—整体剪切破坏；Ⅱ—局部剪切破坏；Ⅲ—刺入剪切破坏

2. 静力法计算单桩承载力

根据桩侧阻力，桩端阻力的破坏机理，按照静力学原理，采用土的强度参数，分别对桩侧阻力和桩端阻力进行计算。由于计算模式、强度参数与实际的某些差异，计算结果的可靠性受到限制，往往只用于一般工程或重要工程的初步设计阶段，或与其他方法综合比较确定承载力。

（1）桩端阻力的破坏模式。桩端阻力的破坏机理与扩展式基础承载力的破坏机理有相似之处。图 2-5-1 表示承载力由于基础相对埋深（h/B，B 为基础宽度，h 为埋深）、砂土的相对密实度不同而呈整体剪切、局部剪切和刺入剪切 3 种破坏模式，各种破坏模式的特征见表 2-5-2。

表 2-5-2　　　　　　　　　端阻力的破坏模式与特征

破坏模式	破坏的特征	持力层情况
整体剪切	连续的剪切滑裂面开展至基底水平面，基底水平面土体出现隆起，基础沉降急剧增大，曲线上破坏荷载特征点明显	桩端持力层为密实的砂、粉土和硬黏性土，其上覆盖为软土层，且桩不太长时，端阻一般呈整体破坏
局部剪切	基础沉降所产生的土体侧向压缩量不足以使剪切滑裂面开展至基底水平面；基础侧面土体隆起量较小	桩端持力层为密实的砂、粉土和硬黏性土，当上覆土层为非软弱土层时，一般呈局部剪切破坏
刺入剪切	由于持力层的压缩性，土体的竖向和侧向压缩量大，基础竖向位移量大，沿基础周边产生不连续的向下辐射形剪切，基础"刺入"土中，基底水平面无隆起出现	桩端持力层为密实的砂、粉土和硬黏性土，当存在软弱下卧层时，可能出现冲剪破坏； 当桩端持力层为松散、中密砂、粉土、高压缩性和中等压缩性黏性土时，端阻一般呈刺入剪切破坏

注　对于饱和黏性土，当采用快速加载，土体来不及产生体积压缩，剪切面延伸范围增加，从而形成整体剪切或局部剪切破坏。但由于剪切是在不排水条件下进行，因而土的抗剪强度降低，剪切破坏面的形式更接近于围绕桩端的"梨形"。

（2）桩端阻力的计算。以刚塑体理论为基础，假定不同的破坏滑动面形态，便可导得不同的极限桩端阻力理论表达式，Terzaghi（1943）、Meyerhof（1951），Березанцев（1961）、Vesic（1963）所提出的单位面积极限桩端阻力公式，可以统一表示为如下形式：

$$q_{pu} = \zeta_c c N_c + \zeta_\gamma \gamma_1 b N_\gamma + \zeta_q \gamma h N_q \qquad (2-5-2)$$

式中　N_c、N_γ、N_q——反映土的黏聚力 c、桩底以下滑动土体自重和桩底平面以上边载（竖向压力 γh）影响的条形基础无量纲承载力系数，仅与土的内摩擦角 φ 有关；

　　　　ζ_c、ζ_γ、ζ_q——桩端为方形、圆形时的形状系数；

　　　　b、h——桩端底宽（直径）和桩的入土深度；

　　　　c——土的黏聚力；

γ_1——桩端平面以下土的有效重度；

γ——桩端平面以上土的有效重度。

由于 N_γ 与 N_q 接近，而桩径 b 远小于桩深 h，故可将式（2-5-2）中的第二项略去，变成

$$q_{pu} = \zeta_c c N_c + \zeta_q \gamma h N_q \qquad (2-5-3)$$

式中　ζ_c、ζ_q——形状系数，见表 2-5-3。

表 2-5-3　　　形　状　系　数

φ	ζ_c	ζ_q
$<22°$	1.20	0.80
25°	1.21	0.79
30°	1.24	0.76
35°	1.32	0.68
40°	1.68	0.52

式（2-5-3）中几个系数之间有以下关系：

$$N_c = (N_q - 1)\cot\varphi \qquad (2-5-4)$$

$$\zeta_c = \frac{\zeta_q N_q - 1}{N_q - 1} \qquad (2-5-5)$$

有代表性的桩端阻力极限平衡理论公式有 Terzaghi（1943）、Meyerhof（1951）、Березанцев（1961）、Vesic（1963）公式，其相应的假设滑动面图形如图 2-5-2 所示，其承载力系数 $N_q^* = \zeta_q N_q$（N_q 为条形基础埋深影响承载力系数）值如图 2-5-3 所示。由图可见，由于假定滑动面图形不同，各承载力系数相差很大。

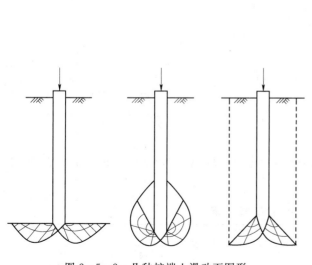

图 2-5-2　几种桩端土滑动面图形

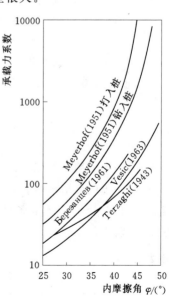

图 2-5-3　承载力系数与土内
摩擦角关系

当桩端土为饱和黏性土（$\varphi_u = 0$）时，极限端阻力公式可进一步简化。此时，式（2-5-3）中，$N_q = 1$，$\zeta_c N_c = N_c^* = 1.3 N_c = 9$（桩径 $d \leqslant 30\mathrm{cm}$ 时）。根据试验，承载力随桩径增加而略有减小。$d = 30 \sim 60\mathrm{cm}$ 时，$N_c^* = 7$；当 $d > 60\mathrm{cm}$ 时，$N_c^* = 6$。因此，对于桩端为饱和黏性土的极限端阻力公式为

$$q_{pu} = N_c^* c_u + \gamma h = (6 \sim 9) c_u + \gamma h \tag{2-5-6}$$

式中 c_u——土的不排水抗剪强度。

（3）考虑土的压缩性计算端阻力的极限平衡理论公式。

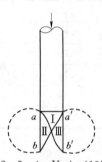

1）Vesic（1975）提出按图 2-5-4 破坏图式计算极限端阻。该图表示，桩端形成压密核 Ⅰ，压密核随荷载增加将剪切过渡区 Ⅱ 外挤，ab 面上的土则向周围扩张，形成虚线所示的塑性变形区。根据空洞扩张理论计算 ab 面上的极限应力，再通过剪切过渡区 Ⅱ 的平衡方程计算桩的极限端阻 q_{pu} 得

$$q_{pu} = c N_c + \overline{p} N_q \tag{2-5-7}$$

图 2-5-4 Vesic（1975）
计算极限端阻破坏图示

式中 $\overline{p}$——桩端平面侧边的平均竖向压力。

$$\overline{p} = \frac{1 + 2k_0}{3} \gamma h$$

$$N_q = \frac{3}{3 - \sin\varphi} e^{(\frac{\pi}{2} - \varphi)} \cdot \tan^2\left(\frac{\pi}{4} + \frac{\varphi}{2}\right) I_{rr} \cdot \frac{4\sin\varphi}{3(1 - \sin\varphi)} \tag{2-5-8}$$

$$N_c = (N_q - 1)\cot\varphi$$

式中 k_0——土的静止侧压力系数；

I_{rr}——修正刚度系数，按下式计算：

$$I_{rr} = \frac{I_r}{1 + I_r \Delta} \tag{2-5-9}$$

式中 Δ——塑性区内土体的平均体积变形；

I_r——刚度系数，按下式计算：

$$I_r = \frac{G_s}{c + \overline{p}\tan\varphi} = \frac{E_0}{2(1 + \mu_s)(c + \overline{p}\tan\varphi)} \tag{2-5-10}$$

式中 μ_s——土的泊松比；

G_s——土的剪切模量；

E_0——土的变形模量。

当土剪切时处于不排水条件或为密实状态，可取 $\Delta = 0$，此时，$I_{rr} = I_r$；I_r 也可查表 2-5-4 取值。

表 2-5-4 土 的 刚 度 指 数 表

土类别	I_r
砂 D_r（$=0.5 \sim 0.8$）	$75 \sim 150$
粉土	$50 \sim 75$
黏土	$150 \sim 250$

式 $(2-5-9)$ 中引入刚度指数 I_r 来反映的压缩性影响，该刚度指数与土的变形模量成正比，与平均法向压力成反比。这使得极限端阻力计算值随土的压缩体变增大而减小，与前述按刚塑体理论求得的与土的压缩性无关的极限端阻公式相比有所改进。

2）Janbu（1976）提出按式 $(2-5-11)$ 计算式 $(2-5-7)$ 中的 N_q。

$$N_q = \left(\tan\varphi + \sqrt{1+\tan^2\varphi}\right)^2 e^{2\psi\tan\varphi} \qquad (2-5-11)$$

式中　φ——值由高压缩性软土的 $60°$ 变至密实土的 $150°$，如图 $2-5-5$ 所示。

表 $2-5-5$ 列出了 Janbu 和 Vesic 公式中的 N_c、N_q 值。

采用 Vesic 公式，需要进行多项室内试验以测定所需的土参数 c、φ、E_s、μ_s、γ，而 Janbu 公式中的 φ 可通过贯入试验等原位测试方法区别土的压缩性确定。

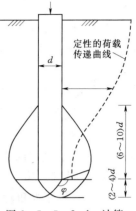

图 $2-5-5$　Janbu 计算极限端阻破坏模式

表 $2-5-5$　　　　　　Janbu 和 Vesic 公式算得的承载力系数 N_c、N_q

φ	Janbu			Vesic				
	$\psi=75°$	$\psi=90°$	$\psi=105°$	$I_{rr}=10$	$I_{rr}=50$	$I_{rr}=100$	$I_{rr}=200$	$I_{rr}=500$
$0°$	$N_c=1.0$	$N_c=1.00$	$N_c=1.00$	$N_c=1.0$	$N_c=1.00$	$N_c=1.00$	$N_c=1.00$	$N_c=1.00$
	$N_q=5.74$	$N_q=5.74$	$N_q=5.74$	$N_q=9.12$	$N_q=9.12$	$N_q=10.04$	$N_q=10.97$	$N_q=12.19$
$5°$	$N_c=1.50$	$N_c=1.57$	$N_c=1.64$	$N_c=1.79$	$N_c=2.12$	$N_c=2.28$	$N_c=2.46$	$N_c=2.71$
	$N_q=5.96$	$N_q=6.49$	$N_q=7.33$	$N_q=8.99$	$N_q=12.82$	$N_q=14.69$	$N_q=16.69$	$N_q=19.59$
$10°$	$N_c=2.25$	$N_c=2.47$	$N_c=2.71$	$N_c=3.04$	$N_c=4.17$	$N_c=4.78$	$N_c=5.48$	$N_c=6.57$
	$N_q=7.11$	$N_q=8.34$	$N_q=9.70$	$N_q=11.55$	$N_q=17.99$	$N_q=21.46$	$N_q=25.43$	$N_q=31.59$
$20°$	$N_c=5.29$	$N_c=6.40$	$N_c=7.74$	$N_c=7.85$	$N_c=13.57$	$N_c=17.17$	$N_c=21.73$	$N_c=29.67$
	$N_q=11.78$	$N_q=14.83$	$N_q=18.53$	$N_q=18.83$	$N_q=34.53$	$N_q=44.44$	$N_q=56.97$	$N_q=78.78$
$30°$	$N_c=13.60$	$N_c=18.40$	$N_c=24.90$	$N_c=18.34$	$N_c=37.50$	$N_c=51.02$	$N_c=69.43$	$N_c=104.33$
	$N_q=21.82$	$N_q=30.14$	$N_q=41.39$	$N_q=30.03$	$N_q=63.21$	$N_q=86.64$	$N_q=118.53$	$N_q=178.98$
$35°$	$N_c=23.08$	$N_c=33.30$	$N_c=48.04$	$N_c=27.36$	$N_c=59.82$	$N_c=83.78$	$N_c=117.34$	$N_c=183.16$
	$N_q=31.53$	$N_q=46.12$	$N_q=67.18$	$N_q=37.65$	$N_q=84.00$	$N_q=118.22$	$N_q=166.15$	$N_q=260.15$
$40°$	$N_c=41.37$	$N_c=64.20$	$N_c=99.61$	$N_c=40.47$	$N_c=93.70$	$N_c=134.53$	$N_c=193.13$	$N_c=311.50$
	$N_q=48.11$	$N_q=75.31$	$N_q=117.52$	$N_q=47.04$	$N_q=110.48$	$N_q=159.13$	$N_q=228.97$	$N_q=370.04$
$45°$	$N_c=79.90$	$N_c=134.87$	$N_c=227.68$	$N_c=59.66$	$N_c=145.11$	$N_c=212.79$	$N_c=312.04$	$N_c=517.60$
	$N_q=78.90$	$N_q=133.87$	$N_q=226.68$	$N_q=53.66$	$N_q=144.11$	$N_q=211.79$	$N_q=311.04$	$N_q=516.60$

（4）桩侧阻力的计算。桩的总极限侧阻力的计算通常是取桩身范围内各土层的单位极限侧阻力 q_{sui} 与对应桩侧表面积 $u_i l_i$ 乘积之和，即

$$Q_{su} = \sum u_i l_i q_{sui} \qquad (2-5-12)$$

当桩身为等截面时

$$Q_{su} = u \sum l_i q_{sui} \tag{2-5-13}$$

q_{sui} 的计算可分为总应力法和有效应力法两类。根据计算表达式所用系数的不同，可将其归纳为 α 法、β 法和 λ 法。α 法属总应力法，β 法属有效应力法，λ 法属于混合法。

1) α 法。α 法由 Tomlinson（1971）提出，用于计算饱和黏性土的侧阻力，其表达式为

$$q_{su} = \alpha c_u \tag{2-5-14}$$

式中　α——系数，取决于土的不排水剪切强度和桩进入黏性土层的深度比，可按表 2-5-6 和图 2-5-6 确定；

c_u——桩侧饱和黏性土的不排水剪切强度，采用无侧限压缩、三轴不排水压缩或原位十字板、旁压试验等测定。

曲线编号说明见表 2-5-6。

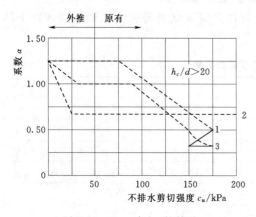

图 2-5-6　α 与 c_u 的关系

表 2-5-6　打入硬到极硬黏土中桩的 α 值

编号	土质条件	h_c/d	α
1	为砂或砂砾覆盖	<20 >20	1.25
2	为软黏土或粉砂覆盖	$8<h_c/d \leqslant 20$ >20	0.4
3	无覆盖	$8<h_c/d \leqslant 20$ >20	0.4

2) β 法。β 法由 Chandler（1968）提出，又称有效应力法，用于计算黏性土和非黏性土的侧阻力，其表达式为

$$q_{su} = \sigma'_V k_0 \tan\delta \tag{2-5-15}$$

对于正常固结黏性土，$k_0 \approx 1 - \sin\varphi'$，$\delta \approx \varphi'$，因而得

$$q_{su} = \sigma'_V (1 - \sin\varphi') \tan\delta' = \beta\sigma'_V \tag{2-5-16}$$

式中　β——系数，$\beta \approx (1 - \sin\varphi') \tan\delta'$，当 $\varphi' = 20° \sim 30°$，$\beta = 0.24 \sim 0.29$；据试验统计 $\beta = 0.25 \sim 0.4$，平均为 0.32；

k_0——土的静止土压力系数；

δ——桩、土间的外摩擦角；

σ'_V——桩侧计算土层的平均竖向有效应力，地下水位以下取土的浮重度；

φ'——桩侧计算土层的有效内摩擦角。

应用 β 法时应注意以下问题：

a. 该法的基本假定是认为成桩过程引起的超孔隙水压力已消散，土已固结，因此对于成桩休止时间短的桩不能用 β 法计算其侧阻力。

b. 考虑到侧阻的深度效应，对于长径比 L/d 大于侧阻临界深度 $(L/d)_{cr}$ 的桩，可按式（2-5-17）取修正的 q_{su} 值

$$q_{su} = \beta \cdot \sigma'_V \left[1 - \lg \frac{L/d}{(L/d)_{cr}} \right] \qquad (2-5-17)$$

式中临界长径比，对于均匀土层可取 $(L/d)_{cr} = 10 \sim 15$，当硬层上覆盖有软弱土层时，$(L/d)_{cr}$ 从硬土层顶面算起。

c. 当桩侧土为很硬的黏土层时，考虑到剪切滑裂面不是发生在桩侧土中，而是发生于桩土界面，此时取 $\delta = (0.5 \sim 0.75) \varphi'$，代入式（2-5-16）的 $\tan\varphi'$ 中计算。

3）λ 法。综合 α 法和 β 法的特点，Vijayvergiya 和 Focht（1972）提出如下适用于黏性土的 λ 法

$$q_{su} = \lambda(\sigma'_V + 2c_u) \qquad (2-5-18)$$

式中　σ'_V、c_u——分别与式（2-5-16）和式（2-5-15）中相同；

　　　　λ——系数，可由图 2-5-7 确定。

图 2-5-7 所示 λ 系数是根据大量静载试桩资料回归分析得出。由图看出，λ 系数随桩的入土深度增加而递减，至 20m 以下基本保持常量。这主要是反映了侧阻的深度效应及有效竖向应力 σ'_V 的影响随深度增加而递减所致。因此，在应用该法时，应将桩侧土的 q_{su} 分层计算，即根据各层土的实际平均埋深由图 2-5-7 取相应的 λ 值和 σ'_V、c_u 值计算各层土的 q_{su} 值。

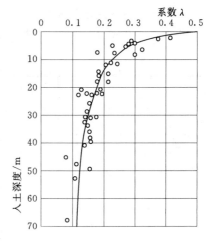

图 2-5-7　λ 系数

3. 原位测试法计算单桩承载力

原位测试法是对地基土进行原位测试，利用桩的静载试验与原位测试参数间的经验关系，确定桩的侧阻力和端阻力。其中最常用的方法包括静力触探试验（CPT）、标准贯入试验（SPT）、十字板剪切试验（VST）3 种。

（1）静力触探试验确定单桩承载力。根据双桥探头静力触探资料，对于一般黏性土、粉土和砂类土，无当地经验时可按下式计算

$$Q_{uk} = u'_p \sum \beta_i f_{si} l'_i + \alpha q_c A'_p \qquad (2-5-19)$$

式中　f_{si}——第 i 层土的探头平均阻力，kPa；

　　　　q_c——桩端平面上、下探头阻力，取桩端平面以上 $4d$（d 为桩的直径或边长）范围内按土层厚度的探头阻力加权平均值，然后再与桩端平面以下 $1d$ 范围内的探头阻力进行平均；

　　　　α——桩端阻力修正系数，对于黏性土、粉土取 2/3，饱和砂土取 1/2；

　　　　β_i——第 i 层土桩侧阻力综合修正系数。对于黏性土，$\beta_i = 10.04 (f_{si})^{-0.55}$；对于砂类土，$\beta_i = 5.05 (f_{si})^{-0.55}$。

（2）标准贯入试验确定单桩承载力。北京市勘察院提出的标准贯入试验法预估钻孔灌注桩单桩竖向极限承载力的计算：

$$Q_u = p_b A_p + (\sum p_{fc} L_c + \sum p_{fs} L_s) U + C_1 - C_2 X \qquad (2-5-20)$$

式中 p_b——桩尖以上、以下 $4D$ 范围标贯击数 N 平均值换算的极限桩端承力，kPa，见表 $2-5-7$；

p_{fc}、p_{fs}——桩身范围内黏性土、砂土 N 值换算的极限桩侧阻力，kPa，见表 $2-5-7$；

L_c、L_s——黏性土、砂土层的桩段长度；

U——桩侧周边长，m；

A_p——桩端的截面积，m^2；

C_1——经验系数，kN，见表 $2-5-8$；

C_2——孔底虚土折减系数，kN/m，取 18.1；

X——孔底虚土厚度，预制桩 $X=0$；当虚土厚度大于 0.5m，取 $X=0$，端承力也取 0。

表 2-5-7　　　　　　标贯击数 N 与 p_{fc}、p_{fs} 和 p_b 的关系

N		1	2	4	6	8	10	12	14	16	18	20	22	24	26	28	30	35	≥40
预制桩	p_{fc}	7	13	26	39	52	65	78	91	104	117	130							
	p_{fs}			18	27	36	44	53	62	71	80	89	98	107	115	124	133	155	178
	p_b			440	660	880	1100	1320	1540	1760	1980	2200	2420	2640	2680	3080	3300	3850	4400
钻孔灌注桩	p_{fc}	3	6	12	19	25	31	37	43	50	56	62							
	p_{fs}		7	13	20	26	33	40	46	53	59	66	73	79	86	92	99	116	132
	p_b			110	170	220	280	330	390	450	500	560	610	670	720	780	830	970	1120

表 2-5-8　　　　　　　　经　验　系　数　C_1

桩型	预制桩		钻孔灌注桩
土层条件	桩周有新近堆积土	桩周无新近堆积土	桩周无新近堆积土
C_1/kN	340	150	180

（3）十字板剪切试验确定单桩承载力。桩侧阻力的产生，是在桩受荷后产生位移，从而与桩侧土体产生摩擦力，当桩的位移达到某一极限时的摩擦力，即所谓桩的极限侧阻力。此时的桩侧的周围土体并未预先受竖向荷载而产生固结。根据此受力状态，并考虑目前实际工程加荷速率较快，因而对于求极限侧阻力的抗剪强度，宜采用三轴的不固结、不排水剪或直接剪切试验的快剪试验。由于桩基工程取土深度比较深，按一般加载方法，第一级压力（甚至第二级压力）往往过小，使强度包线各点不处于同一压密状态，为此，在直剪或三轴压缩的第一个试样（有时甚至第二个试样）所施加的垂直压力或周围压力应接近土的自重压力，但对于某些土类，如饱和软黏土，由于取土过程中易于扰动，在进行三轴不固结、不排水剪或直剪的快剪时，均宜采取恢复其自重压力，即在自重压力预固结后再进行剪切。

十字板剪切试验法可用下式来估计单桩极限承载力

$$Q_u = q_p A + u \sum_{i=1}^{n} q_s L \qquad (2-5-21)$$

式中 Q_u——单桩极限承载力，kN；

q_p——桩端阻力，$q_p = N_c c_u$，N_c 为承载力系数，均质土体取 9；

q_s——桩侧阻力，$q_s = a c_u$ 与桩类型、土类、土层顺序等有关；

A——桩身截面积，m^2；

u——桩身周长，m；

L——桩身入土深度，m。

另根据国内外经验，桩侧极限摩阻力大致相当于土的不排水抗剪强度 c_u 值，而 $c_u = q_u/2$，q_u 为土的无侧限抗压强度。因而，当现场未做十字板剪切试验时，也可用无侧限抗压试验来代替 c_u 值。

在用不固结不排水强度估算桩侧极限摩擦阻力时，可按下式计算

$$Q_{sik} = \tau_{ik} = (\sum_{i=1}^{m} \gamma_i h_i) \tan\varphi_{uu} + c_{uu} \qquad (2-5-22)$$

式中 Q_{sik}——第 i 层土极限侧阻力标准值，kPa；

τ_{ik}——第 i 层土抗剪强度标准值，kPa；

γ_i——第 i 层土的重度，地下水位以下用有效重度，kN/m^3；

φ_{uu}——用三轴不固结、不排水试验或直剪快剪所测得的内摩擦角，(°)；

c_{uu}——用三轴不固结、不排水试验或直剪快剪的测得的黏聚力，kPa；

h_i——第 i 层土的厚度，m；

m——所计算层的层序号。

上述计算值与现行规范所规定的极限摩阻力标准值 Q_{sik} 是比较吻合的。

计算桩的极限端阻力、桩端持力层强度和下卧层强度时受力状态均为桩所传递的竖向荷载作用于土体，在固结条件下产生剪切破坏，模拟其受力状况宜采用三轴的固结不排水剪或直剪的固结快剪。

4. 经验公式法计算单桩轴向抗压承载力

当无试桩条件或在初步设计阶段或传统静载试验中提到的可不进行试桩的 4 个条件之一时，可用下列经验公式计算单桩轴向抗压承载力。

（1）桩身实心或桩端封闭的打入桩轴向抗压设计承载力。

1）《水运工程桩基设计规范》（JTS 147-7—2022）建议按下式计算单桩轴向抗压设计承载力 Q_d

$$Q_d = \frac{1}{\gamma_R}(U\sum q_{fi}l_i + q_R A) \qquad (2-5-23)$$

式中 Q_d——单桩轴向承载力设计值，kN；

γ_R——单桩轴向抗压承载力分项系数；

U——桩身截面周长，m；

q_{fi}——单桩第 i 层土的极限摩阻力标准值，kPa，如无当地经验时，可按规范建议取值；

l_i——桩身穿过 i 层土的长度，m；

q_R——单桩极限端阻力标准值，可按规范建议取值；

A——桩身截面面积，m^2。

2）《建筑桩基技术规范》（JGJ 94—2008）建议按下述方法计算单桩轴向抗压设计承载力。根据土的物理指标与承载力参数之间的经验关系确定单桩竖向极限承载力标准值

时，宜按下式估算

$$Q_{uk} = Q_{sk} + Q_{pk} = u\sum q_{sik}l_i + q_{pk}A_p \qquad (2-5-24)$$

式中　l_i——桩周第 i 层土厚度；

　　　A_p——桩端底面积；

　　　q_{sik}——桩侧第 i 层土的极限侧阻力标准值，如无当地经验时，可按规范建议取值；

　　　q_{pk}——极限端阻力标准值，如无当地经验时，可按规范建议取值。

（2）钢管桩和预制混凝土管桩轴向抗压承载力。

1）《水运工程桩基设计规范》（JTS 147-7—2022）建议按下式计算单桩轴向抗压承载力设计值 Q_d

$$Q_d = \frac{1}{\gamma_R}(U\sum q_{fi}l_i + \eta q_R A) \qquad (2-5-25)$$

式中　Q_d——单桩轴向承载力设计值，kN；

　　　γ_R——单桩轴向抗压承载力分项系数；

　　　U——桩身截面周长，m；

　　　q_{fi}——单桩第 i 层土的极限摩阻力标准值，kPa，如无当地经验时，可按规范建议取值；

　　　l_i——桩身穿过 i 层土的长度，m；

　　　η——承载力折减系数，可按地区经验取值，无当地经验时可按表 2-5-9 取值；

　　　q_R——单桩极限端阻力标准值，可按规范建议取值；

　　　A——桩身截面积，m^2。

表 2-5-9　　　　　　　　　　桩端承载力折减系数 η

桩型	桩的外径 d/m	η	取 值 范 围
敞口钢管桩	$d<0.60$	入土深度大于 $20d$，且桩端进入持力层的深度大于 $5d$ 时，取 1.00~0.80	根据桩径、入土深度和持力层特性综合分析：入土深度较大，进入持力层深度较大，桩径较小时取大值，反之取小值
	$0.60 \leqslant d \leqslant 0.80$	入土深度大于或等于 $20d$ 时取 0.85~0.45	
	$0.80 < d \leqslant 1.20$	入土深度大于 20m 或 $20d$ 时取 0.50~0.30	
	$1.20 < d \leqslant 1.50$	入土深度大于 25m 时取 0.35~0.20	
	$d>1.50$	入土深度小于 25m 时取 0；入土深度大于或等于 25m 时取 0.25~0	
半敞口钢管桩	—	参照同条件的敞口钢管桩酌情增大	持力层为黏性土时增大值不宜大于敞口时得 20%；较密实砂性土增大值可适当增加
混凝土管桩	$d<0.80$	入土深度大于 $20d$ 时取 1.00	根据桩径、入土深度和持力层特性综合分析：入土深度较大、进入持力层深度较大、桩径较小时取大值，反之取小值
	$0.80 \leqslant d < 1.20$	入土深度大于 $20d$ 或 20m 时取 1.00~0.80	
	$d=1.20$	入土深度大于 20m 时取 0.85~0.75	

注　1. 表层为淤泥时，入土深度应当适当折减。

　　2. 有经验公式时可适当增减。

　　3. 若入土深度大于 $30d$ 或 30m，进入持力层深度大于 $5d$，可分别认为入土深度较大和进入持力层深度较大。

　　4. 本表不适用于持力层为全风化和强风化岩层的情况，不适用于直径大于 2m 的桩。

2）《建筑桩基技术规范》（JGJ 94—2008）建议按下述方法计算钢管桩、预制混凝土管桩单桩轴向抗压设计承载力。当根据土的物理指标与承载力参数之间的经验关系确定钢管桩单桩竖向极限承载力标准值时，可按下式计算

$$Q_{uk}=Q_{sk}+Q_{pk}=u\sum q_{sik}l_i+\lambda_p q_{pk}A_p \qquad (2-5-26)$$

当 $h_b/d<5$ 时

$$\lambda_p=0.16h_b/d \qquad (2-5-27)$$

当 $h_b/d\geqslant5$ 时

$$\lambda_p=0.8 \qquad (2-5-28)$$

式中　　u——桩身周长；

　q_{sik}、q_{pk}——取与混凝土预制桩相同值；

　　　　l_i——桩身穿过第 i 层土的长度；

　　　　λ_p——桩端闭塞效应系数，对于闭口钢管桩 $\lambda_p=1$，对于敞口钢管桩按式（2-5-27）取值；

　　　　h_b——桩端进入持力层深度；

　　　　d——钢管桩外径。

对于带隔板的半敞口钢管桩，以等效直径 d_e 代替 d 确定 λ_p；$d_e=d/\sqrt{n}$，其中 n 为桩端隔板分割数，如图 2-5-8 所示。

  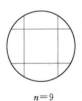

$n=2$　　　　　　　$n=4$　　　　　　　$n=9$

图 2-5-8　隔板分割

当根据土的物理指标与承载力参数之间的经验关系确定敞口预应力混凝土管桩单桩竖向极限承载力标准值时，可按下式计算

$$Q_{uk}=Q_{sk}+Q_{pk}=u\sum q_{sik}l_i+q_{pk}(A_j+\lambda_p A_{p1}) \qquad (2-5-29)$$

当 $h_b/d_1<5$ 时

$$\lambda_p=0.16h_b/d \qquad (2-5-30)$$

当 $h_b/d_1\geqslant5$ 时

$$\lambda_p=0.8 \qquad (2-5-31)$$

式中　　q_{sik}、q_{pk}——取与混凝土预制桩相同值；

　　　　A_j——空心桩桩净截面面积，管桩：$A_j=\dfrac{\pi}{4}(d^2-d_1^2)$；

　　　　A_{p1}——空心桩敞口面积：$A_{p1}=\dfrac{\pi}{4}d_1^2$；

λ_p——桩端土塞效应系数；

d、d_1——空心桩外径和内径。

（3）灌注桩单桩轴向抗压承载力。

1）《水运工程桩基设计规范》（JTS 147-7—2022）建议按下式计算单桩轴向抗压承载力设计值 Q_d

$$Q_d = \frac{1}{\gamma_R} (U\sum\psi_{si}q_{fi}l_i + \phi_p q_R A) \qquad (2-5-32)$$

式中 Q_d——单桩轴向承载力设计值，kN；

γ_R——单桩轴向抗压承载力分项系数，按表 2-5-10 取值；

U——桩身截面周长，m；

ψ_{si}、ψ_p——桩侧阻力、端阻力尺寸效应系数，当桩径不大于 0.8m 时，均取 1.0，当桩径大于 0.8m 时，可按表 2-5-10 取值；

q_{fi}——单桩第 i 层土的极限摩阻力标准值，kPa，如无当地经验时，可按规范建议取值；

l_i——桩身穿过 i 层土的长度，m；

q_R——单桩极限端阻力标准值，可按规范建议取值；

A——桩身截面面积，m²。

表 2-5-10　　　　　桩侧阻力尺寸效应系数 ψ_{si}、端阻力尺寸效应系数 ψ_p

土类型	黏性土、粉土	砂土、碎石类土
ψ_{si}	$(0.8/d)^{1/5}$	$(0.8/d)^{1/3}$
ψ_p	$(0.8/d)^{1/4}$	$(0.8/d)^{1/3}$

注　1. d 为桩的直径（m）。

　　2. 有经验时可适当增大。

2）《建筑桩基技术规范》（JGJ 94—2008）建议按下述方法计算大直径灌注桩单桩轴向抗压设计承载力。根据土的物理指标与承载力参数之间的经验关系，确定大直径桩单桩极限承载力标准值时，宜按下式计算

$$Q_{uk} = Q_{sk} + Q_{pk} = u\sum\psi_{si}q_{sik}l_{si} + \psi_p q_{pk} A_p \qquad (2-5-33)$$

式中 q_{sik}——桩侧第 i 层土极限侧阻力标准值，如无当地经验值时，可按规范建议取值，对于扩底桩变截面以上 $2d$ 长度范围不计侧阻力；

q_{pk}——桩径为 800mm 的极限桩端阻力，对于干作业挖孔（清底干净）可采用深层载荷板试验确定；当不能进行深层载荷板试验时，可按规范建议取值；

ψ_{si}、ψ_p——大直径桩侧阻、端阻尺寸效应系数，按规范建议取值；

u——桩身周长，当人工挖孔桩桩周护壁为振捣密实的混凝土时，桩身周长可按护壁外直径计算；

A_p——桩端底面积。

【例1】　某工程采用泥浆护壁钻孔灌注桩，桩径 1200mm，桩端进入中等风化岩 1.0m，岩体较完整，岩块饱和单轴抗压强度标准值 41.5MPa，桩顶以下土层参数见表 2-5-11，按《建筑桩基技术规范》（JGJ 94—2008）计算单桩极限承载力为多少？（注：取桩嵌岩段侧阻和端阻力综合系数为 0.76）

表 2-5-11   桩 顶 以 下 土 层 参 数

岩土层编号	岩土层名称	桩顶以下岩土层厚度/m	q_{sik}/kPa	q_{pk}/kPa
1	黏土	13.7	32	—
2	粉质黏土	2.3	40	—
3	粗砂	2.00	75	2500
4	强风化岩	8.85	180	—
5	中等风化岩	8.00	—	—

解： 据《建筑桩基技术规范》（JGJ 94—2008）第 5.3.9 条。

（1）土层的总极限侧阻力标准值 Q_{sk} 为

$$Q_{sk} = u \sum q_{sik} l_i$$
$$= 1.2 \times (32 \times 13.7 + 40 \times 2.3 + 75 \times 2 + 180 \times 8.85)$$
$$= 8566.17 (kN)$$

（2）嵌岩段总极限阻力标准值 Q_{rk} 为

$$Q_{rk} = \xi_r f_{rk} A_p$$
$$= 0.76 \times 41500 \times \left(\frac{3.14}{4} \times 1.2^2 \right)$$
$$= 35652.8 (kN)$$

（3）单桩极限承载力 Q_{uk} 为

$$Q_{uk} = Q_{sk} + Q_{rk} = 8566.17 + 35652.8 = 44218.99 (kN)$$

【例 2】 某混凝土预制桩，桩径 $d = 0.5m$，长 18m，地基土性与单桥静力触探资料如图 2-5-9 所示，按《建筑桩基技术规范》（JGJ 94—2008）计算，单桩竖向极限承载力标准值为多少？（桩端阻力修正系数 α 取为 0.8）

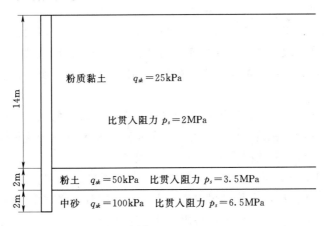

粉质黏土 $q_{sk} = 25kPa$

比贯入阻力 $p_s = 2MPa$

粉土 $q_{sk} = 50kPa$ 比贯入阻力 $p_s = 3.5MPa$

中砂 $q_{sk} = 100kPa$ 比贯入阻力 $p_s = 6.5MPa$

图 2-5-9

解： 根据《建筑桩基技术规范》（JGJ 94—2008）第 5.3.3 条。

（1）$p_{sk1} = \dfrac{3.5 + 6.5}{2} = 5 (MPa)，p_{sk2} = 6.5 (MPa)$

$$p_{sk1} < p_{sk2}, p_{sk} = \frac{1}{2}(p_{sk1} + \beta p_{sk2})$$

$$\frac{p_{sk1}}{p_{sk2}} = \frac{6.5}{5} = 1.3 < 5,查\ JGJ\ 94—2008\ 中表\ 5.3.3-3,得\ \beta = 1$$

(2) $p_{sk} = \frac{1}{2}(5 + 6.5) = 5.75(\text{MPa}) = 5750(\text{kPa})$

$$\begin{aligned}
Q_{uk} &= Q_{sk} + Q_{pk} = u\sum q_{sik}l_i + \alpha p_{sk}A_p \\
&= 3.14 \times 0.5 \times (14 \times 25 + 2 \times 50 + 2 \times 100) + 0.8 \times 5750 \times 0.25 \times 3.14 \times 0.5^2 \\
&= 1923.3(\text{kN})
\end{aligned}$$

第六节　轴向抗压群桩的工作性状与群桩效应

虽然桩基总是采用群桩的方式，但有的情况下可按单桩看待，有的情况则不能，这取决于群桩在不同条件下的工作状态，而工作状态则是由地基土的性状、桩的支承方式（是端承桩还是摩擦桩）和桩距来决定的。就地基土壤和桩的支承方式而言，对桩尖进入较厚的且较密实的砂类土层、老黏土层、风化岩层等较好持力层的桩或其他端承桩，由于桩身摩擦力的扩散而产生的应力重叠作用影响较小，设计时可按单桩对待；对于砂性土中的打入桩，仍可按单桩对待。但对于在黏性土中或以黏性土为持力层的摩擦桩，当桩距小于 $6d$（d 为桩径）时，由于桩侧摩擦力的应力扩散作用，群桩中各桩传布的应力相互重叠，而群桩桩尖下的地基强度并不允许大于单桩的地基强度，因此黏性土中的群桩的平均承载力小于单桩；就沉降而言，由于群桩桩尖下应力传布深度比单桩深，所以群桩中每根桩所承受的荷载即使与单桩相等，群桩沉降也比单桩大。

一、群桩的工作性状

1. 群桩受力机理

对于低承台式的高层建筑桩基而言，在建造初期，荷载总是经由桩土界面（包括桩身侧面与桩底面）和承台底面两条路径传递给地基土的。但在长期荷载下，荷载传递的路径则与多种因素有关，如桩周土的压缩性、持力层的刚度、应力历史与荷载水平等，大体上有两类基本模式。

（1）桩、承台共同分担，即荷载经由桩体界面和承台底面两条路径传递给地基土，使桩产生足够的刺入变形，保持承台底面与土接触的摩擦桩基就属于这种模式。

研究表明，桩-土-承台共同作用有如下一些特点：

1）承台如果向土传递压力，有使桩侧摩阻力增大的加强作用。

2）承台的存在有使桩的上部侧阻发挥减少（桩土相对位移减小）的削弱作用。

3）承台与桩有阻止桩间土向侧向挤出的遮拦作用。

4）刚性承台迫使桩同步下沉，桩的受力如同刚性基础底面接触压力的分布，承台外边缘桩承受的压力远大于位于内部的桩。

5）桩-土-承台共同作用还包含着时间因素（如固结、蠕变以及触变等效应）的问题。

（2）桩群独立承担，即荷载仅由桩体界面传递给地基土。桩顶（承台）沉降小于承台下面土体沉降的摩擦端承桩和端承桩就属于这种模式。

2. 群桩地基的应力状态

群桩地基包括桩间土、桩群外承台下一定范围内土体以及桩端以下对桩基承载力和沉降有影响的土体 3 部分；群桩地基中的应力包含自重应力、附加应力和施工应力 3 部分。

（1）自重应力。群桩承台外在地下水位以上的自重应力实质上等于 γh，地下水位以下的为 $\gamma' h$。

（2）附加应力。附加应力来自承台底面的接触压力和桩侧摩阻力以及桩端阻力。在一般桩距 [（3～4）d] 下应力互相叠加，使群桩桩周土与桩底土中的应力都大大超过单桩，且影响深度和压缩层厚度均成倍增加，从而使群桩的承载力低于单桩承载力之和，群桩的沉降与单桩沉降相比，不仅数值增大，而且机理也不相同。

（3）施工应力。施工应力是指挤土桩沉桩过程中对土体产生的挤压应力和超静孔隙水压力。在施工结束后，挤压应力将随着土体的压密而逐步松弛消失，超静水压力也会随着固结排水逐渐消散。因此，施工应力是暂时的，但它对群桩的工作性状有一定影响：土体压密和孔压消散有效应力增大，使土的强度随之增大，从而使桩的承载力提高，但桩间土固结下沉对桩会产生负摩阻力，并可能使承台底面脱空。

（4）应力的影响范围。群桩应力的影响深度和宽度大大超过单桩，桩群的平面尺寸越大，桩数越多，应力扩散角也越大，影响深度范围也越大，且应力随着深度而收敛得越慢，这是群桩沉降大大超过单桩的根本原因。

（5）桩身摩阻力与桩端阻力的分配。由于应力的叠加，群桩桩端平面处的竖向应力比单桩明显增大，因此，群桩中每根桩的单位端阻力也较单桩有所增大。此外，桩间土体由于受到承台底面的压力而产生一定沉降，使桩侧摩阻力有所削弱，也使得群桩中的桩端阻力占桩顶总荷载的比例也高于单桩。桩越短，这种情况越显著。群桩荷载传递的这一特性，为采用实体深基础模式计算群桩的承载力和沉降提供了一定的理论依据。

3. 双桩效应

（1）邻桩应力重叠系数（或折减率）A_s 的确定。假定在黏性土中的桩为摩擦桩，忽略桩尖阻力，桩侧摩阻力沿桩身均匀分布，由于桩侧摩阻力的扩散作用，桩距小于 $6d$ 的邻桩分布的应力互相重叠，致使邻桩桩尖处土受到的极限压应力比单桩大，从而引起桩的刺入破坏或过大的沉降。为了改善以上情况，则相邻的群桩中每根桩的平均承载力必须小于单桩的承载力，其减小的比例，可用邻桩传来的重叠应力 σ_s 与单桩桩尖最大应力 σ_{max} 的比值 A_s 来表示

$$A_s = \frac{\sigma_s}{\sigma_{max}} = \frac{d\left[s^3 - \left(\frac{d}{2} + l\tan\varphi\right)^3\right]}{6sl\tan\varphi\left(\frac{d}{2} + l\tan\varphi\right)^2} + \frac{d\left(\frac{d}{2} + l\tan\varphi - s\right)}{2sl\tan\varphi} \qquad (2-6-1)$$

将式（2-6-1）高次项 $\dfrac{s^3}{6sl\tan\varphi\left(\frac{d}{2} + l\tan\varphi\right)^2}$ 和 $\dfrac{d}{2}$ 略去，则 A_s 可简化为

$$A_s = \frac{\sigma_s}{\sigma_{max}} = \left(\frac{1}{3s} - \frac{1}{2l\tan\varphi}\right)d \qquad (2-6-2)$$

式中　l——相邻桩的平均入土深度；

　　　φ——土的内摩擦角，当成层土时，可近似地取桩入土深度范围内土的 φ 角的加权平均值；

　　　s——桩距，以相邻桩平均入土深度的桩尖平面为计算平面处起算；

　　　d——桩径或边长。

（2）双桩效率系数的确定。如图 2-6-1 所示的双桩，当距桩①的间距为 s 处打一桩②，在 $s<6d$（间距较近）时，则由于桩侧摩阻力的扩散作用，在桩①的桩尖下的轴线上产生应力重叠，增加一个桩②传来的重叠应力 σ_s，但因通过单桩试桩知桩①底端处最大极限应力只能达到 σ_{max}，故桩①底端轴线处就因应力交叉而要减少一个 σ_s 的应力，不然将引起桩①的刺入破坏或过大的沉降，而该桩底端轴线处剩余的有效应力则为 $\sigma_{max}-\sigma_s=(1-A_s)\sigma_{max}$。桩②又因桩①的影响，其底端轴线处同样因应力的扩散交叉，又要减少一个 $(1-A_s)A_s\sigma_{max}$ 的应力，其轴线处剩余的有效应力则为 $\sigma_{max}-(1-A_s)A_s\sigma_{max}$，该桩底剩余的有效应力与单桩在同一条件下（同一土质桩径和入土深度）达极限荷载时桩底最大应力 σ_{max} 之比。即为桩②的近似地效应系数

$$E=\frac{\sigma_{max}-(1-A_s)A_s\sigma_{max}}{\sigma_{max}}=1-A_s+A_s^2 \qquad (2-6-3)$$

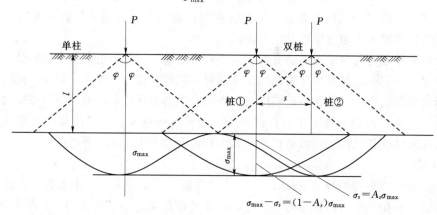

图 2-6-1　双桩应力重叠与单桩应力比较图

依此类推，可导出双桩平均的效率系数 E

$$E=1-A_s+A_s^2-A_s^3+A_s^4-\cdots+(-1)^nA_s^n=\frac{1}{1+A_s} \qquad (2-6-4)$$

式中 A_s 可按式（2-6-2）求得。对重要工程，或桩数较多、地层复杂的群桩，除做单桩的试桩外，尚应加做双桩的试桩，以便由试验求出实际的 A_s。

二、群桩效应

由多根桩通过承台联成一体所构成的群桩基础，与单桩相比，在竖向荷载作用下，不仅桩直接承受荷载，而且在一定条件下桩间土也可能通过承台底面参与承载；同时各个桩之间通过桩间土产生相互影响；来自桩和承台的竖向力最终在桩端平面形成了应力的叠加，从而使桩端平面的应力水平大大超过单桩，应力扩散的范围也远大于单桩，这些方面

影响的综合结果就是使群桩的工作性状与单桩有很大的差别。这种桩-土-承台共同作用的结果称为群桩效应。

群桩效应主要表现在以下几方面：群桩的侧阻力、群桩的端阻力、群桩沉降、群桩的破坏、群桩的效应系数等。

1. 侧阻力的群桩效应

桩侧阻力只有在桩土间产生一定相对位移的条件下才能发挥出来，其发挥值与土性、应力状态有关。桩侧阻力主要受下列因素影响而变化。

（1）桩距影响。桩间土竖向位移受相邻桩影响而增大，桩土相对位移随之减小，如图 2-6-2（a）所示。这使得在相等沉降条件下，群桩侧阻力发挥值小于单桩。在桩距很小条件下，即使发生很大沉降，群桩中各基桩的侧阻力也不能得到充分发挥。

由于桩周土的应力、变形状态受邻桩影响而变化，因此桩距的大小不仅制约桩土相对位移，影响侧阻发挥所需群桩沉降量，而且影响侧阻的破坏性状与破坏值。

（2）承台影响。贴地的低承台限制了桩群上部的桩土相对位移，从而使基桩上段的侧阻力发挥值降低，即对侧阻力起"削弱效应"，如图 2-6-2（b）所示。侧阻力的承台效应随承台底土体压缩性提高而降低。

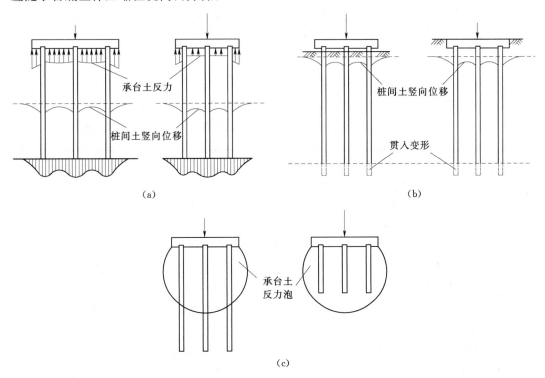

图 2-6-2　群桩效应效果图
（a）大小桩距；（b）高低承台；（c）长短桩

承台对群桩上部-桩土相对位移的制约，还影响桩身荷载的传递性状，侧阻力的发挥不像单桩那样开始于桩顶，而是开始于桩身下部（对于短桩）或桩身中部（对中、长桩）。

（3）桩长与承台宽度比的影响。当桩长较小时，桩侧阻力受承台的削弱效应而降幅较大；当承台底地基土质较好，桩长与承台宽度比 $L/B_c < 1 \sim 2$ 时，承台土反力形成的压力泡包围了整个桩群，桩间土和桩端平面以下土因受竖向压应力而产生位移，导致桩侧剪应力松弛而使侧阻力降低，如图 2-6-2（c）所示。当承台底地基土压缩性较高时，侧阻随桩长与承台宽度比的变化将显著减小。

2. 端阻力的群桩效应

群桩的端阻力不仅与桩端持力层强度与变形性质有关，而且因承台、邻桩的相互作用而变化。端阻力主要受以下因素的影响。

（1）桩距影响。一般情况下，端阻力随桩距减小而增大，这是由于邻桩的桩侧剪应力在桩端平面上重叠，导致桩端平面的主应力差减小，以及桩端土的侧向变形受到邻桩逆向变形的制约而减小所致。

持力土层性质和成桩工艺的不同，桩距对端阻力的影响程度也不同。在相同成桩工艺条件下，群桩端阻力受桩距的影响，黏性土较非黏性土大、密实土较非密实土大。就成桩工艺而言，非饱和土与非黏性土中的挤土桩，其群桩端阻力因挤土效应而提高，提高幅度随桩距增大而减小。

（2）承台影响。对于低承台，当桩长与承台宽度比 $L/B_c \leqslant 2$ 时，承台土反力传递到桩端平面使主应力差 $(\sigma_1 - \sigma_3)$ 减小，承台还具有限制桩土相对位移、减小桩端贯入变形的作用，从而导致桩端阻力提高。这一点从高低承台群桩的对比试验中表现得很明显。承台底地基土越软，承台效应越小。

3. 群桩沉降

在常用桩距条件下，由于相邻桩应力的重叠导致桩端平面以下应力水平提高和压缩层加深，因而使群桩的沉降量和延续时间往往大于单桩。桩基沉降的群桩效应，可用每根桩承担相同桩顶荷载条件下，群桩沉降量 s_G 与单桩沉降量 s_1 之比，即沉降比 R_s 来度量

$$R_s = \frac{s_G}{s_1} \qquad\qquad (2-6-5)$$

桩效应系数越小，沉降比越大，则表明群桩效应越明显，群桩的极限承载力越低，群桩沉降越大。

群桩沉降比随下列因素而变化：

（1）桩数影响：群桩中的桩数是影响沉降比的主要因素。在常用桩距和非条形排列条件下，沉降比随桩数增加而增大。

（2）桩距影响：当桩距大于常用桩距时，沉降比随桩距增大而减小。

（3）长径比影响：沉降比随桩的长径比 L/d 增大而增大。

4. 群桩的破坏模式

群桩的极限承载力是根据群桩破坏模式来确定其计算模式的。破坏模式的判定失当，往往引起计算结果出入很大。分析群桩的破坏模式应涉及两个方面，即群桩侧阻的破坏和端阻的破坏。

（1）群桩侧阻的破坏。传统的破坏模式划分方法是将群桩的破坏划分为：桩土整体破

坏和非整体破坏。整体破坏是指桩、土形成整体，如同实体基础那样承载和变形，桩侧阻力的破坏面发生于群桩外围，如图 2-6-3（a）所示；非整体破坏是指各桩的桩、土间产生相对位移，各桩的侧阻力剪切破坏发生于各桩桩周土中或桩土界面（硬土）如图 2-6-3（b）所示。这种破坏模式的分析实际上仅是桩侧阻力破坏模式的划分。

影响群桩侧阻破坏模式的因素主要有：土性、桩距、承台设置方式和成桩工艺。对于砂土、粉土、非饱和松散黏土中的挤土型（打入、压入桩）群桩，在较小桩距（$S_a \leqslant 3d$）条件下群桩侧阻一般呈整体破坏；对于无挤土效应的钻孔群桩，一般呈非整体破坏。对于低承台群桩，由于承台限制了桩土的相对位移，因此在其他条件相同的情况下，低承台较高承台更容易形成桩土的整体破坏。

对于呈非整体破坏的群桩误判为整体破坏，会导致总侧阻力计算偏低（桩数较少时除外），总端阻力计算偏高；当桩端持力层较好且桩不很长时，其总承载力会计算偏高，趋于不安全。

（2）群桩端阻的破坏。单桩阻力的破坏分为整体剪切、局部剪切、刺入剪切 3 种破坏模式，对于群桩端阻的破坏也包括 3 种模式。不过群桩端阻的破坏与侧阻的破坏模式有关。在侧阻呈桩土整体破坏的情况下，桩端演变成底面积与桩群投影面积相等的单独实体墩基，如图 2-6-4（a）所示。由于基底面积大，埋深大，一般不发生整体剪切破坏。只有当桩很短且持力层为密实土层时才可能出现整体剪切破坏，如图 2-6-4（b）所示。当存在软卧层时，可能由于软卧层产生侧向挤出而引起群桩整体失稳。

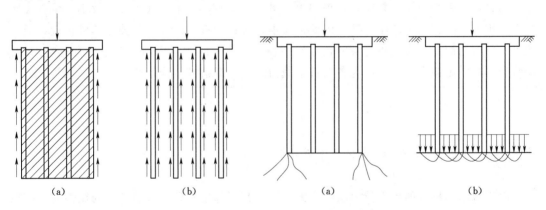

图 2-6-3　群桩侧阻力破坏模式　　　　图 2-6-4　群桩端阻的破坏模式
（a）整体破坏；（b）非整体破坏

当群桩侧阻呈单独破坏时，各桩端阻的破坏与单桩相似，但因桩侧剪应力的重叠效应、相邻桩桩端土逆向变形的制约效应和承台的增强效应而使破坏承载力提高，如图 2-6-4（b）所示。

当桩端持力层的厚度有限，且其下为软弱下卧层时，群桩承载力还受控于软弱下卧层的承载力。可能的破坏模式有：①群桩中基桩的冲剪破坏；②群桩整体的冲剪破坏，如图 2-6-5 所示。

5. 群桩的效应系数

群桩效应通过群桩效应系数 η 表现出来。群桩效应系数 η 定义为

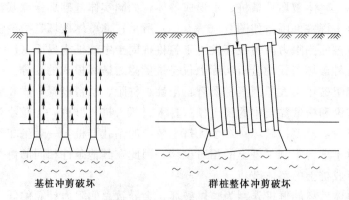

基桩冲剪破坏   群桩整体冲剪破坏

图 2-6-5 群桩的冲剪破坏

$$\eta = \frac{群桩中基桩的平均极限承载力}{单桩极限承载力} = \frac{Q_{ug}}{Q_u} \qquad (2-6-6)$$

群桩效应系数跟土质条件等许多因素有关。

（1）端承型桩的群桩效应系数。端承桩为持力层很硬的短桩。由端承桩组成的群桩基础，通过承台分配于各桩桩顶的竖向荷载，大部分由桩身直接传递到桩端。由于桩侧阻力分担的荷载份额较小，因此桩侧剪应力的相互影响和传递到桩端平面的应力重叠效应较小。加之，桩端持力层比较刚硬，桩的单独贯入变形较小，承台底土反力较小，承台底地基土分担荷载的作用可忽略不计。因此，端承型群桩中基桩的性状与独立单桩相近，群桩相当于单桩的简单集合，桩与桩的相互作用、承台与土的相互作用，都小到可忽略不计。端承型群桩的承载力可近似取为各单桩承载力之和，即群桩效应系数 η 可近似取为 1。

$$\eta = \frac{P_u}{nQ_u} \approx 1 \qquad (2-6-7)$$

式中 P_u、Q_u——群桩和单桩的极限承载力；

n——群桩中的桩数。

由于端承型群桩的桩端持力层刚度大，因此其沉降也不致因桩端应力的重叠效应而显著增大，一般无须计算沉降。

当桩端硬持力层下存在软弱下卧层时，则需附加验算以下内容：单桩对软弱下卧层的冲剪；群桩对软弱下卧层的整体冲剪；群桩的沉降。

（2）摩擦型桩的群桩效应系数。由摩擦桩组成的群桩，在竖向荷载作用下，其桩顶荷载的大部分通过桩侧阻力传递到桩侧和桩端土层中，其余部分由桩端承受。由于桩端的贯入变形和桩身的弹性压缩，对于低承台群桩，承台底也产生一定土反力，分担一部分荷载，因而使得承台底面土、桩间土、桩端土都参与工作，形成承台、桩、土相互影响共同作用，群桩的工作性状趋于复杂。桩群中任一根基桩的工作性状明显不同于独立单桩，群桩承载力将不等于各单桩承载力之和，其群桩效应系数 η 可能小于 1 也可能大于 1，群桩沉降也明显地超过单桩。这些现象就是承台、桩、土相互作用的群桩效应所致。

第七节　轴向抗压群桩承载力的计算

一、端承型群桩

端承型群桩的承台，桩，土相互作用小到可忽略不计，因而其承载力可取各单桩承载力之和。

二、摩擦型群桩

摩擦性群桩承载力的计算需考虑承台、桩、土相互作用的特点，根据群桩的破坏模式建立其相应的计算模式，这样才能使计算结果符合实际。群桩极限承载力的计算按其计算模式和计算所用参数大体分为以下几种方法。

1. 以单桩极限承载力为参数的群桩效率系数法

以单桩极限承载力为已知参数，根据群桩效率系数计算群桩极限承载力，是一种沿用很久的传统简单方法。其群桩极限承载力计算式表达为

$$P_u = n\eta Q_u \tag{2-7-1}$$

式中　η——群桩效率系数；

n——群桩中桩数；

Q_u——单桩的极限承载力。

该方法虽然简单，但要准确、合理地确定群桩效率系数 η 却是一件不容易的事，《水运工程桩基设计规范》（JTS 147—7—2022）中规定

群桩折减系数由下式确定

$$\eta = \frac{1}{1+\xi} \tag{2-7-2}$$

$$\xi = 2A_1 \frac{m-1}{m} + 2A_2 \frac{n-1}{n} + 4A_3 \frac{(m-1)(n-1)}{mn} \tag{2-7-3}$$

$$A_1 = \left(\frac{1}{3S_1} - \frac{1}{2L\tan\varphi}\right)d \tag{2-7-4}$$

$$A_2 = \left(\frac{1}{3S_2} - \frac{1}{2L\tan\varphi}\right)d \tag{2-7-5}$$

$$A_3 = \left(\frac{1}{3\sqrt{S_1^2 + S_2^2}} - \frac{1}{2L\tan\varphi}\right)d \tag{2-7-6}$$

其中 A_1、A_2、A_3 及 S_1、S_2 如图 2-7-1 所示。

根据以上公式，对于一些特殊布置形式的群桩，群桩效率系数 η 的计算公式可以简化。

比如，单排桩中 n 根桩之平均群桩效率系数为

$$\eta = \frac{1}{1+\xi} \tag{2-7-7}$$

$$\xi = 2A_1 \frac{n-1}{n} \tag{2-7-8}$$

而对于柔性桩台，只需计算桩中桩距较小的受左右相

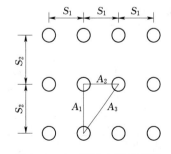

图 2-7-1　群桩布置示意图

邻桩影响的群桩效率系数

$$\eta = \frac{1}{1+\xi} \tag{2-7-9}$$

$$\xi = A_1 + A_2 \tag{2-7-10}$$

《建筑桩基技术规范》（JGJ 94—2008）规定，单桩竖向承载力特征值 R_a 应按下式确定

$$R_a = \frac{1}{K} Q_{uk} \tag{2-7-11}$$

式中　Q_{uk}——单桩竖向极限承载力标准值；

　　　K——安全系数，取 $K=2$。

对于端承型桩基、桩数少于 4 根的摩擦型桩基和由于地层土性、使用条件等因素不宜考虑承台效应时，基桩竖向承载力特征值取单桩竖向承载力特征值，$R=R_a$。

对于符合下列条件之一的摩擦型桩基，宜考虑承台效应确定其复合基桩的竖向承载力。

（1）上部结构整体刚度较好、体型简单的建（构）筑物（如独立剪力墙结构、钢筋混凝土筒仓等）。

（2）差异变形适应性较强的排架结构和柔性构筑物。

（3）按变刚度调平原则设计的桩基刚度相对弱化区。

（4）软土地区的减沉复合疏桩基础。

考虑承台效应的复合基桩竖向承载力特征值可按下式确定

$$R = R_a + \eta_c f_{ak} A_c \tag{2-7-12}$$

式中　η_c——承台效应系数，可按表 2-7-1 取值；当计算基桩为非正方形排列时 $S_a = \sqrt{\dfrac{A}{n}}$，$A$ 为承台计算域面积，n 为总桩数；

　　　f_{ak}——基底地基承载力特征值（1/2 承台宽度且不超过 5m 深度范围内的加权平均值）；

　　　A_c——计算基桩所对应的承台底净面积：$A_c = (A - nA_p)/n$，A 为承台计算域面积；A_p 为桩截面面积；对于柱下独立桩基，A 为全承台面积；对于桩筏基础，A 为柱、墙筏板的 1/2 跨距和悬臂边 2.5 倍筏板厚度所围成的面积；桩集中布置于墙下的桩筏基础，取墙两边各 1/2 跨距围成的面积，按条基计算 η_c。

当承台底为可液化土、湿陷性土、高灵敏度软土、欠固结土、新填土时，沉桩引起超孔隙水压力和土体隆起时，不考虑承台效应，取 $\eta_c = 0$。

表 2-7-1　　　　　　　　　　　　承台效应系数 η_c

B_c/L ＼ S_a/d	3	4	5	6	＞6
≤0.4	0.12～0.14	0.18～0.21	0.25～0.29	0.32～0.38	0.60～0.80
0.4～0.8	0.14～0.16	0.21～0.24	0.29～0.33	0.38～0.44	
＞0.8	0.16～0.18	0.24～0.26	0.33～0.37	0.44～0.50	
单排桩条基	0.40	0.50	0.60	0.70	0.80

注　表中 S_a/d 为桩中心距与桩径之比；B_c/L 为承台宽度与有效桩长之比。对于桩布置于墙下的箱、筏承台，η_c 可按单排桩条基取值。

2. 以土强度为参数的极限平衡理论法

前面提及群桩侧阻力的破坏分为桩、土整体破坏和非整体破坏（各桩单桩破坏）；群桩端阻力的破坏，可能呈整体剪切、局部剪切、刺入剪切（冲剪）3 种破坏模式。下面根据侧阻、端阻的破坏模式分述群桩极限承载力的极限平衡理论计算法。

（1）低承台侧阻呈桩、土整体破坏。对于小桩距（$S_a \leqslant 3d$）挤土型低承台群桩，其侧阻一般呈桩、土整体破坏，即侧阻力的剪切破裂面发生于桩群、土形成的实体基础的外围侧表面（图 2-7-2）。因此，群桩的极限承载力计算可视群桩为"等代墩基"或实体深基础，取下面两种计算式之较小值。

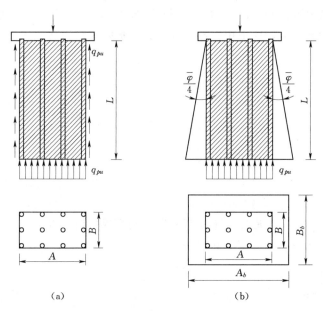

图 2-7-2　侧阻呈桩、土整体破坏的计算模式

一种模式是群桩极限承载力为等代，墩基总侧阻与总端阻之和为〔图 2-7-2（a）〕

$$P_u = P_{su} + P_{pu} = 2(A+B)\sum l_i q_{sui} + ABq_{pu} \tag{2-7-13}$$

另一种模式是假定等代墩基或实体深基外围侧阻传递的荷载呈 $\overline{\varphi}/4$ 角度扩散分布于基底，该基底面积为〔图 2-7-2（b）〕

$$F_e = A_b B_b = \left(A + 2L\tan\frac{\overline{\varphi}}{4}\right)\left(B + 2L\tan\frac{\overline{\varphi}}{4}\right) \tag{2-7-14}$$

相应的群桩极限承载力为

$$P_u = F_e \overline{q}_{pu}$$

上几式中　　q_{sui}——桩侧第 i 层土的极限侧阻力；

$\qquad\qquad q_{pu}$——等代墩基底面单位面积极限承载力；

$\quad A$、B、L——等代墩基底面的长度、宽度和桩长（图 2-7-2）；

$\qquad\quad A_b$、B_b——实体深基外围侧阻传递的荷载呈角度扩散分布于基底后的长度、宽度；

$\qquad\qquad\overline{\varphi}$——桩侧各土层内摩擦角的加权平均值。

极限侧阻 q_{su} 的计算可采用单桩极限侧阻力土强度参数计算法（α 法、β 法或 γ 法）；

就我国目前工程习惯而言，经验参数法使用较普遍，因而也可采用这两种方法计算结果比较取值。

极限端阻力的计算，主要可以采取地质报告估算、经典理论计算以及现场试验来确定。

1）地质报告估算。工程地质报告中提供了桩端持力层极限端阻特征值，可以因此计算极限端阻力。

2）经典理论计算极限端阻力 q_{pu}。对于桩端持力土层较密实，桩长不大（等代墩基的相对埋深较小）或密实持力层上覆盖软土层的情况，可按整体剪切破坏模式计算。等代墩基基底极限承载力可采用太沙基的浅基础极限平衡理论公式计算。考虑到桩、土形成的等代墩基基底是非光滑的，故采用粗糙基底公式。极限端阻力表达式为：

条形基底

$$q_{pu} = cN_c + \gamma_1 hN_q + 0.5\gamma_2 BN_r \qquad (2-7-15)$$

方形基底

$$q_{pu} = 1.3cN_c + \gamma_1 hN_q + 0.4\gamma_2 BN_r \qquad (2-7-16)$$

圆形基底

$$q_{pu} = 1.3cN_c + \gamma_1 hN_q + 0.6\gamma_2 BN_r \qquad (2-7-17)$$

式中　N_c、N_q、N_r——反映土黏聚力 c、边载 q、滑动区土自重影响的承载力系数，均为内摩擦角 φ 的函数，查图 2-7-3 确定；

　　　　γ_1、γ_2——基底以上土和基底以下基宽深度范围内土的有效重度；

　　　　B、h——基底宽度和埋深。

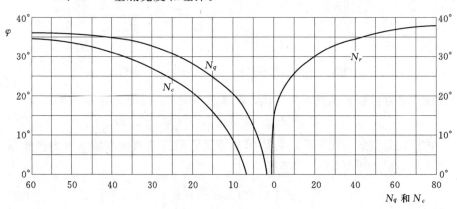

图 2-7-3　承载力系数

在群桩基础承受偏心、倾斜荷载情况下，可采用 Hansen（1970）或 Vesic（1970）公式等代墩基的地基极限承载力。

对于桩端持力层为非密实土层的小桩距挤土型群桩，虽然侧阻呈桩、土整体破坏而类似于墩基，但墩底地基由于土的体积压缩影响一般不致出现整体剪切破坏，而是呈局部剪切、刺入剪切破坏，尤以后者多见。但关于局部剪切破坏的理论计算公式迄今还未能建立起来，作为近似，Terzaghi 建议对土的强度参数 c、φ 值进行折减以计算非整体剪切破坏条件下的极限承载力，取

$$c' = \frac{2}{3}c \tag{2-7-18}$$

$$\varphi' = \tan^{-1}\left(\frac{2}{3}\tan\varphi\right) \tag{2-7-19}$$

计算公式与整体剪切破坏相同。

由上述等代墩基极限端阻力计算公式看出，等代墩基宽度 B 对 q_{pu} 的影响增量与 B 呈线性关系，当 B 很大时与实际不符，因此参照有关规范经验地规定，当 $B>6\text{m}$ 时，按 6m 计算。另外，埋深 h 影响也显示深度效应，可近似按单桩处理。按此法计算的群桩极限承载力值一般偏高，因此，其安全系数一般取 2.5～3。

（2）侧阻呈桩、土非整体破坏。对于非挤土型群桩，其侧阻多呈各桩单独破坏，即侧阻力的剪切破裂面发生于各基桩的桩、土界面或近桩表面的土体中。这种侧阻非整体破坏模式还可能发生于饱和土中不同桩距的挤土型高承台群桩。

对于侧阻呈非整体破坏的群桩，其极限承载力的计算，若忽略群桩效应，包括忽略承台分担荷载的作用，可表示为下式

$$P_u = P_{su} + P_{pu} = nU\sum l_i q_{sui} + nA_p q_{pu} \tag{2-7-20}$$

式中　n——群桩中的桩数；

　　　U——桩的周长；

　　　l_i——桩侧第 i 层土厚度；

　　　A_p——桩端面积；

　　　q_{sui}——桩侧第 i 层土的极限侧阻力；

　　　q_{pu}——等代墩基底面单位面积极限承载力。

由于侧阻呈各桩单独破坏，其端阻也类似于独立单桩随持力层土性、入土深度、上覆土层性质等不同而呈整体剪切、局部剪切、刺入剪切破坏。因此极限侧阻 q_{su} 和极限端阻 q_{pu} 可参照单桩所述方法计算。

3. 以侧阻力、端阻力为参数的经验计算法

在具备单桩极限侧阻力、极限端阻力的情况下，群桩极限承载力可采用上述极限平衡理论法相似的模式，按侧阻破坏模式分为两类。

（1）侧阻呈桩、土整体破坏。群桩极限承载力的计算基本表达式与式（2-7-13）相同。计算所需单桩极限侧阻 q_{su}、极限端阻 q_{pu} 的确定，可根据具体条件、工程的重要性通过单桩原型试验法、土的原位测试法、经验法确定。

$$P_u = P_{su} + P_{pu} = 2(A+B)\sum l_i q_{sui} + AB\eta_b q_{pu} \tag{2-7-21}$$

如前所述，大直径桩极限端阻值低于常规直径桩的极限端阻值，因此，对于类似于大直径桩的"等代墩基"的极限端阻值也随平面尺寸增大而降低，故 q_{pu} 值应乘以折减系数 η_b

$$\eta_b = \left(\frac{0.8}{D}\right)^n \tag{2-7-22}$$

其中，D 为等代墩基底面直径或短边长度，n 根据土性取值。

（2）侧阻呈桩、土非整体破坏。群桩极限承载力计算的基本表达式与式（2-7-23）相同，计算所需 q_{su}、q_{pu} 的确定同上。

当试验单桩的地质、几何尺寸、成桩工艺等与工程桩一致时，则可按下式确定群桩极限承载力

$$P_u = nQ_u \qquad\qquad (2-7-23)$$

式中　Q_u——单桩的极限承载力。

　　按式（2-7-20）或式（2-7-24）计算侧阻非整体破坏情况下的群桩极限承载力的简单模式，忽略了承台、桩、土相互作用产生的群桩效应，在某些情况下，其计算值会显著低于实际承载力。如非密实粉土、砂土中的常规桩距（3~4d）群桩基础，其侧阻力由于沉降硬化而比独立单桩有大幅度增长，对于低承台群桩，其承台分担荷载的作用也较可观，因此，其群桩极限承载力比计算值高得多。对于饱和黏性土中的群桩，按上述模式计算，其计算值一般接近于实际承载力。

第八节　桩基负摩阻力

一、负摩阻力的概念

　　在正常情况下，桩顶施加向下的力使桩身产生向下的压缩位移，桩侧表面的土体则对桩身表面产生与桩身位移方向相反即向上的摩阻力，称为正摩阻力。但由于桩周土欠固结等原因导致桩侧土体自己下沉且土体沉降量大于桩的沉降时，桩侧土体将对桩产生与桩位移方向一致即向下的摩阻力，称为负摩阻力。

　　负摩阻力将对桩产生一个下拽荷载，相当于在桩顶荷载之外，又附加一个分布于桩侧表面的荷载。负摩阻力作用的结果是使桩身轴力不在桩顶最大，而是在中性点处最大。

二、负摩阻力的产生条件

　　负摩阻力产生的原因很多，主要有下列几种情况。

　　(1) 位于桩周的欠固结软黏土或新近填土在其自重作用下产生新的固结。

　　(2) 桩侧为自重湿陷性黄土、冻土层或砂土，冻土融化后或砂土液化后发生下沉时也会对桩产生负摩擦力。

　　(3) 由于抽取地下水或深基坑开挖降水等原因引起地下水位全面降低，致使土的有效应力增加，产生大面积的地面沉降。

　　(4) 桩侧表面土层因大面积地面堆载引起沉降带来的负摩阻力。

　　(5) 周边打桩后挤土作用或灵敏度较高的饱水黏性土，受打桩等施工扰动（振动、挤压、推移）影响使原来房屋桩侧土结构被破坏，随后这部分桩间土的固结引起土相对于桩体的下沉。

　　(6) 一些地区的吹填土，在打桩后出现固结现象带来的负摩阻力。

　　(7) 长期交通荷载引起的沉降。

　　桩基负摩阻力影响的主要后果是增加桩内轴向荷载，从而使桩轴向压缩量增加，并且在摩擦桩情况下也可能使桩的沉降有较大的增加。群桩承台情况下，填土沉降可使承台底部和土之间形成脱空的间隙，这样就把承台的全部重量及其上荷载转移到桩身上，并可改变承台内的弯矩和其他应力状况。

三、负摩阻力的分布及中性点

分析桩与土的相对位移可以得到负摩擦力的分布。图 2-8-1 (a) 为一桩受负摩擦力的情况；图 2-8-1 (b) 为地基土沿深度的压缩变形量 S_1；图 2-8-1 (c) 为桩本身的竖向弹性压缩变形量 S_2；图 2-8-1 (d) 为桩尖下土的下沉量 S_3；图 2-8-1 (e) 为 $S_1-S_2-S_3$，即土对桩沿深度的相对位移情况；图 2-8-1 (f) 为作用于桩的负摩擦力和正摩擦力沿深度分布；图 2-8-1 (g) 为作用于桩侧表面的总的负摩擦力（或称下拉荷载）沿深度的分布。

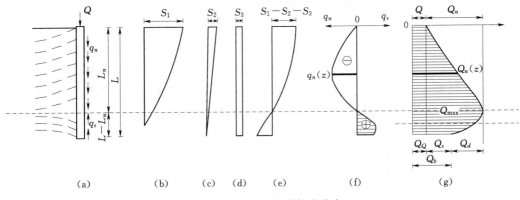

图 2-8-1　桩的负摩擦力分布

由图 2-8-1 可见，在地面下某一深度，桩土之间的相对位移为零，此点以上的桩段受到负摩擦力的作用，此点以下的桩段则受到正摩擦力的作用，此点称为中性点。在这点上，作用于桩的摩擦力为零，而下拉荷载为最大值。现场测试结果指出，中性点的深度 l_n 是随持力层的性质而决定的。

《建筑桩基技术规范》（JGJ 94—2008）中规定了中性点位置的确定方法：中性点深度 l_n 应按桩周土层沉降与桩沉降相等的条件计算确定，也可参照表 2-8-1 确定。

表 2-8-1　　　　　　　　　　　　　中性点深度 l_n

持力层性质	黏性土、粉土	中密以上砂	砾石、卵石	基岩
中性点深度比 l_n/l_0	0.5~0.6	0.7~0.8	0.9	1.0

注　1. l_n、l_0 分别为中性点深度和桩周沉降变形土层下限深度。

　　2. 桩穿越自重湿陷黄土层时，l_0 按表列增大 10%（持力层为基岩除外）。

　　3. 当桩周土层固结与桩基固结沉降同时完成时，取 $l_n=0$。

　　4. 当桩周土层计算沉降量小于 20mm 时，l_n 应按表列值乘以 0.4~0.8 折减。

另一种确定中性点深度 l_n 的方法是按工程桩的工作性状类别来推估的，多半带有经验性质，见表 2-8-2。

表 2-8-2　　　　　　　　　　　经验法确定中性点深度

桩基承载类型	中性点深度比 l_n/l_0	桩基承载类型	中性点深度比 l_n/l_0
摩擦桩	0.7~0.8	支承在一般砂或砂砾层中的端承桩	0.85~0.95
摩擦端桩	0.8~0.9	支承在岩层或坚硬土层上的端承桩	1.0

影响中性点深度的主要因素有以下几点。

（1）桩底持力层刚度。持力层越硬，中性点深度越深，相反持力层越软，则中性点深度越浅。所以在同样的条件下，端承桩的 l_n 大于摩擦桩。

（2）桩周土的压缩性和应力历史。桩周土越软、欠固结度越高、湿陷性越强、相对于桩的沉降越大，则中性点也越深，而且，在桩、土沉降稳定之前，中性点的深度 l_n 也是变动着的。

（3）桩周土层上的外荷载。一般地面堆载越大或抽水使地表下沉越多，那么中性点 l_n 越深。

（4）桩的长径比。一般桩的长径比越小，则 l_n 越大。

四、负摩阻力的计算

影响负摩阻力的因素很多，例如桩侧与桩端土的性质、土层的应力历史、地面堆载的大小与范围、地下降水的深度与范围、桩顶荷载施加时间与发生负摩阻力时间之间的关系、桩的类型和成桩工艺等。要精确地计算负摩阻力是十分困难的，国内外大都采用近似的经验公式估算。根据实测结果分析，认为采用有效应力法比较符合实际。

《建筑桩基技术规范》（JGJ 94—2008）中规定桩侧负摩阻力及其引起的下拉荷载，当无实测资料时可按下列规定计算。

中性点以上单桩桩周第 i 层土平均负摩阻力可按下式计算

$$q_{si}^n = k \tan\varphi' g\sigma_i' = \xi_{ni}\sigma_i' \qquad (2-8-1)$$

当填土、自重湿陷性黄土湿陷、欠固结土层产生固结和地下水降低时：$\sigma_i' = \sigma_{\gamma i}'$

当地面分布大面积荷载时：$\sigma_i' = p + \sigma_{\gamma i}'$

$$\sigma_{\gamma i}' = \sum_{m=1}^{i-1} \gamma_m \Delta z_m + \frac{1}{2}\gamma_i \Delta z_i \qquad (2-8-2)$$

上二式中　　q_{si}^n——第 i 层土桩侧平均负摩阻力；当按式（2-8-1）计算值大于正摩阻力值时，取正摩阻力值进行设计；

ξ_{ni}——桩周第 i 层土负摩阻力系数，可按表 2-8-3 取值；

$\sigma_{\gamma i}'$——由土自重引起的桩周第 i 层土平均竖向有效应力；桩群外围桩自地面算起，桩群内部桩自承台底算起；

σ_i'——桩周第 i 层土平均竖向有效应力；

k——土的侧压力系数；

φ'——土的有效内摩擦角；

γ_i、γ_m——第 i 计算土层和其上第 m 层土的重度，地下水位以下取浮重度；

Δz_i、Δz_m——第 i 层土、第 m 层土的厚度；

p——地面均布荷载。

表 2-8-3　　　　　　　　　　负摩阻力系数 ξ_n

土　类	ξ_n	土　类	ξ_n
饱和软土	0.15~0.25	砂土	0.35~0.50
黏性土、粉土	0.25~0.40	自重湿陷性黄土	0.20~0.35

注　1. 在同一类土中，对于打入桩和沉管灌注桩，取表中较大值，对于钻（冲）孔灌注桩，取表中较小值。

2. 填土按其组成取表中同类土的较大值。

3. 当计算得到的负摩阻力值大于正摩阻力值时，取正摩阻力值。

桩单位面积负摩阻力 q_{si}^n 也可利用一些土的室内试验或原位测试成果根据经验确定。对黏性土，可以用无侧限抗压强度的一半作为 q_{si}^n，也可以用静力触探试验所获得的双桥探头锥尖阻力 q_c 或单桥探头比贯入阻力 p_s 按下式估算 q_{si}^n

$$q_{si}^n = \frac{q_c}{10} \text{或} q_{si}^n \approx \frac{p_s}{10} (\text{kPa}) \qquad (2-8-3)$$

对砂土地基，桩端极限阻力 f_b 和单位负摩阻力 q_{si}^n 可由 q_c 推算

$$f_b = \frac{q_c l_b}{10B} \leqslant f_L (\text{kN/m}^2) \qquad (2-8-4)$$

式中　f_L——打入桩极限端阻力。

粉砂

$$q_{si}^n = \frac{q_c}{150} (\text{kN/m}^2)$$

紧砂

$$q_{si}^n = \frac{q_c}{200} (\text{kN/m}^2)$$

松砂

$$q_{si}^n = \frac{q_c}{400} (\text{kN/m}^2)$$

另外，还可以用实测的标准贯入击数 N 值按下式计算

对黏性土

$$q_{si}^n = \frac{N'}{2} + 1 \qquad (2-8-5)$$

对砂性土

$$q_{si}^n = \frac{N'}{s} + 3 \qquad (2-8-6)$$

式中　N'——经钻杆长度修正的平均贯入试验击数。

五、单桩负摩擦力的时间效应

桩基设计中普遍存在着时间效应问题，例如打入沉桩过程中的土中总应力的增长和松弛消散，孔隙水压力随固结过程的消散，软弱淤泥及淤泥质土的触变效应等。土沿桩身荷载传递过程均受上述因素影响而出现时间效应现象。但桩负摩擦力及桩周土自身的欠固结和新荷载引起的附加固结问题，时间效应更突出。

单桩负摩擦力的时间效应主要表现在以下几个方面。

（1）负摩擦力的产生和发展取决于桩周土固结完成所需时间。固结土层越厚，渗透性越低，负摩擦力达到其峰值的所需时间越长。

（2）负摩擦力的产生和发展还与桩身沉降完成的时间有关。当桩的沉降先于固结土层固结完成的时间，则负摩擦力达峰值后就稳定不变，如端承桩。反之，当桩的沉降迟于桩周土沉降的完成，则负摩擦力达到峰值后又会有所下降，如有的摩擦桩桩端土层蠕变性较强者，就会呈现这种特性，不过较为少见。

（3）中性点位置也同样存在着时间效应。一般来说，中性点的位置大多是逐步降低的，即中性点的深度是逐步增加的。无论桩的轴向压力还是下拉荷载都是随着桩周土固结过程不断增加的，例如实测资料表明，自重湿陷性黄土的湿陷过程中一卵石为持力层的桩负摩擦力值及中性点的深度都逐步增长。即使是摩擦桩，上述特征仍然明显。

图 2-8-2 表示某工程实测一根试桩的负摩擦力时间效应的概况。限于测试条件只测得桩、土下沉位移及中性点位置随时间的变化。

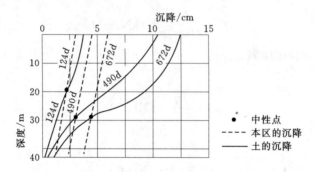

图 2-8-2 桩、土下沉位移及中性点位置随时间的变化

六、群桩的负摩阻力

1. 群桩负摩阻力的影响因素

影响群桩负摩阻力的因素主要包括承台底土层的欠固结程度、欠固结土层的厚度、地下水位、群桩承台的高低、群桩中桩的间距等。

（1）承台底土层的欠固结程度和厚度。承台底土层的欠固结程度越高，土层本身的沉降量就越大，群桩负摩阻力就越显著。欠固结土层的厚度越大，土层本身的沉降量就越大，群桩负摩阻力就越显著。

（2）地下水位下降和地面堆载。承台底的地下水位因附近抽水等原因下降越多，一般土层本身的沉降量也越大，群桩的负摩阻力也越明显。地面堆载越大，群桩负摩阻力越大。

（3）群桩承台的高低。当桩基础中承台与地面不接触时，高桩的负摩阻力单纯是由各桩与土的相对沉降关系决定的。当桩基础承台与地面接触甚至承台底深入地面以下时，低桩的负摩阻力的发挥受承台底面与土间的压力所制约。刚性承台强迫所有基桩同步下沉，一旦作用有负摩阻力时，群桩中每根基桩上的负摩阻力发挥程度就不相同。

（4）群桩中桩的间距。群桩中桩的间距十分关键。如果桩间距较大，群桩中各桩的表面所分担的影响面积（即负载面积）也较大，由此各桩侧表面单位面积所分担的土体重量大于单桩的负摩阻力极限值，不发生群桩效应。如果桩间距较小，则各桩侧表面单位面积所分担的土体重量可能小于单桩的负摩阻力极限值，则会导致群桩的负摩阻力降低。桩数越多，桩间距越小，群桩效应越明显。

（5）影响群桩负摩阻力的其他因素。影响群桩负摩阻力的其他因素还有很多，例如砂土液化、冻土融化、软黏土触变软化等条件，对群桩内外的各个基桩都会起作用，只是作用大小有些区别。若产生的条件是属于群桩外围堆载引起的负摩阻力，则除了周边的桩外侧真正产生经典意义上的负摩阻力以外，群桩中间部位的基桩会因周边桩的遮拦作用而难以发挥负摩阻力。群桩的桩数越多，桩间距越小，这种遮拦作用就越明显。最终导致群桩的负摩阻力总和大幅度降低，群桩效应更为明显。

2. 群桩负摩阻力的计算

对于群桩负摩阻力的计算，《建筑桩基技术规范》（JGJ 94—2008）规定：群桩中任一基桩的下拉荷载标准值可按式（2-8-7）计算

$$Q_g^n = \eta_n \cdot u \sum_{i=1}^{n} q_{si}^n l_i \qquad (2-8-7)$$

$$\eta_n = S_{ax} \cdot S_{ay} / \left[\pi d \left(\frac{q_s^n}{\gamma_m} + \frac{d}{4} \right) \right] \qquad (2-8-8)$$

上二式中　　n——中性点以上土层数；

$\quad\quad\quad\quad l_i$——中性点以上各土层的厚度；

$\quad\quad\quad\quad \eta_n$——负摩阻力群桩效应系数，按式（2-8-8）确定；

$\quad S_{ax}$、S_{ay}——纵、横向桩的中心距；

$\quad\quad\quad\quad q_s^n$——中性点以上桩的平均负摩阻力标准值；

$\quad\quad\quad\quad \gamma_m$——中性点以上桩周土层厚度加权平均有效重度（地下水位以下取浮重度）。

对于单桩基础或按式（2-8-8）计算群桩基础的 $\eta_n > 1$ 时，取 $\eta_n = 1$。

七、负摩阻力的计算示例

【例 1】　某建筑基础采用钻孔灌注桩，桩径 900mm，桩顶位于地面下 1.8m，桩长 9m，土层分布如图 2-8-3 所示，当水位由 -1.8m 降至 -7.3m 后，试求单桩负摩阻力引起的下拉荷载。

解：该桩桩周的淤泥质土和淤泥质黏土可能会引起桩侧负摩阻力，桩端持力层为砂卵石，属端承型桩，应考虑负摩阻力引起桩的下拉荷载 Q_g。

单桩负摩阻力按下式进行计算

$$q_{si}^n = \xi_{ni} \sigma_i'$$

其中 σ_i' 为桩周第 i 层土平均竖向有效应力

$$\sigma_i' = p + \gamma_i' z_i$$

其中 p 为超载，该桩桩顶距地面 1.8m，桩顶以上土的自重应力近似作为超载 p

$$p = \gamma z = 18 \times 1.8 = 32.4 \text{kN/m}^2$$

桩长范围内压缩层厚度 $l_0 = 8.5$m，根据《建筑桩基技术规范》，中性点深度 l_n 为

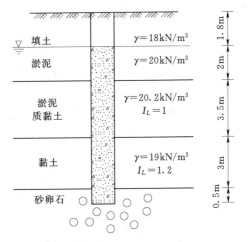

图 2-8-3　例 1 题图

$$l_n / l_0 = 0.9, l_n = 0.9 l_0 = 0.9 \times 8.5 = 7.65 \text{(m)}$$

式中　l_n、l_0——中性点深度和桩周沉降变形土层下限深度。

负摩阻力系数为：

饱和软土：ξ_n 取 0.2；黏性土：ξ_n 取 0.3。

深度 1.8~3.8m，淤泥质土

$$\sigma'_1 = 18 \times 1.8 + 2 \times 20 \times 1/2 = 52.4 (\text{kPa})$$

$$q^n_{s1} = 0.2 \times 52.4 = 10.48 (\text{kPa})$$

深度 3.8～7.3m，淤泥质黏土

$$\sigma'_2 = 18 \times 1.8 + 20 \times 2 + 20.2 \times 3.5 \times 1/2 = 107.75 (\text{kPa})$$

$$q^n_{s2} = 0.2 \times 107.75 = 21.55 (\text{kPa})$$

深度 7.3～9.45m，黏土

$$\sigma'_3 = 18 \times 1.8 + 20 \times 2 + 20.2 \times 3.5 + 9 \times 2.15 \times 1/2 = 152.775 (\text{kPa})$$

$$q^n_{s3} = 0.3 \times 152.775 = 45.8 (\text{kPa})$$

基桩下拉荷载为

$$Q^n_g = \eta_n u \sum_1^n q^n_{si} l_i = 1 \times \pi \times 0.9 \times (10.48 \times 2 + 21.55 \times 3.5 + 45.8 \times 2.15) = 550.67 (\text{kN})$$

式中　n——中性点以上土层数；

$\qquad l_i$——中性点以上各土层数厚度；

$\qquad \eta_n$——负摩阻力群桩效应系数，取 $\eta_n = 1.0$；

$\qquad q^n_{si}$——第 i 层土桩侧负摩阻力标准值。

所以考虑负摩阻力引起桩基下拉荷载为 550.67kN。

【例2】 某工程基础采用钻孔灌注桩，桩径 $d = 1.0$m，桩长 $l_0 = 12$m，穿过软土层，桩端持力层为砾石，如图 2-8-4 所示。地下水位在地面下 1.8m，地下水位以上软黏土的天然重度 $\gamma = 17.1 \text{kN/m}^3$，地下水位以下它的浮重度 $\gamma' = 10.2 \text{kN/m}^3$。现在桩顶四周地面大面积填土，填土荷重 $p = 10 \text{kN/m}^2$，计算因填土对该单桩造成的负摩阻力下拉荷载标准值（计算中负摩阻力系数 ξ_n 取 0.2）。

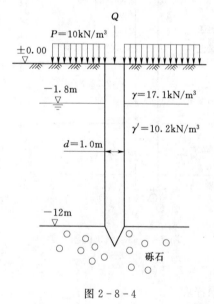

图 2-8-4

解： 根据《建筑桩基技术规范》（JGJ 94—2008）中性点深度比 $l_n/l_0 = 0.9$，$l_0 = 12$m，$l_n = 0.9 \times 12 = 10.8$ （m）

单桩负摩阻力标准值为

$$q^n_{si} = \xi_n \sigma'_i$$

$$\sigma'_i = p + \gamma'_i z_i$$

$$\gamma'_i = \frac{17.1 \times 1.8 + 10.2 \times 9.0}{10.8} = 11.35 (\text{kN/m}^3)$$

$$\sigma'_i = p + \gamma'_i z_i = 10 + 11.35 \times \frac{10.8}{2} = 71.29 (\text{kN/m}^2)$$

$$q^n_{si} = \xi_n \sigma'_i = 0.2 \times 71.29 = 14.26 (\text{kN/m}^2)$$

下拉荷载为

$$Q^n_g = u \times l_n q^n_{si} = \pi \times 1.0 \times 10.8 \times 14.26 = 483.6 (\text{kN})$$

八、消减负摩阻力的措施

根据对桩负摩阻力的分析结果，可以采取有针对性的措施来减小负摩阻力的不利作用。

（1）承台底的欠固结土层处理。对于欠固结土层厚度不大可以考虑人工挖除并替换好土以减少土体本身的沉降。对于欠固结土层厚度较大或无法挖除时，可以对欠固结土层（如新填土地基）采用强夯挤淤、土层注浆等措施，使承台底土在打桩前或打桩后快速固结，以消除负摩阻力。

（2）在桩基设计时，考虑桩负摩阻力后，单桩竖向承载力设计值要折减降低，并注意单桩轴力的最大点不再在桩顶，而是在中性点位置。所以，桩身混凝土强度和配筋要增大，并验算中性点位置强度。

（3）考虑负摩阻力后，承台底部地基的承载力不能考虑，而且贴地的低承台由于地基土的本身沉降有可能转变成高承台。

（4）套管保护桩法。即在中性点以上桩段的外面罩上一段尺寸较桩身大的套管，使这段桩身不致受到土的负摩阻力作用。该法能显著降低下拉荷载，但会增加施工工作量。

（5）桩身表面涂层法。即在中性点以上的桩侧表面涂上涂料，一般用特种的沥青。当土与桩发生相对位移出现负摩阻力时，涂层便会产生剪应变而降低作用于桩表面的负摩阻力，这是目前被认为降低负摩阻力最有效的方法。

（6）预钻孔法。此法既适用于打入桩又适用于钻孔灌注桩。对于不适于采用涂层法的地质条件，可先在桩位处钻进成孔，再插入预制桩，在计算中性点以下的桩段宜用桩锤打入以确保桩的承载力，中性点以上的钻孔孔腔与插入的预制桩之间灌入膨润土泥浆，用以减少桩负摩阻力。

（7）考虑负摩阻力后，要在设计时考虑增强桩基础的整体刚度，以避免不均匀沉降。

由于欠固结填土、堆载等引起的桩负摩阻力不但增加了下拉荷载，而且可能使房屋基础梁与地基土脱开，从而引起过大沉降或不均匀沉降，所以设计时应事先考虑。

思　考　题

1. 桩土体系的荷载传递机理及其影响因素是什么？

2. 什么是单桩荷载-沉降（Q-S）曲线？有哪些基本特点？

3. 桩侧极限侧摩阻力的定义是什么？影响桩侧摩阻力发挥的因素有哪些？什么是非挤土桩的松弛效应？什么是桩侧阻力的软化效应、挤土效应？

4. 桩端阻力的定义及其影响因素是什么？什么是端阻的临界深度及临界厚度？

5. 单桩竖向承载力的定义及其确定方法有哪些？各种方法有什么特点？

6. 什么是群桩效应？群桩效应主要表现在哪些方面？桩群、承台和土的相互作用是怎样的？桩端阻力、侧阻力的群桩效应各包含哪些内容？

7. 群桩极限承载力的计算方法有哪些？各有什么特点？

8. 什么是负摩阻力及其产生的条件？什么是中性点？影响中性点深度的主要因素有哪些？负摩阻力怎么计算？什么是单桩负摩阻力的时间效益？影响群桩负摩阻力的因素？消减负摩阻力的措施有哪些？

第三章　桩基沉降计算

第一节　概　　述

桩基的沉降是桩基设计中最主要的内容之一。在竖向工作荷载作用下的单桩基沉降由以下部分组成。

(1) 桩身混凝土自身的弹性压缩 s_s。

(2) 桩端以下土体所产生的桩端沉降 s_b。

单桩桩顶沉降 s_0 可表达为

$$s_0 = s_s + s_b \tag{3-1-1}$$

桩身的弹性压缩可把桩身混凝土视作弹性材料，用弹性理论进行计算。桩端以下土体的压缩包括：土的主固结变形和次固结变形，以及钻孔桩有桩端沉渣压缩等。除了土体的固结变形外，有时桩端还可能发生刺入变形（土体发生塑性变形）。对固结变形可用土力学中的固结理论进行计算，固结变形产生的沉降，是随时间而发展的，具有时间效应的特征。当桩端以下土体的压缩与荷载关系近似为直线关系时，也可以把土体视作线弹性介质，运用弹性理论进行近似计算。对刺入变形的研究目前还不够，无法很好预测。目前一般假定桩端位移和桩端力呈线性关系。另外，钻孔桩桩端沉渣也会产生压缩变形。

单桩沉降的计算方法主要有：荷载传递法、剪切位移法、弹性理论法、简化方法、数值计算法等，对于各种不同的沉降计算方法，由于其假设条件和原理的不同，也表现出各自不同的特点。下面几节将主要对各种方法进行介绍。

第二节　荷　载　传　递　法

荷载传递法（Load Transfer Method）是目前应用最为广泛的桩基沉降计算简化方法。该方法的基本思想是把桩划分为许多弹性单元，每一单元与土体之间用非线性弹簧联系，如图 3-2-1 (a) 所示，以模拟桩-土间的荷载传递关系。桩端处土也用非线性弹簧与桩端联系，这些非线性弹簧的应力-应变关系，即表示桩侧摩阻力 τ（或桩端抗力 σ）与剪切位移 s 间的关系，这一关系一般称为传递函数。

荷载传递法的关键在于建立一种真实反映桩土界面侧摩阻力和剪切位移的传递函数 [即 $\tau(z) - s(z)$ 函数]。传递函数的建立一般有两种途径：一是通过现场测量拟合；二是根据一定的经验及机理分析，探求具有广泛适用性的理论传递函数。目前主要应用后者来确定荷载传递函数。

荷载传递法把桩沿桩长方向离散成若干单元，假定桩体中任意一点的位移只与该点的桩侧摩阻力有关，用独立的线性或非线性弹簧来模拟土体与桩体单元之间的相互作用。为

了导得传递函数法的基本微分方程，可根据桩上任一单元体的静力平衡条件得到（图 3-2-1）

$$\frac{\mathrm{d}P(z)}{\mathrm{d}z} = -U\tau(z) \qquad (3-2-1)$$

式中　U——桩截面周长；

　　　τ——桩侧摩阻。

桩单元体产生的弹性压缩 $\mathrm{d}s$ 为

$$\mathrm{d}s = -\frac{P(z)\mathrm{d}z}{A_P E_P} \qquad (3-2-2)$$

或

$$\frac{\mathrm{d}s}{\mathrm{d}z} = -\frac{P(z)}{A_P E_P} \qquad (3-2-3)$$

式中　A_P、E_P——桩的截面积及弹性模量。

对式 $(3-2-3)$ 求导，并将式 $(3-2-2)$ 代入得

$$\frac{\mathrm{d}^2 s}{\mathrm{d}z^2} = \frac{U}{A_P E_P}\tau(z) \qquad (3-2-4)$$

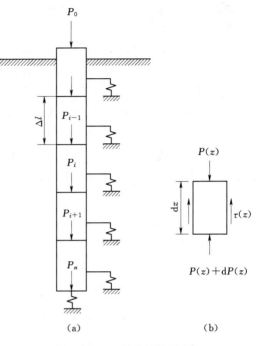

图 3-2-1　桩的计算模式

上式就是传递函数法的基本微分方程，它的求解取决于传递函数 $\tau(z)-s$ 的形式。常见的荷载传递函数形式有如图 3-2-2 所示的 4 种。

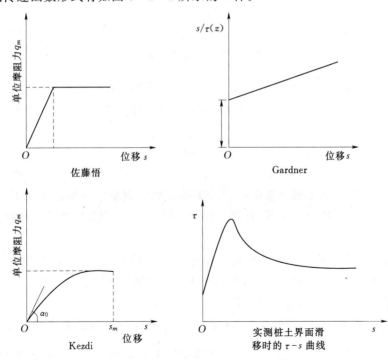

图 3-2-2　传递函数的几种形式

目前荷载传递法的求解有解析法、变形协调法和矩阵位移法 3 种。下面主要介绍变形协调法。

荷载传递法的变形协调法是应用实测的传递函数来计算 $p-s$ 曲线，因此不能直接求解微分方程。这时可采用位移协调法求解，可将桩化分成许多单元体，考虑每个单元的内力与位移协调关系，求解桩的荷载传递及沉降量。其计算步骤如下。

（1）已知桩长 L、桩截面面积 A_p、桩弹性模量 E_p，以及实测的桩侧传递函数曲线，如图 3-2-3 所示。

（2）将桩分成 n 个单元，每单元长 $\Delta L = L/n$，如图 3-2-3 所示，n 的大小取决于要求的计算精度，当 $n=10$ 时一般可满足实用要求。

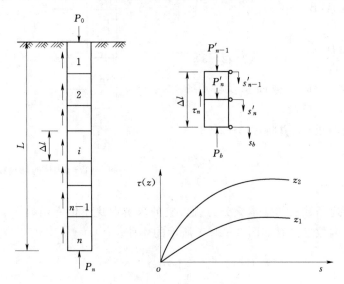

图 3-2-3　位移协调法

（3）先假定桩端处单元 n 底面产生位移 s_b，从实测桩端处的传递函数曲线中求得相应于 s_b 时的桩侧摩阻力 τ_b 值。桩端处桩的轴向力 P_b 值，可用一段虚拟桩长 ΔL_p 的摩阻力来表示，即

$$P_b = U \Delta L_p \tau_b \qquad (3-2-5)$$

式中　ΔL_p——虚拟的桩端换算长度。

上述计算 P_b 的公式是很粗略的，ΔL_p 的确定也较困难。有学者建议 P_b 可按 Mindlin 公式计算，也可用 $P_b = k_b A_b S_b$ 计算，式中，k_b、A_b 分别为桩端处的地基反力系数和桩截面面积。

（4）假定第 n 单元桩中点截面处的位移为 s'_n（一般可假定 s'_n 等于或略大于 s_b），然后从实测的传递函数 $\tau-s$ 曲线上，求得相应于 s'_n 时的桩侧摩阻力 τ_n 值。

（5）求第 n 单元桩顶面处轴向力 $P'_{n-1} = P_b + \tau_n U \Delta L$。

（6）求第 n 单元桩中央截面处桩的位移 $s'_n = s_b + e$，式中 e 为第 n 单元下半段桩的弹性压缩量，即 $e = \dfrac{1}{4}(P_b + P'_n)\dfrac{\Delta L}{A_p E_p}$。其中 P'_n 为第 n 单元桩中央截面处桩的轴向力，

见图 $3-2-3$，即 $P'_n = \dfrac{1}{2}(P_b + P'_{n-1})$。

（7）校核求得的 s'_n 值与假定值是否相符，若不符则重新假定 s'_n 值，直到计算值与假定值一致为止。由此求得 P_b，P_{n-1}，s'_n 和 τ_n 值。

（8）再向上推移一个单元桩段，按上述步骤计算第 $n-1$ 单元桩，求得 P_{n-2}、S_{n-1} 及 τ_{n-1} 值。依此逐个向上推移，直到桩顶第一单元，即可求桩顶荷载 P_0 及相应的桩顶沉降量 S_0 值。

（9）重新假定不同的桩端位移，重复上述（4）至（8）步骤，求得一系列相应的 $P(z)$ 分布图，及相应的 $\tau(z)-z$ 分布图，最后还可得到桩的 P_0-s_0 曲线。

第三节　剪切位移法

剪切位移法是假定受荷桩身周围土体以承受剪切变形为主，桩土之间没有相对位移，将桩土视为理想的同心圆柱体，剪应力传递引起周围土体沉降，由此得到桩土体系的受力和变形的一种方法。

当摩擦单桩承受竖向荷载时，桩周一定的半径范围内土体的竖向位移分布呈漏斗状的曲线。当桩顶荷载小于 30% 极限荷载时，大部分桩侧摩阻力由桩周土以剪应力沿径向向外传递，传到桩尖的力很小，桩尖以下土的固结变形是很小的，故桩端沉降不大。据此，评定单独摩擦桩的沉降时，可以假设沉降只与桩侧土的剪切变形有关。

如图 $3-3-1$ 所示为单桩周围土体剪切变形的模式，假定在工作荷载下，桩本身的压缩很小可忽略不计，桩土之间的黏着力保持不变，亦即桩土界面不发生滑移。在桩土体系中任一高程平面，分析沿桩侧的环形单元 $ABCD$，桩受荷前 $ABCD$ 位于水平面位置，桩受荷发生沉降后，单元 $ABCD$ 随之发生位移，并发生剪切变形，成为 $A'B'C'D'$，并将剪应力传递给邻近单元 $B'E'C'F'$，这个传递过程连续地沿径向往外传递，传递到 x 点距桩中心轴为 $r_m = nr_0$ 处，在 x 点处剪应变已很小可忽略不计。假设所发生的剪应变为弹性

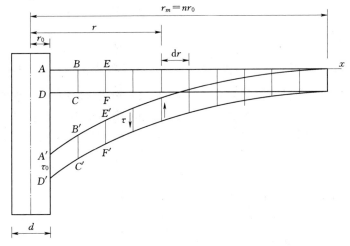

图 $3-3-1$　剪切变形传递法桩身荷载传递模型

71

性质，即剪应力与剪应变成正比关系。

剪切位移法可以给出桩周土体的位移变化场，因此通过叠加方法可以考虑群桩的共同作用，这较有限元法和弹性理论法更为简单。但假定桩土之间没有相对位移，桩侧土体上下层之间没有相互作用，这些与实际工程中桩的工作特性并不相符。

假定桩本身的压缩很小可忽略不计，受荷桩身周围土体以承受剪切变形为主，桩土之间没有相对位移，将桩土视为理想的同心圆柱体，剪应力传递引起周围土体沉降。根据上述剪应力传递概念，可求得距桩轴 r 处土单元的剪应变为 $r=\dfrac{\mathrm{d}s}{\mathrm{d}r}$，其剪应力 τ 为

$$\tau = G_s \gamma = G_s \frac{\mathrm{d}s}{\mathrm{d}r} \qquad (3-3-1)$$

式中 G_s——土的剪切模量。

根据平衡条件知

$$\tau = \tau_0 \frac{r_0}{r} \qquad (3-3-2)$$

由公式得

$$\mathrm{d}s = \frac{\tau}{G_s}\mathrm{d}r = \frac{\tau_0 r_0}{G_s}\frac{\mathrm{d}r}{r} \qquad (3-3-3)$$

如果土的剪切模量为常数，则将上式两端积分，可得桩侧沉降 s_s 的计算公式为

$$s_s = \frac{\tau_0 r_0}{G_s}\int_{r_0}^{r_m}\frac{\mathrm{d}r}{r} = \frac{\tau_0 r_0}{G_s}\ln\left(\frac{r_m}{r_0}\right) \qquad (3-3-4)$$

若假设桩侧摩阻力沿桩身为均匀分布，则桩顶荷载 $P_0 = 2\pi r_0 L \tau_0$，土的弹性模量 $E_s = 2G_s(1+v_s)$。若取土的泊松比 $v_s = 0.5$，则 $E_s = 3G_s$，代入式（3-3-4）得桩顶沉降量的计算公式

$$s_0 = \frac{3}{2\pi}\frac{P_0}{LE_s}\ln\left(\frac{r_m}{r_0}\right) = \frac{P_0}{LE_s}I \qquad (3-3-5)$$

其中

$$I = \frac{3}{2\pi}\ln\left(\frac{r_m}{r_0}\right) \qquad (3-3-6)$$

影响半径可表示为：$r_m = 2.5L\rho(1-v_s)$，其中 ρ 为不均匀系数，表示桩入土深度 $1/2$ 处和桩端处土的剪切模量的比值，即 $\rho = \dfrac{G_s(1/2)}{G_s(l)}$。因此，对均匀土 $\rho = 1$，对 Gibson 土，$\rho = 0.5$。

在以上的分析中，单桩沉降计算公式（3-3-4）和式（3-3-5）忽略了桩端处的荷载传递作用，因此对于短桩的计算误差较大。Randolph 等研究人员提出将桩端作为刚性墩，按弹性力学方法计算桩端沉降量 s_b，在集中荷载 P_b 作用下竖向位移 s_b 的表达式为

$$s_b = \frac{P_b(1-\gamma_s')}{4r_0'G_s'}\eta \qquad (3-3-7)$$

式中 η——桩入土深度影响系数，一般取 $\eta = 0.85 \sim 1.0$。

对于刚性桩，由于 $P_0 = P_s + P_b$ 及 $s_0 = s_s + s_b$，由式（3-3-4）和式（3-3-7）可得

$$P_0 = P_s + P_b = \frac{2\pi LG_s}{\ln\left(\dfrac{r_m}{r_0}\right)}s_s + \frac{4r_0 G_s}{(1-\gamma_s)\eta}s_b \qquad (3-3-8)$$

$$s_0 = s_s + s_b = \frac{P_0}{G_s r_0 \left[\dfrac{2\pi L}{r_0 \ln\left(\dfrac{r_m}{r_0}\right)} + \dfrac{4}{(1-\gamma_s)\eta} \right]} \qquad (3-3-9)$$

通过式（3-3-5）和式（3-3-9）可以看出，对于摩擦桩单桩的沉降明显与桩长成反比，故加长桩长可减小沉降。

第四节 弹 性 理 论 法

弹性理论计算方法用于桩基的应力和变形是 20 世纪 60 年代初期提出来的。在弹性理论中，地基被当作半无限弹性体，在工作荷载下，由于桩侧和桩端的土体中的塑性变形不明显，故可以近似应用弹性理论和叠加原理进行沉降分析。弹性理论法假定土为均质的、连续的、各向同性的弹性半空间体，土体性质不因桩体的存在而变化。采用弹性半空间体内集中荷载作用下的 Mindlin 解计算土体位移，由桩体位移和土体位移协调条件建立平衡方程，从而求解桩体位移和应力。如图 3-4-1 所示，弹性半无限体内深度 z_0 处作用集中力 P，离地面深度 z 处的作一点 M 的位移和应力的 Mindlin 解如下。

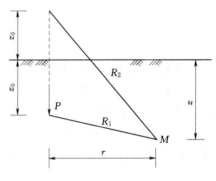

图 3-4-1 Mindlin 解示意图

竖向位移解

$$\omega = \frac{P(1+\nu_s)}{8\pi E(1-\nu_s)} \left[\frac{3-4\nu_s}{R_1} + \frac{8(1-\nu_s)^2 - (3-4\nu_s)}{R_2} \right.$$
$$\left. + \frac{(z-z_0)^2}{R_1^3} + \frac{(3-4\nu_s)(z+z_0)^2 - 2z_0 z}{R_2^3} + \frac{6z_0 z(z+z_0)^2}{R_2^5} \right] \qquad (3-4-1)$$

竖向应力解

$$\sigma_z = \frac{P}{8\pi(1-\nu_s)} \left[\frac{(1-2\nu_s)(z-z_0)}{R_1^3} - \frac{(1-2\nu_s)(z-z_0)}{R_2^3} + \frac{3(z-z_0)^3}{R_1^5} \right.$$
$$\left. + \frac{3(3-4\nu_s)z(z+z_0)^2 - 3z_0(z+z_0)(5z-z_0)}{R_2^5} + \frac{30z_0 z(z+z_0)^3}{R_2^7} \right]$$

$$(3-4-2)$$

上二式中 $R_1 = \sqrt{r^2 + (z-z_0)^2}$；$R_2 = \sqrt{r^2 + (z+z_0)^2}$；

z_0——集中力作用点的深度；

ν_s——土体的泊松比；

E——土体的弹性模量。

如图 3-4-2 所示的单根摩擦桩进行分析，把桩当作在地面处受有轴向荷载 P、桩长为 L、桩身直径为 D。为了便于分析，假设桩侧摩阻力为沿桩身均匀分布的摩擦应力 p，桩端阻力为在桩底均匀分布的垂直应力 p_b。

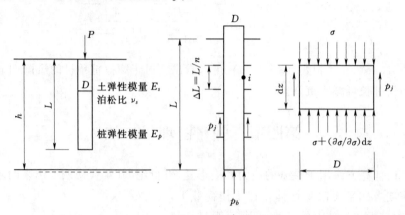

图 3-4-2　摩擦桩分析示意图

在进行分析时，将桩划分成 n 个单元，每段桩长为 L/n。分析中假定桩侧面为完全粗糙，桩底面为完全光滑，并认为土是理想的、均质的、各向同性的弹性半空间，其杨氏模量为 E_s，泊松比为 v_s，它们都不因桩的存在而改变。如果桩-土界面条件为弹性的，且不发生滑动，则桩和其邻接土的位移相等。对于图 3-4-2 中的典型桩单元 i，由于桩单元 j 上的侧摩擦力 p_j 使桩单元 i 处桩周土产生的竖向位移 ρs_{ij} 可表示为

$$\rho_{ij}^s = \frac{D}{E_s} I_{ij} p_j \qquad (3-4-3)$$

式中　I_{ij}——单元 j 上的剪应力 $p_j=1$ 时在单元 i 处产生的土的竖向位移系数。

所有的 n 个单元应力和桩端应力使单元 i 处土产生竖向位移为

$$\rho_i^s = \frac{D}{E_s} \sum_{j=1}^{n} I_{ij} p_j + \frac{D}{E_s} I_{ib} p_b \qquad (3-4-4)$$

式中　I_{ib}——桩端应力 $p_b=1$ 时在单元 i 处产生的土的竖向位移系数。

对于其他的单元和桩端可以写出类似的表达式，于是，桩所有单元的土位移可用矩阵的形式表示为

$$\{\rho^s\} = \frac{D}{E_s} [I_s] \{p\} \qquad (3-4-5)$$

式中　$\{\rho^s\}$——土的竖向位移矢量；

　　　$\{p\}$——桩侧剪应力和桩端应力矢量；

　　　$[I_s]$——土位移系数的方阵，由下式给出：

$$[I_s] = \begin{bmatrix} I_{11} & I_{12} & \cdots & I_{1n} & I_{1b} \\ I_{21} & I_{22} & \cdots & I_{2n} & I_{2b} \\ \cdots & \cdots & \cdots & \cdots & \cdots \\ I_{n1} & I_{n2} & \cdots & I_{nn} & I_{nb} \\ I_{b1} & I_{b2} & \cdots & I_{bn} & I_{bb} \end{bmatrix} \qquad (3-4-6)$$

$[I_s]$ 中各元素表示半空间体内单位点荷载产生的位移，可以由 Mindlin 方程的数值积分求得。

根据位移协调原理，若桩土间没有相对位移，则桩土界面相邻的位移相等，即

$$\{\rho^p\} = \{\rho^s\} \tag{3-4-7}$$

式中　$\{\rho^p\}$——桩的位移矢量。

若考虑桩是不可压缩的，则上式中的位移矢量是常量，等于桩顶沉降。根据静力平衡条件及式（3-4-4）和式（3-4-5），联立即可求得 n 个单元的桩周均布应力 p_j、桩端均布应力 p_b 以及桩顶沉降 s。计算时也可以考虑桩身的压缩，按图 3-4-2 所示计算简图得到各桩单元的压缩量，进而得到桩的位移矢量，可自行推导。

弹性理论方法概念清楚，运用灵活。但受其假设的限制，与很多工程情况不符，且土性参数难以确定，计算量很大，故在实际工程应用中较少，但其适合用于程序开发。

第五节　单桩沉降计算的分层总和法

单桩沉降分层总和法计算公式如下：

$$s = \sum_{i=1}^{n} \frac{\sigma_{zi} \cdot \Delta Z_i}{E_{si}} \tag{3-5-1}$$

假设单桩的沉降主要由桩端以下土层的压缩组成，桩侧摩阻力以 $\varphi/4$ 散角向下扩散，扩散到桩端平面处用一等代的扩展基础代替，扩展基础的计算面积为 A_e。

$$A_e = \frac{\pi}{4}\left(d + 2l\tan\frac{\overline{\varphi}}{4}\right)^2 \tag{3-5-2}$$

式中　$\overline{\varphi}$——桩侧各层土内摩擦角的加权平均值；

　　　d——单桩基础直径。

在扩展基础底面的附加压力 σ_0 为

$$\sigma_0 = \frac{F+G}{A_e} - \overline{\gamma} \cdot l \tag{3-5-3}$$

式中　F——桩顶设计荷载；

　　　G——桩土自重；

　　　$\overline{\gamma}$——桩底平面以上各土层土有效重度的加权平均值；

　　　l——桩的入土深度。

在扩展基础底面以下土中的附加应力 σ_0 分布可以根据基础底面附加应力 σ_0，并用 Boussines 解查规范附加应力系数表确定，也可按 Mindlin 解确定。压缩层计算深度可按附加应力为 20% 自重应力确定（对软土可按 10% 确定）。

第六节　群桩沉降理论

由桩群、土和承台组成的群桩，在竖向荷载作用下，其沉降的变形性状是桩、承台、地基土之间相互影响的结果。群桩沉降及其性状同单桩明显不同，群桩沉降是一个非常复杂的问题，它涉及众多因素，一般来说，可能包括群桩几何尺寸（如桩间距、桩长、桩数、桩基础宽度与桩长的比值等）、成桩工艺、桩基施工与流程、土的类别与性质、土层

剖面的变化、荷载的大小、荷载的持续时间以及承台设置方式等。对于影响沉降的主要因素，单桩与群桩两者也不相同，前者主要受桩侧摩阻力影响，而后者（群桩）的沉降在很大程度上与桩端以下土层的压缩性有关，图 3-6-1 表示持力层下有软弱下卧层时，单桩试验承载力和变形能满足设计要求，但群桩沉降就不一定能满足设计要求，需要验算。

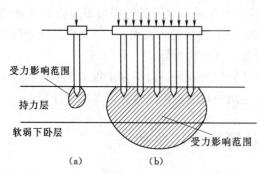

图 3-6-1 单桩与群桩下压缩层厚对比

(a) 单桩；(b) 群桩

群桩沉降主要由桩身混凝土的压缩和桩端下卧层的压缩组成。这两种变形所占群桩沉降的比例与土质条件、桩距大小、荷载水平、成桩工艺（挤土桩与非挤土桩）以及承台的设置方式（高、低承台）等因素有密切关系。目前在工程中的沉降计算方法大多都只考虑桩端下卧层的压缩，并加以修正得出群桩沉降量。当前的群桩沉降方法主要有等代墩基（实体深基础）法、等效作用分层总和法、沉降比法等。

一、土中应力计算的 Boussinesq 解

在均匀的、各向同性的半无限弹性体表面（如地基表面）作用一竖向集中力 Q（图 3-6-2），计算半无限体内任意点 M 的应力（不考虑弹性体的体积力），在弹性理论中由 Boussinesq 解得，由式（3-4-2）可见，当 $z_0 = 0$ 时 mindlinq 的解就是 Boussinesq 解，即 Boussinesq 解是 mindlinq 解的一个特解。Boussinesq 解的应力及位移的表达式分别如下

正应力

$$\sigma_z = \frac{3Qz^3}{2\pi R^5} \tag{3-6-1}$$

$$\sigma_x = \frac{3Q}{2\pi}\left\{\frac{zx^2}{R^5} + \frac{1-2v}{3}\left[\frac{R^2-Rz-z^2}{R^3(R+z)} - \frac{x^2(2R+z)}{R^3(R+z)^2}\right]\right\} \tag{3-6-2}$$

$$\sigma_y = \frac{3Q}{2\pi}\left\{\frac{zy^2}{R^5} + \frac{1-2v}{3}\left[\frac{R^2-Rz-z^2}{R^3(R+z)} - \frac{y^2(2R+z)}{R^3(R+z)^2}\right]\right\} \tag{3-6-3}$$

剪应力

$$\tau_{xy} = \tau_{yx} = \frac{3Q}{2\pi}\left[\frac{xyz}{R^3} - \frac{1-2v}{3}\frac{xy(2R+z)}{R^3(R+z)^2}\right] \tag{3-6-4}$$

$$\tau_{yz} = \tau_{xy} = -\frac{3Q}{2\pi}\frac{yz^2}{R^5} \tag{3-6-5}$$

$$\tau_{zx} = \tau_{xz} = -\frac{3Q}{2\pi}\frac{xz^2}{R^5} \tag{3-6-6}$$

x、y、z 轴方向的位移分别为

$$u = \frac{Q(1+v)}{2\pi E}\left[\frac{xz}{R^3} - (1-2v)\frac{x}{R(R+z)}\right] \tag{3-6-7}$$

$$v = \frac{Q(1+v)}{2\pi E} \left[\frac{yz}{r^3} - (1-2v) \frac{y}{R(R+z)} \right] \tag{3-6-8}$$

$$w = \frac{Q(1+v)}{2\pi E} \left[\frac{z^2}{R^3} + 2(1-v) \frac{1}{R} \right] \tag{3-6-9}$$

式中　x、y、z——M 点的坐标，$R = \sqrt{x^2 + y^2 + z^2}$；

　　　E、v——弹性模量及泊松比。

上述的应力及位移分量计算公式，在集中力作用点处是不适用的，因为当 $R \rightarrow 0$ 时，应力及位移均趋于无穷大，事实上这是不可能的，因为集中力是不存在的，总有作用面积的。而且此刻土已发生塑性变形，按弹性理论解已不适用了。

上述应力及位移分量中，应用最多的是竖向正应力及竖向位移，因此着重讨论 σ_z 的计算。为了应用方便，式（3-6-1）改写成如下形式

$$\sigma_z = \frac{3Q}{2\pi} \frac{z^3}{R^5} = \frac{3Q}{2\pi z^2} \frac{1}{\left[1 + \left(\frac{r}{z}\right)^2\right]^{\frac{5}{2}}} = \alpha \frac{Q}{z^2} \tag{3-6-10}$$

式中附加应力系数，$\alpha = \dfrac{3}{2\pi \left[1 + \left(\dfrac{\gamma}{z}\right)^2\right]^{\frac{5}{2}}}$ 是（r/z）的函数，可制成表 3-6-1 以供查用。

表 3-6-1　　　　　集中力作用于半无限体表面时竖向附加应力系数 α

$\frac{r}{z}$	α	$\frac{r}{z}$	α	$\frac{r}{z}$	α	$\frac{r}{z}$	α	$\frac{r}{z}$	α
0.00	0.4475	0.20	0.4329	0.40	0.3294	0.60	0.2214	0.80	0.1386
0.05	0.4745	0.25	0.4103	0.45	0.3011	0.65	0.1978	0.85	0.1226
0.10	0.4657	0.30	0.3849	0.50	0.2783	0.70	0.1762	0.90	0.1083
0.15	0.4516	0.35	0.3577	0.55	0.2466	0.75	0.1565	0.95	0.0956
1.00	0.0844	1.30	0.0402	1.60	0.0200	1.90	0.0105	2.80	0.0021
1.05	0.0744	1.35	0.0357	1.65	0.0179	1.95	0.0095	3.00	0.0015
1.15	0.0581	1.45	0.0282	1.75	0.0144	2.20	0.0058	4.00	0.0004
1.20	0.0513	1.50	0.0251	1.80	0.0129	2.40	0.0040	4.50	0.0002
1.25	0.0454	1.55	0.0224	1.85	0.0116	2.60	0.0029	5.00	0.000

在工程实践中最常碰到的问题是地面竖向位移（即沉降）问题。计算地面某点 A（其坐标为 $Z=0$，$R=r$）的沉降 s 可由式（3-6-11）求得（图 3-6-2），即

$$s = w = \frac{Q(1-v^2)}{\pi E r} \tag{3-6-11}$$

式中　E——土的弹性模量，MPa。

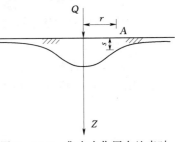

图 3-6-2　集中力作用在地表时
的地面竖向位移

二、等代墩基法

等代墩基（实体深基础）模式计算桩基础沉降是在工程实践中应用最广泛的近似方法。该模式假定桩基础如同天然地基上的实体深基础，在计算沉降时，等代墩基底面取在桩端平面，同时考虑群桩外围侧面的扩散作用。按浅基础沉降计算方法（分层总和法）进行估计，地基内的应力分布采用 Boussinesq 解。图 3-6-3 为我国工程中常用两种等代墩基法的计算图式。这两种图式的假想实体基础底面都与桩端齐平，其差别在于是否考虑群桩外围侧面剪应力的扩散作用，但两者的共同特点是都不考虑桩间土压缩变形对沉降的影响。

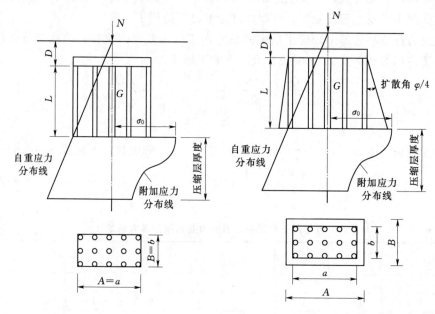

图 3-6-3　等代墩基法的计算示意图

在我国通常采用群桩桩顶外围按 $\varphi/4$ 向下扩散与假想实体基础底平面相交的面积作为实体基础的底面积 F，以考虑群桩外围侧面剪应力的扩散作用。对于矩形桩基础，这时 F 可表示为

$$F = A \times B = \left(a + 2L\tan\frac{\varphi}{4}\right)\left(b + 2L\tan\frac{\varphi}{4}\right) \qquad (3-6-12)$$

式中　a、b——群桩桩顶外围矩形面积的长度和宽度；

$\quad\quad A$、B——假想实体基础底面的长度和宽度；

$\quad\quad\quad L$——桩长；

$\quad\quad\quad \varphi$——群桩侧面土层内摩擦角的加权平均值。

对于图 3-6-3 所示的两种图式，可用下列公式计算桩基沉降量 s_G

$$s_G = \psi_s B \sigma_0 \sum_{i=1}^{n} \frac{\delta_i - \delta_{i-1}}{E_{ci}} \qquad (3-6-13)$$

式中　ψ_s——经验系数，应根据各地区的经验选择；

$\quad\quad B$——假想实体基础底面的宽度，如不计侧面剪应力扩散作用，取 $B = b$；

n——基底以下压缩层范围内的分层总数目，按地质剖面图将每一种土层分成若干分层，每一分层厚度不大于 $0.4B$；压缩层的厚度计算到附加应力等于自重应力的 20% 处，附加应力中应考虑相邻基础的影响；

δ_i——按 Boussinesq 解计算地基土附加应力时的沉降系数；

E_{ci}——各分层土的压缩模量，应取用自重应力变化到总应力时的模量值；

σ_0——假想实体基础底面处的附加应力，即：$\sigma_0 = \dfrac{N+G}{F} - \sigma_{c0}$

N——作用在桩基础上的上部结构竖直荷载；

G——实体基础自重，包括承台自重和承台上土重以及承台底面至实体基础底面范围内的土重与桩重；

σ_{co}——假想实体基底处的土自重应力。

$$s_G = \psi_s \sum_{i=1}^{n} \frac{\sigma_{zi}}{E_{ci}} H_i \qquad (3-6-14)$$

这里 H_i 为第 i 分层的厚度，σ_{zi} 为基础底面传递给第 i 分层中心处的附加应力，其余符号同上。

从上述公式可以看出，在我国工程中采用等代墩基法计算桩基沉降有如下的特点。

（1）不考虑桩间土压缩变形对桩基沉降的影响，即假想实体基础底面在桩端平面处。

（2）如果考虑侧面摩阻力的扩散作用，则按 $\varphi/4$ 角度向下扩散。

（3）桩端以下地基土的附加应力按 Boussinesq 解确定。

第七节　Mindlin‐Geddes 法

Geddes 根据 Mindlin 提出的作用于半无限弹性体内任一点的集中力产生的应力解析解进行积分，可以导出在单桩荷载作用下土体中所产生的应力公式，结合地基沉降分层总和法原理以及对桩身压缩量的计算，得到单桩沉降量 s 的计算公式

$$s = s_s + s_b = \frac{\Delta Q L}{E_p A_p} + \frac{Q}{E_s L} \qquad (3-7-1)$$

式中　Δ——与桩侧阻力分布形式有关的系数，一般情况下 $\Delta = 1/2$；

E_s——桩端下地基土的压缩模量。

式（3-7-1）的第一项表示桩身压缩量，忽略了桩端阻力的影响，而在计算桩侧阻力所产生的桩身压缩量时，桩侧阻力分布形式统一按均匀分布考虑，即统一取 $\Delta = 1/2$；式（3-7-1）的第二项表示桩端沉降量。假定桩顶竖向荷载 Q 可在土中形成 3 种单桩荷载形式，如图 3-7-1 所示：以集中力形式表示的桩端阻力的荷载 $Q_b = \alpha Q$；沿深度均匀分布形式表示的桩侧阻力的荷载 $Q_u = \beta Q$，以及沿深度线性增长分布形式表示的桩侧阻力荷载 $Q_v = (1-\alpha-\beta)Q$，α 和 β 分别为桩端阻力和桩侧均匀分布阻力分担桩顶竖向荷载的比例系数。在上述 3 种单桩荷载作用下，土体中任一点 (r, z) 的竖向应力可按下式求解

$$\sigma_z = \sigma_{zb} + \sigma_{zu} + \sigma_{zv} = \left(\frac{Q_b}{L^2}\right) \cdot I_b + \left(\frac{Q_u}{L^2}\right) \cdot I_u + \left(\frac{Q_v}{L^2}\right) \cdot I_v \qquad (3-7-2)$$

式中　I_b、I_u 和 I_v——桩端阻力、侧桩均匀分布阻力和桩侧线性增长分布阻力荷载作用下在土体中任一点的竖向应力系数。

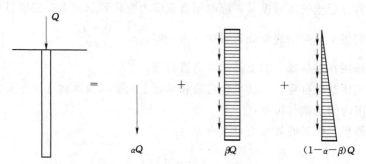

图 3-7-1　单桩荷载组成示意图

$$I_b = \frac{1}{8\pi(1-u)}\left\{-\frac{(1-2u)(m-1)}{A^3} + \frac{(1-2u)(m-1)}{B^3} - \frac{3(m-1)^3}{A^5}\right.$$
$$\left. -\frac{3(3-4u)m(m+1)^2 - 3(m+1)(5m-1)}{B^5} - \frac{30m(m+1^3)}{B^7}\right\} \qquad (3-7-3)$$

$$I_u = \frac{1}{8\pi(1-u)}\left\{-\frac{2(2-u)}{A} + \frac{2(2-u)+2(1-2u)\frac{m}{n}\left(\frac{m}{n}+\frac{1}{n}\right)}{B} - \frac{2(1-2u)\left(\frac{m}{n}\right)^2}{F}\right.$$

$$+\frac{n^2}{A^3} + \frac{4m^2 - 4(1+u)\left(\frac{m}{n}\right)^2 m^2}{F^3} + \frac{4m(1+u)(m+1)\left(\frac{m}{n}+\frac{1}{n}\right)^2 - (4m^2+n^2)}{B^3}$$

$$\left. +\frac{6m^2\left(\frac{m^4-n^4}{n^2}\right)}{F^5} + \frac{6m\left[mn^2 - \frac{1}{n^2}(m+1)^5\right]}{B^5}\right\} \qquad (3-7-4)$$

$$I_v = \frac{1}{4\pi(1-u)}\left\{-\frac{2(2-u)}{A} + \frac{2(2-u)(4m+1) - 2(1-2u)\left(\frac{m}{n}\right)^2(m+1)}{B}\right.$$

$$+\frac{2(1-2u)\frac{m^3}{n^2} - 8(2-u)m}{F} + \frac{mn^2+(m-1)^3}{A^3} + \frac{4un^2m + 4m^3 - 15n^2m}{B^3}$$

$$-\frac{2(5+2u)\left(\frac{m}{n}\right)^2(m+1)^3 - (m+1)^3}{B^3} + \frac{2(7-2u)nm^2 - 6m^3 + 2(5+2u)\left(\frac{m}{n}\right)^2 m^3}{F^3}$$

$$+\frac{6nm^2(n^2-m^2) + 12\left(\frac{m}{n}\right)^2(m+1)^5}{B^5} - \frac{12\left(\frac{m}{n}\right)^2 m^5 + 6nm^2(n^2-m^2)}{F^5}$$

$$\left. -2(2-u)\ln\left(\frac{A+m+1}{F+m} \times \frac{B+m+1}{F+m}\right)\right\} \qquad (3-7-5)$$

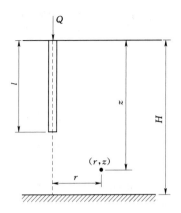

图 3-7-2 单桩荷载应力计算几何尺寸

式中 $n=r/l$；$m=z/l$；$F=m^2+n^2$；$A=n^2+(m-1)^2$；$B^2=n^2+(m+1)^2$。l、z 和 r 见图 3-7-2 所示几何尺寸。

在计算群桩沉降时，将各根单桩在某点所产生的附加应力进行叠加，进而计算群桩产生的沉降。采用 Mindlin-Geddes 法计算桩基沉降一般需要用计算机计算，在计算机已经普及的今天，计算的难度已经不是一个主要的问题，普及明德林-盖得斯法计算桩基沉降已具备了客观条件。

第八节 建筑桩基技术规范方法

桩基规范法是以 Mindlin 位移公式为基础的方法，该法通过均质土中群桩沉降的 Mindlin 解与均布荷载下矩形基础沉降的 Boussinesq 解的比值（等效沉降系数）ψ_e 来修正实体基础的基底附加应力，然后利用分层总和法计算桩端以下土体的沉降。该法适用于桩距小于或等于 6 倍桩径的桩基。

一、建筑桩基技术规范计算公式

《建筑桩基技术规范》（JGJ 94—2008）中规定，对于桩中心距小于或等于 6 倍桩径的桩基，其最终沉降量计算可采用等效作用分层总和法。等效作用面位于桩端平面，等效作用面积为桩承台投影面积，等效作用附加应力近似取承台底平均附加压力。等效作用面以下的应力分布采用各向同性均质直线变形体理论。

计算模式如图 3-8-1 所示，桩基最终沉降量可用角点法按下式计算

$$s=\psi\cdot\psi_q\cdot s'=\psi\cdot\psi_e\cdot\sum_{j=1}^{m}p_{oj}\sum_{i=1}^{n}\frac{z_{ij}\bar{\alpha}_{ij}-z_{(i-1)j}\bar{\alpha}_{(i-1)j}}{E_{si}} \qquad (3-8-1)$$

式中　　s——桩基最终沉降量，mm；

s'——采用 Boussinesq 解，按实体深基础分层总和法计算出的桩基沉降量，mm；

ψ——桩基沉降经验系数，无当地可靠经验时可按表 3-8-1 确定；

ψ_e——桩基等效沉降系数，按式确定；

m——角点法计算点对应的矩形荷载分块数；

p_{oj}——第 j 块矩形底面在荷载效应准永久组合下的附加压力，kPa；

n——桩基沉降计算深度范围内所划分的土层数；

E_{si}——等效作用面以下第 i 层土的压缩模量，MPa，采用地基土在自重压力至自重压力加附加压力作用时的压缩模量；

z_{ij}，$z_{(i-1)j}$——桩端平面第 j 块荷载作用面至第 i 层土、第 $i-1$ 层土底面的距离，m；

$\bar{\alpha}_{ij}$，$\bar{\alpha}_{(i-1)j}$——桩端平面第 j 块荷载计算点至第 i 层土、第 $i-1$ 层土底面深度范围内平

均附加应力系数，可按《建筑桩基技术规范》（JGJ 94—2008）附录 D 采用。

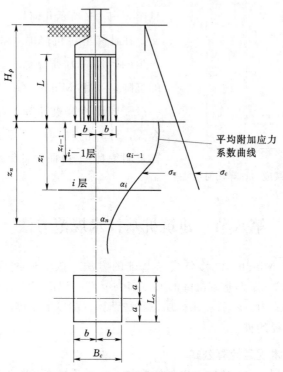

图 3-8-1　桩基沉降计算示意图

计算矩形桩基中点沉降时，桩基沉降计算式可简化成下式

$$s = \psi \cdot \psi_q \cdot s' = 4 \cdot \psi \cdot \psi_q \cdot p_0 \sum_{i=1}^{m} \frac{z_i \bar{\alpha}_i - z_{i-1} \bar{\alpha}_{i-1}}{E_{si}} \tag{3-8-2}$$

式中　p_0——在荷载效应准永久组合下承台底的平均附加压力；

$\bar{\alpha}_i$，$\bar{\alpha}_{(i-1)}$——平均附加压力系数，根据矩形长宽比 a/b 及深宽比 $\dfrac{z_i}{b} = \dfrac{2z_i}{B_c}$，$\dfrac{z_{i-1}}{b} = \dfrac{2z_{i-1}}{Bc}$

查《建筑桩基技术规范》（JGJ 94—2008）附录 D。

桩基沉降计算深度 z_n，按应力比法确定，即 z_n 处的附加应力 σ_z 与土的自重应力 σ_c 应符合下式要求

$$\sigma_z \leqslant 0.2\sigma_c \tag{3-8-3}$$

$$\sigma_z = \sum_{j=1}^{m} \alpha_j p_{0j} \tag{3-8-4}$$

式中附加应力系数 α_j 根据角点法划分的矩形长宽比及深度比查《建筑桩基技术规范》（JGJ 94—2008）附录 D。

桩基等效沉降系数 ψ_ε 按下式简化计算

$$\psi_\varepsilon = C_0 + \frac{n_b - 1}{C_1(n_b - 1) + C_2} \tag{3-8-5}$$

$$n_b = \sqrt{n \frac{B_c}{L_c}} \tag{3-8-6}$$

式中　　　n_b——矩形布桩时的短边布桩数，当布桩不规则时可按式近似计算，当 $n_b <$ 1 时取 $n_b = 1$；

C_0、C_1、C_2——根据群桩不同距径比（桩中心距与桩径之比）S_a/d、长径比 L/d 及基础长宽比 L_c/B_c，由《建筑桩基技术规范》（JGJ 94—2008）附录 E 确定；

L_c、B_c、n——矩形承台的长、宽及总桩数。

当布桩不规则时，等效距径比可按下式近似计算

圆形桩　　　　　　　　　$S_a/d = \sqrt{A} / (\sqrt{n} \cdot d)$

方形桩　　　　　　　　　$S_a/d = 0.886 \sqrt{A} / (\sqrt{n} \cdot b)$

式中　A——桩基承台总面积；

　　　b——方形桩截面边长。

无当地经验时，桩基沉降计算经验系数可按表 3-8-1 选用。对于采用后注浆施工工艺的灌注桩，桩基沉降计算经验系数应乘以相应折减系数（0.7~0.8），其中桩端持力土层为砂、砾、卵石的折减系数取 0.7，黏性土、粉土取 0.8；饱和土中采用预制桩（不含复打、复压、引孔沉桩）时，应根据桩距、土质、沉桩速率和顺序等因素，乘以相应挤土效应系数，土的渗透性低，桩距小，桩数多，沉降速率快时取大值。

表 3-8-1　　　　　　　　　　　桩基沉降计算经验系数 ψ

$\overline{E}_s$/MPa	$\leqslant 8$	13	20	35	$\geqslant 50$
ψ	1.6	1.0	0.75	0.5	0.4

注　$\overline{E}_s$ 为沉降计算深度范围内压缩模量的当量值，可按下式计算：$\overline{E}_s = \sum A_i / \sum \dfrac{A_i}{E_{si}}$，式中 A_i 为第 i 层土附加应力系数沿土层厚度的积分值，可近似按分块面积计算；ψ 可根据 $\overline{E}_s$ 内插取值。

计算桩基沉降时，应考虑相邻基础的影响，采用叠加原理计算，桩基等效沉降系数可按独立基础计算。当桩基形状不规则时，可采用等代矩形面积计算桩基等效沉降系数，等效矩形的长宽比可根据承台实际尺寸形状确定。

二、桩基规范等效沉降系数 ψ 的由来

运用弹性半无限体内作用力的 Mindlin 位移解，基于桩、土位移协调条件，略去桩身弹性压缩，给出匀质土中不同距径比、长径比、桩数、基础长宽比条件下刚性承台群桩的沉降数值解

$$w_m = \frac{\overline{Q}}{E_s d} \overline{w}_m \qquad\qquad (3-8-7)$$

式中　$\overline{Q}$——群桩中各桩的平均荷载；

　　　E_s——均质土的压缩模量；

　　　d——桩径；

　　　$\overline{w}_m$——Mindlin 解群桩沉降系数，随群桩的距径比、长径比、桩数、基础长宽比而变化；运用弹性半无限体表面均布荷载下的 Boussinesq 解，不计实体深基础侧阻力和应力扩散，求得实体深基础的沉降

$$w_B = \frac{P}{aE_s} \overline{w}_B \tag{3-8-8}$$

其中

$$\overline{w}_B = \frac{1}{4\pi} \left[\ln \frac{\sqrt{1+m^2}+m}{\sqrt{1+m^2}-m} + m \ln \frac{\sqrt{1+m^2}+1}{\sqrt{1+m^2}-1} \right] \tag{3-8-9}$$

式中　m——矩形基础上的长宽比，$m = a/b$；

　　　　P——矩形基础上的均布荷载之和。

由于数据过多，为便于分析应用，当 $m < 15$ 时，式（3-8-8）经统计分析后可简化为

$$\overline{w}_B = \frac{m+0.6336}{1.951m+4.6257} \tag{3-8-10}$$

由此引起的误差在 2.1% 以内。

相同基础平面尺寸条件下，对于不考虑群桩侧面剪应力和应力不扩散实体深基础 Boulssinesq 解沉降计算 w_b 和按不同几何参数刚性承台群桩 Mindlin 位移解沉降计算值 w_m 二者之比为等效沉降系数 ψ_ε。按实体深基础 Boussrmsq 解计算沉降 w_b，乘以等效系数 ψ_ε，实质上纳入了按 Mindlin 位移解计算桩基础沉降时，附加应力及桩群几何参数的影响。

等效沉降系数

$$\psi_\varepsilon = \frac{w_m}{w_B} = \frac{\dfrac{\overline{Q}}{E_s d} w_m}{\dfrac{n_a n_b P \overline{w}_B}{aE_s}} = \frac{w_m}{w_B} \cdot \frac{a}{n_a n_b d} \tag{3-8-11}$$

式中　n_a、n_b——矩形桩基础长边布桩数和短边布桩数。

为应用方便，将按不同距径比 $S_a/d = 2$，3，4，5，6，长径比 $L/d = 5$，10，15，…，100，总桩数 $n = 4 \sim 600$，各种布桩形式（$n_z/n_b = 1$，2，…，10），桩基承台长宽比 L_c/B_c，对式（3-8-10）计算出的数据进行回归分析，得到 ψ_ε 的如下表达式：

$$\psi_\varepsilon = C_0 + \frac{n_b - 1}{C_1(n_b - 1) + C_2} \tag{3-8-12}$$

三、建筑桩基技术规范中单桩、单排桩沉降计算

《建筑桩基技术规范》（JGJ 94—2008）中规定，对于单桩、单排桩、桩中心距大于 6 倍桩径的疏桩基础的沉降计算按以下两种情况考虑。

1. 承台底地基土不分担荷载的桩基

桩端平面以下地基中由基桩引起的附加应力，按考虑桩径影响的 Mindlin 解［《建筑桩基技术规范》（JGJ 94—2008）附录 F］计算确定。将沉降计算点水平面影响范围内各基桩对应力计算点产生的附加应力叠加，采用意向压缩分层总和法计算土层的沉降，并计入桩身压缩。桩基的最终沉降量可按下列公式计算

$$s = \psi \sum_{i=1}^{n} \frac{\sigma_{zi} \cdot \Delta Z_i}{E_{si}} + s_e \tag{3-8-13}$$

其中

$$\sigma_{zi} = \sum_{j=1}^{m} \frac{Q_j}{L_j^2} \left[\alpha_j I_{p\cdot ij} + (1-\alpha_j) I_{s\cdot ij} \right] \tag{3-8-14}$$

$$s_e = \xi_e \frac{Q_j L_j}{E_c A_{ps}} \qquad (3-8-15)$$

上几式中　　m——以沉降计算点为圆心，0.6 倍桩长为半径的水平面影响范围内的基桩数；

　　　　　　n——沉降计算深度范围内土层的计算分层数，分层数应结合土层性质，分层厚度不应超过计算深度的 0.3 倍；

　　　　　　σ_{zi}——计算点影响范围内各基桩产生的桩端平面以下第 i 层土 1/2 厚度处附加竖向应力之和；应力计算点应取与沉降计算点最近的桩中心点；

　　　　　ΔZ_i——第 i 个计算土层厚度，m；

　　　　　E_{si}——第 i 个计算土层的压缩模量，MPa，采用土的自重应力至土的自重应力加附加应力作用时的压缩模量；

　　　　　Q_j——第 j 桩在荷载效应准永久组合作用下，桩顶的附加荷载，kN；当地室埋深超过 5m 时，取荷载效应准永久组合作用下的总荷载为考虑回弹再压缩的等代附加荷载；

　　　　　L_j——第 j 桩桩长，m；

　　　　　α_j——第 j 桩桩端总阻力与桩顶荷载之比，近似取总端阻力与单桩承载力特征值之比；

$I_{p,ij}$，$I_{s,ij}$——第 j 桩的桩端阻力和桩侧阻力对计算轴线第 i 计算土层 1/2 厚度处的应力影响系数；

　　　　　s_e——计算桩身压缩；

　　　　　A_{ps}——桩身截面面积；

　　　　　ξ_e——桩身压缩系数。端承型桩，取 $\xi_e = 1.0$；摩擦型桩，当 $L/d \leqslant 30$ 时，取 $\xi_e = 2/3$；当 $L/d \geqslant 50$ 时，取 $\xi_e = 1/2$；介于两者之间可线性插值；

　　　　　E_c——桩身混凝土的弹性模量；

　　　　　ψ——沉降计算经验系数，无当地经验时，可取 1.0。

2.承台底地基土分担荷载的复合桩基

将承台底土压力对地基中某点产生的附加应力按 Boussinesq 解［《建筑桩基技术规范》（JGJ 94—2008）附录 D］计算，与基桩产生的附加应力叠加，采用与承台底地基土不分担荷载桩基相同的方法计算沉降。其最终沉降量可按下列公式计算

$$s = \psi \sum_{i=1}^{n} \frac{\sigma_{zi} + \sigma_{zci}}{E_{si}} \Delta Z_i + s_e \qquad (3-8-16)$$

其中

$$\sigma_{zci} = \sum_{k=1}^{u} \alpha_{k,i} \cdot p_{ck} \qquad (3-8-17)$$

上二式中　σ_{zci}——承台压力对应力计算点桩端平面以下第 i 计算土层 $l/2$ 厚度处产生的应力；可将承台板划分为 u 个矩形，采用角点法确定后叠加；

　　　　　p_{ck}——第 k 块承台底均布压力，$p_{ck} = \eta_{ck} \cdot f_{ak}$，其中 η_{ck} 为第 k 块承台底板的承台效应系数，按表 3-8-2 确定；f_{ak} 为承台底地基承载力特征值；

　　　　　$\alpha_{k,i}$——第 i 块承台底角点处，桩端平面以下第 i 计算土层 $l/2$ 厚度处的附加应力系数，按《建筑桩基技术规范》（JGJ 94—2008）附录 D 确定。

表 3 - 8 - 2　　　　　　　　　　　承 台 效 应 系 数 η_c

B_c/l ＼ s_a/d	3	4	5	6	>6
≤0.4	0.06～0.08	0.14～0.17	0.22～0.26	0.32～0.38	0.50～0.80
0.4～0.8	0.08～0.10	0.17～0.20	0.26～0.30	0.38～0.44	
>0.8	0.10～0.12	0.20～0.22	0.30～0.34	0.44～0.50	
单排桩条形承台	0.15～0.18	0.25～0.30	0.38～0.45	0.50～0.60	

注　1. 表中 s_a/d 为桩中心距与桩径之比；B_c/l 为承台宽度与有效桩长之比。当计算基桩为非正方形排列时，$s_a = \sqrt{A/n}$，A 为承台计算域面积，n 为总桩数。

　　2. 对于桩布置于墙下的箱、筏式承台，η_c 可按单排桩条形承台取值。

　　3. 对于单排桩条形承台，当承台宽度小于 $1.5d$ 时，η_c 按非条形承台取值。

　　4. 对于采用后注浆灌注桩的承台，η_c 宜取低值。

　　5. 对于饱和黏性土中的挤土桩基、软土地基上的桩基承台，η_c 宜取低值的 0.8 倍。

3. 最终沉降计算深度 z_n

对于单桩、单排桩、疏桩基础及其复合桩基础的最终沉降计算深度 z_n，按应力比法确定。即 z_n 处由桩引起的附加应力 σ_z、由承台土压力引起的附加应力 σ_{zc} 与土的自重应力 σ_c 应符合下式要求

$$\sigma_z + \sigma_{zc} = 0.2\sigma_c \qquad (3 - 8 - 18)$$

四、软土地基减沉复合疏桩基础沉降计算

软土地区的多层单栋建筑，天然地基承载力基本能满足设计要求，如果按常规桩基设计，桩数过多；此类建筑对差异控制要求不严格，仅需要对绝对沉降进行控制，因此，可设置穿过软土层进入相对较好土层的疏布摩擦型桩，由桩和桩间土共同分担荷载，这种基础称为减沉复合疏桩基础。减沉复合疏桩基础的设计应遵循两个原则：一是桩和桩间土在受荷变形过程中始终确保两者共同分担荷载，因此单桩承载力宜控制在较小范围，桩的横截面尺寸一般宜选择 $\phi 200 \sim \phi 400$（或 $200mm \times 200mm \sim 300mm \times 300mm$），桩应穿越上部软土层，桩端支承于相对较硬土层；二是桩中心距 $s_a > (5 \sim 6)d$，以确保桩间土的荷载分担比足够大。

减沉复合疏桩基础承台型式可采用两种，一种是筏式承台，多用于承载力小于荷载要求和建筑物对差异沉降控制较严或带有地下室的情况；另一种是条形承台，但承台面积系数（与首层面积相比）较大，多用于无地下室的多层住宅。在确定承台型式后按下式计算承台面积和桩数

$$A_c = \xi \frac{F_k + G_k}{f_{ak}} \qquad (3 - 8 - 19)$$

$$n \geqslant \frac{F_k + G_k - \eta_c f_{ak} A_c}{R_a} \qquad (3 - 8 - 20)$$

上二式中　A_c——桩基承台总净面积；

　　　　　f_{ak}——承台底地基承载力特征值；

　　　　　　n——基桩数；

　　　　　　ξ——承台面积控制系数，$\xi \geqslant 0.6$；

η_c——桩基承台效应系数，按表 3-8-2 确定；

R_a——单桩竖向承载力特征值。

对于复合疏桩基础而言，与常规桩基相比其沉降性状有两个特点：一是桩的沉降发生塑性刺入的可能性大，在受荷变形过程中桩、土分担荷载比随土体固结而使其在一定范围变动，随固结变形逐渐完成而趋于稳定；二是桩间土体的压缩固结受承台压力作用为主，受桩、土相互作用影响居次。由于承台底平面桩、土的沉降是相等的，桩基的沉降既可通过计算桩的沉降，也可通过计算桩间土沉降实现。桩的沉降包含桩端平面以下土的压缩和塑性刺入（忽略桩的弹性压缩），同时应考虑承台土反力对桩沉降的影响。桩间土的沉降包含承台底土的压缩和桩对土的影响。为了回避桩端塑性刺入这一难以计算的问题，采取计算桩间土沉降的方法。基础平面中点最终沉降计算式为

$$s = \psi(s_s + s_{sp}) \qquad (3-8-21)$$

其中

$$s_s = 4p_0 \sum_{i=1}^{m} \frac{z_i \overline{\alpha}_i - z_{i-1} \overline{\alpha}_{i-1}}{E_{si}} \qquad (3-8-22)$$

$$s_p = 280 \frac{\overline{q}_{su}}{\overline{E}_{si}} \cdot \frac{d}{(s_a/d)^2} \qquad (3-8-23)$$

$$p_0 = \eta_p \frac{F - nR_a}{A_c} \qquad (3-8-24)$$

上述式中　　s——桩基中心点沉降量；

　　　　　　s_s——由承台底地基土附加压力作用下产生的中点沉降（图 3-8-2）；

　　　　　　s_p——由桩土间相互作用产生的沉降；

　　　　　　p_0——在荷载效应准永久组合计算的假想天然地基平均附加压力，kPa；

　　　　　　E_{si}——承台底以下第 i 层土的压缩模量，MPa，应取自重压力至自重压力加附加压力段的模量值；

　　　　　　m——地基沉降计算深度范围的土层数；沉降计算深度按 $\sigma_z = 0.1\sigma_c$ 确定；

　　$\overline{q}_{su}, \overline{E}_s$——桩身范围内按厚度加权时的平均侧摩阻力与平均压缩模量；

　　　　　　d——桩身直径，当为方形桩时，$d = 1.27b$（b 为主形桩的截面边长）；

　　$z_i, z_{(i-1)}$——承台底至第 i 层土、第 $i-1$ 层土底面的距离；

　$\overline{\alpha}_i, \overline{\alpha}_{(i-1)}$——承台底至第 i 层土、第 $i-1$ 层土底范围内的角点平均附加应力系数；根据承台等效面积的计算分块矩形长宽比 a/b 及深宽比 $z_i/b = 2z_i/B_c$，按《建筑桩基技术规范》（JGJ 94—2008）附录 D 确定；其中承台等效宽度 $B_c = B\sqrt{A_c}/L$；B、L 为建筑物基础外缘平面的宽度和长度；

　　　　　　F——荷载效应准永久值组合下，作用于承台底的总附加荷载，kN；

　　　　　　η_p——基桩刺入变形影响系数；按桩端持力层土质确定，砂土为 1.0，粉土为 1.15，黏性土为 1.30；

　　　　　　ψ——沉降计算经验系数，无当地经验时，可取 1.0。

五、桩基规范法计算沉降的特点

桩基规范法具有以下特点。

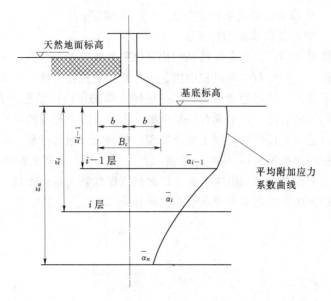

图 3-8-2　复合疏桩基础沉降计算的分层示意图

（1）假想实体基础底面在桩端平面处，只计算桩端以下地基土的压缩变形，不考虑桩间土对桩基沉降的影响，实体深基础法在计算桩端以下地基土中的附加应力按 Boussinesq 解。将承台视作直接作用在桩端平面，即实体基础的尺寸等同于承台尺寸，且作用在实体基础底面的附加应力也取为承台底的附加应力，不考虑桩间土对桩基沉降的影响。

（2）考虑墩基侧向摩阻力的扩散作用，按 $\varphi/4$ 角度向下扩散。

（3）不同于地基规范的是它引入了等效沉降系数（通过均质土中群桩沉降的 Mindlin 解 w_m 与均布荷载下矩形基础沉降的 Boussinesq 解 w_b 的比值）来修正附加应力，使得附加应力更加趋于 Mindlin 解，该系数反映了桩长径比、距径比、布桩方式及桩数等因素对地基中附加应力的影响。

（4）桩基规范法原理简单，计算方便，是工程实践中应用最为广泛的一种近似计算方法。这是一种半经验的计算方法，在计算沉降时，还必须用一个经验系数 ψ 来修正。这个沉降经验系数是基础沉降实测值和计算值的统计比值，它随实测值数量的增加而逐步趋于合理。尽管桩基规范法采用了沉降计算经验系数，相对来说较合理。但由于荷载的不均匀性和地基土的不均匀性，计算预估沉降与现场实测沉降仍有一定的差距。

复合疏桩基础与常规桩基相比其沉降性状有两个特点：一是桩的沉降发生塑性刺入的可能性大，在受荷变形过程中桩、土分担荷载比随土体固结而使其在一定范围变动，随固结变形逐渐完成而趋于稳定。二是桩间土体的压缩固结主要受承台压力作用，受桩、土相互作用影响次之。由于承台底平面桩、土的沉降是相等的，桩基的沉降既可通过计算桩的沉降，也可通过计算桩间土沉降实现。桩的沉降包含桩端平面以下的压缩和塑性刺入（忽略桩的弹性压缩），同时应考虑承台土反力对桩沉降的影响。桩间土的沉降包含承台底土的压缩和桩对土的影响。为了回避桩端塑性刺入这一难以计算的问题，桩基规范采取计算桩间土沉降的方法。这里必须注意减沉复合疏桩基础的前提是允许桩有一定的沉降从而使桩底承台的土发挥作用，实质上是摩擦桩的一种计算方式。但纯摩擦桩在各种不利荷载（如动荷载、风荷载、地震荷载以及人为的超载）作用下容易产生刺入破坏，所以减沉复合疏桩基础要选择较好的桩端持力层以控制沉降，否则容易产生过大沉降现象。另外，减沉复合疏桩基础一般只适用于有基础大底板的多层和小高层建筑，不适用于高层和超高层建筑，减少桩数要经过严密计算，不能过大地任意减桩，否则会发生桩基工程事故。

第九节　桩基沉降计算实例

【例】　某桩基工程，其桩形平面布置、剖面及地层分布如图 3-9-1 所示，已知作用于桩端平面处的荷载效应值永久组合附加应力为 420kPa，沉降计算经验系数 $\phi=1.0$，地基沉降计算至第⑤层，按《建筑桩基技术规范》（JGJ 94—2008）计算桩基中心点处的最终沉降量（$C_0=0.09$，$C_1=1.5$，$C_2=6.6$，③层粉砂 $E_s=30$MPa，④层黏土 $E_s=10$MPa，⑤层细砂 $E_s=60$MPa）。

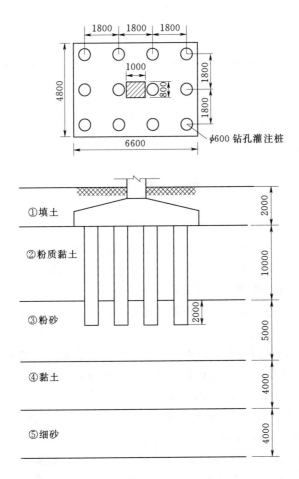

图 3-9-1　计算实例示意图（单位：mm）

解：桩中心距不大于 6 倍桩径的桩基，沉降计算采用等效作用分层总和法。

$$s = \psi \cdot \psi_e \cdot s' = \psi \cdot \psi_e \cdot \sum_{j=1}^{m} p_{oj} \sum_{i=1}^{n} \frac{z_{ij}\overline{\alpha}_{ij} - z_{(i-1)j}\overline{\alpha}_{(i-1)j}}{E_{si}}$$

$l/b = 6.6/4.8 = 1.375$，$z/b = z/2.4$，沉降计算见表 3-9-1。

表 3-9-1 　　　　　　　　　沉 降 计 算 表

土层	z /m	层厚 /m	l/b	z/b	$\overline{\alpha}_i$	$z_i\overline{\alpha}_i$	$z_i\overline{\alpha}_i - z_{i-1}\overline{\alpha}_{i-1}$	E_{si} /MPa	$\Delta s'_i$ /mm	$\sum \Delta s'_i$ /mm
	0	0	1.375	0	4×0.25 $= 1.0$	0	—	—	—	—
粉砂	3	3	1.375	1.25	4×0.2202 $= 0.8808$	2.643	2.643	30	37.0	37.0
黏土	7	4	1.375	2.92	4×0.1528 $= 0.6112$	4.278	0.365	10	15.33	52.33
细砂	11	4	1.375	4.58	4×0.1122 $= 0.4488$	4.939	0.661	60	4.627	56.96

等效沉降系数

$$\psi_e = c_0 + \frac{n_b - 1}{c_1(n_b - 1) + c_2} = 0.09 + \frac{3 - 1}{1.5(3 - 1) + 6.6} = 0.298$$

$$s = 1.0 \times 0.298 \times 56.96 = 17 \text{(mm)}$$

思 考 题

1. 单桩沉降由哪两部分组成？发生沉降的原因是什么？

2. 单桩沉降计算有哪几种方法？各种方法的优缺点和适用范围是什么？

3. 荷载传递法的原理及其假设条件是什么？建立传递函数的途径有哪些？

4. 剪切位移法的基本原理及其假设条件是什么？

5. 弹性理论法的基本原理及其假设条件是什么？

6. 分层总和法的原理是什么？

7. 群桩沉降的原因及其计算方法有哪些？各计算方法有怎样的假设条件和优缺点？

8. 我国工程中采用等代墩基法计算桩基沉降的特点有哪些？

9. 明德林-盖得斯法如何进行沉降计算？

10. 某桩基工程的桩型布置、剖面及地层分布如图 1 所示，土层及桩基设计参数见图 1，作用于桩端平面处的荷载效应准永久组合附加压力为 400kPa，其中心点的附加压力曲线如图 1 所示（假定为直线分布），沉降经验系数 $\psi = 1.0$，地基沉降计算深度至基岩面，试按《建筑桩基技术规范》（JGJ 94—2008）中的分层总和法单向压缩基本公式计算沉降量。

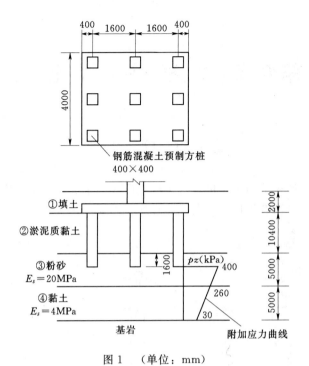

图 1 （单位：mm）

第四章 抗拔桩受力性状

第一节 概 述

　　承受竖向抗拔力的桩称为抗拔桩。抗拔桩广泛应用于土建工程、桥梁工程、港口码头工程中，如承受水平风荷载作用的送电线路杆塔桩基础［图4-1-1（a）］和高层建筑桩

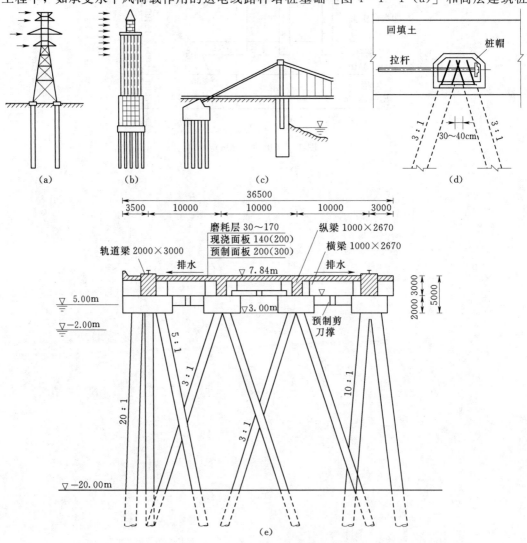

（a）　　　　　（b）　　　　　　（c）　　　　　　（d）

图 4-1-1（一）　抗拔桩应用实例（单位：mm）

（a）送电线路杆塔基础；（b）高层建筑桩基础；（c）桥基础；（d）板状码头叉桩

锚锭；（e）外海高状栈桥式码头

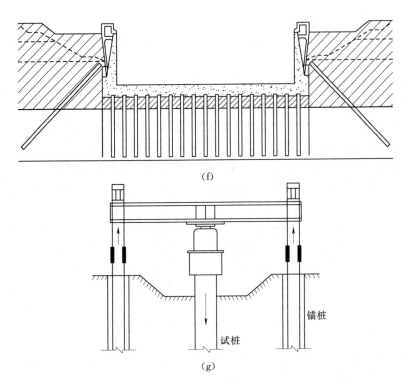

图 4-1-1（二）　抗拔桩应用实例（单位：mm）

(f) 干船坞；(g) 静载试桩中的锚桩基础

基础［图 4-1-1（b）］；受水平力及上拔力作用的悬索桥和斜拉桥的锚桩基础［图 4-1-1（c）］；板桩码头中受水平拉力作用的叉桩锚碇［图 4-1-1（d）］、受波浪上托力作用的外海高桩栈桥式码头［图 4-1-1（e）］、受轴向浮托力作用的干船坞底板的桩基础［图 4-1-1（f）］和静荷载试桩中的锚桩基础［图 4-1-1（g）］等。

　　桩的型式一般常用等截面的抗拔桩，为了获得最大的抗拔承载力，其入土深度一般不宜小于 20 倍桩径；为了提高桩的承载力，也可将抗拔桩做成非等截面的，如扩底桩（夯扩、爆扩、机扩、掏扩），这种形式不仅能发挥桩土间侧摩阻力，而且还能充分发挥桩的扩大部分的抗拔阻力；对于基岩覆土较浅的山区，还做成嵌岩抗拔式锚桩。

　　抗拔桩的设置方向主要取决于荷载性质和作用方向，如竖桩、斜桩和叉桩等形式。施工工艺有打入（压入）桩、钻孔灌注桩和钻孔灌注扩底桩等。桩的抗拔承载力主要取决于两个因素：一是桩身材料的抗拔强度；二是桩周侧面的粗糙度和桩周土的物理力学性质。

第二节　等截面桩的抗拔承载力

一、破坏形态

　　抗拔桩的破坏形态与许多因素有关。对于等截面抗拔桩，破坏形态可以分为 3 个基本类型。

（1）沿桩-土侧壁界面剪破，如图4-2-1（a）所示，这种破坏形态在工程实际中比较常见。

（2）与桩长等高的倒锥台剪破，如图4-2-1（b）所示，软岩中的粗短灌注桩可能出现完整通长的倒锥体破坏，倒锥体的斜侧面也可呈现为曲面。

（3）复合剪切面剪破：即下部沿桩-土侧壁面剪破，上部为倒锥台剪破，如图4-2-1（c）所示；或者为在桩底与桩身相切，沿一定曲面的破坏，如图4-2-1（d）所示。复合剪切面常在硬黏土中的钻孔灌注桩中出现，而且往往桩的侧面不平滑，凹凸不平，黏土与桩黏结得很好。当倒锥体土重不足以破坏该界面上桩-土的黏结力时即可形成这种滑面。

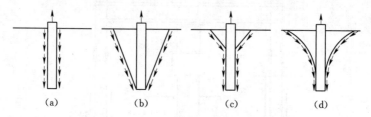

图4-2-1　等截面抗拔桩的破坏形态

当土质较好，桩-土界面上黏结又牢，而桩身配筋不足或非通长配筋时，也可能出现桩身被拉断的破坏现象，如图4-2-2所示。

沿着桩-土侧壁界面上发生土的圆柱形剪切破坏形式，在一定条件下也可能转化为混合剪切面滑动形式。

当刚施加上拔荷载时，沿着满足摩尔-库仑破坏条件的区域在土中出现间条状剪切面，如图4-2-3（a）所示。每一剪切面空间上又呈倒锥形斜面，此时还没有较大的基础滑移运动。随着上拔力的增加，界面外土中出现一组略与界面平行的滑裂面，沿着基础产生较大滑移［图4-2-3（b）］。这种滑移剪切最终发展成为桩基的连续滑移［图4-2-3（c）］，即沿圆柱形的滑移面破坏。但某些情况下，在连续滑移剪切破坏发生前，间条状剪切面也会直接导致基础破坏。这将产生混合式破坏面，即在靠近地面处呈一个锥形面，而下部为一个完整的圆柱形剪切面。

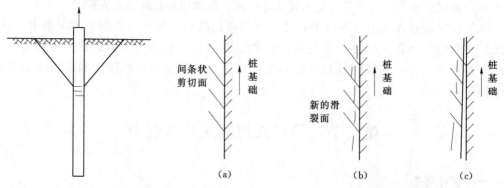

图4-2-2　桩身被拉断现象　　　　图4-2-3　界面外土中剪切破坏面的发展过程

二、承载性状

1. 荷载与位移的相互关系

抗拔桩与抗压桩的荷载与位移关系是不相同的，在黏性土与砂性土中实验得出的一般规律是：当桩的上拔变形量不大，约为抗压桩极限荷载的下沉变形量的 $1/5 \sim 1/10$ 时，桩顶上拔力即达到极限峰值。图 4-2-4 是在重塑饱和亚黏土中进行的等截面抗拔桩模型试验测得的曲线（$Q_t - S$ 曲线）。曲线的特点是陡变形上升，第一、二拐点相距很近或很难区别，这也为我国许多港口和船厂的抗拔桩试验所证实，如图 4-2-5 所示。在黏性土地区，一般来说桩的上拔量在 $4 \sim 10mm$ 时，$Q_t - S$ 曲线即开始转折，抗拔力达到极限峰值；当向上变形量超过极限抗拔力的变形后，随着桩的上拔量的增加，抗拔力就相反地下降，桩迅速破坏，如图 4-2-6 所示。这是由于抗拔桩周围土的松动、受荷边界条件不同以及桩周表面积减小所致。对于黏土，土的蠕变也比抗压桩的大。桩的上拔荷载作用方式不同，对抗拔桩 $Q_t - S$ 曲线的影响很大，如砂土中同一条件下的短期维持荷载与循环荷载作用下的抗拔桩对比试验（图 4-2-7）表明：后者比前者上拔量大，承载力降低约 30% 左右。

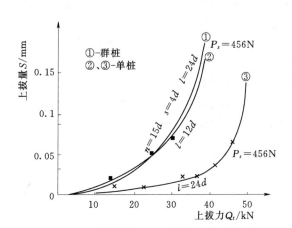

图 4-2-4　抗拔桩 $Q_t - S$ 曲线（模型试验）

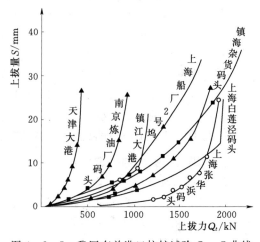

图 4-2-5　我国有关港口拉桩试验 $Q_t - S$ 曲线

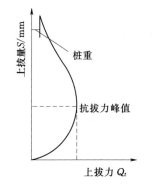

图 4-2-6　抗拔桩 $Q_t - S$ 曲线

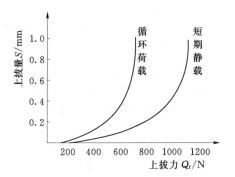

图 4-2-7　抗拔桩短期静载与循环荷载的 $Q_t - S$ 曲线比较图

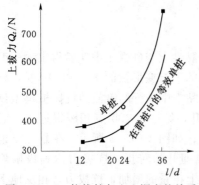

图 4-2-8 抗拔桩与入土深度的关系

2. 抗拔力与入土深度的关系

研究表明：在抗拔荷载作用下，不论单桩还是群桩都有一个最优化的入土深度，其值相当于 20 倍桩径左右。即当 l 小于 $20d$（d 为桩径或边长）时，其承载力的增量变化较小；而 l 大于 $20d$ 时，其 $Q_t - S$ 曲线急剧转折，其承载力的增量随入土深度的增加而迅速增大，如图 4-2-8 所示。由此可见，当桩的入土深度在荷载作用下随着上拔而变浅时，桩周土松动所占整个入土深度的比例较大，抵抗桩拔出的剪应力要有足够的入土深度才会增长，所以在设计抗拔桩时，不仅要获得尽可能大的抗拔承载力，而且还要使桩的造价控制在合理范围，其最佳入土深度最好大于 20 倍桩径。

3. 群桩特性

一般来说，桩基总是采用群桩的形式。设计时，有的可按单桩对待，有的则不能，主要取决于土质和桩距的大小。对于黏性土，只要桩的中心距超过 6 倍桩径，群桩中的桩就如单桩一样工作。可是对于密实砂，最好取超过 6.5 倍桩径为宜。它们的特征是：

（1）不论桩距、桩数、桩的入土深度如何，荷载-位移曲线都与同样条件下的单桩相似，是陡变形上升的，拐点较明确，不像抗压桩那样是缓变形的拐点难以确定。

（2）群桩中每根桩所受的荷载与单桩相同时，群桩的上拔量比单桩的大。

（3）抗拔群桩分配各桩的荷载很不均匀，就黏土中的群桩而言，一般规律是：在各种桩距情况下，都是中心桩的最低，角桩或边中桩的最高，相差 2 倍左右。

三、极限承载力的确定

1. 单桩的抗拔力

（1）当无抗拔桩的试桩资料时，打入桩单桩抗拔承载力标准值可按地质报告中抗压极限侧摩阻力标准值乘以折减系数来确定

$$U_k = \sum \lambda_i q_{sik} u_i l_i \tag{4-2-1}$$

式中　U_k——基桩抗拔极限承载力标准值；

　　　u_i——破坏表面周长，对于等直径桩取 $u = \pi d$；

　　　q_{sik}——桩侧表面第 i 层土的抗压极限侧阻力标准值；

　　　λ_i——抗拔系数，一般取 0.8～0.9；

　　　l_i——桩身穿过第 i 层土的长度。

（2）凡允许不作静载荷试桩的工程，《水运工程桩基设计规范》（JTS 147—7—2022）规定，打入桩或灌注桩的单桩抗拔承载力设计值可按以下公式计算

$$T_d = \frac{1}{\gamma_R}\left(U \sum \xi_i q_{fi} l_i + G\cos\alpha\right) \tag{4-2-2}$$

式中　T_d——单桩抗拔极限承载力设计值，kN；

　　　γ_R——单桩抗拔承载力分项系数，与抗压桩取相同数值，可按第二章中表 2-5-1
　　　　　取值；

　　　U——桩身截面周长，m；

ξ_i——折减系数，对黏性土取 0.7～0.8；对砂土取 0.5～0.6；桩的入土深度大时取大值，反之取小值；

q_{fi}——单桩第 i 层土的极限摩阻力标准值，kPa，如无当地经验时，可按规范建议取值；

l_i——桩身穿过第 i 层土的长度，m；

G——桩重力，kN，水下部分按浮重力计；

α——桩轴线与垂线夹角，(°)。

2. 群桩的抗拔力

(1) 根据《建筑桩基技术规范》(JGJ 94—2008)，承受拔力的桩基，应按下列公式同时验算群桩基础及其基桩的抗拔承载力，并按现行《混凝土结构设计规范》(GB 50010—2010) 验算基桩材料的受拉承载力

$$N_k \leqslant T_{gk}/2 + G_{gp} \qquad\qquad (4-2-3)$$

$$N_k \leqslant T_{uk}/2 + G_p \qquad\qquad (4-2-4)$$

式中 N_k——按荷载效应标准组合计算的基桩上拔力；

T_{gk}——群桩呈整体破坏时基桩的抗拔极限承载力标准值；

T_{uk}——群桩呈非整体破坏时基桩的抗拔极限承载力标准值；

G_{gp}——群桩基础所包围体积的桩土总自重设计值除以总桩数，地下水位以下取浮重度；

G_p——基桩自重，地下水位以下取浮重度。

(2) 群桩基础及其基桩的抗拔极限承载力的确定应符合下列规定：对于设计等级为甲级和乙级的建筑桩基，基桩的抗拔极限承载力应通过现场单桩上拔静载荷试验确定。单桩上拔静载荷试验及抗拔极限承载力标准值取值可按现行行业标准《建筑基桩检测技术规范》(JGJ 106—2014) 进行。

如无当地经验时，群桩基础及设计等级为丙级的建筑桩基，基桩的抗拔极限承载力取值可按下列规定计算。

(1) 群桩呈非整体破坏时，基桩的抗拔极限承载力标准值可按下式计算

$$T_{uk} = \sum \lambda_i q_{sik} \mu_i l_i \qquad\qquad (4-2-5)$$

式中 T_{uk}——基桩抗拔极限承载力标准值；

μ_i——桩身周长，对于等直径桩取 $u = \pi d$；对于扩底桩按表 4-2-1 取值；

q_{sik}——桩侧表面第 i 层土的抗压极限侧阻力标准值；

λ_i——抗拔系数，按表 4-2-2 取值；

l_i——桩身穿过第 i 层土的长度。

表 4-2-1   扩底桩破坏表面周长 u_i

自桩底起算的长度 l_i	$\leqslant (4\sim10)\,d$	$> (4\sim10)\,d$
u_i	πD	πd

注 l_i 对于软土取低值，对于卵石、砾石取高值；l_i 取值按内摩擦角增大而增加。桩长 l 与桩径 d 之比小于 20 时，λ 取小值。

表 4-2-2   抗 拔 系 数 λ_i

土类	λ 值
砂土	0.50～0.70
黏性土、粉土	0.70～0.80

（2）群桩呈整体破坏时，基桩的抗拔极限承载力标准值可按下式计算

$$T_{gk}=\frac{1}{n}\mu_i\sum\lambda_i q_{sik}l_i \qquad (4-2-6)$$

式中 μ_i——桩群外围周长。

【例】 桩径 $\phi600\text{mm}$，扩底直径 $D=1200\text{mm}$，桩长 10m，桩侧土质见图 $4-2-9$ 及表 $4-2-3$，地下水位在地面以下 5.00m 处，水位以上土的重度取 19kN/m^3，水位以下土的饱和重度取 20.5kN/m^3，承台及底土的平均重度为 20kN/m^3，桩身混凝土重度为 25kN/m^3，采用干作业钻孔灌注工艺成桩。自桩底起 5 倍桩径内周长按扩大端直径计算。求呈非整体破坏和呈整体破坏时的基桩上拔承载力的标准值为多少？

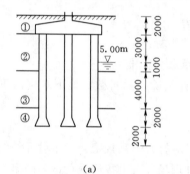
（a）

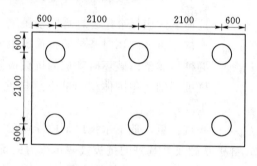
（b）

图 4-2-9　例题示意图（单位：mm）

表 4-2-3   桩 侧 土 质

层号	土名	q_{sik}	厚度/m
①	人工填土	35	2
②	粉质黏土	50	4
③	黏质粉土	60	4
④	中砂	70	4

解：（1）呈非整体破坏时：$5d=3\text{m}$。

$$T_{uk}=\sum\lambda_i q_{sik}u_i l_i$$

λ_i 查表 $4-2-2\left(l/d=\dfrac{10}{0.6}=16.7<20\right)$ 取小值：②、③层土，$\lambda_i=0.7$；④层土，$\lambda_i=0.5$（取小值）。

$$T_{uk}=3.14\times0.6\times(0.7\times50\times4+0.7\times60\times3)+3.14\times1.2\times(0.7\times60\times1+0.5\times70\times2)$$
$$=501.1+422=923.1(\text{kN})$$

$$G_p = \frac{1}{6} \times (3.3 \times 5.4 \times 2 \times 20) + \frac{1}{4} \times 3.14 \times 0.6^2 \times [3 \times 25 + 4 \times (25 - 10)]$$

$$+ \frac{1}{4} \times 3.14 \times 1.2^2 \times 3 \times (25 - 10)$$

$$= 118.8 + 38.2 + 50.9$$

$$= 207.9(kN)$$

$$T_{uk}/2 + G_p = 923.1/2 + 207.9 = 669.45(kN)$$

（2）群桩呈整体破坏时：

$$T_{gk} = \frac{1}{n} u_i \sum \lambda_i q_{sik} l_i$$

$$= \frac{1}{6} \times 2 \times (2.1 + 0.6 + 2 \times 2.1 + 0.6) \times (0.7 \times 50 \times 4 + 0.7 \times 60 \times 4 + 0.5 \times 70 \times 2)$$

$$= 945(kN)$$

$$G_{gp} = \frac{1}{6} \times [(3.3 \times 5.4 \times 2 \times 20) + (4.8 \times 2.7 \times 3 \times 20 + 4.8 \times 2.7 \times 7 \times 10)]$$

$$= 400(kN)$$

$$T_{gk}/2 + G_{gp} = 945/2 + 400 = 872.5(kN)$$

第三节　扩底桩的抗拔承载力

扩底抗拔桩最大的优点是可以用增加不多的材料来获取显著增加桩基抗拔承载力的效果。随着扩孔技术的不断发展，扩底桩的应用越来越广泛，设计理论也随之发展。

一、破坏形态

扩底抗拔桩的破坏形态大致可分为以下几种。

1. 基本破坏形态

扩底桩破坏形态与等截面桩不同，其扩大头的上移使地基土内产生各种形状的复合剪切破坏面。这种基础的地基破坏形态相当复杂，并随施工方法、基础埋深以及各层土的特性而变，基本的破坏形态如图 4-3-1 所示。

2. 圆柱形冲剪式破坏形态

当桩基础埋深不很大时，虽然桩杆侧面滑移出现得较早，但是当扩大头上移导致地基剪切破坏后，原来的桩杆圆柱形剪切面不一定能保持图 4-3-1 中段那种规则的形状，尤其是靠近扩大头的部位变得更加复杂，也可能演化成图 4-3-2 中的"圆柱形冲剪式剪切

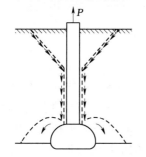

图 4-3-1　扩底桩上拔破坏形态

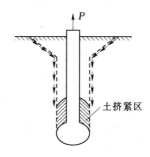

图 4-3-2　圆柱形冲剪式剪切面形态

面"，最后可能在地面附近出现倒锥形剪切面，其后的变形发展过程与等截面桩中的相似。

只有在硬黏土中，前述间条状剪切面才可能发展成为倒锥形的破坏面。如果扩大头埋深不大，桩杆较短，则可能仅出现圆柱形冲剪式剪切面或仅出现倒锥形剪切破坏面，也可能出现一个介于圆柱形和倒锥形之间的曲线滑动面（状如喇叭）。在计算抗拔承载力时，宜多设几种可能的破坏面，择其抗力最小者作为最危险滑动面。

3. 有上覆软土层时的上拔破坏形态

土层埋藏条件对桩基上拔破坏形态影响极大。例如浅层有一定厚度的软土层，而扩大头又埋入下卧的硬土层（或砂土层）内一定深度处。这种设计的目的是保证扩底桩能具有较高的抗拔承载力。虽然如此，这种承载力只可能主要由下卧硬土层（或砂土层）的强度来发挥，而上覆的软土层至多只能起到压重作用。所以完整的滑动面就基本上限于下卧硬土层内开展（图4-3-3），而上面的软土层内不出现清晰的滑动面，呈大变形位移（塑流）。

4. 软土中扩底桩的上拔破坏形态

均匀软黏土地基中的扩底桩在上拔力作用下，软土介质内部不易出现明显的滑动面。扩大头的底部软土将与扩大头底面粘在一起向上运动，所留下的空间会由真空吸力作用将扩大头四周的软土吸引进来，填补可能产生的空隙（图4-3-4）。与此同时，由于相当大的范围内土体在不同程度上被牵动而一起运动，较短的扩底桩周围地面会呈现一个浅平的凹陷圈，而在软土内部则始终不会出现空隙，一直到桩头快被拔出地面时才看得到扩大头与底下的土脱开。

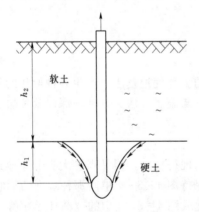

图4-3-3 有上覆软土层时上拔破坏形态

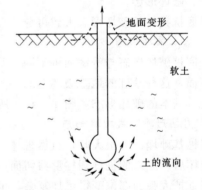

图4-3-4 软土中扩底桩上拔破坏形态

二、承载性状

扩底桩与等截面桩不同。在基础上拔过程中，扩大头上移挤压土体，土对它的反作用力（即上拔端阻力）一般也是随着上拔位移的增加而增大的。并且，即使当桩侧摩阻力已达到其峰值后，扩大头的抗拔阻力还要继续增长，直到桩上拔位移量达到相当大时（有时可达数百毫米），才可能因土体整体拉裂破坏或向上滑移而失去稳定。因此，扩大头抗拔阻力所担负的总上拔荷载中的百分比也是随着上拔位移量增大而逐渐增加的。桩接近破坏荷载时，扩大头阻力往往是决定因素。

等截面桩不仅抗拔承载力小，而且达到极限抗拔阻力时相应的上拔位移也很小（5～10mm），荷载-位移曲线有明显的转折点，甚至有峰后强度降低的现象。与之相反，扩底桩的荷载位移曲线，在相当大的上拔位移变幅内，上拔力可不断上升，除非桩周土体彻底滑移破坏。两种桩的上拔荷载上拔位移量曲线形状区别如图 4-3-5 所示。图中 4 号、5 号桩为等截面桩，1 号、2 号和 3 号桩为扩底桩。

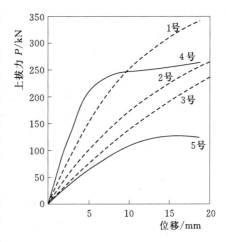

图 4-3-5 上拔荷载-位移曲线

与等截面桩不同，扩大头上拔时桩的桩杆侧摩阻力的发挥与桩端扩大头顶部基土受挤压变位时所引起的土抗力的发挥远非同步的。通常，桩杆侧摩阻力先达到它的极限值，而此时扩大头上方的土抗力尚只达到其极限值的很小一部分，特别是桩杆很长者更是如此。

此外，在扩大头顶部以上一段桩杆侧壁上，因扩大头的顶住而不能发挥出桩-土相对位移，从而使该段上侧摩阻力的发挥受到限制，设计中通常忽略该段上的侧摩阻力。

在一定的桩型条件下，扩大头的上移还带动相当大的范围内土体一起运动，促使地表面较早地出现一条或多条环向裂缝和浅部的桩-土脱开现象。设计中通常也不考虑桩杆侧面地表下 1.0m 范围内的桩-土界面摩阻力。

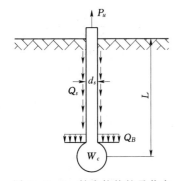

图 4-3-6 扩底抗拔桩承载力
计算基本模式

三、极限承载力的确定

破坏形态与机理决定了计算方法的选择，不存在一种统一的、可以普遍适用的扩底桩抗拔承载力的计算公式。另外，构成桩上拔承载力的各部分的发挥具有不同步性。因此，下面主要针对最常见的一种上拔破坏模式展开讨论，如图 4-3-6 所示。

1. 基本计算公式

扩底桩的抗拔极限承载力 P_u 可视为由以下 3 部分即桩杆侧摩阻力 Q_s、扩底部分抗拔承载力 Q_B 和桩与倒锥形土体的有效自重 W_c 所组成

$$P_u = Q_s + Q_B + W_c \qquad (4-3-1)$$

上式中 Q_s 的求法已于本章第二节中讨论过。应注意桩长是从地面算到扩大头中部（若其最大断面不在中部，则算到最大断面处），而 Q_s 的计算长度为从地面算到扩大头的顶面的深度。如属干硬裂隙土，则还应扣除桩杆靠近地面的 1.0m 范围内的侧壁摩阻力。

桩扩底部分的抗拔承载力可分两大不同性质的土类（黏性土和砂性土）分别求得。

（1）黏性土（按不排水状态考虑）。

$$Q_B = \frac{\pi}{4}(d_B^2 - d_s^2)N_c \cdot \omega \cdot C_u \qquad (4-3-2)$$

（2）砂性土（按排水状态考虑）。

$$Q_B = \frac{\pi}{4}(d_B^2 - d_s^2)\overline{\sigma_v} \cdot N_q \qquad\qquad (4-3-3)$$

上二式中　d_B——扩大头直径；

　　　　　d_s——桩杆直径；

　　　　　ω——扩底扰动引起的抗剪强度折减系数；

　　N_c、N_q——均为承载力因素，按地基规范确定；

　　　　　C_u——不排水抗剪强度；

　　　　　$\overline{\sigma_v}$——有效上覆压力。

2. 摩擦圆柱法

该法的理论基础是：假定在桩上拔达到破坏时，在桩底扩大头以上将出现一个直径等于扩大头最大直径的竖直圆柱形破坏土体。根据这种理论的桩的极限抗拔承载力计算公式如下：

（1）黏性土（按不排水状态考虑）。

$$P_u = \pi d_B \sum_0^L C_u \Delta l + W_s + W_c \qquad\qquad (4-3-4)$$

（2）砂性土（按排水状态考虑）。

$$P_u = \pi d_B \sum_0^L K \overline{\sigma_v} \tan\overline{\varphi} \Delta l + W_s + W_c \qquad\qquad (4-3-5)$$

上二式中　W_s——包含在圆柱形滑动体内土的重量；

　　　　　$\overline{\varphi}$——土的有效内摩擦角；

　　　　　C_u——黏性土的不排水抗剪强度；

　　　　　K——土的侧压力系数；

　　　　　$\overline{\sigma_v}$——有效上覆压力；

其他符号见计算模式简图（图 4-3-7）。

应注意，桩长应从地面算至扩大头水平投影面积最大的部位所对应的高程。

由于扩底桩上拔的破坏形态及机理极其复杂，并随土质、施工方法和桩的入土深浅等特性而异，上述的基本方法仅供初步设计时估算用，施工设计一般应按现场试验确定。

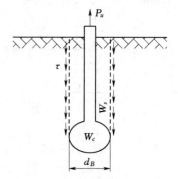

图 4-3-7　圆柱形滑动面法计算模式

思　考　题

1. 工程实际中哪些地方需要用到抗拔桩？

2. 抗拔桩的破坏形态有哪些类型？黏性土与砂性土中实验得出的抗拔桩的荷载与位移的一般规律是什么？抗拔桩的群桩特性是什么？单桩和群桩的抗拔力的设计方法？

3. 扩底桩的破坏形态有哪些？扩底桩与等截面桩在荷载传递规律上有哪些差异？

4. 桩长及地层条件如图 1 所示，桩径为 $\phi600\text{mm}$，钻孔灌注桩（泥浆护壁），试求单桩的抗拔极限承载力标准值为多少?

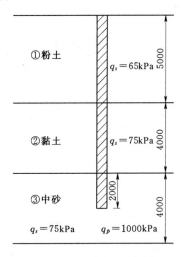

图 1　桩长及地层条件（单位：mm）

第五章 水平受荷桩工作性状

第一节 概 述

承受水平力的桩称为水平受荷桩或抗水平力桩。水平受荷桩在城市的高层建筑、输电线路、发射塔等高耸建筑，以及港口码头、桥梁、滑坡抗滑桩、结构抗震等工程中得到了越来越广泛的应用。

过去港口工程在设计高桩码头时，水平力一般由斜桩或叉桩承受，直桩只考虑用来承受垂直力，但随着码头吨位的增大和向外海的发展，加上对地震力的考虑，水平力越来越大，这就要求直桩承受一定的水平力。城市高层建筑、发射塔等高耸建筑受风力和地震力的作用，也要求直桩承受一定的水平力。事实上，只要直桩有一定的入土深度，保证地基对桩产生一定的弹性抗力和嵌固作用，直桩也能承受一定的水平力。

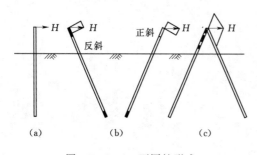

图 5-1-1 不同桩形式
(a) 直桩；(b) 斜桩；(c) 叉桩

直桩、斜桩、叉桩在承受水平力时具有不同的工作特点。

（1）直桩对水平荷载的抵抗力只是垂直桩轴方向上的阻力，轴向阻力不起作用，此时将抵抗水平荷载的阻力称为桩的横向阻力［图 5-1-1 (a)］，本章主要介绍直桩在水平荷载作用下的性状和承载力计算。

（2）斜桩承受水平力时，承载力分为垂直桩轴方向和轴向两部分。两个方向上分担的阻力之比取决于桩的倾斜角。根据桩轴与水平作用线之间的关系，斜桩又可分为正斜桩和反斜桩两种［图 5-1-1 (b)］。苏联在砂土中的试验表明，正斜桩的水平承载力最大，直桩次之，反斜桩最小（图 5-1-2）。

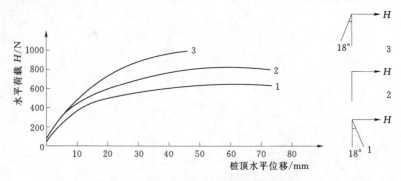

图 5-1-2 斜桩与直桩的荷载-位移曲线比较

我国交通部公路科研所和东南大学在镇江进行的原型试验以及在亚黏土中进行的模型试验得到了类似结果。由于斜桩水平承载力的研究还很不够，当桩的斜度 $n:1$ 等于或大于 $5:1$ 时，一般近似按直桩计算。

（3）叉桩由两根以上桩轴方向不同的桩组合而成，如图 $5-1-1$（c）所示。日本后藤尚男的试验表明当桩轴与铅垂线的夹角从 $0°$ 增加到 $45°$ 时，叉桩中的桩从受弯作用逐步过渡到轴向拉、压作用。一般情况下，叉桩所受的水平力大部分由桩的轴向力承担，确定桩的水平承载力时，一般忽略垂直桩轴方向的阻力，只考虑轴向承载力。

第二节　水平受荷桩受力机理

一、水平荷载下单桩的受力性状

1. 水平荷载下单桩荷载-位移关系

从静载试验实测结果分析，水平力 H 与水平位移 Y 曲线一般分为 3 个阶段（图 $5-2-1$）。

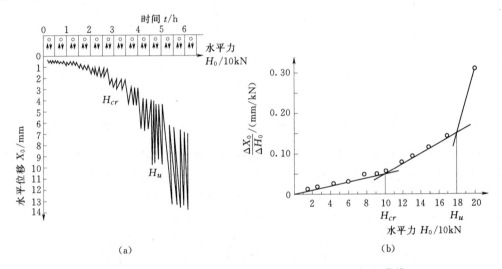

图 $5-2-1$　单桩水平静载 H_0-t-x_0、$H_0-\Delta X_0/\Delta H$ 曲线

（a）H_0-t-X_0 曲线；（b）$H_0-\Delta X_0/\Delta H$ 曲线

（1）第一阶段为直线变形阶段。桩在一定的水平荷载范围内，经受任一级水平荷载的反复作用时，桩身变位逐渐趋于某一稳定值；卸荷后，大部分变形可以恢复，桩土处于弹性状态。对应于该阶段终点的荷载称为临界荷载 H_{cr}。

（2）第二阶段为弹塑性变形阶段。当水平荷载超过临界荷载 H_{cr} 后，在相同的增量荷载条件下，桩的水平位移增量比前一级明显增大；而且在同一级荷载下，桩的水平位移随着加荷循环次数的增加而逐渐增大，而每次循环引起的位移增量仍呈减小的趋势。对应于该阶段终点的荷载为极限荷载 H_u。

（3）第三阶段为破坏阶段。当水平荷载大于极限荷载后，桩的水平位移和位移曲线曲率突然增大，连续加荷情况或同一级荷载的每次循环都使位移增量加大。同时桩周土出现裂缝，明显破坏。这从水平力 H 与位移梯度 $\Delta X/\Delta H$ 曲线中更易确定。

实际上，由于土的非线性，即使在水平荷载较小、水平位移不大的情况下，第一阶段也不完全是直线。对于水平承载力分别受桩身强度影响的桩和由地基强度影响的桩；前者达极限荷载后，桩顶水平位移很快增大；后者由于土体受桩的挤压逐步进入塑性状态，在出现被动破裂面之前，塑性区是逐步发展的。

2. 入土深度、桩身和地基刚度对水平桩受力性状的影响

入土深度、桩身和地基刚度不同，桩在水平力作用下的工作性状也不相同，通常分为下列两种情况。

（1）桩径较大、桩的入土深度较小、土质较差时，桩的抗弯刚度大大超过地基刚度，桩的相对刚度较大。当桩顶自由时，在水平力的作用下，桩身如刚体一样围绕桩轴上某点转动〔图5-2-2（a）〕；若桩顶嵌固，桩与桩台将呈刚体平移〔图5-2-3（a）〕。此时可将桩视为刚性桩，其水平承载力一般由桩侧土的强度控制。当桩径大时，同时要考虑桩底土偏心受压时的承载力。

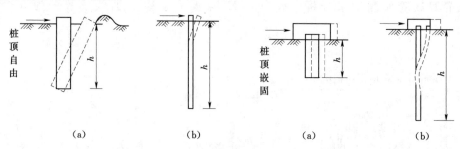

图5-2-2　桩顶自由时的桩身变形和位移　　图5-2-3　桩顶嵌固时的桩身变形和位移

（2）桩径较小、地基较密实时，桩的抗弯刚度与地基刚度相比，一般柔性较大，桩的相对刚度较小，桩犹如竖放在地基中的弹性地基梁一样工作。在水平荷载及两侧土压力的作用下，桩的变形呈波状曲线，并沿着桩长向深处逐渐消失〔图5-2-2（b）〕；若桩顶嵌固，位移情况与桩顶自由时类似，但桩顶端部轴线保持竖直，桩与承台也呈刚性平移〔图5-2-3（b）〕。此时将桩视为弹性桩，其水平承载力由桩身材料的抗弯强度和侧向土抗力所控制。根据桩底边界条件的不同，弹性桩又分为中长桩和长桩。中长桩的计算与桩底的支承情况有密切关系；长桩有足够的入土深度，桩底均按固定端考虑，其计算与桩底的支承情况无关。

3. 桩的相对刚度的影响

桩的相对刚度直接反映桩的刚性特征与土的刚性特征之间的相对关系，它又间接地反映着土的弹性模量 E_s 随深度变化的性质。对于水平地基系数沿深度为常数的地基，桩的相对刚度系数 $1/\beta$ 为

$$\frac{1}{\beta}=\sqrt[4]{\frac{4EI}{K_hB}} \tag{5-2-1}$$

水平地基系数随深度线性增加的地基，桩的相对刚度系数 T 为

$$T=\sqrt[5]{\frac{EI}{mb_0}} \tag{5-2-2}$$

上二式中　K_h——沿深度不变的水平地基反力系数，N/cm^3；

$\qquad\quad\ m$——水平地基系数随深度增长的比例系数，N/cm^4；

$\qquad\quad\ E$——桩的弹性模量，N/cm^2；

$\qquad\quad\ I$——截面惯性矩，cm^4；

$\qquad\quad\ b_0$——考虑桩周土空间受力的计算宽度，cm。

桩打入土中的深度 L_t 同相对刚度系数 T 的比值 Z_{max} 称为相对桩长，即

$$Z_{max} = \frac{L_t}{T} \qquad\qquad\qquad (5-2-3)$$

相对桩长 Z_{max} 从总体上反映桩的刚度特征（包括土的条件），Z_{max} 的不同数值反映着桩在横向荷载作用下的不同工作特点。

桩是刚性桩还是弹性桩，可以根据桩的相对刚度系数 T 与入土深度 L_t 的关系来划分。各个国家和各个部门的划分方法不尽相同。表 5-2-1 是我国《水运工程桩基设计规范》(JTS 147-7—2022) 的规定。我国铁路部门规定，自地面或冲刷线算起的实际埋置深度 $h \leqslant 2.5T$ 时为刚性桩，$h > 2.5T$ 时为弹性桩。我国公路部门规定，相对桩长 $Z_{max} \leqslant 2.0$ 时为刚性桩，$2.0 < Z_{max} < 4.5$ 时为弹性桩，$Z_{max} \geqslant 4.5$ 时为弹性长桩。

表 5-2-1　　　　　　　　　弹性长桩、中长桩和刚性桩划分标准

桩类　　　　　计算方法	弹性长桩	弹性桩	刚性桩
m 法	$L_t \geqslant 4T$	$4T > L_t \geqslant 2.5T$	$L_t < 2.5T$

注　表中 L_t 为桩的入土深度。

二、水平荷载下群桩的受力性状

由于工作条件不同，群桩与单桩相比，荷载-位移关系也因各种因素的影响而变得复杂。影响群桩性状的因素可以归结为桩与桩之间的相互作用以及承台、加荷方式等。

1. 桩与桩之间的相互作用

群桩中桩与桩之间相互影响，引起群桩效应，它使群桩的水平位移增大，水平承载力降低。大量研究表明，其群桩效应受到桩距、桩径、桩数、桩长和土质等参数的影响。

（1）桩距和桩数的影响。不论砂土还是黏性土，当桩承受的水平力较小、桩间土体尚未达到塑性状态时，土中应力传播后重叠的影响随桩距的增大而减小；当桩所受荷载较大（或受波浪等循环荷载作用），桩间土体达到塑性状态时，由于前后桩之间土体塑性区的重叠，桩间土体受到扰动而松动，其影响也随桩距的加大而减小。

桩数的增多（尤其是水平荷载作用方向上桩数的增多）会使群桩的抗弯刚度有所提高。但桩数越多，除相邻的桩之间的相互影响外，不相邻的桩也相互影响，土中应力重叠作用加剧，一般也使群桩的水平承载力有所降低。

（2）入土深度的影响。土的反力是由桩的变形引起的。群桩中各桩的土反力差距较大的情况主要发生在桩入土的浅层。这是因为桩的变形和群桩间土体塑性区的交叉重叠主要发生在桩入土的上部。

杨克己试验研究表明，群桩土面下应力应变的影响一般约在桩入土深度为 10 倍桩径的范围内。Holloway 在砂土中进行了直径为 14in 的 8 根木桩现场试验，实测出群桩中

$p - y$ 曲线（即土的应力应变曲线）的影响范围约为 11 倍桩径之内。

（3）土质与桩的排列方式的影响。群桩中应力重叠的程度还与土质有关。不同的土质具有不同的应力扩散角，而且它与土的内摩擦角有一定关系。一般来说，土的内摩擦角较小时，土中应力扩散角相应也较小。此时土中应力在纵向上的重叠加剧，而在横向上的影响则减弱，因此桩的排列方式也就直接影响群桩效应。

（4）群桩中各桩受力的不均匀性。工程中一般假定水平力按桩的刚度分配给每根桩。但实际情况并非如此，波洛斯（Poulos）对群桩的弹性分析指出，在水平力作用上，群桩中外缘桩分配到的水平力最大，中间桩分配到的水平力最小（图 5 - 2 - 4）。实际上土是弹塑性体，在一定的荷载作用下，桩前土体会产生塑性变形，随着荷载的增大，塑性区也逐渐扩展。因此弹性分析的结果在一般情况下不一定适用。

2. 承台、加荷方式等对群桩的影响

群桩除了桩土共同作用引起桩之间的相互影响外，承台和加荷方式对水平力作用下的群桩性状也有较大的影响。

（1）桩顶嵌固的影响。单桩桩顶一般是自由的；群桩桩顶可以是铰接的，也可以是嵌固的。但桩顶埋入钢筋混凝土承台的群桩一般是桩顶嵌固的，其抗弯刚度大大提高，桩顶弯矩加大，桩身弯矩减小，桩身最大弯矩的位置和位移零点位置下移，土的塑性区向深处发展，能更充分地发挥土的抗力，从而提高水平承载力，减小了水平位移（图 5 - 2 - 5）。群桩虽然由于桩土共同作用引起应力重叠影响，但群桩桩顶是嵌固的，故综合的结果是，群桩中平均每根桩的水平承载力仍高于单桩。

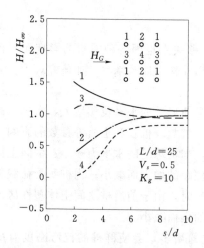

图 5 - 2 - 4　水平力分配系数（Poulos）

H—每根桩上分配到的水平力；H_G—总水平

作用力；H_{ov}—每根桩上平均水平力；

s/d—桩间距/桩径

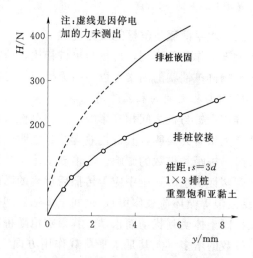

图 5 - 2 - 5　桩头链接形式对承载力的影响

（2）受荷方式的影响。与静荷载相比，群桩在循环荷载作用下水平承载力降低，其中双向循环荷载下水平承载力的降低比单向循环荷载作用时更多（图 5 - 2 - 6）。此外，竖向荷载对群桩水平承载力也有较大影响。在小位移情况下，它使群桩水平承载力有所提高，提高的原因与桩的破坏机理有关。

水平承载力由桩身强度控制时（如混凝土灌注桩），竖向荷载产生的压应力可抵消一部分桩身受弯时产生的拉应力，混凝土不易开裂。但当水平位移较大时，竖向荷载将引起桩身附加弯矩（即所谓的"$p-\Delta$"效应），这一附加弯矩又将使桩身挠曲变形增加，此时桩的受力情况就更为复杂。

（3）承台着地的影响。桩顶自由的单桩，即使承台着地，如无特殊装置，当水平力增大时，桩顶会发生侧倾，桩被逐渐向上拔起。但群桩的承台着地时，对荷载-位移关系影响较大。其影响又可分为两种

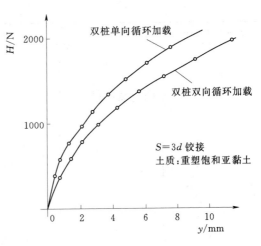

图 5-2-6　循环荷载对承载力的影响

情况来考虑：①伏地承台，由于承台底面与地基土的摩擦力作用，群桩水平承载力提高，水平位移减小；②入土承台，除承台底摩擦作用外，承台的侧向土抗力作用也使水平承载力随水平位移的增大而增大。

第三节　桩的水平承载力计算方法

目前，水平承载桩的计算方法根据地基的不同状态，主要可分为极限地基反力法（极限平衡法）、弹性地基反力法、$p-y$ 曲线法等。

一、极限地基反力法（极限平衡法）

极限地基反力法适于刚性短桩的计算。假定桩为刚性，不考虑桩身变形，根据土体性质预先设定一种地基反力形式，地基反力 p 仅为桩入土深度的函数，与桩的挠度 y 无关。根据力、力矩平衡，可直接求解桩身剪力、弯矩以及土体反力分布形式。

根据土反力分布规律的不同假设，此法又分为：①土反力按二次抛物线分布的方法，如恩格尔（Engel）-物部法；②土压力按直线分布的方法，如雷斯（Raes）法、罔部法、斯奈特科（sinitko）法、布罗姆斯法；③土反力为任意分布的方法，如挠度曲线法等（表 5-3-1）。本节只介绍布罗姆斯法（短桩）。

表 5-3-1　　　　　　　　　　极限平衡法分类

地基反力分布	方　法	摘　　　　要
2次曲线（抛物线）	恩格尔-物部法	k 被动土压力系数　$P = ax^2 + bx$　kr_i

续表

地基反力分布	方　法	摘　　要
直线	雷斯法	$P=k_prx$　C
	闷部法	L　$L/3$　k_prx
	斯奈特科法	k_prx
	布罗姆斯法（短桩）	黏性土　砂质土　$1.5B$　$9GB$　Q　$3k_pr$　BL　L
任意 （部分近似） 直线	挠度曲线法	

1. 黏性土地基的情况

对黏性土中的桩顶加水平荷载时，桩身产生水平位移（图 5-3-1）。由于地面附近的土体受桩的挤压而破坏，地基土向上方隆起，使水平地基反力减小。水平地基反力的分布如图 5-3-1（b）所示。为简化问题，忽略地表面以下 $1.5B$（B 为桩宽）深度内土的作用，在 $1.5B$ 深度以下假定水平地基反力为常数，其值为 $9C_uB$，其中 C_u 为不排水抗剪强度（图 5-3-1）。

设土中产生最大弯矩的深度为 $1.5B+f$，根据弯矩与剪力之间的微分关系，此深度处剪力为 0，即 $Q=-H_u+9C_uBf=0$，由此得

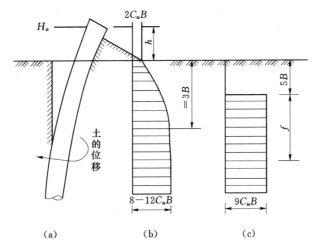

图 5-3-1　黏性土中桩的水平地基反力分布

（a）桩的位移；（b）水平地基反力分布；（c）设计用的水平地基反力分布

$$f = \frac{H_u}{9C_uB} \qquad\qquad (5-3-1)$$

式中　H_u——极限水平承载力。

（1）桩头自由的短桩（图 5-3-2）。

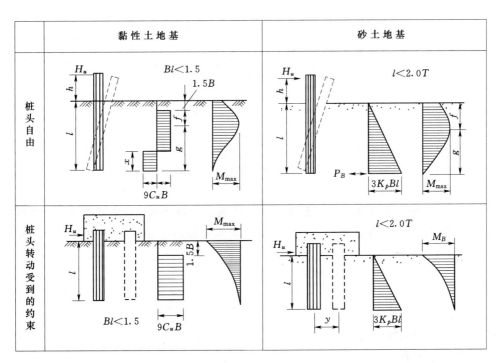

图 5-3-2　设计采用的地基反力和弯矩［按布罗姆斯法（短桩）］

假定在桩的全长范围内水平地基反力均为常数（转动点上下的水平地基反力方向相反）。由水平力的平衡条件得

$$H_u - 9C_uB(l - 1.5B) + 2 \times 9C_uBx = 0$$

$$x = \frac{1}{2}(l - 1.5B) - \frac{H_u}{18C_uB} \tag{5-3-2}$$

对桩底求矩，由水平力的平衡条件得

$$H_u(l + h) - \frac{1}{2}(9C_uB)(l - 1.5B)^2 + (9C_uB)x^2 = 0 \tag{5-3-3}$$

将式（5-3-2）代入式（5-3-3）得

$$H_u = 9C_uB^2 \left\{ \sqrt{4\left(\frac{h}{B}\right)^2 + 2\left(\frac{l}{B}\right)^2 + 4\left(\frac{h}{B}\right) \times \left(\frac{l}{B}\right) + 6\left(\frac{h}{B}\right) + 4.5} - \left[2\left(\frac{h}{B}\right) + \left(\frac{l}{B}\right) + 1.5\right] \right\}$$

$$\tag{5-3-4}$$

最大弯矩 $M_{\max}$ 为

$$M_{\max} = H_u(h + 1.5B + f) - \frac{1}{2}(9C_uB)f^2 = H_u(h + 1.5B + 0.5f) \tag{5-3-5}$$

（2）桩头转动受到约束的桩（图 5-3-2）。

假定桩发生平行移动，并在桩全长范围内产生相同的水平地基反力 $9C_uB$，桩头产生最大弯矩 $M_{\max}$ 由水平力的平衡条件得

$$H_u - 9C_uB(l - 1.5B) = 0$$

$$H_u = 9C_uB(l - 1.5B) = 9C_uB^2\left(\frac{l}{B} - 1.5\right) \tag{5-3-6}$$

对桩底求矩，由力矩的平衡条件得

$$M_{\max} - H_ul + \frac{1}{2}(9C_uB)(l - 1.5B)^2 = 0$$

$$M_{\max} = H_u\left(\frac{1}{2} + \frac{3}{4}B\right) = 4.5C_uB^3\left[\left(\frac{l}{B}\right)^2 - 2.25\right] \tag{5-3-7}$$

实际计算时可采用图解方法。将式（5-3-4）和式（5-3-6）中 $H_u/C_uB^2 - l/B$ 的关系表示于图 5-3-3（a），根据该图可很方便地求得 H_u。

2. 砂土地基的情况

对砂土中的桩顶施加水平力，试验表明，从地表面开始向下，水平地基反力由零呈线性增大，其值相当于朗肯土压力 K_p 的 3 倍，故地表面以下深度为 x 处的水平地基反力 P 为

$$\left. \begin{array}{l} P = 3K_p\gamma x \\ K_p = \dfrac{1 + \sin\varphi}{1 - \sin\varphi} = \tan^2\left(45° + \dfrac{\varphi}{2}\right) \end{array} \right\} \tag{5-3-8}$$

式中 φ——土的内摩擦角；

  γ——土的容重。

设土中最大弯矩处的深度为 f，该处的剪力为 0，即 $Q = H_u - \frac{1}{2} \cdot 3K_p\gamma Bf^2 = 0$

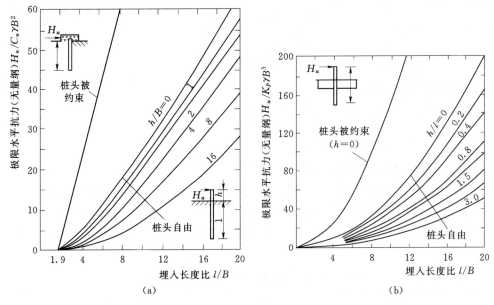

图 5-3-3　短桩的水平抗力

（a）黏性土地基；（b）砂性土地基

由此得

$$f = \sqrt{\frac{2H_u}{3K_p \gamma B}} \tag{5-3-9}$$

（1）桩头自由的短桩（图 5-3-2）。假定桩全长范围内的地基都屈服，桩尖的水平位移和桩头水平位移方向相反。将桩尖附近的水平地基反力用集中力 P_b 代替，并对桩底求矩，根据力矩的平衡条件得

$$H_u(h+l) = \frac{1}{2} \cdot \frac{1}{3} \cdot 3K_p \gamma B l^3$$

故

$$H_u = \frac{K_p \gamma B l^2}{2\left(l + \dfrac{h}{l}\right)} \tag{5-3-10}$$

$$f = \frac{l}{\sqrt{3\left(1 + \dfrac{h}{l}\right)}} \tag{5-3-11}$$

桩身最大弯矩 $M_{\max}$ 为

$$M_{\max} = H_u(h+f) - \frac{1}{3}H_u f \tag{5-3-12}$$

将式（5-3-11）代入式（5-3-12），得

$$M_{\max} = H_u\left(h + \frac{0.385l}{\sqrt{l + h/l}}\right) \tag{5-3-13}$$

（2）桩头转动受到约束的短桩（图 5-3-2）。假定桩平行移动，地基在桩全长范围内均屈服，在桩头产生最大弯矩。根据水平力的平衡条件，得

$$H_u - \frac{1}{2} \cdot 3K_p \gamma B l^2 = 0$$

$$H_u = \frac{2}{3} K_p \gamma B l^2$$

(5 - 3 - 14)

根据桩底的力矩平衡条件，得

$$M_{\max} + \frac{1}{2} \cdot \frac{1}{3} \cdot 3K_p \gamma B l^3 - H_u l = 0$$

$$M_{\max} = K_p \gamma B l^3$$

(5 - 3 - 15)

实际计算时可利用图解法。将式（5 - 3 - 10）和式（5 - 3 - 14）中的 $H_u / K_p \gamma B^3 - l / B$ 的关系表示于图 5 - 3 - 3（b），根据该图可求得砂质土中刚性短桩的极限水平力 H_u。

当水平荷载小于上述极限抗力的 50% 时，无论是桩还是地基（包括黏性土地基和砂性土地基），都不会产生局部屈服，此时地表面的水平位移 y_0 可由表 5 - 3 - 2 中的公式求得。

表 5 - 3 - 2　　　　荷载小于极限水平抗力 50% 时的地面水平位移

	桩　头	地表面的水平位移 y_0
黏性土	自由（$\beta l < 1.5$） 转动受约束（$\beta l < 0.5$）	$\dfrac{4H}{k_h BL}\left(1 + 1.5\dfrac{h}{l}\right)$ $\dfrac{H}{k_h BL}$
砂土	自由（$l < 2T$） 转动受约束（$l < 2T$）	$\dfrac{18H}{2mBl^2}\left(1 + \dfrac{4}{3}\dfrac{h}{l}\right)$ $\dfrac{H}{mBl^2}\ (h = 0)$

注　表中 k_h 为随深度不变的水平地基系数，m 为水平地基系数随深度线性增加的比例系数。

二、弹性地基反力法

弹性地基反力法，适用于弹性长桩的计算。弹性地基反力法假定上为弹性体，用梁的弯曲理论来求桩的水平抗力。假定竖直桩全部埋入土中，在断面主平面内，地表面桩顶处作用垂直桩轴线的水平力 H_0 和外力矩 M_0。选坐标原点和坐标轴方向，规定图示方向为 H_0 和 M_0 的正方向 [图 5 - 3 - 4（a）]，在桩上取微段 $\mathrm{d}x$，规定图示方向为弯矩 M 和剪力 Q 的正方向 [图 5 - 3 - 4（b）]。通过分析，导得弯曲微分方程为

$$\left.\begin{array}{l} EI \dfrac{\mathrm{d}^4 y}{\mathrm{d}x^4} + BP(x, y) = 0 \\[2mm] P(x, y) = (a + mx^i) y^n = k(x) y^n \end{array}\right\}$$

(5 - 3 - 16)

式中　$P(x, y)$ ——单位面积上的桩侧土抗力；

　　　　y ——水平方向；

　　　　x ——地面以下深度；

　　　　B ——桩的宽度或桩径；

a、m、i、n ——待定常数或指数。

1. 弹性地基反力法分类

n 的取值与桩身侧向位移的大小有关。根据 n 的取值可将弹性地基反力法分为两类。

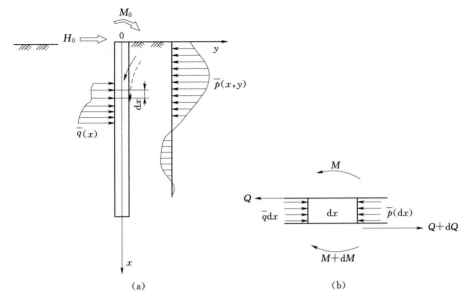

图 5-3-4　土中部分桩的坐标系与力的正方向

①$n=1$ 时，为线弹性地基反力系数法；②$n\neq1$ 时，为非线弹性地基反力系数法。同时根据 i 值的不同可确定不同的参数类型：①i 不等于常数，为双参数，通过 i、k 来调整 C_z 的分布；②i 等于常数，只通过 k 来调整 C_z 的分布，为单参数，其中：$C_z=Kx^i$，$P=C_z y^n$，见表 5-3-3。

表 5-3-3　　　　　　　　　　　　　弹性地基反力法分类

	地基反力分布	方　　法	摘　　要
线弹性地基反力法	$P=k_h y$	常数法（张氏法）	$O \longrightarrow k_h=常数$　X　k_h
	$P=mxy$	m 法	$O \longrightarrow k_h=mx$　m　l　X
	$P=cx^{1/2}y$	C 法	$O \longrightarrow k_h=cx^{1/2}$　X

续表

地基反力分布		方 法	摘 要
线弹性地基反力法		K 法	第一弹性零点以下水平地基系数 k_h 为常数,以上按凹曲线减小
	$P=k(x)y$ $=mx^iy$	综合刚度原理和双参数法	
非线弹性地基反力法	$P=k_sxy^{0.5}$	久保法	适用于 S 型地基,利用相似法则,由基准曲线计算
	$P=k_cy^{0.5}$	林一宫岛法	适用于 C 型地基,利用相似法则,由基准曲线计算

就表中前四种线弹性地基反力系数分布图而言,在相同的桩土条件下,土抗力依次降低,常数法最大,K 法最小,m 法和 C 法地基反力较为适中,故能适应较多数的桩土条件从而获得和实测较为接近的结果。实际应用时,可根据土类和桩变位等情况考虑,m 法和 C 法适用于一般黏性土或砂性土,常数法对超固结黏性土、地表有硬层黏性土和地表密实的砂土等情况较为适用。K 法计算弯矩比实测结果偏大较多,故较少应用。

2. m 法

正常固结的黏土和一般砂类土,水平地基系数随深度增加而增加,增加的数量关系常简化为 3 种情况,分别采用 m 法、K 法和 C 法计算。理论上很难说明这 3 种方法中哪一种更合理。分析水平地基系数沿深度变化的这 3 种规律,尽管它们采用的指数 i 不相同,但在地面以下 3~5 倍桩径范围内的变化彼此相当接近,算得的结果也相差不多。相比之下,m 法的图式较简单,在苏联及欧美地区运用广泛。随着国内铁路、公路部门的应用和介绍,其他部门也在逐渐推广。

(1)基本假定。线性地基反力法假设地基为服从胡克定律的弹性体,在处理时不考虑土的连续性,简单的数学关系很难正确表达出土的复杂性。因此,此法有很大的近似性。

仅在小荷载和小位移的时候比较适合应用。

（2）计算公式。通常采用罗威（Rowe）的幂级数解法。将 $p(x,y)=mxy$ 代入式（5-3-16），得

$$EI\frac{d^4 y}{dx^4}+Bmxy=0 \tag{5-3-17}$$

已知 $[y]_{x=0}=y_0$，$\left[\dfrac{dy}{dx}\right]_{x=0}=\varphi_0$，

$$\left[EI\frac{d^2 y}{dx^2}\right]_{x=0}=M_0, \quad \left[EI\frac{d^3 y}{dx^3}\right]_{x=0}=Q_0$$

并设方程（5-3-17）的解为一幂级数

$$y=\sum_{i=0}^{\infty} a_i x^i \tag{5-3-18}$$

式中 a_i——待定常数。

对式（5-3-18）求 1～4 阶导数，并代入式（5-3-17），经推导可得

$$\left.\begin{aligned}
y_x &= y_0 A_1+\frac{\varphi_0}{a}B_1+\frac{M_0}{a^2 EI}C_1+\frac{H_0}{a^3 EI}D_1 \\[6pt]
\frac{\varphi_x}{a} &= y_0 A_2+\frac{\varphi_0}{a}B_2+\frac{M_0}{a^2 EI}C_2+\frac{H_0}{a^3 EI}D_2 \\[6pt]
\frac{M_x}{a^2 EI} &= y_0 A_3+\frac{\varphi_0}{a}B_3+\frac{M_0}{a^2 EI}C_3+\frac{H_0}{a^3 EI}D_3 \\[6pt]
\frac{Q_x}{a^3 EI} &= y_0 A_4+\frac{\varphi_0}{a}B_4+\frac{M_0}{a^2 EI}C_4+\frac{H_0}{a^3 EI}D_4 \\[6pt]
\sigma_x &= \frac{m}{a}\bar{x}\left(y_0 A_1+\frac{\varphi_0}{a}B_1+\frac{M_0}{a^2 EI}C_1+\frac{H_0}{a^3 EI}D_1\right)
\end{aligned}\right\} \tag{5-3-19}$$

并可导得桩顶仅作用单位水平力 $H_0=1$ 时地面处桩的水平位移 δ_{QQ} 和转角 δ_{MQ}，桩顶作用单位力矩 $M_0=1$ 时桩身地面处的水平位移 δ_{QM} 和转角 δ_{MM}，如图 5-3-5 所示。

1）对于桩顶自由，桩底支承于非岩石地基中或基岩上时，可得

$$\left.\begin{aligned}
\delta_{QQ} &= \frac{1}{a^3 EI}\frac{(B_3 D_4-B_4 D_3)+k_h(B_2 D_4-B_4 D_2)}{(A_3 B_4-A_4 B_3)+k_h(A_2 B_4-A_4 B_2)} \\[6pt]
\delta_{MQ} &= \frac{1}{a^2 EI}\frac{(A_3 D_4-A_4 D_3)+k_h(A_2 D_4-A_4 D_2)}{(A_3 B_4-A_4 B_3)+k_h(A_2 B_4-A_4 B_2)} \\[6pt]
\delta_{QM} &= \frac{1}{a^2 EI}\frac{(B_3 C_4-B_4 C_3)+k_h(B_2 C_4-B_4 C_2)}{(A_3 B_4-A_4 B_3)+k_h(A_2 B_4-A_4 B_2)} \\[6pt]
\delta_{MM} &= \frac{1}{aEI}\frac{(A_3 C_4-A_4 C_3)+k_h(A_2 C_4-A_4 C_2)}{(A_3 B_4-A_4 B_3)+k_h(A_2 B_4-A_4 B_2)}
\end{aligned}\right\} \tag{5-3-20}$$

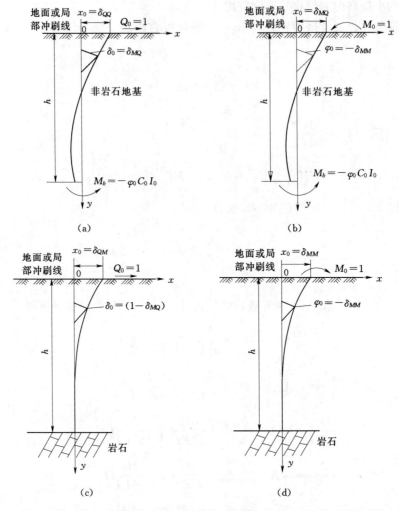

图 5-3-5 桩底支撑于非岩石地基中或基岩上时水平位移 δ_{QQ}、δ_{QM} 和水平转角 δ_{MQ}、δ_{MM} 示意图

2）对于桩底支承于非岩石类土中且 $al \geqslant 2.5$，或当桩底支承于岩石且 $al \geqslant 3.5$，可令上式中的 $k_h = 0$，则

$$
\left.
\begin{aligned}
\delta_{HH} &= \frac{1}{a^3 EI} \frac{(B_3 D_4 - B_4 D_3)}{(A_3 B_4 - A_4 B_3)} = \frac{1}{a^3 EI} A_0 \\[2mm]
\delta_{MH} &= \frac{1}{a^2 EI} \frac{(A_3 D_4 - A_4 D_3)}{(A_3 B_4 - A_4 B_3)} = \frac{1}{a^2 EI} B_0 \\[2mm]
\delta_{HM} &= \frac{1}{a^2 EI} \frac{(B_3 C_4 - B_4 C_3)}{(A_3 B_4 - A_4 B_3)} = \frac{1}{a^2 EI} B_0 \\[2mm]
\delta_{MM} &= \frac{1}{a EI} \frac{(A_3 C_4 - A_4 C_3)}{(A_3 B_4 - A_4 B_3)} = \frac{1}{a EI} C_0
\end{aligned}
\right\}
\tag{5-3-21}
$$

3）对于桩顶自由而桩底嵌固于基岩时，可得

$$\left.\begin{array}{l}\delta_{QQ}=\dfrac{1}{a^3EI}\dfrac{(B_2D_1-B_1D_2)}{(A_2B_1-A_1B_2)}\\[3mm]\delta_{MQ}=\dfrac{1}{a^2EI}\dfrac{(A_2D_1-A_1D_2)}{(A_2B_1-A_1B_2)}\\[3mm]\delta_{QM}=\dfrac{1}{a^2EI}\dfrac{(B_2C_1-B_1C_2)}{(A_2B_1-A_1B_2)}\\[3mm]\delta_{MM}=\dfrac{1}{aEI}\dfrac{(A_2C_1-A_1C_2)}{(A_2B_1-A_1B_2)}\end{array}\right\}\qquad(5-3-22)$$

式中的 A_1、B_1、C_1、D_1、A_2、B_2、$\cdots$、C_4、D_4 等系数，以及 $B_3D_4-B_4D_3$、$B_2D_4-B_4D_2$、$\cdots$、$A_3B_4-A_4B_3$、$A_2B_4-A_4B_2$ 等值均可查《桩基工程手册》系数表；$\overline{x}=a\cdot x$ 为无量纲的换算深度，$k_h=\dfrac{C_0}{aE}\cdot\dfrac{I_0}{I}$，其中 $C_0=m_0l$ 为桩底土的竖向地基反力系数，m_0 为其比例系数；l 为桩的入土深度。I_0 为桩底全面积对截面重心的惯性矩，I 为桩的平均截面惯性矩；$a=1/T=\sqrt[5]{mb_0/EI}$，其中 b_0 为桩的换算宽度，可按下列公式计算

$$\left.\begin{array}{ll}d\geqslant1.0\text{m}: & b_0=k_f(d+1)\\[2mm]d<1.0\text{m}: & b_0=k_f(1.5d+0.5)\end{array}\right\}\qquad(5-3-23)$$

式中　d——桩径或垂直于水平外力作用方向桩的宽度，m；

b_0——桩的换算宽度，m，$b_0\leqslant2d$；

k_f——桩形状换算系数，圆桩或管桩取 0.9，方桩或矩形桩取 1.0。

当 H_0、M_0 已知时，即可求得地面处的水平位移 y_0 和转角 φ_0

$$\left.\begin{array}{l}y_0=H_0\delta_{QQ}+M_0\delta_{QM}\\[2mm]\varphi_0=-(H_0\delta_{MQ}+M_0\delta_{MM})\end{array}\right\}\qquad(5-3-24)$$

然后根据式（5-3-19）求得地面下任意深度 x 处桩身的侧向位移 y、转角 φ、桩身截面上的弯矩 M 和剪力 Q。

（3）无量纲计算法。对于弹性长桩，桩底的边界条件是弯矩为零、剪力为零，而桩顶或泥面的边界条件可分为下列 3 种情况。

1）桩顶铰接时［图 5-3-6（a）］，在水平力 H_0 和力矩 $M_0=H_0\cdot h$ 作用下，桩身水平位移和弯矩可以按下式计算

$$\left.\begin{array}{l}y=\dfrac{H_0T^3}{EI}A_y+\dfrac{M_0T^2}{EI}B_y\\[3mm]M=H_0TA_m+M_0B_m\end{array}\right\}$$
$$(5-3-25)$$

桩身最大弯矩位置 x_m、最大弯矩可以按下式计算

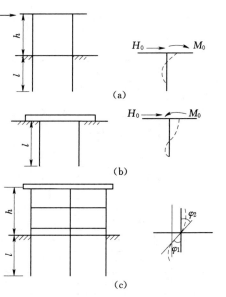

图 5-3-6　桩顶边界条件的 3 种情况

$$x_m = \overline{h}\,T$$
$$M_{\max} = M_0 C_2 \quad \text{或} \quad M_{\max} = H_0 T D_2 \Bigg\} \tag{5-3-26}$$

式中　A_y、B_y、A_m、B_m——位移和弯矩的无量纲系数；

$\overline{h}$——换算深度，根据 $C_1 = \dfrac{M_0}{H_0 T}$ 或 $D_1 = \dfrac{H_0 T}{M_0}$ 由表 5-3-4 中查得；

C_2、D_2——无量纲系数，根据最大弯矩位置 x_m 的换算深度 $\overline{h} = x_m / T$ 由表 5-3-4 中查得。

2）桩顶固定而不能转动［图 5-3-6（b）］。

当桩顶固定时，桩顶转角为零（即 $\varphi = \dfrac{d_y}{d_x} = 0$）

$$\varphi = A_\varphi \frac{H_0 T^2}{EI} + B_\varphi \frac{M_0 T}{EI} = 0$$

代入 y_x、M_x 可得：则 $\dfrac{M_0}{H_0 T} = -\dfrac{A_\varphi}{B_\varphi} = -0.93$，式（5-3-25）可改为

$$y = (A_y - 0.93 B_y)\frac{H_0 T^3}{EI} \Bigg\}$$
$$M = (A_m - 0.93 B_m) H_0 T \Bigg\} \tag{5-3-27}$$

式中　A_φ、B_φ——转角的无量纲系数，可由表 5-3-4 中查得。

表 5-3-4　　　　　　　　　　　　m 法计算用无量纲系数表

换算深度 $\overline{h}$ (z/T)	A_y	B_y	A_m	B_m	A_φ	B_φ	C_1	D_1	C_2	D_2
0.0	2.44	1.621	0	1	−1.621	−1.751	∞	0	1	∞
0.1	2.279	1.451	0.100	1	−1.616	−1.651	131.252	0.008	1.001	131.318
0.2	2.118	1.291	0.197	0.998	−1.601	−1.551	34.186	0.029	1.004	34.317
0.3	1.959	1.141	0.290	0.994	−1.577	−1.451	15.544	0.064	1.012	15.738
0.4	1.803	1.001	0.377	0.986	−1.543	−1.352	8.781	0.114	1.029	9.037
0.5	1.650	0.870	0.458	0.975	−1.502	−1.254	5.539	0.181	1.057	5.856
0.6	1.503	0.750	0.529	0.959	−1.452	−1.157	3.710	0.270	1.101	4.138
0.7	1.360	0.639	0.592	0.938	−1.396	−1.062	2.566	0.390	1.169	2.999
0.8	1.224	0.537	0.646	0.931	−1.334	−0.970	1.791	0.558	1.274	2.282
0.9	1.094	0.445	0.689	0.884	−1.267	−0.880	1.238	0.808	1.441	1.784
1.0	0.970	0.361	0.723	0.851	−1.196	−0.793	0.824	1.213	1.728	1.424
1.1	0.854	0.286	0.747	0.810	−1.123	−0.710	0.503	1.988	2.299	1.157
1.2	0.746	0.219	0.762	0.774	−1.047	−0.630	0.246	4.071	3.876	0.952
1.3	0.645	0.160	0.768	0.732	−0.971	−0.555	0.034	29.58	23.438	0.792
1.4	0.552	0.108	0.765	0.687	−0.894	−0.484	−0.145	−6.906	−4.596	0.666

续表

换算深度 $\bar{h}$ (z/T)	A_y	B_y	A_m	B_m	A_φ	B_φ	C_1	D_1	C_2	D_2
1.6	0.388	0.024	0.737	0.594	−0.743	−0.356	−0.434	−2.305	−1.128	0.480
1.8	0.254	−0.036	0.685	0.499	−0.601	−0.247	−0.665	−1.503	−0.530	0.353
2.0	0.147	−0.076	0.614	0.407	−0.471	−0.156	−0.865	−1.156	−0.304	0.263
3.0	−0.087	−0.095	0.193	0.076	0.070	+0.063	−1.893	−0.528	−0.026	0.049
4.0	−0.108	−0.015	0	0	−0.003	+0.085	−0.045	−22.500	0.011	0

注　1. 本表适用于桩尖置于非岩石土中或置于岩石面上。

2. 本表适用于弹性长桩。

3）桩顶受约束［图 5-3-6（c）］而不能完全自由转动（如刚性高桩台）在水平力 H_0 作用下考虑上部结构与地基的协调作用。

$$\varphi_2 = \varphi_1 \tag{5-3-28}$$

式中　φ_1——桩在泥面处的转角；

φ_2——上部结构在泥面处的转角。

通过反复迭代，可推求出桩身水平位移和弯矩。

（4）m 值的确定。m 值随着桩在地面处的水平变位增大而减小，一般通过水平荷载试验确定。无试验资料时，m 值可按表 5-3-5 选用。

当地基土成层时，m 值采用地面以下 $1.8T$ 深度范围内各土层的 m 加权平均值。如地基为 3 层时（图 5-3-7），则

$$m = \frac{m_1 h_1^2 + m_2(2h_1 + h_2)h_2 + m_3(2h_1 + 2h_2 + h_3)h_3}{(1.8T)^2} \tag{5-3-29}$$

表 5-3-5　　　　　土 的 m 值

序号	地 基 土 类 别	预制桩、钢桩		灌注桩	
		m/(MN/m⁴)	相应单桩在地面处水平位移/mm	m/(MN/m⁴)	相应单桩在地面处水平位移/mm
1	淤泥、淤泥质土、饱和湿陷性黄土	2~4.5	10	2.5~6	6~12
2	流塑（$I_L > 1.0$）；软塑 $0.75 < I_L \le 1.0$ 状黏性土，$e > 0.9$ 粉土，松散粉细砂，松散，稍密填土	4.5~6	10	6~14	4~8
3	可塑（$0.25 < I_L \le 0.75$）状黏性土，$e = 0.7-0.9$ 粉土，湿陷性黄土，中密填土，稍密细砂	6~10	10	14~35	3~6
4	可塑（$0 < I_L < 0.25$）坚硬（$I_L \le 0$）状黏性土，湿陷性黄土 $e < 0.7$ 粉土，中密中粗砂，密实老填土	10~22	10	35~100	2~5
5	中密、密实的砾砂、碎石类土			100~300	1.5~3.0

注　当水平位移大于上表数值或灌注桩配筋率较高（>0.65%），m 值适当降低。

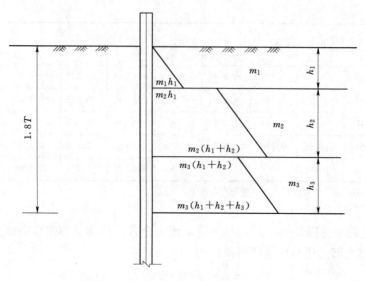

图 5-3-7　成层土 m 值的计算图

【例】　已知：直径 $d=1.5\mathrm{m}$ 的钢筋混凝土桩，埋入并支承在非岩石土类中，入土长度 $l=15\mathrm{m}$，桩头在地面处自由，作用有水平荷载 60kN 和力矩 700kN·m，C25 级混凝土的弹性模量 $E=2.85\times10^4\mathrm{MPa}$，地基反力系数的比例系数 $m=9400\mathrm{kN/m^4}$，土的内摩擦角 $=22°$，黏聚力 $C=15\mathrm{kN·m^2}$，重度 $=20\mathrm{kN/m^3}$。计算：桩在地面处的位移、转角和桩中弯矩。

解：

（1）计算桩宽和抗弯刚度的确定。

计算桩宽为

$$b_p=K_\varphi K_0 d=0.9(1.5+1)=2.25(\mathrm{m})$$

$$EI=2.85\times10^7\times\frac{\pi}{64}\times1.5^4=2.85\times10^7\times0.249=70.9\times10^5(\mathrm{kN·m^2})$$

（2）计算桩-土变形系数。

按 $K=\dfrac{mb_p}{EI}=\dfrac{9400\times2.25}{70.9\times10^5}=275.31$ 求得

$$\alpha=0.312l/m$$

$$\alpha l=0.312\times15=4.68>4$$

故可按弹性长桩计算，并可按 $\alpha l=4.0$ 查表。

计算如下各值：

$$\alpha EI=0.312\times70.9\times10^5=22.121\times10^5(\mathrm{kN·m})$$

$$\alpha^2 EI=(0.312)^2\times70.9\times10^5=6.901\times10^5(\mathrm{kN})$$

$$\alpha^3 EI=(0.312)^3\times70.9\times10^5=2.153\times10^5(\mathrm{kN/m})$$

（3）计算位移和转角。

查《桩基工程手册》中表 4.3-5 中 αl 即 $\alpha Z=4.0$ 栏得

$$A_0=2.441,\ B_0=1.625\ 和\ C_0=1.751$$

由此算出地面处水平位移为

$$y_0 = H_0 A_0 / \alpha^3 EI + M_0 C_0 / \alpha EI$$
$$= 60 \times 2.441 / 2.153 \times 10^5 + 700 \times 1.625 / 6.901 \times 10^5$$
$$= 68.026 \times 10^{-5} + 164.831 \times 10^{-5}$$
$$= 232.857 \times 10^{-5} \approx 2.33 \text{(mm)}$$

地面处转角为

$$\varphi_0 = H_0 B_0 / \alpha^2 EI + M_0 C_0 / \alpha EI$$
$$= 60 \times 1.625 / 6.901 \times 10^5 + 700 \times 1.751 / 22.121 \times 10^5$$
$$= 14.128 \times 10^{-5} + 55.409 \times 10^{-5}$$
$$= 69.537 \times 10^{-5} \text{(rad)}$$

y_0 值在桩的水平位移限值内，然后将 y_0 和 φ_0 值同上部结构设计要求相比较，据以判断本桩是否适用。

（4）计算桩中弯矩。

应计算桩中弯矩并绘制弯矩沿深度分布图，以便验算桩截面强度和配置的钢筋数量。对于钻孔灌注的桩，还可以据此决定所配置钢筋的长度。

弯矩按下式计算，即

$$M_Z = \alpha^2 EI \left[y_0 A_3 + \frac{\varphi_0}{\alpha} B_3 + \frac{M_0}{\alpha^2 EI} C_3 + \frac{H_0}{\alpha^3 EI} D_3 \right]$$

通常列表计算，先求出

$$\varphi_0 / \alpha = 69.537 \times 10^{-5} / 0.312 = 223.779 \times 10^{-5} \text{(rad} \cdot \text{m)}$$
$$M_0 / \alpha^2 EI = 700 / (6.901 \times 10^5) = 101.455 \times 10^{-5} \text{(m)}$$

和

$$H_0 / \alpha^3 EI = 60 / (2.153 \times 10^5) = 27.868 \times 10^{-5} \text{(m)}$$

根据表 5-3-6 计算值可绘得 $M_Z - Z$ 图如图 5-3-8 所示，由图可知桩中最大弯矩约为 771kN·m，其位置深度为 $Z = 2.24$m 附近。

表 5-3-6　　　　　　　　弯　矩　计　算　表

计算点深度 Z/m	换算深度 $\bar{Z}=\alpha Z$	A_3	B_3	C_3	D_3	$y_0 A_3 \times 10^{-5}$	$\dfrac{\varphi_0}{\alpha} B_3$	$\dfrac{M_0}{\alpha^2 EI} C_3$	$\dfrac{H_0}{\alpha^3 EI} D_3$	M_Z
0	0	0	0	1.0000	0	0	0	101.455	0	700.00
0.64	1.2	−0.0013	−0.0001	0.9999	0.2000	−0.3092	−0.0291	101.434	5.574	736.53
1.60	0.5	−0.0208	−0.0052	0.9992	0.4999	−4.892	−1.165	101.356	13.931	770.23
2.24	0.7	−0.0572	−0.0200	0.9958	0.6994	−13.287	−4.478	101.009	19.489	770.77
3.21	1.0	−0.1665	−0.0833	0.9750	0.9945	−38.708	−18.639	98.900	27.713	735.26
4.81	1.5	−0.5587	−0.4204	0.8105	1.4368	−129.830	−94.074	82.207	40.041	603.57
6.41	2.0	−1.2954	−1.3136	0.2068	1.6463	−301.105	−293.958	20.973	45.879	412.02
8.33	2.6	−2.6213	−3.5999	−1.8775	0.9168	−609.315	−805.575	−190.428	25.549	216.55
9.62	3.0	−3.5406	−5.9998	−4.6879	−0.8913	−823.011	−1342.627	−475.515	−24.838	132.91
11.22	3.5	−3.9192	−9.5437	−10.3404	−5.8540	−911.024	−2135.673	−1048.878	−163.139	87.16
12.82	4.0	−1.6143	−11.7307	−17.9186	−15.0755	−375.241	−262.5075	−1817.573	−420.124	83.78

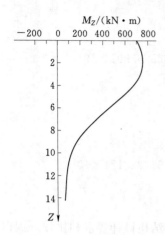

$M_Z/(kN \cdot m)$

图 5-3-8　M_Z-Z 图

桩中剪力可按式（5-3-19）列表计算。一般情况下，剪力不控制设计，故不一定要进行剪力计算。

三、p-y 曲线法

对于桥台、桥墩等桩结构物，桩的水平位移较小，一般可认为作用在桩上的荷载与位移呈线性关系，采用线弹性地基反力法求解。但在港口工程和海洋工程中，栈桥、码头系缆浮标、开敞式码头中采用钢桩的靠船墩等允许桩顶有较大的水平位移，有的甚至希望桩顶产生较大的水平位移来吸收水平撞击能量。此时除采用非线性弹性地基反力法外，还常用复合地基反力法（或叫弹塑性分析法）。

长桩桩顶受到水平力后，桩附近的土从地表面开始屈服，塑性区逐渐向下扩展。复合地基反力法在塑性区采用极限地基反力法，在弹性区采用弹性地基反力法，根据弹性区与塑性区边界上的连续条件求桩的水平抗力。由于塑性区和弹性区水平地基反力分布的不同假设，复合地基法又有长尚法、竹下法、斯奈特科法和目前应用较广的 p-y 曲线法（表 5-3-7）。

表 5-3-7　　　　　　　　　　　　　复合地基反力法

地基反力分布	方　　法	摘　　要
塑性区：库仑土压力 弹性区：$p = k_h y$	长尚法	
塑性区：库仑土压力 弹性区：$p = kxy$	竹下法	
塑性区：郎肯土压力的 3 倍（砂）或 $9C_n$（黏土） 弹性区：$p = k_0 xy$（砂） $p = k_x y$（黏土）	布罗姆斯法（长桩）	
塑性区：2 次曲线 弹性区：$p = k_h y$	斯奈特科法	
塑性区：$p = p_u$ 弹性区：$p = kl/3$ （注）	马特洛克法（黏土）也称 API 规范法	$p/p_u = 0.5\left(\dfrac{y}{y_{s0}}\right)^{\frac{1}{3}}$
塑性区：被动土压力 过渡区：$p = kl/n$ 弹性区：$p = kxy$ （注）	里斯-考克斯库普法（砂土）也称原 API 规范法	

注　本应根据土质试验结果，没有试验资料时，可按照这个方法。

1. 土反力与桩的挠曲变形

线弹性地基反力法一般适用于桩基在泥面处的水平位移不太大（在 1cm 左右）的情况，这是因为桩身任一点的桩侧土反力与该点处桩身挠度之间的关系可以近似看成是线性的。但根据试桩表明，桩在水平力作用下，桩身任一点处的桩侧土压力与该点处桩身挠度之间的关系，实际上是非线性的，特别是侧移大于 1cm 时，更为显著。如图 5-3-9（a）所示，自地面下 x_1 深度处的一层薄膜，施加水平力前，该薄膜的土压力分布如图 5-3-9（b）所示，桩周各点的土压力相等，无剪应力和弯曲应力产生。施加水平力后设深度 z_1 处的桩挠度为 y_1，该薄膜的土压力分布如图 5-3-9（c）所示，呈现一卵形。如桩周将土压力积分，得合力 p_1，此时桩身将产生弯曲应力和剪切应力。p_1-y_1 曲线就是在水平力 H 作用下，泥面上深度 z_1 处的土反力 p_1 与该点桩的挠度 y_1 之间的关系曲线。它综合反映了桩周土的非线性，桩的刚度和外荷载作用性质等特点。它在国内外固定式海上平台规范及港工规范中已被广泛采用。沿桩泥面下若干深度处的 $p-y$ 曲线如图 5-3-10 所示。

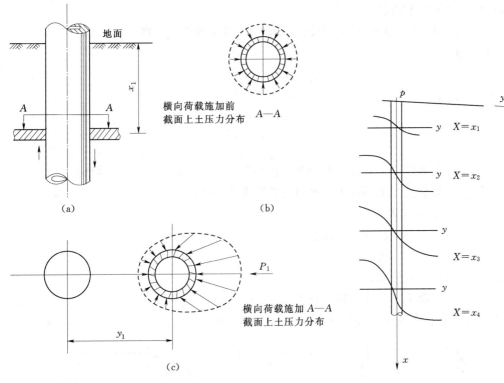

图 5-3-9 地面下某深度处的土压力分布

图 5-3-10 泥面下若干深度处的 $p-y$ 曲线

2. $p-y$ 曲线的确定

现场实测方法，即沿桩的入土深度实测出土反力和桩的挠度，但该方法很难实现。一般是实测出桩身弯矩 M，再用如下关系求出 y 和 p

$$y = \iint \frac{M}{EI} \mathrm{d}x \qquad (5-3-30)$$

$$p = \frac{\mathrm{d}^2 M}{\mathrm{d}x^2} \qquad\qquad (5-3-31)$$

但上式在数值分析上与实际误差较大，尚需进一步研究。一般常用室内三轴试验推测。室内三轴试验和现场试桩存在如下关系

$$y_{50} = \rho \varepsilon_{50} d \qquad\qquad (5-3-32)$$

式中　y_{50}——桩周土达极限水平土抗力一半时相应桩的侧向水平变形，mm；

　　　ρ——相关系数，一般取 2.5；

　　　ε_{50}——三轴试验中最大主应力差一半时的应变值，对饱和度较大的软黏土也可取无侧限抗压强度一半时的应变值，当无试验资料时，ε_{50} 可按表 5-3-8 采用；

　　　d——桩径或桩宽，m。

3. p-y 曲线确定的规范方法

（1）软黏土的 p-y 曲线。按照《水运工程桩基设计规范》（JTS 147-7—2022）规定，不排水抗剪强度标准值 C_u 小于等于 96kPa 的软黏土，在非往复荷载作用下其 p-y 曲线可按下列规定来确定。

1）桩侧单位面积的极限水平土抗力标准值，按下列公式计算。

当 $z < z_r$ 时

$$p_u = 3C_u + \gamma z + \frac{\xi C_u z}{d} \qquad\qquad (5-3-33)$$

当 $z \geqslant z_r$ 时

$$p_u = 9C_u \qquad\qquad (5-3-34)$$

$$z_r = \frac{6C_u d}{\gamma d + \xi C_u} \qquad\qquad (5-3-35)$$

式中　p_u——泥面以下 z 深度处桩侧单位面积极限水平土抗力标准值，kPa；

　　　C_u——原状黏性土不排水抗剪强度的标准值，kPa；

　　　γ——土的容重，kN/m³；

　　　z——泥面以下桩的任一深度，m；

　　　ξ——系数，一般取 0.25～0.5；

　　　d——桩径或桩宽，m；

　　　z_r——极限水平土抗力转折点的深度，m。

2）软黏土中桩的 p-y 曲线按式（5-3-35）确定，如图 5-3-11（a）所示。

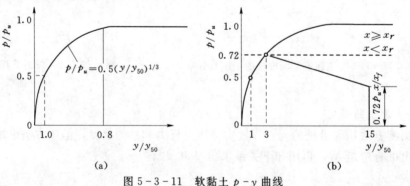

图 5-3-11　软黏土 p-y 曲线

（a）短期荷载；（b）循环荷载

当 $y/y_{50} < 8$ 时

$$\frac{p}{p_u} = 0.5 \left(\frac{y}{y_{50}}\right)^{\frac{1}{3}} \qquad (5-3-36)$$

$$y_{50} = \rho \varepsilon_{50} d$$

当 $y/y_{50} \geqslant 8$ 时

$$\frac{p}{p_u} = 1.0 \qquad (5-3-37)$$

式中　p——泥面以下 z 深度处作用桩上的水平土抗力标准值，kPa；

p_u——泥面以下 z 深度处桩侧单位面积极的限水平土抗力标准值，kPa；

y——泥面以下 z 深度处桩的侧向水平变形，mm。

表 5-3-8 $\qquad\qquad\qquad \varepsilon_{50}$ 值

C_u/kPa	ε_{50}	C_u/kPa	ε_{50}
12~24	0.02	48~96	0.07
24~48	0.01		

对 C_u 大于 96kPa 的硬黏土，宜按试桩资料绘制 $p-y$ 曲线。

3）砂土中桩的 $p-y$ 曲线，砂土单位桩长的极限水平抗力标准值 p'_u 可按下列公式计算

当 $z < z_r$ 时

$$p'_u = (C_1 z + C_2 d)\gamma z \qquad (5-3-38)$$

当 $z \geqslant z_r$ 时

$$p'_u = C_3 d\gamma z \qquad (5-3-39)$$

式中　p'_u——泥面以下 z 深度处单位桩长的极限水平土抗力标准值，kN/m；

C_1、C_2、C_3——系数；

z——泥面以下桩的任一深度，m；

d——桩径或桩宽，m；

γ——土的重度，kN/m³。

C_1、C_2、C_3 可按图 5-3-12 确定。

联立求解式（5-3-37）与式（5-3-38），可得浅层土与深层土分界线深 Z_r。

（2）砂土的 $p-y$ 曲线。砂土中桩的 $p-y$ 曲线，在缺乏现场试验资料时，可按下列公式确定

$$p = \psi \cdot p'_u \tanh\left[\frac{kz}{\psi p'_u}Y\right] \qquad (5-3-40)$$

$$\psi = \left(3.0 - 0.8\frac{z}{d}\right) \geqslant 0.9 \qquad (5-3-41)$$

式中　p——泥面以下 z 深度处作用于桩上的水平土抗力标准值，kN/m；

ψ——计算系数；

k——土抗力的初始模量，可按图 5-3-

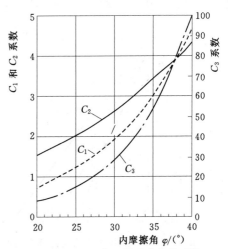

图 5-3-12　随 φ 角而变化的系数

13 确定；

p'_u——泥面以下 z 深度处单位桩长的极限水平土抗力标准值，kN/m；

z——泥面以下桩的任一深度，m；

Y——泥面以下 z 深度处桩的侧向水平变形，mm；

d——桩径或桩宽，m。

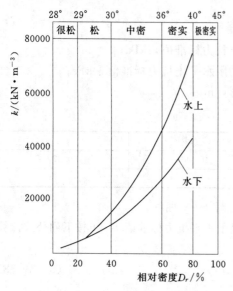

图 5-3-13　k 值曲线

土抗力的初始模量可按图 5-3-13 确定。

4. 桩的内力和变形计算

由于土的水平抗力 p 与桩的挠曲变形，一般为非线性关系，用解析法来求解桩的弯曲微分方程是困难的，可用下述的迭代法求得。

（1）无量纲迭代法。

1）先按上述方法绘制各土层的 $p-y$ 曲线，靠近地表深度小于 $0.5T$ 的部分，$p-y$ 曲线的间隔距离宜小一些。

2）初次假定一个 T 值，T 值即为桩的相对刚度，按 $T=\sqrt[5]{EI/mb_0}$ 求得，式中除计算宽度 $b_0=d$（d 为桩径）外，其他符号同前。

3）根据上节介绍的 m 法，计算出桩身泥面下各深度处的挠度 y。

4）根据求出的 y 值，从 $p-y$ 曲线上求得相应的土反力 p，找出沿桩身各截面的 p_i/y_i。

5）绘出土反力模量与深度之间的相关图如图 5-3-14 所示，用最小二乘法找出 E_s-z 相关性较好的直线的斜率 $m=E_s/z=p/xy$。

6）由 m 计算相对刚度系数 T，反复进行迭代，直到假定的 T 值等于（或接近于）计算所得的值为止，即 $T_i=T_{i-1}$。也可如图 5-3-15 所示，在第一次和第二次试算所绘出的两点之间引直线，使其与斜率为 1:1 的均等线相交，此交点对应的 T 即为最后选择的实际的 T。

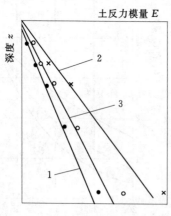

图 5-3-14　土反力模量与深度之间的相关图

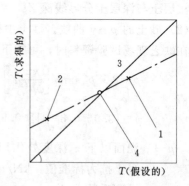

图 5-3-15　相对刚度系数试算图

7）由最后所选择的 T，按 m 法沿桩身求得水平位移 y，截面弯矩 M 等。

（2）有限差分析。将桩身划分为若干个单元或分段（图 5-3-16），对各个单元的划分点以差分式近似代替桩身的弹性曲线微分方程中导数式，可将上列微分方程转变成一组代数差分方程组。上述微分方程可用差分的形式表示如下：

$$y_{m-2}-4y_{m-1}+(6+\frac{E_{sm}h^4}{EI})y_m-4y_{m+1}+y_{m+2}=0 \qquad (5-3-42)$$

式中　E_{sm}——m 点处土的反力模量；

　　　h——分段的长度。

如图 5-3-17 所示，将一根桩分成 n 段，每段长度 h，用式（5-3-41）的形式可写出 $n+1$ 个方程式，然后在桩顶以上和桩底以下各加两个虚拟的点，根据桩顶和桩底的边界条件得出另外 4 个附加方程，共计 $n+5$ 个方程，用矩阵格利塞（Gleser）法联立求解，就可以得出沿桩长各点挠度，并算出各点的转角、弯矩和剪力。

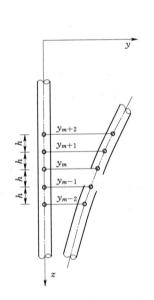

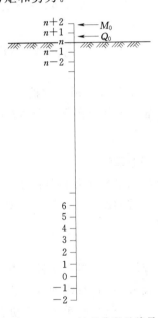

图 5-3-16　桩的挠曲和分段　　　　图 5-3-17　桩的分段及编号

对于常用的长桩，桩顶和桩底的边界条件如下：

对于桩顶，桩顶剪力 Q_0 及弯矩 M_0 是已知的，则

$$y_{n-2}-2y_{n-1}+2y_{n+1}-y_{n+2}=\frac{2Q_0h^3}{EI}（剪力）\qquad (5-3-43)$$

$$y_{n-1}-2y_n+y_{n+1}=\frac{M_0h^2}{EI}（弯矩）\qquad (5-3-44)$$

对于桩底，由于桩底的剪力和弯矩很小，可略去不计。即可认为桩底处的弯矩和剪力为 0，则

$$y_{-2}-2y_{-1}+2y_1-y_2=0（剪力）\qquad (5-3-45)$$

$$y_1-2y_0+y_{-1}=0（弯矩）\qquad (5-3-46)$$

联立求解 $n+5$ 个方程时，需先假定土反力模量 E_s 沿桩身的分布。每一个计算点 m 假定一个 E_{sm} 值，然后解方程求出 y_m 值。由 y_m 值查 $p-y$ 曲线，得 p_m 值，从而得出一个新的 E_{sm} 值。重复上述过程进行迭代，直到假定的与计算的 E_{sm} 接近时为止。

当桩身各点的挠度求出后，就可用以下差分的形式求出桩身各点的转角 φ_m、弯矩 M_m、剪力 Q_m 和土反力 p_m。

$$\varphi_m = \frac{y_{m-1} - y_{m+1}}{2h}$$

$$M_m = \frac{EI}{h^2}(y_{m-1} - 2y_m + y_{m+1})$$

$$Q_m = \frac{EI}{2h^3}(y_{m-2} - 2y_{m-1} + 2y_{m+1} - y_{m+2})$$

$$p_m = -E_{sm}y_m$$

第四节　群桩水平受荷计算

目前，水平荷载作用下群桩的计算分析方法主要有群桩效率法和群桩的 $p-y$ 曲线法。此外，也可利用有限元法分析桩距、桩长、桩径、桩数、土质、荷载等对群桩效应的影响。

一、群桩效率法

（1）群桩水平承载力和单桩水平承载力与桩数之积的比值称为群桩效率。实际工程中，进行了单桩的试验后，就可根据实测单桩水平承载力和群桩效率很方便地计算群桩水平承载力 H_g

$$H_g = mnH_0\eta_{sg} \tag{5-4-1}$$

式中　　H_g、H_0——群桩与单桩水平承载力；

　　　　m、n——群桩纵向（荷载作用方向）和横向桩数；

　　　　η_{sg}——反映单桩与群桩关系的群桩效率。

群桩效率法的关键是要得到能反映单群关系的群桩效率，可按表 5-4-1 取值。

表 5-4-1　　　　　　　　　　　　群 桩 效 应 折 减 系 数

桩数 桩距/桩径	2×1	3×1	2×2	3×3
2	0.77	0.52	0.42	0.31
3	0.90	0.65	0.51	0.43
5	0.92	0.81	0.744	0.66
8	0.95	0.87	0.83	0.78
10	0.96	0.92	0.89	0.84
14	0.98	0.96	0.92	0.88

另外，群桩效率的确定还可以由试验导出经验公式，或根据弹性理论导出计算式，我国学者杨克己在土体极限平衡状态下导出了如下的群桩效率计算式。

$$\eta_{sg} = K_1 K_2 K_3 K_6 + K_4 + K_5$$

其假定土中应力按土的内摩擦角 φ 扩散，传到垂直于荷载平面的应力一般近似为抛物线分布，现简化为三角形分布（图 5-4-1）。在考虑应力重叠的影响时，假定群桩中的水平力均匀分配，且每根桩具有相同的水平承载力。

（2）反映单桩与群桩关系的群桩效应 η_{sg}。

$$\eta_{sg} = K_1 K_2 K_3 K_6 + K_4 + K_5 \qquad (5-4-2)$$

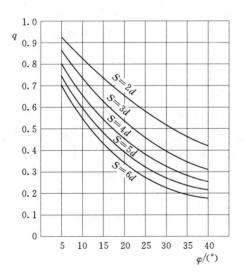

式中 K_1——桩之间相互作用影响系数；

      K_2——不均匀分配系数；

      K_3——桩顶嵌固增长系数；

      K_4——摩擦作用增长系数；

      K_5——桩侧土抗力增长系数；

      K_6——竖向荷载作用增长系数。

图 5-4-1 土中应力扩散和分布

（3）$K_1 \sim K_6$ 取值方法如下。

1）桩之间相互作用影响系数 K_1。

$$K_1 = \frac{1}{1 + q^m + a + b} \qquad (5-4-3)$$

式中，$+q$、a、b 的取值如图 5-4-2～图 5-4-4 所示。

图中：S 为桩距；d 为桩径；φ 为土的内摩擦角。

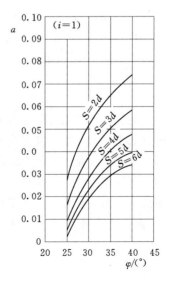

图 5-4-2 q 值计算图   图 5-4-3 a 值计算图

2）不均匀分配系数 K_2。根据不同的水平地基系数分布规律、不同的桩数和 S/d，绘制了 K_2 的计算图（图 5-4-5）。

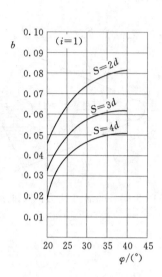

图 5-4-4　b 值计算图

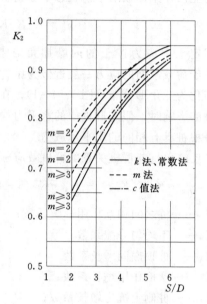

图 5-4-5　K_2 值计算图

3）桩顶嵌固增长系数 K_3。K_3 为桩顶嵌固时的单桩水平承载力与桩顶自由时的单桩水平承载力之比。为便于分析，仅考虑自由长度为 0 的行列式竖直群桩，并在地面位移相等的条件下求得 K_3（表 5-4-2）。

表 5-4-2　　　　　　　　　　　　　　　K_3　值

计算方法	常数法	m 法	K 法	C 值法
K_3	2.0	2.6	1.56	2.32

4）摩擦作用增长系数 K_4。入土承台的底面和侧面与土壤之间有切向力作用，使群桩水平承载力提高 $\Delta H_g'$，故

$$K_4 = \frac{\Delta H_g'}{mnH_0} \qquad\qquad (5-4-4)$$

对较软的土，剪切面一般发生在邻近承台表面的土内，此时切向力就是土的抗剪强度。对较硬的土，剪切面可能发生在承台与土的接触面上，此时切向力就是承台表面与土的摩擦力。为安全起见，可按上两种情况分别考虑，取较小值计算。

桩尖土层较好或基底下土体可能产生自重固结沉降、湿陷、震陷时，承台与土之间会脱空，不应再考虑承台底与土的摩擦力作用。

5）桩侧土抗力作用增长系数 K_5。入土承台的侧土抗力使群桩水平承载力提高 $\Delta H_g''$，故

$$K_5 = \frac{\Delta H_g''}{mnH_0} \qquad\qquad (5-4-5)$$

桩顶的容许水平位移一般较小，被动土压力不能得到充分发挥，故采用静止土压力计

算，并略去主动土压力作用，得

$$\Delta H''_g = \frac{1}{2} K_0 \gamma B (z_1^2 - z_2^2) \tag{5-4-6}$$

式中 K_0——静止土压力系数；

$\quad\quad \gamma$——土的容重；

$\quad\quad B$——承台宽度；

z_1、z_2——承台底面和顶面埋深。

6）竖向荷载作用增长系数 K_6。竖向荷载的作用使桩基水平承载力提高，提高的原因与桩的破坏机理有关。

水平承载力由桩身强度控制时，竖向荷载产生的压应力可抵消一部分桩身受弯时产生的拉应力，混凝土不易开裂，从而提高桩基水平承载力。北京桩基研究小组提出，用 $\frac{N}{rR_f A}$（其中，r 为截面抵抗矩的塑性系数；R_f 为混凝土抗裂设计强度；A 为桩的截面积；N 为计算有竖向荷载时水平承载力提高的百分比）考虑土体可能分担部分竖向荷载，故

$$K_6 = 1 + \frac{N(1-\lambda)}{rR_f A} \tag{5-4-7}$$

式中 λ——竖向荷载作用下，桩土共同作用时土体的分担系数。

桩身具有足够强度时，竖向荷载提高桩的水平承载能力有限，一般将它作为安全储备。

该计算方法在使用时受到下列条件的限制：①适用于自由长度近似为 0 的等间距行列式群桩；②当桩距较小时，群桩可能发生整体破坏，此时对计算式应慎重使用。

二、群桩的 p-y 曲线法

由上述分析群桩在水平力作用下的工作性状得知，群桩完全不同于单桩，一般在受荷方向桩排中的中后桩在同等桩身变位条件下，所受到的土反力比前排桩小。一方面，其差值随桩距的加大而减少，如图 5-4-6 所示，当 s/d 不小于 8 时，前、后桩的 p-y 曲线基本相近；另一方面，其差值又随泥面下深度的加大而减少，如图 5-4-7 所示，桩在泥面下的深度 x 不小于 $10d$（d 为桩径）时，前后桩的 p-y 曲线也基本相近。这也由在砂土中原型桩试验所证实。

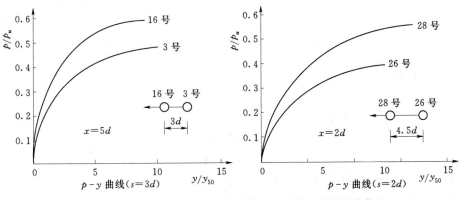

图 5-4-6（一） 前桩对后桩的影响随桩距增加的变化

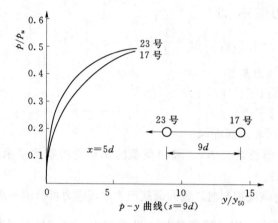

图 5-4-6（二）　前桩对后桩的影响随桩距增加的变化

前桩所受到的土抗力，一般略等于或大于单桩，这是由于受荷方向桩排中的前桩水平位移与单桩相近，土抗力能充分发挥所致。设计时，群桩中的前桩若按单桩设计，工程上是偏于安全的。

我国《水运工程桩基设计规范》（JTS 147-7—2022）中提出了下述考虑方法：在水平力作用下，群桩中桩的中心距小于 8 倍桩径，桩的入土深度在小于 10 倍桩径以内的桩段，应考虑群桩效应。在非循环荷载作用下，距荷载作用点最远的桩按单桩计算。其余各桩应考虑群桩效应。

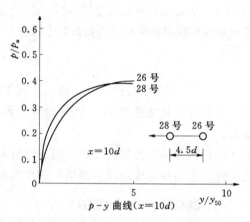

图 5-4-7　前桩对后桩的影响随深度增加的变化

在土质相同、桩距不同的单桩、双桩和排桩对比模型试验的基础上，用双曲线对各桩的 $p-y$ 曲线进行拟合，以 $S=8d$ 和 $x=10d$ 作为前排桩对后排桩不产生影响的边界条件，用优选曲线法建立了后排桩土抗力折减系数 R 的经验公式

$$R=\left(\frac{\dfrac{S}{d}-1}{7}\right)^{0.043\left(10-\frac{x}{d}\right)(1+1.16\eta^2)} \tag{5-4-8}$$

式中　S——桩距；

　　　d——桩径；

　　　x——泥面下任一入土深度。

$$\eta=\frac{H-H_e}{H_u-H_e} \tag{5-4-9}$$

式中　H——桩头所受的水平荷载，$H\geqslant H_e$；

　　　H_e——桩的临界荷载；

H_u——桩的极限荷载。

当 $H < H_e$ 时，可不计荷载对折减系数 R 的影响，则

$$R = \left(\frac{\frac{S}{d}-1}{7}\right)^{0.043\left(10-\frac{x}{d}\right)} \tag{5-4-10}$$

上述单桩的 $p-y$ 曲线加以修正来推求群桩 $p-y$ 曲线的方法，反映了水平力作用下的群桩工作性状，比国外现有的方法简单实用，所得的结果也与模型试验和现场试验的实测值比较接近。

思　考　题

1. 单桩和群桩在水平荷载下的受力性状如何？有哪些影响因素？

2. 极限地基反力法有哪些种类？计算原理是什么？黏性土和砂性土中极限地基反力法如何计算？

3. 弹性地基反力法分为哪几类？计算原理是什么？什么是 m 法？m 法怎样计算？

4. 什么是 $p-y$ 曲线法？$p-y$ 曲线如何确定？黏性土与砂土中的 $p-y$ 曲线各有哪些特点？桩的内力和变形如何计算？

5. 水平荷载作用下群桩的计算分析方法主要有哪些？各种方法的原理是什么？如何进行计算？

6. 桩基水平承载力设计值如何确定？

7. 钢管桩外径 600mm，壁厚 12mm，入土深度 $L_t = 24.0$m，砂质地基 $m = 2000$kN/m⁴，$EI = 2.01 \times 105$kN·m²，当桩顶（地面处）受水平力 $H_2 = 150$kN 和力矩 $M_0 = 450$kN·m 时，试求位移、弯矩曲线和土中桩身最大弯矩。

第六章　桩基的结构设计

第一节　桩基设计的基本要求、流程与验算内容

一、桩基设计的基本要求

桩基的设计必须满足 3 个方面的要求：一是必须保证桩基是长期安全适用的；二是合理且经济的，三是必须考虑施工上的方便快速。此外，桩和承台应有足够的强度、刚度和耐久性，地基（主要是桩端持力层）应有足够的承载力，且不产生过量的变形。

桩基设计的安全性要求包括两个方面：一是桩基与地基土相互之间的作用是稳定的且变形满足设计要求；二是桩基自身的结构强度满足要求。前者要求桩基在设计荷载作用下具有足够的承载力，同时保证桩基不产生过量的变形和不均匀变形；后者要求桩基结构内力必须在桩身材料强度容许范围以内。

桩基设计的合理性要求桩的持力层、桩型、桩的几何尺寸及自身参数和桩的布置尽可能地发挥桩基承载能力。按受力确定桩身材料强度等级和配筋率，无论是整体还是局部，既要满足构造要求，又不过量配置材料，施工可行。

桩基设计的经济性要求是指桩基设计中充分把握桩基特性，通过多方案的比较，寻求最佳设计方案，最大限度地发挥桩基的性能，力求使设计的桩基造价最低，又能确保长久安全。

不同的桩基有着各自的一些特点，设计时应加以考虑，见表 6-1-1。

表 6-1-1　　　　　　　　　各类桩基的设计特点

桩基类型	设计中应注意的问题
建筑物桩基	1. 群桩竖向承载力要满足上部结构荷载要求，沉降量要满足变形要求。 2. 可考虑承台底土的反作用力，即"桩土共同作用"，以节约工程造价。 3. 考虑边载作用对桩产生的力矩和负摩阻力。 4. 考虑特殊情况下对桩产生的上拔力。 5. 考虑桩的负摩阻力作用。 6. 基坑开挖对桩的水平推力
桥梁桩基	1. 群桩竖向承载力要满足上部结构荷载要求，沉降量要满足变形要求。 2. 应充分考虑荷载的最不利组合。 3. 考虑桥桩拉力作用以及桥墩（台）桩的水平荷载。 4. 考虑路堤的边载使桩受到负摩擦力和弯矩的作用。 5. 考虑浮托力与水流冲刷作用

续表

桩基类型	设计中应注意的问题
港工桩基	1. 群桩竖向承载力要满足上部结构荷载要求，沉降量要满足变形要求。 2. 考虑桩型要有足够的刚度和耐久性。 3. 考虑坡岸稳定性对桩的影响。 4. 考虑码头大量堆载对桩产生的负摩阻力及水平力。 5. 考虑高桩码头的群桩效应。 6. 考虑水的托浮、倾覆力矩对桩产生的上拔力

二、桩基设计流程

一般情况下，桩基础设计的基本流程如下。

（1）确定桩基础的设计等级与设计原则。

（2）桩型、桩断面尺寸、桩长的选择。

（3）确定单桩承载力。

（4）确定桩数及布桩。

（5）群桩承载力与沉降验算。

（6）桩基中各桩受力计算。

（7）桩身结构设计。

（8）承台设计。

三、规范对桩基设计验算内容要求

1. 建筑桩基安全等级

根据桩基损坏造成建筑物的破坏后果（危及人的生命、造成经济损失、产生社会影响）的严重性，桩基设计时应根据表6-1-2选定适当的安全等级。

表 6-1-2 建 筑 桩 基 安 全 等 级

安全等级	破坏后果	建 筑 物 类 型
一级	很严重	重要的工业和民用建筑物，对桩基变形有特殊要求的工业建筑
二级	严重	一般的工业与民用建筑物
三级	不严重	次要的建筑物

2. 桩基的极限状态

桩基的极限状态分为下列两类。

承载力极限状态：对应于桩基达到最大承载能力或整体失稳或发生不适于继续承载的变形。

正常使用极限状态：对应于桩基达到建筑物正常使用所规定的变形限值或达到耐久性要求的某项限值。

3. 桩基设计时需进行的承载能力计算

所有桩基均应进行承载能力极限状态的计算，主要包括以下几方面。

（1）桩基的竖向承载力计算（抗压和抗拔），当主要承受水平荷载时应进行水平承载力计算。

（2）对桩身及承台承载力进行计算。

（3）当桩端平面以下有软弱下卧层时，应验算软弱下卧层的承载力。

（4）对位于坡地、岸边的桩基应验算整体稳定性。

（5）按《建筑与市政工程抗震通用规范》（GB 55002—2021）的规定，需进行抗震验算的桩基，应作桩基的抗震承载力验算。

（6）承载力计算时，应采用荷载作用效应的基本组合和地震作用效应组合。荷载及抗震作用应采用设计值。

4. 建筑桩基的变形验算

以下情况应进行桩基变形验算。

（1）桩端持力层为软弱土的一、二级建筑桩基以及桩端持力层为黏性土、粉土或存在软弱下卧层的一级建筑桩基，应验算沉降；并宜考虑上部机构与基础的共同作用。

（2）受水平荷载较大或对水平变位要求严格的一级建筑桩基应验算水平变形。

（3）沉降计算时应采用荷载的长期效应组合，荷载应采用标准值；水平变形、抗裂、裂缝宽度计算时，根据使用要求和裂缝控制等级应分别采用荷载作用效应的短期效应组合或短期效应组合考虑长期荷载的影响。

建于黏性土、粉土上的一级建筑桩基及软土地区的一、二级建筑桩基，在其施工过程及建成后使用期间，必须进行系统的沉降观测直至沉降稳定。

第二节　桩型的选择

桩型与工艺选择应根据建筑结构类型、荷载性质、桩的使用功能、穿越土层、桩端持力层土类、地下水位、施工设备、施工环境、施工队伍水平和经验以及制桩材料供应条件等，选择经济合理、安全适用的桩型和成桩工艺。

应考虑的因素包括：①结构类型与荷载；②地质条件，包括地层类别、土性、地下水赋存情况；③施工条件与环境，指当地经验、设备场地作业空间、非浆排渣条件、噪声振动控制等。

（1）对于深厚软土场地，多层、小高层建筑可选用预应力管桩或空心方桩，而高层和超高层建筑，宜采用灌注桩。

（2）对于一般黏性土、粉土为主的场地，适用性强的灌注桩可作为首选。当土层承载力较低且无浅埋硬夹层时，多层、小高层建筑可选用预应力管桩或预应力空心方桩。

（3）对于填土和液化土场地，填土中若不含粒径 15cm 以上大块碎石，可选用中小直径预应力管桩。当桩端持力层埋深很大，桩长过长（＞50m）或建筑物荷载集度高，也可采用灌注桩。

（4）对于湿陷性黄土场地，当土层较薄时，可采用后注浆灌注桩。而对土层较厚的高层住宅，采用满布中小桩径的预应力管桩。

（5）对于岩溶场地，由于预制桩无法入岩，故不宜采用预制桩，多采用灌注桩，但成桩过程十分复杂，要因地制宜。

（6）对于虚填块石场地，在沿海和内陆山区，采用开山爆破大块石填海或填谷造地。成桩难度大，迄今未开发出机械成孔设备和方法。

（7）采用嵌岩桩时应考虑场地基岩埋藏深度、建筑物荷载大小与埋深。

（8）挤土沉管灌注桩用于淤泥和淤泥质土层时，应局限于多层住宅桩基。

（9）抗震设防烈度为 8 度及以上地区，不宜采用预应力混凝土管桩和预应力混凝土空心方桩。

第三节　桩　的　布　置

一、规范对桩基布置的要求

《建筑桩基技术规范》（JCJ 94—2008）对桩的布置做了如下的规定。

（1）基桩的最小中心距应符合表 6-3-1 的规定；当施工中采取减小挤土效应的可靠措施时，可根据当地经验适当减小。

表 6-3-1　　　　　　　　　　　桩的最小中心距

土类与成桩工艺		排数不少于 3 排且桩数不少于 9 根的摩擦型桩基	其他情况
非挤土灌注桩		3.0d	3.0d
部分挤土桩	非饱和土、饱和非黏性土	3.5d	3.0d
	饱和黏性土	4.0d	3.5d
挤土桩	非饱和土、饱和非黏性土	4.0d	3.5d
	饱和黏性土	4.5d	4.0d
钻、挖孔扩底桩		2D 或 D+2.0m（当 D>2m）	1.5D 或 D+1.5m（当 D>2m）
沉管夯扩、钻孔挤扩桩	非饱和土、饱和非黏性土	2.2D 且 4.0d	2.0D 且 3.5d
	饱和黏性土	2.5D 且 4.5d	2.2D 且 4.0d

注　1. d 为圆柱设计直径或方桩设计边长；D 为扩大段设计直径。
　　2. 当纵横向桩距不相等时，其最小中心距应满足"其他情况"一栏的规定。
　　3. 当为端承桩时，非挤土灌注桩的"其他情况"一栏可减小至 2.5d。

（2）排列基桩时，宜使桩群承载力合力点与竖向永久荷载合力作用点重合，并使基桩受水平力和力矩较大方向有较大抗弯截面模量。

（3）对于桩箱基础、剪力墙结构桩筏（含平板和梁板式承台）基础，宜将桩布置于墙下。

（4）对于框架—核心筒结构桩筏基础应按荷载分布考虑相互影响，将桩相对集中布置于核心筒和柱下；外围框架柱宜采用复合桩基，有合适桩端持力层时，桩长宜减小。

（5）应选择较硬土层作为桩端持力层。桩端全断面进入持力层的深度，对于黏性土、粉土不宜小于 2d，砂土不宜小于 1.5d，碎石类土不宜小于 1d。当存在软弱下卧层时，桩端以下硬持力层厚度不宜小于 3d。

（6）对于嵌岩桩，嵌岩深度应综合荷载、上覆土层、基岩、桩径、桩长诸因素确定；

对于嵌入倾斜的完整和较完整的全断面，深度不宜小于 $0.4d$ 且不小于 $0.5m$，倾斜度大于30％的中风化岩，宜根据倾斜度及演示完整性适当加大嵌岩深度；对于嵌入平整、完整的坚硬岩和较硬岩的深度不宜小于 $0.2d$，且不应小于 $0.2m$。

二、常见的桩基平面布置形式

桩的平面布置形式有方形、矩形、三角形、梅花形等，条形承台下的桩，可采用单排或双排布置，对于大直径桩采用一柱一桩布置。图 6-3-1 给出了桩的一些常用的排列形式。

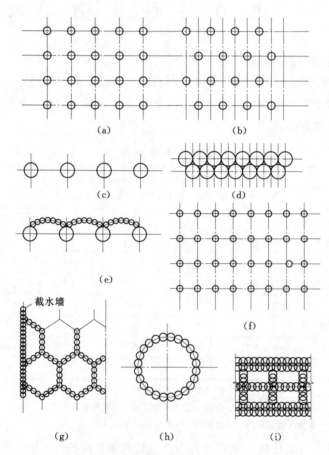

图 6-3-1　桩的排列形式

（a）方形排列；（b）梅花形排列；（c）纵向单列排列；（d）纵向双排桩墙排列；（e）直线拱形混合排列；（f）矩形排列；（g）六角形蜂窝排列；（h）环形排列；（i）格栅形排列

群桩的合理排列也能达到减小承台尺寸的目的，图 6-3-2 列出了几种桩群平面图形。实践中应用的排列形式，柱下多为对称多边形；墙下为行列式；筏或箱下则尽量沿柱网、肋梁或隔墙的轴线设置。

三、桩端持力层的选择

持力层是指地层剖面中某一能对桩起主要支承作用的岩土层。持力层的选用决定于上部结构的荷载要求、场地内各硬土层的深度分布、各土层的物理力学性质、地下水性质、

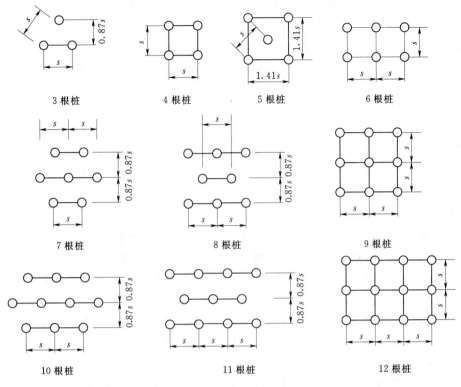

图 6-3-2　桩群平面布置示例

拟选的桩型及施工方式、桩基尺寸及桩身强度等。桩端持力层的性质、埋深影响到桩基承载力、沉降等形状，实际上也决定了桩长。桩端持力层的选定应考虑以下因素。

1. 考虑上覆土层性质和桩长径比

上覆土层强度和模量越高，单桩荷载传递的有效长径比（或临界长径比）l/d 越小，对群桩而言，还应考虑群桩效应。

2. 考虑桩型与成桩工艺

对于钻挖孔灌注桩，可适用于各种桩端持力层，按设计要求达到所需深度不存在施工困难。对于挤土预制桩，不仅要考虑桩端进入持力层的可贯入性，还应考虑其对硬砂夹层等的穿透性。

3. 考虑可选桩端持力层厚度与下卧土层性质

桩端持力层的硬土层厚度不宜小于 6.3.1 节所述的持力层深度与桩端以下持力层厚度之和。

4. 考虑工程特点和荷载

应根据上部结构荷载要求和沉降要求来选择桩端持力层；不同高度的建筑物应选择不同的桩长、桩径以及持力层；对于倾斜地层，桩端持力层的选择不但要满足承载力的要求，还要满足稳定性要求。

四、桩长与桩径的选择

桩长与桩径要受到下列各种因素的影响：桩的荷载特性（大小、作用方向、动力还是静力）、桩打入地层的土力学特性、打桩方式、桩的类型与桩材等。

1. 桩长的选择

在确定桩长时，大致从以下因素考虑。

（1）荷载条件。上部结构传递给桩基的荷载大小控制单桩设计承载力，因而也是控制桩长的主要因素。

（2）地质条件。桩的最大可能打入深度或埋设深度以及沉降量都与地层层次的排列有密切关系。

（3）地基土的特性。对于不同的地基土，桩长应有不同的考虑。例如：对于可液化土，桩长应穿过可液化砂层，并有足够长度伸入稳定土层；对于湿陷性黄土，桩长必须大于湿陷性土层厚度等。

（4）桩—土相互作用条件。为使桩—土相互作用发挥最佳的承载效果，采用较长的桩、较少的桩数、较大的桩距和较大的单桩设计荷载，通常是比较经济的。

（5）深度效应。在确定桩长时，桩端进入持力层的深度和摩擦桩的入土最小深度应分别不小于端阻临界深度 h_{cp} 和侧阻临界深度 h_{cs}，且桩端离软卧层的距离一般不应小于临界厚度。

（6）压屈失稳可能性。在相同的侧向约束和相同的桩顶约束以及桩端约束条件下，桩越细长，越容易出现压屈失稳，故在必要时要进行压屈失稳验算来验证所确定的桩长。

2. 桩径的选择

确定桩长时要考虑的一些因素也同样适用于桩径。设计时还应该注意到如下的一些规定和原则。

（1）桩径的确定要考虑平面布桩和规范对桩间距的要求。

（2）一般情况下，同一建筑物的桩基应该选用同种桩型和同一持力层，但可以根据上部结构对桩荷载的要求选择不同的桩径。

（3）桩长的选择应考虑长径比的要求，同时按照不出现压屈失稳条件来校验所采用的桩长径比。

（4）按照桩的施工垂直度偏差控制端承桩的长径比，以避免相邻两桩出现桩端交会而降低端阻力。

（5）对桩径的确定，要考虑各类桩型施工难易程度、经济性和对环境的影响程度以及打桩挤土因素等。

（6）当桩的承载力取决于桩身强度时，可由式（6-3-1）估算桩径

$$A = \frac{Q_u}{\psi \varphi f_{ck}} \tag{6-3-1}$$

式中　Q_u——与桩身材料强度有关的单桩极限承载力，kN；

　　　φ——钢筋混凝土受压构件的稳定系数；

　　　ψ——施工条件系数；

　　　f_{ck}——混凝土的轴向抗压强度，kPa；

　　　A——桩身截面面积，m^2。

（7）在考虑抗震设计时，桩的上段部位配筋应满足抗震构造要求或扩大桩径。

(8) 当场地要考虑桩的负摩阻力时，桩径要做中性点的桩身强度验算。

3. 桩的最小长径比的综合确定

对于桩的最小长径比建议按如下原则确定：对于上覆松散、软弱土层情况，最小长径比 l/d 宜取不小于 10；对于上下土层变化较小的情况，最小长径比宜取不小于 7；桩端进入持力层的深度不应小于规范规定值，且应考虑桩的长径比接近临界最小值，应适当加深。对于嵌入中等强度以上完整基岩中的嵌岩桩，可不受最小长径比的限制。

第四节 钢筋混凝土预制桩的构造

钢筋混凝土预制桩分为方桩和管桩两大类，而且常采用预应力混凝土。方桩制造方便，通常采用整根预制，必要时也可分节制造；方桩的接桩也较方便。此外，方桩与同面积（同为实心）的圆桩相比，侧摩擦力可提高 13%。某些地区在岸坡或临近驳岸处，为抵抗土压力或增加岸坡的稳定性，采用过矩形断面，其长边垂直于岸线，以增加桩的抗弯能力，具有一定效果。在外海和水流流速较大的地区，采用圆桩可减小波浪及水流产生的压力，比方桩有明显的优越性。特别是预应力管桩具有良好的性能，在铁路桥梁工程和建筑工程中应用较多。

一、钢筋混凝土方桩

普通钢筋混凝土方桩即非预应力钢筋混凝土方桩，桩身混凝土强度等级不宜低于C35，常用的截面边长 200～550mm，在建筑工程中采用较多，也可在内河中小型码头中采用。

预应力混凝土方桩是港口工程中应用较多的桩型，桩身混凝土强度等级不宜低于C40。预应力混凝土方桩的断面一般为 200mm×200mm～500mm×500mm。当断面边长大于或等于 300mm 时，桩身内可做成圆形空心（一般采用充气胶囊作内模），以减轻自重，有利于存放、吊运和吊立，空心直径根据桩断面的大小而定，保证有一定的壁厚。《水运工程桩基设计规范》（JTS 147 - 7—2022）中对桩身、桩的配筋以及桩尖的要求如下。

1. 空心方桩的桩身

(1) 桩的外保护层应满足《水运工程混凝土结构设计规范》（JTS 151—2011）的相关要求，内壁保护层厚度不宜小于 40mm。采用胶囊抽芯制桩工艺时应考虑胶囊上浮的影响。

(2) 对于锤击下沉的空心桩，在桩顶 4 倍桩宽范围内应做成实心段。对于遭受冻融和冰凌撞击的地区，桩顶实心段长度应适当加长，最好采用实心桩，以增加桩的耐久性。

预应力桩桩身混凝土的强度等级不低于 C40。

2. 桩的主筋

(1) 主筋直径一般不小于 14mm。当桩宽大于、等于 45cm 时，主筋根数不宜小于 8根；当桩宽在 45cm 以下时，不得小于 4 根。

(2) 主筋宜对称布置，当外力方向固定时，允许增加附加短筋，以抵抗局部内力，所加短筋应有足够锚固长度，并保证沉桩后符合受力要求。

(3) 钢筋混凝土桩宜采用 HRB400 级和 HRB500 级钢筋作为主筋，预应力混凝土桩的主筋宜采用冷拉 RRB400 级钢筋，配筋率均不小于桩截面面积的 1%。

3. 桩的箍筋

（1）箍筋一般采用 HPB300 级、HRB335 级、HRB400 级钢筋，直径宜为 6～8mm，且做成封闭式。

（2）钢筋混凝土桩的箍筋间距不应大于 400mm，预应力混凝土桩的箍筋间距一般取 400～500mm。对于承受较大锤击压应力的桩，箍筋宜适当加密。

（3）当桩每边主筋大于等于 3 根时，应设置附加箍筋，且间距可适当放大。但采用胶囊抽芯工艺制作空心桩时，固定胶囊的附加箍筋间距不应大于 500mm，以减小空腔偏心。

（4）在桩顶 4 倍桩宽和桩端 3 倍桩宽范围内箍筋的间距宜加密到 50～100mm，并在桩顶设置 3～5 层钢筋网，其钢筋直径为 6～8mm，两个方向上的钢筋间距均为 50～60mm。钢筋网应与桩顶箍筋相连。桩尖部分斜向钢筋不应少于 4 根，并应设置间距为 50～100mm、直径为 6mm 的箍筋（图 6-4-1）。当桩尖部分另加短筋时，所加短筋直径不应小于主筋直径，且在桩内应有足够的锚固长度，并应与主筋相连。

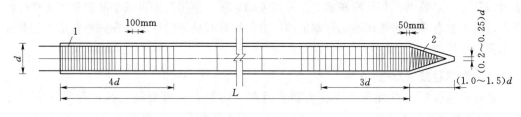

图 6-4-1 桩身构造图
1—钢筋图 3～5 层；2—螺旋钢筋

4. 桩尖

（1）桩尖一般做成楔形，便于桩的打入，其长度约为 1.0～1.5 倍桩宽。

（2）当桩需穿过或进入硬土层时，桩尖长度宜取较大值；当需打入风化岩层、砾石层或打穿柴排等障碍物而沉桩困难时，宜在桩尖设置穿透能力强的桩靴，也可在桩端设置 H 形钢桩，形成组合桩，以增加打入风化岩的深度，H 形型钢伸出混凝土桩端长度可根据具体情况确定，但不宜小于 1.0m。

二、预应力混凝土管桩

预应力混凝土管桩按生产工艺可分为两类：①先张法预应力混凝土管桩，由预制预应力管节拼接，采用焊接或法兰盘螺栓连接形成；②后张法预应力混凝土管桩，由预制混凝土管节拼接，并采用后张法预加应力形成。

先张法预应力混凝土管桩是桥梁工程和工业与民用建筑中应用较广的一种桩型，主要由圆筒形桩身、端头板和钢套箍等组成（图 6-4-2）。按其强度等级可分为预应力混凝土管桩（代号 PC 桩）和预应力高强混凝土管桩（代号 PH 桩）。前者混凝土强度等级不低于 C60，后者不低于 C80。管桩外径 300～1000mm，壁厚 60～130mm。常用管径为 400mm 和 500mm，前者壁厚 90～95mm，后者壁厚 100mm。也有厂家生产壁厚 125mm 的"厚壁桩"和壁厚只有 70mm 的"薄壁桩"，以适应实际工程的需要。管桩节长一般不超过 15m，常用 8～12m，根据设计使用的要求，也少量生产过 4～5m 长的短节桩和节长为 25～30m 的管桩。我国将先张法预应力管桩按混凝土抗裂弯矩和极限弯矩的大小分为：A 型、AB 型、B 型和 C 型，其有效预压应力值分别约为 3.92MPa、5.88MPa、7.85MPa 和 9.81MPa。对于预压应力为 4.0～5.0MPa 的管桩，打桩时桩身一般不会出现横向裂缝，所以对于一般的建筑工程，选用 A 类或 AB 类型桩即可。有关先张法预应力管桩的具体构造可参见国家标准《先张法预应力混凝土管桩》（GB 13476—2009）。

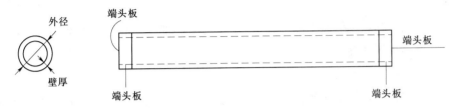

图 6-4-2 先张法预应力管桩示意图

后张法预应力混凝土桩也称为雷蒙德桩，在我国港口工程中采用较多。我国生产的雷蒙德桩管节长 4m，外径为 1000mm 或 1200mm，其构造如图 6-4-3 所示。首先用离心、振动、辊压 3 个系统组成的离心振动成型机生产管节，运至施工工地后按需要的桩长拼接。管桩的拼接包括用黏结剂黏接管节，用自动穿丝机将钢丝束穿入预留孔，在管桩两端同时张拉和对预留孔道用压力灌入水泥浆填塞。这种大直径管桩与预应力混凝土方桩比，强度高，密度大，耐锤击，承载力大；与钢桩比，耐久性好，使用寿命长，不需经常维护，用钢量仅为钢桩的 1/8～1/6，成本仅为钢桩的 1/3～1/2，故很有发展前途。缺点是生产工艺和设备复杂。大管桩的主筋采用单股或双股钢绞线，沿周长均匀布置，且不少于 16 根。箍筋采用 I 级钢筋，直径不得小于 6mm，并做成螺旋式，桩顶管节和普通管节两端部各 1m 范围内螺距取 50mm，其余应取 100mm。固定箍筋的纵向架立筋宜采用 II 级钢筋，直径一般为 7mm。大管桩壁厚应满足钢绞线预留孔及内外保护层的要求，预留孔的

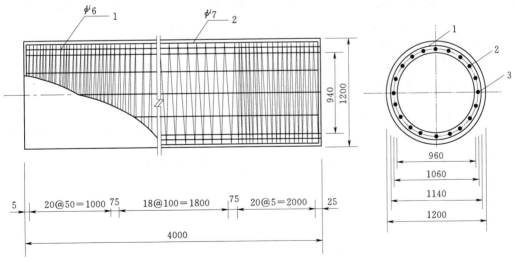

图 6-4-3 管节构造图（单位：mm）
1—螺旋环向箍筋；2—纵向构造筋；3—预留孔缝

灌浆应密实，灌浆材料的强度不得低于 40MPa，并应满足握裹力的要求。为消除打桩过程中水锤现象对桩身的不利影响，应在桩身适当部位预留排水孔，孔径取 50mm。当桩需打入风化岩层、砾石层、老黏土层，沉桩困难时，可设置钢桩靴，并在桩顶设钢板箍。

第五节　钢筋混凝土预制桩的强度计算

桩的设计除验算单桩侧面土和桩底土的承载力以及群桩周围土的承载力外，还需要进行材料的强度、抗裂计算。

一、强度和抗裂计算要点

强度是保证桩能正常工作的重要条件，因此预应力混凝土桩和普通钢筋混凝土桩在施工和使用时期，均应满足强度要求，进行正截面承载力计算。

《水运工程桩基设计规范》（JTS 147 - 7—2022）规定，施工期预应力混凝土桩锤击沉桩应力验算应满足下式要求

$$\gamma_s \sigma_s \leqslant \frac{\sigma_{pc}}{\gamma_{pc}} + f_t \qquad (6-5-1)$$

式中　γ_s——锤击沉桩拉应力分项系数，取 1.0；

σ_s——锤击沉桩桩身设计拉应力标准值，MPa；

σ_{pc}——扣除全部预应力损失后桩边缘混凝土的预应力值，MPa；

γ_{pc}——混凝土预应力分项系数，取 1.0；

f_t——混凝土轴心抗拉强度设计值，MPa。

对预应力混凝土构件要求在使用和施工阶段都满足抗裂度要求，对普通钢筋混凝土桩在锤击、使用过程中不要求抗裂，但规定桩在吊运和吊立过程中要求抗裂，故设计时应避免桩断面过小、细长比过大的情况，以免在施工中发生问题。

桩在进行强度计算和抗裂性验算时，计算荷载应根据施工和使用时期可能同时出现的最不利情况组合。《水运工程桩基设计规范》（JTS 147 - 7—2022）规定，桩在进行正截面承载力计算和抗裂度验算时，应根据实际受力情况，按表 6 - 5 - 1 计算。

表 6 - 5 - 1　　　　　　　　桩的正截面承载力计算及其抗裂度验算表

项　　目	作用和作用效应
正截面受压	受压桩轴向压力
	锤击沉桩压应力
	受压桩轴心压力与弯矩的组合
正截面受拉	锤击沉桩拉应力
	受拉桩轴心拉力
	受拉桩轴心拉力与弯矩的组合
正截面受弯	吊运和其他阶段产生的弯矩

注　承受较大扭矩或剪力作用时，应对受扭或受剪情况进行验算。

二、吊桩内力

钢筋混凝土预制桩和预应力混凝土桩从出槽到沉桩过程中，桩身会产生较大的拉应力。尤其在水中沉桩时，桩吊立过程中（桩由水平变为垂直吊入打桩设备龙口），由于自重、水浮力的作用，桩身可能产生最大的拉应力，桩的强度和抗裂度往往受此控制。桩在吊立过程中影响内力大小的主要因素除吊点位置外，还与下吊索的长度 s、桩轴和水平面的夹角等相关，还要考虑到便于施工。《水运工程桩基设计规范》（JTS 147 - 7—2022）规定，桩的吊运可采用二点吊、四点吊或六点吊，也可根据具体情况采用三点吊等其他布点形式进行吊运。当采用二点吊和四点吊时，其吊点位置和弯矩可按表 6-5-2 确定，桩在水平吊运和吊立过程中可采用同一套吊点。其中四点吊的吊桩工艺参数规定为：下吊索长度为 $0.5L$；吊桩高度 $H = 0.8 \sim 1.5L$，且大于 20m。

根据使用经验，对于各类型的管桩，采用四点吊可满足要求，其中钢管桩由于抗弯能力强，一般采用二点吊。

表 6-5-2　　　　　　　　　　　吊点位置及弯矩计算公式表

项目	类型	A 型桩（等断面桩）	B 型桩（两端各有 2m 实心段的空心桩）	C 型桩（桩尖无实心段，桩顶端 6m 实心段的空心桩）
四点吊	吊点位置 L_1/L	0.05	0.05	0.05
	L_2/L	0.28	0.28	0.29
	L_3/L	0.31	0.31	0.33
	L_4/L	0.23	0.24	0.21
	L_5/L	0.13	0.12	0.12
	弯矩计算公式 吊立	$M = \alpha\beta\gamma qL^2$		
	水平吊运（吊索垂直桩轴）	$M = 0.01115\alpha\beta qL^2$	$M = 0.01126\alpha\beta qL^2$	$M = 0.01250\alpha\beta qL^2$
二点吊	吊点位置	0.207L　　0.586L　　0.207L		
	弯矩计算公式 吊立	$M = 0.0250\alpha\beta qL^2$	$M = 0.02562\alpha\beta qL^2$	
	水平吊运	$M = 0.0215\alpha\beta qL^2$		

注　M—计算最大弯矩标准值，kN·m；
　　α—动力系数，起吊和水平吊运时宜取 1.3，吊立过程中宜取 1.1；
　　γ—作用分项系数，取 1.20；
　　q—桩的单位长度重力标准值，kN/m；
　　L—吊运桩长（包括桩尖），m；
　　β—桩的吊立弯矩系数，见《港口工程桩基规范》（JTJ 254—1998）附录 D。

三、沉桩应力

实践表明，无论是锤击沉桩还是振动沉桩，沉桩时桩身各部位产生沉桩拉应力和沉桩压应力，由此可能引起桩身的横向裂缝、纵向裂缝和桩头压坏。

1. 沉桩拉应力

影响桩身拉应力值大小的因素很多，主要有锤击能量、桩垫、桩长、土质条件等。

（1）锤击能量：沉桩拉应力随锤击能量的加大而加大。当锤击能量一定时，桩身拉应力随锤重增加而减小。为了保证桩能顺利地打入土中而又不致使桩因锤击而破坏，可根据桩断面尺寸、土质等情况选用合适的桩锤（表 6-5-3）。

表 6-5-3　　　　　　　　选 锤 参 考 资 料 表

项目	常 用 锤 型		柴油锤			柴油锤	
			MB-70	MB-72B	MB-80B	D-80	D-100
锤型资料	锤芯重/t		7.06	7.06	8.0	8.0	10.0
	锤总重/t		26.68	18.0	20.74	16.04	19.43
	常用冲程/m		1.8~2.3	1.8~2.3	1.8~2.2	2.8~3.2	2.8~3.2
	最大锤击能量/(kN·m)		191	212	220	272	340
与锤相应的桩截面尺寸/mm	混凝土方桩		500~600			600	—
	预应力混凝土管桩		$\Phi800~11000$			$\Phi800~\Phi1200$	$\geqslant\Phi1200$
	钢管桩		$(\Phi900~\Phi1200)$			$\Phi900~\Phi1200$	$\geqslant\Phi1200$
锤击沉桩能力	桩身可贯穿硬土层深度/m	硬黏土	10~15			10~15	10~20
		中密砂土	8~15			8~15	10~15
	桩端可打入硬土层深度/m	密实砂土或砾砂	0.5~1.5 (1.0~2.0)			0.5~1.5	$\leqslant$0.5~1.5
		风化岩 $N=$50击左右	0.5~1.5 (1.5~3.0)			0.5~1.5 (1.5~3.0)	0.5~1.5 (1.5~3.0)
	所有锤可能达到的极限承载力/kN		4000~7000			6000~9000	$\geqslant$9000
	最终10击的平均贯入度/(mm/击)		5~10 (3~5)			5~10 (3~5)	5~10

注　1. 本表仅供施工单位选锤时参考，不得作为锤的极限承载力和控制贯入度的依据，本表适用于桩径（或桩宽）400~1200mm，入土深度小于40m的混凝土柱和钢管桩。
　　2. 硬黏土是指老黏性土和强风化残积层，$N=20~40$（N 为未经修正数值）。
　　3. 其他锤型可根据最大锤击能量，参照有关档次选用。
　　4. 表中括号内数字为钢管桩，桩打入硬土层的深度不包括桩尖部分的长度。

（2）桩垫：沉桩应力随桩垫弹性的增大而减小，但弹性太大，将吸收大量的锤击能量，从而增加沉桩时间，降低施工效率。

（3）桩长：锤击拉应力在很大程度上取决于桩长与应力波波长的比值。锤击产生的应力波波长变幅大致在 12~50m 范围内，当桩长小于应力波波长时，产生的拉应力较小。

（4）土质条件：桩周土质条件不但决定反射应力波的性质，而且也决定应力波的强度，由此影响锤击应力值。

此外，桩的预制质量的不均匀，桩顶高低不平、桩身不直以及偏心锤击都会加大锤击应力值。桩进入嵌固位置后强力矫正桩位，使桩在受弯或受扭状态下进行锤击，也会引起非锤击应力和过大的锤击应力。由于影响锤击沉桩应力的因素较多，并且带有随机性，现通常利用波动方程计算沉桩应力。

为了保证打桩时桩不被打断或打裂，又避免采用过高的配筋率，《水运工程桩基设计规范》（JTS 147 - 7—2022）中规定，考虑锤击沉桩时，桩身设计拉应力标准值的取值应根据锤型、锤击速度、桩垫性能、桩长及土质情况等综合考虑。其中预应力混凝土方桩，可取 5.0MPa、5.5MPa、6.0MPa、6.5MPa 4 级；对预应力混凝土管桩。可取 6.0～11.0MPa。当符合以下情况之一时可取较小值：①锤型和锤击速度较小时；②采用弹性较大的软桩垫；③桩长小于 30m；④无明显的软、硬土层相间情况。另外，对有沉桩经验的地区且经过论证，压应力标准值可适当增减。

2. 沉桩压应力

沉桩压应力最大值一般发生在沉桩终期。桩头是直接承受桩锤打击的部分，该处产生的压应力往往最大，引起桩顶的破坏。为了避免这种情况的发生，通常对桩头进行加强（如设钢筋网、加密箍筋）。有时打桩压应力出现在桩底端（特别是端承桩的桩底端），此时，需对桩端采取加强措施。

在打击力的作用下，桩身混凝土也在顺桩轴方向上发生压缩变形。由于材料的泊松效应，桩身混凝土在垂直桩轴方向上产生横向拉胀变形。混凝土的抗拉变形能力比抗压变形能力小得多，特别是随着桩长和沉桩能力的加大使垂直桩轴方向的横向拉胀变形过大，桩身顺桩轴方向产生纵向裂缝。随着打击力的重复作用，桩身的纵向裂缝逐渐增多、加宽、伸长以致使桩破坏。预应力混凝土桩本身已承受纵向预压力，对抵抗拉应力是有利的。管桩采用射水沉桩、桩尖遇到硬土层时，桩尖的射水往往出不去，发生返回管桩内部的现象，以及由于锤击可能出现的水锤效应，致使桩壁承受较大的内压力也易使桩身产生纵向裂缝。为此《水运工程桩基设计规范》（JTS 147 - 7—2022）中规定，考虑锤击沉桩时，拉应力标准值应根据桩端支承性质、桩截面大小、桩长、选用的桩锤及地基条件综合考虑。其中混凝土方桩可取 12.0～20.0MPa；混凝土管桩可取 20.0～25.0MPa。当符合以下情况之一时可取较小值：①锤能和锤击速度较小时；②采用刚度较小而弹性较大的软桩垫；③桩长小于 30m；④有不易造成偏心锤击的地质条件。另外，对有沉桩经验的地区且经过论证，压应力标准值可适当增减。

第六节 灌 注 桩 的 构 造

一、配筋

灌注桩的配筋与预制桩不同之处是无须考虑吊装、锤击沉桩等因素。《建筑桩基技术规范》（JGJ 94—2008）中规定，当桩身直径为 300～2000mm 时，正截面配筋率为 0.2%～0.65%，大桩径取低值，小桩径取高值。此外，由于纵筋能有效提高桩身承载力，可适当在桩顶一定范围提高配筋率至 $0.8\% \sim 1.0\%$。

对于受水平荷载桩，其极限承载力受配筋率影响较大，主筋不应小于 $8\phi12$，以保证受拉区主筋不少于 $3\phi12$。对于抗压和抗拔桩，为保证桩身钢筋笼的成型刚度以及桩身承载力的可靠性，主筋不应小于 $6\phi10$；桩身直径 $d \leqslant 400mm$ 时，不应小于 $4\phi10$。

二、配筋长度

关于配筋长度，主要考虑周详荷载的传递特征、荷载性质、土层性质和地貌等因素。《建筑桩基技术规范》（JGJ 94—2008）中规定。

（1）端承型桩和位于坡地、岸边的基桩应沿桩身等截面或变截面通长配筋。

（2）摩擦型灌注桩配筋长度不应小于 2/3 桩长；当受水平荷载时，配筋长度尚不宜小于 $4/\alpha$（α 为桩的水平变形系数）。

（3）对于受地震作用的基桩，桩身配筋长度应穿过可液化土层和软弱土层。

（4）受负摩阻力的桩、因先成桩后开挖基坑而随地基土回弹的桩，其配筋长度应穿过软弱土层并进入稳定土层，进入深度不小于 $(2\sim3)d$（d 为桩身直径）。

（5）抗拔桩及因地震作用、冻胀或膨胀力作用而受拔力的桩，应等截面或变截面通长配筋。

三、箍筋配置

关于箍筋的配置，主要考虑 3 方面因素：一是箍筋的受剪作用；二是箍筋在轴向荷载下对混凝土起到约束加强作用；三是控制钢筋笼的刚度。

《建筑桩基技术规范》（JGJ 94—2008）中规定，箍筋应采用螺旋式，直径不应小于 6mm，间距宜为 $200\sim300mm$；受水平荷载较大的桩基、承受水平地震作用的桩基记忆考虑主筋作用计算桩身受压承载力时，桩顶以下 $5d$ 范围内的箍筋应加密，间距不应大于 100mm；当桩身位于液化土层范围内时箍筋应加密；当考虑箍筋受力作用时，箍筋配置应符合现行国家标准《混凝土结构设计规范》（GB50010—2010）的有关规定；当钢筋笼长度超过 4m 时，应每隔 2m 设一道直径不小于 12mm 的焊接加劲箍筋。

四、桩身混凝土及混凝土保护层厚度

考虑到桩的耐久性，《建筑桩基技术规范》（JGJ 94—2008）中规定，桩身混凝土强度等级不得小于 C25、混凝土预制桩强度等级不得小于 C30，并且灌注桩主筋的混凝土保护层厚度不应小于 35mm、水下灌注桩的主筋混凝土保护层厚度不应小于 50mm。另外，当水土介质对基桩具有中等或强腐蚀性（属于四类、五类环境）时，桩身混凝土最低强度等级、保护层厚度等应符合国家现行标准《水运工程混凝土结构设计规范》（JTJ 151—2011）、《工业建筑防腐蚀设计标准》（GB/T 50046—2018）的相关规定。

五、扩底灌注桩

对于持力层承载力较高、上覆土层较差的抗压桩和桩端有一定厚度较好土层的抗拔桩，可以采用扩底方式获得较大的端承力。其中，关于扩底端的尺寸，《建筑桩基技术规范》（JGJ 94—2008）中已有明确规定。

第七节　灌　注　桩　的　计　算

关于灌注桩的相关计算在《建筑桩基技术规范》（JGJ 94—2008）中均有明确规定。

1. 桩顶作用效应计算

（1）竖向力。

轴心竖向力作用下

$$N_k = \frac{F_k + G_k}{n} \qquad (6-7-1)$$

偏心竖向力作用下

$$N_{ik} = \frac{F_k + G_k}{n} \pm \frac{M_{xk} y_i}{\sum y_j^2} \pm \frac{M_{yk} x_i}{\sum x_j^2} \qquad (6-7-2)$$

（2）水平力。

$$H_{ik} = \frac{H_k}{n} \qquad (6-7-3)$$

上几式中　　　F_k——荷载效应标准组合下，作用于承台顶面的竖向力；

　　　　　　　G_k——桩基承台和承台上土自重标准值，对稳定的地下水位以下部分应扣除水的浮力；

　　　　　　　N_k——荷载效应标准组合偏心竖向力作用下，基桩或复合基桩的平均竖向力；

　　　　　　　N_{ik}——荷载效应标准组合偏心竖向力作用下，第 i 基桩或复合基桩的竖向力；

　　　M_{xk}、M_{yk}——荷载效应标准组合下，作用于承台地面，绕通过桩群形心的 x、y 主轴的力矩；

x_i、x_j、y_i、y_j——第 i、j 基桩或复合基桩至 y、x 轴的距离；

　　　　　　　H_k——荷载效应标准组合下，作用于基桩承台底面的水平力；

　　　　　　　H_{ik}——荷载效应标准组合下，作用于第 i 基桩或复合基桩的水平力；

　　　　　　　n——桩基中的桩数。

2. 桩受水平力荷载的计算

《水运工程桩基设计规范》（JTJ 147-7—2022）中指出承受水平力和力矩作用的灌注桩在泥面以下的桩身内力和变形，可采用 m 法计算；条件具备时也可以采用 $p-y$ 曲线法计算。另外，对承受水平荷载和全直桩群桩，在非往复水平力作用下，当采用 m 法时，可采用折减后的 m 值按单桩设计。m 值的折减系数取值规定：①桩距不大于 3 倍桩径时，取 0.25；②桩距不小于 6～8 倍桩径时取 1.0；③桩距大于 3 倍桩径且小于 6～8 倍桩径时，可采用线性插入法取值。

3. 桩基竖向承载力的计算

桩的竖向承载能力，取决于桩材料的强度，或土对桩的支承能力。其计算应符合现行行业标准《水运工程混凝土结构设计规范》（JTS 151—2011）和《水运工程抗震设计规范》（JTS 146—2012）的有关规定。

当桩顶以下 $5d$ 范围的桩身螺旋式箍筋间距不大于 100mm，且符合配筋要求时

$$N \leqslant \psi_c f_c A_{ps} + 0.9 f'_y A'_s \tag{6-7-4}$$

否则

$$N \leqslant \psi_c f_c A_{ps} \tag{6-7-5}$$

上二式中 N——荷载效应基本组合下的桩顶轴向压力设计值；

ψ_c——基桩成桩工艺系数（干作业非挤土灌注桩 $\psi_c = 0.9$；泥浆护壁和套管护壁非挤土灌注桩、部分挤土灌注桩、挤土灌注桩 $\psi_c = 0.7 \sim 0.8$；软土地区挤土灌注桩 $\psi_c = 0.6$）；

f_c——混凝土轴心抗压强度设计值；

A_{ps}——构件截面面积；

f'_y——纵向主筋抗压强度设计值；

A'_s——纵向主筋截面面积。

4. 最大裂缝宽度验算

灌注桩使用阶段需要控制裂缝宽度时，应验算荷载的长期效应组合下桩身最大裂缝宽度。根据《水运工程混凝土质量控制标准》（JTJ 202-2—2011）中有关规定，最大裂缝宽度应满足下式要求

$$W_{max} \leqslant [W_{max}] \tag{6-7-6}$$

式中 W_{max}——最大裂缝宽度，mm；

$[W_{max}]$——最大裂缝宽度限值，mm，按表 6-7-1 取值。

表 6-7-1　　　　　　　最 大 裂 缝 宽 度 限 值　　　　　　　单位：mm

裂缝控制等级	淡 水 港			海水（含河口）港			
	水上区	水位变动区	水下区	大气区	浪溅区	水位变动区	水下区
C 级	0.25	0.30	0.40	0.20	0.20	0.25	0.30

思　考　题

1. 桩基设计的基本要求是什么？桩基设计的安全性、合理性和经济性分别指什么？桩基的设计流程是什么？桩基设计时需要验算哪些内容？

2. 桩型选择时应考虑哪些因素？

3. 规范对桩基布置有哪些要求？常用的桩基平面布置形式有哪些？选择桩端持力层、桩长以及桩径时应分别考虑哪些因素？

4. 钢筋混凝土预制桩的分类是什么？各有什么优点？构造要求是什么？

5. 钢筋混凝土构件如何进行强度配筋和抗裂验算？如何合理确定吊桩应力和沉桩应力？

6. 试述灌注桩的构造要求。

7. 如何合理确定灌注桩的桩顶作用效应、水平和竖向承载力？灌注桩如何进行最大裂缝宽度验算？

第七章 桩基的施工

第一节 桩基施工前的调查与准备

桩基的施工准备因各种桩的施工技术、工艺、设备，以及各自需要的施工条件、质量措施、安全生产、环境保护和施工管理等不同而各不相同。各类桩基施工准备既有共同性又各自具有特殊性。为做好桩基施工准备，应收集、调查、分析桩基施工的相关资料，制订好合适的桩基施工工艺。

一、工程技术资料

（1）设计文件、合同和相关技术文本。设计文件包括工程及桩基部分的施工图，合同文件包括施工合同、招议标书。同时还应了解工程的立项、报建、报监、施工许可证等技术、行政文件，以及国家有关法规、规范等，特别是有关施工技术规范、质量标准、验收标准等。

（2）桩的制作、运输方案及可行性分析。需委托制桩时应选择有资质的单位来预制桩，并要了解制桩单位技术质量管理组织体系、质量保障体系的运作现状、生产能力和供桩的保证能力。若采用水上运输方案，则要分析制桩单位出桩码头的条件、到工地航道的通航条件、通航能力能否满足所选择的船舶和施工进度。若采用陆上运输方案，则要分析制桩单位到工地道路的交通现状能否满足所选择的车辆和施工进度。

（3）试桩资料、邻近建筑物桩基工程有关资料。工程试桩资料包括施工情况及测试资料或试桩成果。若采用锤击法沉桩，要了解与设计提供的地质报告资料的符合程度、沉桩正位率、桩尖高程、停锤标准、总锤击数、最后贯入度、桩身质量、应变测试资料等。若采用钻孔灌注桩，则应了解地质情况、清孔资料、孔径检测资料、灌注混凝土的质量报告、灌注混凝土的冲盈系数、超声波测试资料等。同时，要了解邻近建筑物桩基工程施工资料，包括其工程情况，所用的桩型、规格、桩尖持力层与设计提供的地质报告资料的符合程度等。

二、周边环境条件

（1）周边环境条件资料包括：①工、料、机、船等的社会资源现状；②交通、金融、集市、物资流通等情况，能否满足工程需要；③供水、供电现状及对桩基施工的影响程度及后备措施。分析这些外部条件对桩基工程施工管理的影响，在编制桩基工程施工组织设计时，能准确地制订有针对性的施工组织设计、技术方案和确保工程安全、质量、进度的对策措施，制订有针对性的施工队伍的管理和与社区内各方面交往、相处的预案。

（2）交通、金融、集市、物资流通等情况，分析这些行业对工程的支撑力度和提供方便的程度如：公路交通现状、最小转弯半径、公路和桥梁的通过能力、有无架空管线、净空高度；有无公交车长途公共汽车、有无货运业务、货运能力；水上交通设施、水上客货运力、航道最大水深、装卸、驳运能力；集市贸易状况、能否满足工程开工后工地生活物资的补给、有无建材、建筑五金、化工、船舶机械汽配件等设备配件商店，能否满足工程需要等。

（3）供水、供电。了解周边地工的供水、供电现状。为桩基工程提供供水、供电的可能性供应方法，供应中是否会停供，停供时间。分析这些因素对桩基施工的影响程度及后备措施的准备。

还应了解当地水务管理部门，对使用天然水资源有无地方法规要求。

三、施工方案

桩基础工程在施工前，应根据工程规模的大小、复杂程度和施工技术的特点，编制整个分部分项工程施工组织设计或施工方案。其内容与要求如下。

（1）机械施工设备的选择。应根据工程地质条件、桩基础形式、工程规模、工期、动力、机械供应以及现场情况等条件来选择合适的桩基施工设备。

（2）设备、材料供应计划。制定设备、配件、工具、桩体、灌注桩所需材料的供应计划和保障措施。

（3）成桩方式与进度要求。对于预制桩要考虑桩的预制、起吊方案、运输方式、堆放方法、沉桩方式、打桩顺序和接桩方法等；对于就地灌注桩要考虑成孔、钢筋笼的放置、混凝土的灌注、泥浆制备、使用和排放、孔底沉渣清理等。

（4）作业和劳动力计划。制定劳动力计划及相应的管理方式。

（5）试打或试成孔。如编制施工组织设计或施工方案前未进行桩的试沉或试成孔，则此项工作应在桩基正式施工前进行，各方都参加并形成试打桩会议纪要作为施工依据。

（6）载荷试验。如无试桩资料，设计单位要求试桩时，有相应资质的试桩单位应制定试桩计划。

（7）制定技术措施。制定保证工程质量、安全生产、劳动保护、防火、防止环境污染和适应季节性施工的技术措施以及文物保护措施。

（8）编制施工平面图。在图上标明桩位、编号、数量、施工顺序；水电线路、道路和临时设施的位置；当桩基施工需制备泥浆时，应标明泥浆制备设施及其循环系统的位置；材料及桩的堆放位置。

四、施工准备

（1）清除施工场地内障碍物。包括清除妨碍施工的地上、地下障碍物，如电杆、架空线、地下构筑物、树木、埋设管道等。

（2）施工场地平整处理。①现场预制桩场地的处理，为保证预制桩的质量，应对预制混凝土桩的制作场地进行必要的夯实和平整处理；②沉桩场地的平整处理，应做好场地的平整、保证承载力及排水工作。

（3）放线定位。①放基线。桩基轴线的定位点，应设置在不受桩基础施工影响处；②设置水准基点。应在施工地区附近设置水准基点以控制桩基施工的标高，一般要求不少于2个，且应设置在不受桩基施工影响处；③施放桩位。按沉桩顺序将桩逐一编号，根据桩号所对应的轴线，按尺寸要求施放桩位，并设置样桩，以供桩机就位后定位。

（4）打桩前的准备工作。针对不同的设计桩型，选择相对应的打桩机各就各位。同时对钻孔桩施工配备好泥浆。

第二节　预应力管桩施工

一、预应力管桩的制作

预应力混凝土管桩制作工艺有后张法和先张法两种。

后张法的桩径较大（$\phi800\sim\phi1200$），桩身混凝土采用离心-辊压-振动复合工艺成型，每节长 $4\sim5m$，壁厚 $12\sim15cm$，在管壁中间预留有 $15\sim25$ 个 $\phi130$ 左右的小孔。使用时通过这些预留孔用高强钢绞线将各段管连接起来，并在其后张拉过程中再对这些孔道高压注浆，使之形成一长桩，桩长可达 $70\sim80m$。宁波北仑港某码头曾用后张法管桩。

先张法预应力管桩工艺流程如图 7-2-1 所示。管桩的生产制作工艺包括钢筋笼制作、混凝土制备、布料合模、预应力张拉、离心成型、初级蒸养和高压养护 6 大环节。

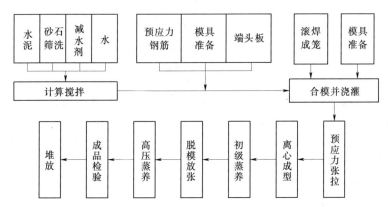

图 7-2-1　先张法预应力管桩工艺流程图

先张法预应力管桩是一种空心圆柱形细长构件，主要由圆筒形桩身、端头板和钢套箍组成，如图 7-2-2 所示。

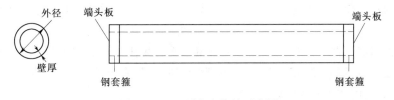

图 7-2-2　预应力管桩示意图

预应力管桩的接头，一般采用端头板电焊连接，端头板厚度一般取 $18\sim22mm$，端板外缘一周留有坡口，供对接时烧焊用。其构造及端部大样如图 7-2-3 所示。

钢筋笼的制作。通过对预应力钢筋进行高精度切断并镦头后用自动滚焊编削机滚焊成笼。

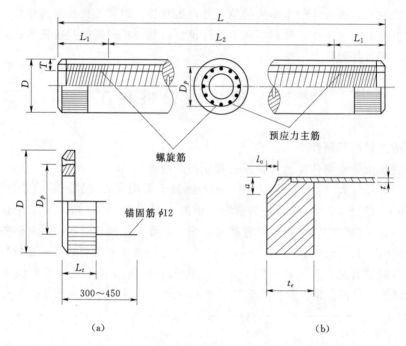

（a）　　　　　　　　　　　　　　　（b）

图 7-2-3　预应力管桩构造及端部尺寸

（a）端部尺寸；（b）端板局部尺寸

高强度等级混凝土的制备。水泥采用不低于 42.5 级的硅酸盐水泥，粗骨料在 5～20mm 间且要求岩石强度在 150MPa 以上，细骨料砂的细度模数在 2.6～3.3，砂石必须筛洗洁净，混凝土水灰比 0.3 左右，水泥用量 500kg/m³ 左右，砂率控制在 32％～36％，掺入高效减水剂，混凝土的坍落度在 3～5cm。

布料合模。用带电子计量装置与螺旋输送装置的布料机将混凝土均匀地投入钢模内，保证管节壁厚均匀，布料结束后进行合模。

预应力张拉。用千斤顶张拉并锚定在端头板上。

离心成型。离心过程主要是低速、中速、高速 3 个阶段，离心时间长短与混凝土坍落度、桩直径、离心机转速等有关。在离心过程中离心力将混凝土料挤向模壁，排出多余的空气和多余的水，使其密实度大大提高。一般从管桩外形可看到，管外壁较光滑，而内壁较粗糙。

初级养护与高压蒸养。先张法预应力混凝土管桩采用二次养护工艺。先经初级蒸汽养护，使混凝土达到脱模强度，放张脱模后再到蒸压釜内进行高温高压（最高压力 1.0MPa，最高温度约 180℃）蒸养 10h 左右。

上述工艺生产出的 PHC（高强度混凝土管桩）管桩强度达 C80 以上，且从成型到使用的最短时间只需（3～4）d，而 PC 混凝土管桩有些厂家采用常压蒸汽养护，脱模后再移入水池养护半个月，所以出厂时间要长。

二、预应力管桩的沉桩方法

预应力管桩的施工方法有锤击法沉桩和静力压桩法（顶压法和抱压法）。预应力管桩沉桩过程中要注意土塞效应和挤土效应。

锤击法沉桩和静力压桩法的优缺点见表7-2-1。

表7-2-1 锤击法沉桩和静力压桩法的优缺点

施工方法	优 点	缺 点
锤击法沉桩	打桩机械简单、打桩速度快、对场地地质承载力要求低、打桩单价低,适用于对打桩振动要求低的工地	打桩振动噪声大,有打桩挤土效应对周边环境影响大,桩顶易打碎,打桩时只能记录锤击数和贯入度,不能记录最终压桩力,所以锤击法在城市中心区和老城区无法使用
静力法沉桩	无振动噪声、能记录最终压桩力,压桩直观、一般桩顶完整、能满足环保要求,所以在老城区可以适用	对场地地面承载力有要求(常要填塘渣平整),否则要发生压桩机本身沉陷,有打桩挤土效应,沉桩成本比锤击法高一些,有地下硬夹层时无法压桩

锤击法沉桩和静力压桩法的常见打桩设备如图7-2-4~图7-2-6所示。

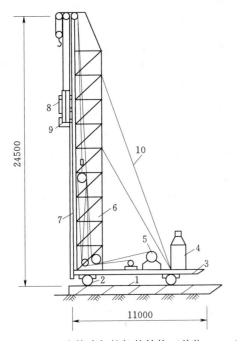

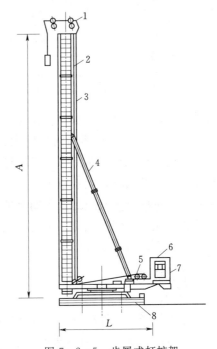

图7-2-4 滚管式打桩架的结构(单位:mm)
1—枕木;2—滚管;3—底架;4—锅炉;
5—卷扬机;6—桩架;7—龙门架;
8—蒸汽锤;9—桩帽;10—牵绳

图7-2-5 步履式打桩架
1—顶部滑轮组;2—导杆;3—锤和桩起吊用钢丝绳;
4—斜撑;5—吊锤和桩用卷扬机;6—司机室;
7—配重;8—步履式底盘

值得注意的是,预应力管桩或预制桩均属于挤土桩,不论采用锤击法施工或静压法施工都应注意打桩挤土问题和挖土凿桩引起的偏位及破损问题。要注意打桩顺序、打桩节奏、打桩速度及每天打桩数和最后打桩贯入度或压桩力的控制及防挤土(如泄压孔、防挤孔)措施的采取。

预应力管桩沉入土中第一节桩称为底桩,端部设十字形、圆锥形或开口型桩尖,前两种属闭口型。十字形桩尖加工容易,造价较低,破岩能力强,其缺点是在穿越砂层时,不

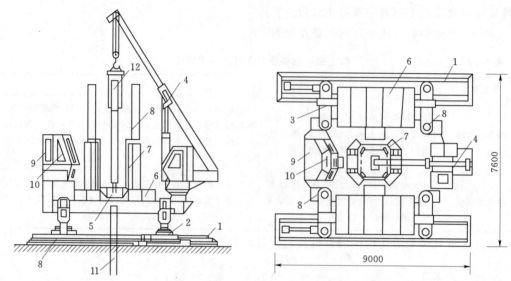

图 7-2-6　全液压式静力压桩机（单位：mm）

1—长船行走机构；2—短船行走及回转机构；3—支腿式底盘结构；4—液压起重机；

5—夹持与压板装置；6—配重铁块；7—导向架；8—液压系统；9—电控系统；

10—操纵室；11—已压入下节桩；12—吊入上节桩

如其他两种桩尖。闭口桩尖，桩端力稳定。开口管桩不需桩尖，所以应用较广。桩刚打入土中时，由于管桩开口使土不断涌入管内，形成土塞，土塞长度约为桩长的 $1/2 \sim 1/3$，因土质而定，但形成稳定土塞后再向下沉桩，管桩就变成实心桩，挤土效应明显。单根管桩在沉桩过程中刚开始时挤土效应少，但随着桩入土深度增加挤土效应就很明显。另外一点值得注意，管桩内土塞效应是使短期单桩承载力增加的主要原因，但假如管桩上段节头内漏水使管桩内充水长期浸泡时，土塞中土体由于桩侧内壁水的作用将降低单桩承载力，所以在打桩施工中应引起重视。

三、锤击沉桩施工

1. 打桩工序

打桩工序为测量、放样桩→打桩机就位→喂桩→对中、调直→锤击法沉桩→接桩→再锤击→打至持力层（送桩）→收锤。

一般情况下，打桩顺序有：逐渐打设、自边沿向中央打设、自中央向边沿打设和分段打设。实际施工中应根据场地地质条件、环境空间、桩位布置、施工进度等情况具体确定合理的打桩顺序，但必须按如下总体原则进行：

（1）对于密集桩群，自中间向两个方向或四周对称施打。

（2）当一侧毗邻建筑物时，由毗邻建筑物处向另一方向施打。

（3）根据基础的设计标高，宜先深后浅。

（4）根据桩的规格，宜先大后小，先长后短。

2. 吊桩

桩机就位后，先将桩锤吊起固定在桩架上，以便进行吊桩。吊桩即利用桩架上的卷扬机将桩吊至垂直状态并送入桩干内。桩就位后，在桩顶放上弹性桩垫，放下桩帽套入桩顶，再在桩帽上放好垫木，降下来锤压住桩帽。在锤重压力作用下，桩会沉入土中一定深度，待下沉停下后，再检查一次桩的垂直度，确保合格后即可开始打桩。

3.打桩

开始打桩时，桩锤落距宜低，一般为 0.5～0.8m，以使桩能正常沉入土中。待桩入土一定深度后，桩尖不易产生偏移时，可适当增加落距，并逐渐增加到规定的数值。一般重锤低打可取得良好的打桩效果。

打桩时应观察桩锤的回弹情况，如回弹较大，则说明桩锤太轻，不能使桩下沉，应予以更换。当贯入度骤减，桩锤有较大回弹时，表明桩尖遇到障碍，此时应将锤击的落距减小，加快锤击。如上述情况仍然存在，应停止锤击，研究遇阻的原因并进行处理。打桩过程中，如突然出现桩锤回弹，贯入度突增，锤击时桩弯曲、倾斜、颤动、桩顶破坏加剧等，则桩身可能已经破坏。

4.接桩形式

管桩一般用焊接连接，管桩连接前应清理接口焊接处混凝土及泥土杂物。调整上下节桩接口间隙，用铁片填实垫牢，结合面之间的间隙不得大于 2mm。上下节桩中心线偏差不得大于 5mm，节点弯曲矢高不得大于 1‰桩长，且不大于 20mm。

焊接时应采取措施，减少焊接变形，沿接口圆周宜对称点焊六点，待上下桩节固定后再拆除导向箍，分层焊接，有焊肉不饱满、夹渣、气孔等缺陷时，须按焊接规程处理合格。风天焊接要设防风罩，潮湿天气要利用热风机烘干焊接区。宜采用粉芯焊丝自保护半自动焊接法，焊丝使用前应在干燥箱内经 200～300 烘干 2h，并存放烘干箱内持续恒温 150℃。每个接头焊接完毕，应冷却 1～3min 后，方可继续锤击。

5.打桩记录

认真做好打桩记录，一般为 1m 长设一标志，记录下每下沉 1m 的击数，并作最后 10 击贯入度记录。

6.停止打桩的标准

当桩端位于一般黏性土或粉质黏土、粉土时，以控制桩端设计标高为主，贯入度可作参考，当桩端位于中等密度以上的砂土层，一般以贯入度控制为主，桩端标高作为参考。对重要建筑物，最好进行试桩，通过试桩的大应变试验，推算桩的极限承载力，决定停打桩的控制贯入度。一般钢筋混凝土预应力管桩的总锤击数不超过 2500 击，最后 10m 限制击数 1000 击左右。

四、静压沉桩施工

静压沉桩时利用静压力将预制桩压入土中的一种沉桩方法，主要用于软土层基础的施工。压桩过程中自动记录压桩力，可以保证桩的承载力并避免锤击过度而使桩身断裂。但压桩设备笨重，效率较低，压桩力有限，单桩垂直承载力较低。

1.压桩与接桩

压桩一般情况下都采取分段压入，逐渐接长的办法。当下面的一节压到露出地面 0.8～1.0m 时，接上一节桩。每节桩之间的连接可采用角钢帮焊、法兰盘连接和硫黄胶泥锚固连接等形式。

2. 送桩与截桩

当桩顶接近地面，而沉桩压力距规定值还略有差距时，可以用另一节桩放在桩顶上向下进行压送，使沉桩压力达到要求的数值。当桩顶高出一定距离，而沉桩压力已达到规定值时，则要截桩，以便压桩机移位和后续施工。

五、预应力管桩沉桩施工中的常见问题及注意事项

1. 锤击沉桩中常见问题及其分析处理

（1）桩头破损。除因为桩尖遇到孤石、障碍物外，其原因往往是桩头钢筋设置不合要求、混凝土强度不足、锤击偏心、桩垫厚度不足等。

1）桩头钢筋设置不合要求。非预应力钢筋混凝土桩的主筋端部与桩顶应留有适当距离，而且每根主要主筋端部到桩顶距离是相等的。桩头处箍筋要加密放置，并增置钢筋网片。否则可能造成桩头在捶打时受力不均，强度不够而引起桩头破损。

2）混凝土强度不足。桩身混凝土必须达到设计标号才能准予沉桩。如采用蒸汽养护，则出池后应放置一个月左右，达到100％强度后才能适用。在浇捣桩身混凝土时，尤其要注意对两端钢筋密布处的振捣，不能因振捣不密实而引起施打中混凝土提早破损。

3）锤击偏心。桩顶不平，桩与地面不垂直，桩帽、桩垫位置不正确等原因，都能造成锤击偏心，造成桩顶受力不均而提早破损。

（2）桩身断裂。在打桩过程中，若桩尖没遇到地质勘查中所指明的软层，而贯入度突然增大，同时锤弹跳起后，桩身随之出现回弹现象，这就表明桩身可能已经断裂。其主要原因是桩身在施工中出现较大弯曲；打桩中，桩头处错误地施加了牵引力进行校正，使桩身弯曲，在反复冲击中的集中荷载作用下，超过了桩身的抗弯强度，桩身出现了横向裂缝，并不断扩大最后造成桩身断裂破坏。

另外，接桩一定要保证上下节桩在一条轴线上，不能成为折线。接桩时，桩尖所在位置应避免是硬层或夹砂层，因为停锤接桩，会使扰动了的桩周土体得到一定程度的恢复，使本来就难于穿过的中间硬层或夹砂层变得更难穿过，不得不拼命锤击，造成桩头破损或桩身断裂。因此选配桩节长度时，要结合地质勘查报告进行。

（3）桩顶移动。桩顶位移除了桩位定的不准外，往往由下列原因造成。

1）第一节桩没有从两个垂直方向校准好垂直度，造成桩身倾斜，以后几节桩往往只能顺着第一节桩的轴线接长，造成桩顶偏位。所以应严格控制第一节桩的垂直度及平面位置，如有超过允许偏差，应拔出，采取措施后再重新插入。

2）桩头不平，桩尖制作歪斜，造成施打过程中桩顶位移。

3）土层中有较陡的倾斜面，使桩沿斜面滑下。

4）密集群桩采用了逐排连续打桩的施工流程，使土体挤向一侧，引起桩顶偏移。因此在软土地基中打密集群桩，一定要组织好施工流程。

（4）挤土隆起和桩身上抬。当大量的预制桩连续沉入土中时，土体压缩，黏性土中孔隙水压力提高，土体被压缩到一定程度后，只能向周围排挤或向上涌起。伴随着土体的隆起，桩也可能被向上涌抬，对密集群桩，应尽可能用挤土效应较小的钢管桩或钢筋混凝土预应力管桩，同时应选用焊接接桩，接缝质量一定要可靠，避免桩身向上涌抬时接头被拉裂。上抬的桩，经过荷载试验一般极限承载力不会减小，但沉降量有所增加，所以打桩流

程要尽可能对称，避免建筑物不均匀沉降。

2. 压桩施工注意事项

压桩施工应注意如下事项。

（1）压桩施工前应对现场的土层地质情况了解清楚，同时应做好设备的检查工作，保证使用可靠，以免中途间断压桩。

（2）最终压力值和桩的接头节点处理必须符合设计要求和施工规范。

（3）压桩过程中，应随时保持轴心受压，若有偏移，应及时调整。

（4）接桩时应保持上下节桩的轴线一致，并尽可能地缩短接桩时间。

（5）测量压力等仪器应注意保养，及时报修和定期标定，以减少量测误差。

（6）当压桩阻力超过桩机能力，或由于来不及调整平衡，使桩机发生较大倾斜时，应立即停压并采取安全措施，以免造成断桩或其他事故。

第三节　预制混凝土方桩施工

一、混凝土预制桩的制作

混凝土预制方桩可以在工厂或施工现场预制，现场的主要制作程序如下：

制作场地压实平整→场地铺砌混凝土或三七灰土→支模→绑扎钢筋骨架、安装吊环→灌注混凝土→养护至30％强度拆模→支间隔头模板、刷隔离剂、绑钢筋→灌注间隔桩混凝土→同法间隔重叠制作其他各层桩→养护至70％强度起吊→达100％强度后运输、堆放。混凝土预制桩的制作应符合下列要求。

1. 基本要求

预制桩的制作应根据工程条件（土层分布、持力层埋深）和施工条件（打桩架高度和起吊运输能力）来确定分节长度，避免桩尖接近持力层或桩尖处于硬持力层中时接桩。每根桩的接头数不应超过两个，尽可能采用两段接桩，不应多于3段，现场预制方桩单节长度一般不应超过25m，节长规格一般以2～3个规格为宜，不宜太多。

2. 场地要求

预制场地必须平整坚实，并有良好的排水条件，在一些新填土或软土地区，必须填碎石或中粗砂并进行夯实，以避免地坪不均匀沉降而造成桩身弯曲。

3. 钢筋骨架的要求

在制作混凝土预制桩的钢筋骨架时，钢筋应严格保证位置的准确，桩尖对准纵轴线。钢筋骨架的主筋应尽量采用整条，尽可能减少接头，如接头不可避免，应采用对焊或电弧焊，或采用钢筋连接器，主筋接头配置在同一截面内的数量不得超过50％（受拉筋）；相邻两根主筋接头截面的距离应大于$35d$（主筋直径），并不小于500mm，桩顶1m范围内不应有接头。对于每一个接头，要严格保证焊接质量，必须符合钢筋焊接及验收规范。

预制桩桩头一定范围的箍筋要加密；在桩顶约250mm范围需增设3～4层钢筋网片，主筋不应与桩头预埋件及横向钢筋焊接。桩身纵向钢筋的混凝土保护层厚度一般为30mm。

4. 桩身混凝土的要求

预制方桩桩身混凝土强度等级常采用 C35～C40，坍落度为 6～10cm。灌注桩身混凝土，应从桩顶开始向桩尖方向连续灌注，混凝土灌注过程中严禁中断，如发生中断，应在前段混凝土凝结之前将余段混凝土灌注完毕。在灌注和振捣混凝土时，应经常观察模板、支撑、预埋件和预留孔洞的情况，发现有变形、位移和漏浆时，应马上停止灌注，并应在已灌注的混凝土凝结前修整完好后才能继续进行灌注。

为了检验混凝土成桩后的质量，应留置与桩身混凝土同一配合比并在相同养护条件下养护的混凝土试块，试块的数量对于每一工作班不得少于一组。

对灌注完毕的桩身混凝土一般应在灌注后 12h 内，在露出的桩身表面覆盖草袋或麻袋并浇水养护。浇水养护时间，对普通硅酸盐水泥或矿渣硅酸盐水泥拌制的混凝土，不得少于 7d；对掺用缓凝型外加剂的混凝土，不得少于 14d。浇水次数应能保护混凝土处于润湿状态；混凝土的养护用水应与拌制用水相同。当气温低于 5℃时，不得浇水。

5. 桩身质量要求

桩身表面干缩产生的细微裂缝宽度不得超过 0.2mm；深度不得超过 20mm，裂缝长度不得超过 1/2 桩宽。在桩表面上的蜂窝、麻面和气孔的深度不超过 5mm，且在每个面上所占面积的总和不超过该面面积的 0.5%。沿边缘棱角破损的深度不超过 5mm，且每 10m 长的边棱角上只有一处破损，在一根桩上边棱破损总长度不超过 500mm。

6. 制作允许偏差

预制混凝土方桩允许偏差见表 7-3-1。

表 7-3-1　　　　　　　　　　预制混凝土方桩允许偏差

偏 差 名 称		允 许 偏 差
长度偏差		±50mm
横截面	边长偏差	±5mm
	空心桩空心或管芯直径偏差	±10mm
	空心或管芯中心与桩中心偏差	±20mm
桩尖对桩纵轴的偏差		<15mm
桩顶面与桩纵轴线垂直，其最大倾斜偏差不大于桩顶横截面边长		1%
桩顶外伸钢筋长度偏差		±20mm
桩纵轴线的弯曲矢高		不大于 0.1% 桩长，且不大于 20mm
混凝土保护层		+5mm，0mm

二、混凝土预制桩的起吊、运输和堆放

1. 桩的起吊

当方桩的混凝土达到设计强度的 70% 时方可起吊。起吊时应采取相应措施，保持平稳，保护桩身质量。现场密排多层重叠法制作的预制方桩，起吊前应将桩与邻桩分离，因为桩与桩之间黏结力较大，分离桩身的工作要仔细，以免桩身受损。

吊点位置和数量应符合设计规定。一般情况下，单节桩长在 17m 以内可采用两点吊，

18～30m 的可采用三点吊，30m 以上的应用四点吊。当吊点少于或等于 3 个时，其位置应按正负弯矩相等的原则计算确定，当吊点多于 3 个时，其位置应按反力相等的原则计算确定。常用几种吊点合理位置如图 7 - 3 - 1 所示。

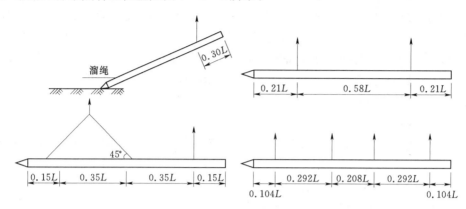

图 7 - 3 - 1　预制方桩吊点位置

2. 桩的运输和堆放

预制桩运输时的强度应达到设计强度的 100％。

运输时，桩的支承点应按设计吊钩位置或接近设计吊钩位置叠放平稳并垫实，支撑或绑扎牢固，以防止运输中晃动或滑落；采用单点吊的短桩，运输时也应按两点吊的要求设置两个支承。

预制桩在堆放时，要求场地平整坚实，排水良好，使桩堆放后不会因为场地沉陷而损伤桩身。桩应按规格、长度、使用的顺序分层叠置，堆放层数不应超过 4 层。桩下垫木宜设置两道，支承点的位置就在两点吊的吊点处并保持在同一横断面上，同层的两道垫木应保持在同一水平上。

从现场堆放点或现场制桩点将预制方桩运到打桩机前方的工作一般由履带吊机或汽车吊机来完成。现场预制的桩应尽量采用即打即取的方法，尽可能减少二次搬运。预制点若离打桩点较近且桩长小于 18m 的桩，可用吊机进行中转吊运，运输时桩身应保持水平，应有人扶住或用溜绳系住桩的一端，以防止桩身碰撞打桩架。

三、混凝土预制桩的接桩

当桩长度较大时，受运输条件和打（压）桩架高度限制，一般应分节制作，分节打（压）入，在现场接桩。接桩形式主要有焊接接头、法兰连接接头和机械快速接头（螺纹式、齿和式）3 种，而常用的是焊接接头。

对于焊接接桩，钢板宜用低碳钢，焊条宜用 E43，并应符合《建筑钢结构焊接技术规程》（JGJ 81—2002）要求；对于法兰接桩，钢板和螺栓宜采用低碳钢。

1. 焊接接桩

采用焊接接桩除应符合现行《建筑钢结构焊接技术规程》（JGJ 81—2002）的有关规定外，尚应符合下列规定。

（1）下节桩段的桩头宜高出地面 0.5m。

（2）下节桩的桩头处宜设导向箍以方便上节桩就位。接桩时上下节桩段应保持顺直，错位偏差不宜大于 2mm。接桩就位纠偏时，不得用大锤横向敲打。

（3）桩对接前，上下端板表面应用铁刷子清刷干净，坡口处应刷至露出金属光泽。

（4）焊接宜在桩四周对称地进行，待上下桩节固定后拆除导向箍再分层施焊；焊接层数不得少于两层，第一层焊完后必须把焊渣清理干净，方可进行第二层施焊，焊缝应连续、饱满。管桩第一层焊缝宜使用直径不大于 3.2mm 的焊条。

（5）焊好后的桩接头应自然冷却后才可继续锤击，自然冷却时间不宜少于 8min；严禁用水冷却或焊好即施打。

（6）雨天焊接时，应采取可靠的防雨措施。

（7）焊接接头的质量检查宜采用探伤检测，对于同一工程探伤抽样检验不得少于 3 个接头。

2．机械快速螺纹接桩

采用机械快速螺纹接桩，应符合下列规定。

（1）接桩前应检查桩两端制作的尺寸偏差及连接件，无受损后方可起吊施工，其下节桩端宜高出地面 0.8m。

（2）接桩时，卸下上下节桩两端头的保护装置后，应清理接头残物，涂上润滑脂。

（3）应采用专用接头锥度对中，对准上下节桩进行旋紧连接。

（4）可采用专用链条式扳手进行旋紧（臂长 1m，卡紧后人工旋紧再用铁锤敲击扳臂），锁紧后两端板尚应有 1~2mm 的间隙。

3．机械啮合接头接桩

采用机械啮合接头接桩，应符合下列规定。

（1）将上下接头钣清理干净，用扳手将已涂抹沥青涂料的连接销逐根旋入上节桩Ⅰ型端头钣的螺栓孔内，并用钢模板调整好连接销的方位。

（2）剔除下节桩Ⅱ型端头钣连接槽内泡沫塑料保护块，在连接槽内注入沥青涂料，并在端头钣面周边抹上宽度 20mm，厚度 3mm 的沥青涂料；若地基土、地下水含中等以上腐蚀介质，桩端板板面应满涂沥青涂料。

（3）将上节桩吊起，使连接销与Ⅱ型端头钣上各连接口对准，随即将连接销插入连接槽内。

（4）加压使上下节桩的桩头钣接触，接桩完成。

四、混凝土预制桩的沉桩

混凝土预制桩的打（压）桩方法较多，主要有锤击法沉桩和静力压桩法，其施工方法、施工流程及施工要求在前面预应力管桩中已经详细进行了介绍。

除了锤击法沉桩和静力压桩法沉桩外，还有一些特殊的方法，如振动法沉桩、射水法沉桩、植桩法沉桩、斜桩法沉桩等。

五、混凝土预制桩施工中的常见问题及注意事项

在预制桩施工过程中，常会发生一些问题，如桩顶碎裂、桩身断裂、桩顶偏位或上升涌起、桩身倾斜、沉桩达不到设计控制要求以及桩急剧下沉等，当发生这些问题时，应综

合分析其原因，并提出合理的解决方法，表 7 - 3 - 2 为预制桩施工中常见问题可能产生的原因及解决方法。

表 7 - 3 - 2　　　　　　预制桩施工中常见问题可能产生的原因及解决方法

问　题	可能产生的原因	解　决　方　法
桩顶碎裂	桩端持力层很硬，且打桩总锤击数过大，最后停锤标准过严；施工时桩锤偏心锤击；桩顶混凝土有质量问题	应按照制作规范要求打桩；上部取土植桩法；对桩顶碎裂桩头重新接桩
桩身断裂	接桩时接头施工质量差引起接头开裂、脱节；桩端很硬，总锤击数过大，最后贯入度过小；桩身质量差；挖土不当	打桩过程中桩要竖直，记录贯入度变化，如突变则可能断桩；浅部断桩挖下去接桩，深部断桩则要补打桩
桩顶位移	先施工的桩因打桩挤土偏位；两节或多节桩在施工时，接桩不直，桩中心线成折线形，桩顶偏位；基坑开挖时，挖土不当或支护不当引起桩身倾斜偏位	施工前探明处理地下障碍物，打桩时应注意选择正确打桩顺序；在软土中密集群桩时应注意控制打桩速率和节奏顺序；控制桩身质量和承载力
桩身倾斜	先打的桩因后打桩挤土被挤斜；施工时接桩不直；基坑开挖时，或边打桩边开挖，或桩旁堆土，或桩周土体不平衡引起桩身倾斜	在打桩中应注意场地平整、导杆垂直，稳桩时，桩应垂直；在桩身偏斜反方向取土后扶直；检测桩身质量和承载力
桩身上浮	先施工的桩因后打桩挤土上浮	打桩时应注意选择正确打桩顺序；控制打桩速率和节奏顺序；上浮桩复打、复压
桩急剧下沉	桩的下沉速度过快，可能是因为遇到软弱土层或是落锤过高，桩接不正而引起的	施工时应控制落锤高度，确保接桩质量。如已发生这种情况，应拔桩检查，改正后重打，或在原桩旁边补桩

第四节　钢　桩　施　工

钢桩基础通常指钢管桩、H 型钢桩及其他异型钢桩，较之其他桩型有以下特点。

（1）由于钢材强度高，能承受强大的冲击力，穿透硬土层的性能好，能有效地打入坚硬的地层，获得较高的承载能力，有利于建筑物的沉降控制。

（2）能承受较大的水平力。

（3）桩长可以任意调节，特别是当持力层深度起伏较大时，接桩、截桩及调整桩的长度都比较容易。

（4）重量轻，刚性好，装卸运输方便。

（5）桩顶端与上部承台、板结构连接简单。

（6）钢桩截面小，打桩挤土量小，对土壤扰动小，对邻近建筑物的影响也较小。

（7）在干湿度经常变化的环境，钢桩须采取防腐措施。

钢桩一般适用于码头、水中结构的高桩承台、桥梁基础、超高层公共与住宅建筑桩基、特重型工业厂房等基础工程。

一、钢桩的制作

制作钢桩的材料应符合设计要求，并有出厂合格证和试验报告。钢桩制作的允许偏差应符合《建筑桩基技术规范》（JGJ 94—2008）的规定，见表7-4-1。

表7-4-1 钢桩制作的允许偏差

项　目		允许偏差/mm
外径或断面尺寸	桩端部	±0.5%外径或边长
	桩身	±0.1%外径或边长
长度		>0
矢高		≤1‰桩长
端部平整度		≤2（H型桩≤1）
端部平面与桩身中心线的倾斜值		≤2

二、钢桩的焊接

焊接是钢桩施工中的关键工序，应符合下列规定。

（1）必须清除桩端部的浮锈、油污等脏物，并保持干燥，下节桩顶经锤击后变形的部分应割除。

（2）上下节桩焊接时应校正垂直度，对口的间隙宜为2～3mm。

（3）焊接应对称进行。

（4）应采用多层焊，钢管桩各层焊缝的接头应错开，焊渣应清除。

（5）当气温低于0℃或雨雪天及无可靠措施确保焊接质量时，不得焊接。

（6）焊接质量应符合《钢结构工程施工质量验收标准》（GB 50205—2020）和《钢结构通用规范》（GB 55006—2021）。每个接头除应按表7-4-2规定进行外观检查外，还应按接头总数的5%进行超声或2%进行X射线拍片检查，对于同一工程，探伤抽样检验不得少于3个接头。

表7-4-2 接桩焊缝外观允许偏差

项　目		允许偏差/mm
上下节桩错口	钢管桩外径≥700mm	3
	钢管桩外径<700mm	2
H型钢桩		1
咬边深度（焊缝）		0.5
加强层高度（焊缝）		2
加强层宽度（焊缝）		3

三、钢桩的运输和堆放

《建筑桩基技术规范》（JGJ 94—2008）对钢桩的运输和堆放作出如下规定。

（1）堆存场地应平整、坚实、排水通畅。

（2）桩的两端应有适当保护措施，钢管桩应设保护圈。

（3）搬运时应防止桩体撞击而造成桩端、桩体损坏或弯曲。

（4）钢桩应按规格、材质分别堆放。堆放层数：直径900mm的钢桩，不宜大于3层；直径600mm的钢桩，不宜大于4层；直径400mm的钢桩，不宜大于5层；H型钢桩不宜大于6层。支点设置应合理。钢桩的两侧应采用木楔塞住。

四、钢桩的沉桩

钢桩沉桩方法较多，应结合工程场地具体地质条件、设备情况和环境条件、工期要求等选定打桩方法。目前常用的是冲击法和振动法，但由于对噪声和振动的限制，目前采用压入法和挖掘法的工程逐渐增多。

沉桩法的施工工序为：桩机安装→桩机移动就位→吊桩→插桩→锤击下沉、接桩→锤击至设计标高→内切割桩管→精割、盖帽。

沉桩常遇问题的分析及处理。见表7-3-2中预制桩施工中常见的问题及解决方法。

第五节　钻孔灌注桩的施工

一、施工准备

灌注桩施工前必须做好场地地质、周边管线及地下构筑物等的调查和资料收集工作。同时根据设计桩型、钻孔深度、土层情况综合确定钻孔机具及施工工艺，对人、机、料进行合理配置，编制切实可行的施工组织设计以便指导施工。特别强调以下几点。

（1）设备选型是关键。基本的成桩工艺及流程与成桩设备直接相关，同时也关系到设计灌注桩能否实现和工程施工进度。

（2）定位放线是极重要的技术工作，是控制工程质量的第一个特殊工序，应严格按相关程序进行检查、交接和验收，确保准确无误。

（3）成桩设备的进场检查和验收是重要环节，关系施工安全。

二、一般规定

目前较为常见的灌注桩桩型主要有正、反循环钻孔灌注桩，旋挖成孔灌注桩，冲孔灌注桩，长螺旋钻孔压灌桩，干作业钻、挖孔桩以及沉管灌注桩。

一般情况下，泥浆护壁类的灌注桩，如正、反循环钻孔灌注桩，旋挖成孔灌注桩，冲击成孔灌注桩地层适应性强，可用于黏性土、粉土、砂土、填土、碎石土及风化岩层，地下水位高低对其成孔影响不大。成孔直径一般大于800mm，为大直径桩的主流桩型；其缺点是现场作业环境差、泥浆污染大，尤其是正、反循环钻孔灌注桩这种动态泥浆护壁成孔方式。

旋挖成孔灌注桩采用的是静态泥浆护壁方式，不需要地面循环沟等设施，泥浆排放可得到一定控制。相对污染较小，场地作业面整洁。同时，旋挖成孔效率较高，尤其在城市建筑中正逐步取代以前较为常用的正、反循环钻孔灌注桩。但对于一些特大桩径（≥2000mm）或超长桩（≥60m）泵式反循环钻孔灌注桩仍有一定的优势。

干作业钻、挖孔灌注桩宜用于地下水下的黏性土、粉土、填土、中等密实以上的砂土、风化岩层。

沉管灌注桩宜用于黏性土、粉土和砂土；夯扩桩宜用于桩端持力层为埋深不超过

20m 的中、低压缩性黏性土、粉土、砂土和碎石类土。

长螺旋钻孔压灌桩以其成孔速度快、无噪声、无振动、污染小的优势目前已在工程上广为应用。

三、泥浆护壁成孔灌注桩

一般地基的深层钻进，都会遇到地下水问题和孔壁缩扩颈问题。泥浆护壁成孔灌注桩是采用孔内泥浆循环保护孔壁的湿作业成孔灌注桩，能够解决施工中地下水带来的孔壁塌落、钻具磨损发热及沉渣问题。

1. 泥浆护壁成孔灌注桩按钻进成孔方式分类

常见钻孔灌注桩成孔工艺方法及适用范围见表 7-5-1。

表 7-5-1 常见钻孔灌注桩成孔工艺方法及适用范围

钻进方式	适用孔径 /mm	清孔方法	混凝土灌注方式	适用地层	优 缺 点
潜水电钻	600~1000	正循环清孔或气举反循环清孔	导管水下灌注	黏性土、淤泥、砂土	由于动力小，一般孔径小，孔深浅，所以不常用
正循环回转钻	500~2000	正循环清孔或气举反循环清孔	导管水下灌注	所有地层	采用回旋钻施工，对硬基岩施工速度慢，但该法最常用
泵式反循环回转钻	600~4000	泵式反循环	导管水下灌注	所有地层	适合于大口径灌注桩施工，扭矩大但施工效率低，常用
取土钻	500~2000	正循环清孔或气举反循环清孔	导管水下灌注	适用于各种复杂土层。砂层、砾砂层、强风化基岩	施工速度快但对硬基岩持力层因取土困难不适合，常用
冲击钻	600~4000	正循环清孔或气举反循环清孔	导管水下灌注	所有地层	对坚硬岩优点最突出，缺点是易扩孔且施工速度慢，常用
冲抓钻	600~1200	正循环清孔	导管水下灌注	适用于杂填土地层和卵石、漂石层	对卵、漂石层适合，但易塌孔，不常用

2. 泥浆护壁钻孔灌注桩按清孔方式分类

常见钻孔灌注桩清孔方式及适用范围见表 7-5-2。

表 7-5-2 常见钻孔灌注桩清孔方式及适用范围

清孔方式	适用孔径 /mm	清孔设备及原理	适用桩长	适用地层	优 缺 点
正循环清孔	600~1000	利用泥浆泵向钻杆内或导管内注入泥浆送到孔底，然后该泥浆将孔底沉渣经孔壁循环上来，再流到泥浆池的循环清孔方式	一般孔深在 70m 以内	所有地层	最常用的清孔方式，成本低，但速度慢，对于桩长较长时沉渣清理困难，对持力层扰动后沉渣清理更困难

续表

清孔方式	适用孔径/mm	清孔设备及原理	适用桩长	适用地层	优　缺　点
气举反循环清孔	500~2000	利用空压机将导管内的风管注入压缩空气,从而使导管内变成低压的气水混合物,由于孔壁与导管内浆液压力差的作用将孔底沉渣抽上来的循环清孔方式	所有桩长,但要注意空压机风量和风管高度的协调	黏性土和基岩地区。但粉砂层应注意塌孔,清孔时间一般应控制在10min以内	清孔时间快,效率高。缺点是易塌孔且必须保持孔内泥浆面不下降
泵式反循环清孔	600~4000	利用深井砂石泵将孔底沉渣抽上来的循环清孔方式	桩长受真空度的制约	所有地层	优点是扭矩大,适用于超长超大钻孔桩施工,但钻进效率低

3. 泥浆护壁成孔灌注桩施工流程

泥浆护壁成孔可用多种形式的钻机钻进成孔。在钻进过程中,为防止塌孔,应在孔内注入黏土或膨润土和水拌和的泥浆,同时利用钻削下来的黏性土与水混合制造泥浆保护孔壁。这种护壁泥浆与钻孔的土屑混合,边钻边排出孔内相对密度、稠度较大泥浆,同时向孔内补入相对密度、稠度较小泥浆,从而排出土屑。当钻孔达到规定深度后,清除孔底泥渣,然后安放钢筋笼,在泥浆下灌注混凝土成桩。施工流程图见图7-5-1。

4. 泥浆的制备与处理

《建筑桩基技术规范》(JGJ 94—2008)6.3.1规定:除能自行造浆的黏性土地层外,均应制备泥浆。泥浆的制备通常在挖孔前搅拌好,钻孔时输入孔内;有时也采用向孔内输入清水,一边

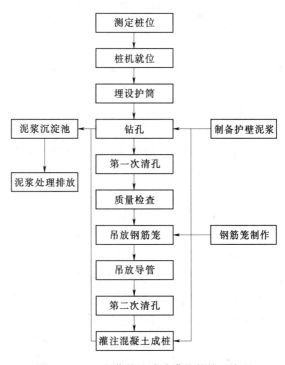

图7-5-1　泥浆护壁成孔灌注桩施工流程

钻孔,一边使清水与钻削下来的泥土拌和形成泥浆。泥浆应尽可能使用当地材料,但泥浆循环池制作中必须要有排渣池→沉淀池→过筛池→钻孔循环过程。

泥浆制备应选用高塑性黏土或膨润土。拌制泥浆应根据钢筋施工机械、工艺及穿越的土层要求进行配合比设计,泥浆性能指标应符合表7-5-3的要求。

表 7-5-3　　　　　　　　　　　制备泥浆的性能指标

项次	项　目	性能指标	检验方法
1	密度/(g·cm^{-3})	1.1~1.15	泥浆比重计
2	黏度/(Pa·s)	10~25	漏斗法
3	含砂率/%	<6	—
4	胶体率/%	>95	量杯法
5	失水量/(L·30min^{-1})	<30	失水量仪
6	泥皮厚度	1~3mm/30min	失水量仪
7	静切力	1 min 20~30mg/cm^2 10 min 50~100mg/cm^2	静切力计
8	稳定性	<0.03g/cm^2	—
9	pH 值	7~9	pH 试纸

5. 泥浆护壁的规定

(1) 施工期间护筒内的泥浆面应高出地下水位 1.0m 以上, 在受水位涨落影响时, 泥浆面应高出最高水位 1.5m 以上, 在水中桩基施工时, 泥浆面应高出河流最高水位 1.5~2m。

(2) 在清孔过程中, 应不断置换泥浆, 直至浇筑水下混凝土。

(3) 浇筑混凝土前, 孔底 500mm 以内的泥浆比重应小于 1.25; 含砂率不大于 8%; 黏度不大于 28Pa·s。

(4) 在容易产生泥浆渗漏的土层中, 应采取维持孔壁稳定的措施。

(5) 废弃的泥浆、渣应按环境保护的有关规定处理。

6. 护筒的设置

在孔口设置护筒是一项保证质量的重要施工措施, 护筒的作用及设置规定。

(1) 护筒的作用是固定钻孔位置, 保护孔口, 提高孔内水位, 防止地面水流入, 增加孔内静水压力以维护孔壁稳定, 并兼做钻进向导。

(2) 护筒一般用 4~8mm 钢板制成, 水上桩基施工时应根据护筒长度增加钢板的厚度, 其内径应大于钻头直径, 当用回转钻时, 宜大于 100mm; 当用冲击钻和潜水电钻时, 宜大于 200mm, 在护筒上部开设 1~2 个溢浆孔。

(3) 护筒埋设深度根据土质和地下水位而定, 在黏性土中不宜小于 1.0m, 在砂土中不宜小于 1.5m, 其高度尚应满足孔内泥浆面高度的要求。

(4) 埋设护筒时, 在桩位打入或挖坑埋入, 一般宜高出地面 300~400mm, 或高出地下水位 1.5m 以上使孔内泥浆面高于孔外水位或地面, 在水上施工时, 护筒顶面的标高应满足在施工最高水位时泥浆面高度要求, 并使孔内水头经常稳定以利护壁。

(5) 护筒埋设应准确、稳定, 护筒中心与桩位中心的偏差不得大于 50mm; 护筒的垂直度, 尤其是水上施工的长护筒更为重要。

泥浆护壁成孔灌注桩施工常遇问题、原因分析和处理方法见表 7-5-4。

表 7-5-4　　　　　泥浆护壁成孔灌注桩施工常遇问题、原因分析和处理方法

常遇问题	原因分析	预防措施与处理方法
坍孔壁（在冲孔过程中孔壁的土不同程度地坍塌）	提升、下落冲锤、掏渣筒和放钢筋笼时碰撞孔壁。 护筒周围未用黏土封紧密而漏水或埋置太浅。 未及时向孔内加清水或泥浆，孔内泥浆面低于孔外水位，或泥浆比重偏低。 遇流沙、淤泥、松散砂层而钻进太快	提升或下落冲锤、掏渣筒和放钢筋笼时保持垂直上下。 用冲孔机时，开孔阶段保持低锤密击，造成坚固孔壁后再正常冲击。 清孔完毕立即浇筑混凝土时，如轻度坍孔可加大泥浆比重；如严重坍孔，用泥土、泥膏投入，待孔壁坚固后用低速重新钻进
钻孔偏移倾斜（在成孔过程中孔位偏移或孔身倾斜）	钻架不稳，钻杆导架不垂直，钻机磨损，部分松动土层软硬不均。 冲孔机成孔时未处理探头石或基岩倾斜等问题	将桩架重新安装牢固，并对导架进行水平和垂直校正，修钻孔设备。 如有探头石，宜用钻机钻透，用冲孔机时应低锤密击，把石击碎，基岩倾斜时，投入块石填平，用锤密击；倾斜过大时投入黏土石子，重新钻进，控制转速，慢速提升下降往复扫孔纠正
吊脚桩（孔底残留石碴过多；孔底涌进泥沙或坍壁泥土落在孔底）	清孔后泥浆比重过小，孔壁坍塌或未浇筑混凝土。 清渣未净，残留石渣过多吊放钢筋笼、导管等物碰撞孔壁，使泥土坍落孔底	做好清孔工作，达到要求时立即灌注混凝土。 注意泥浆浓度，使孔内水位经常高于孔外水位。 保护孔壁，不让重物碰撞
夹泥（在桩身混凝土内混进泥土或夹层）	灌注混凝土时，孔壁泥土坍下，落在混凝土内	浇筑混凝土时，避免碰撞孔壁。 控制孔内水位高于孔外水位。 如泥土坍塌在桩内混凝土上时，应将泥土清除干净后，再继续浇筑混凝土
梅花孔（冲孔时孔形不圆，成梅花瓣状）	冲孔机转向环失灵，冲锤不能自由转动。 泥浆太稠，阻力太大，提锤太低，冲锤得不到转动时间，换不了方位	经常检查吊环，保持灵活。 勤掏碴，适当降低泥浆稠度。 保持适当的提锤高度，必要时辅以人工转动
卡锤（冲孔时，冲锤在孔内卡住）	冲锤在孔内遇到大的探头石（叫上卡）。 冲锤磨损过甚，孔径成梅花形，提锤时，锤的大径被孔的小径卡住（叫下卡）。 石头落在孔内，夹在锤与孔壁之间	上卡时，用一个半截冲锤冲打几下，使锤脱离卡点，掉落孔底，然后吊出。 下卡时，用小钢轨焊成T形钩，将锤一侧拉紧然后吊起。 被石头卡住时，可用上法提出冲锤
流沙（冲孔时大量流沙涌进桩底）	孔外水压力比孔内大，孔壁松散使大量流沙涌塞桩底	流沙严重时，可抛入碎砖石、黏土，用锤冲入流沙层，做成泥浆结块，使成坚厚孔壁，阻止流沙涌入
不进尺（钻进时，钻机不下落或进展极慢）	钻头周围堆积土块。 钻头合金刀具安装角度不适当，刀具切土过浅，泥浆比重过大，钻头配重过轻	加强排碴，降低泥浆比重。 重新安排刀具角度、形状、排列方向，加大配重

四、干作业成孔灌注桩

干作业成孔灌注桩系指不用泥浆或套管护壁情况下，用人工或机械钻具钻出桩孔，然

后在桩孔中放入钢筋笼，再灌注混凝土的成桩工艺。干作业成孔灌注具有施工振动小、噪声低、环境污染少的优点。干作业成孔灌注桩分为钻孔（扩底）灌注桩、螺旋钻成孔灌注桩和柱锤冲击成孔灌注桩。

1. 钻孔（扩底）灌注桩施工

钻孔扩底灌注桩工法是把按等直径钻孔方法形成的桩孔钻进到预定的深度、换上扩孔钻头后，撑开钻头的扩孔刀刃使之旋转切削地层扩大孔底，成孔后放入钢筋笼，灌注混凝土形成扩底桩以获得较大承载能力的施工方法。

（1）选择扩底部持力层的要求。在选择此类钻扩桩的扩底部持力层时，一般要求在有效桩长范围内，没有地下水或上层滞水，土层应不塌落、不缩径；孔壁应当保持直立，扩底部与桩根底部应置于中密以上的黏性土、粉土或砂土层上，持力层应有一定厚度，且水平方向分布均匀。

但干作业钻孔（扩底）灌注桩不可避免地在桩端会留有一定厚度的虚土，一般在100～500mm 不等。根据地层及地下水情况有所不同，因此适应范围和区域受到一定的限制。由于一定程度的桩端虚土（≤500mm 厚）对挡土桩发挥正常使用功能的影响不大，干作业钻孔灌注桩被更为广泛地使用于挡土支护领域。

（2）混凝土灌注。灌注混凝土时，为避免混凝土直接冲砸孔壁，应通过溜槽或串筒导管等把混凝土输入孔底，串筒末端离孔底高度不宜大于 2m，并由专人在操作面使用高频率、大口径插入式振捣棒分层均匀捣实。混凝土的坍落度应掌握在 100～150mm 为宜。混凝土应从桩底到桩顶面一次性浇灌完成。

2. 螺旋钻成孔灌注桩

（1）施工工序。螺旋钻孔机成桩的施工工序是：桩机就位→取土成孔→清孔并检查成孔质量→安放钢筋笼或插筋→放置护孔漏斗→灌注混凝土成桩。

由螺旋钻头切削土体，切下的土随钻头旋转并沿螺旋叶片上升而排出孔外。当螺旋钻机钻至设计标高时，在原位空转清土，停钻后提出钻杆弃土，钻出的土应及时清除，不可堆在孔口。钢筋骨架绑好后，一次整体吊入孔内。如过长亦可分段吊，两段焊接后再徐徐沉放在孔内。钢筋笼吊放完毕，应及时灌注混凝土，灌注时应分层捣实。

（2）螺旋钻成孔灌注桩的特点及适用范围。螺旋钻成孔灌注桩的特点是：成孔不用泥浆或套管护壁；施工无噪声、无振动、对环境影响较小；设备简单，操作方便，施工速度快；由于干作业成孔，混凝土灌注质量易于控制。其缺点是孔底虚土不易清除干净，影响桩的承载力，成桩沉降较大，另外由于钻具回旋阻力较大，对地层的适应性有一定的条件限制。

这种成孔方法主要适用于黏性土、粉土、砂土、填土和粒径不大的砾砂层，也可用于非均质含碎砖、混凝土块、条石的杂填土及大卵砾石层。

（3）柱锤冲孔混凝土桩施工工艺。干作业柱锤冲孔混凝土桩就是利用柱锤冲扩钻机或冲击锤对地基土冲击成孔（一般孔深较浅，所以不用护壁），然后下钢筋笼并灌注混凝土成桩。该法适用于地下水位以上的残坡积或回填土碎石土地基、黄土黏土地基短桩施工。

3. 柱锤冲击成孔灌注桩

干作业柱锤冲击成孔灌注桩就是利用柱锤冲扩钻机或冲击锤对地基土冲击成孔（一般

孔深较浅,所以不用护壁),然后下钢筋笼并灌注混凝土成桩。该法适用于地下水位以上的残坡积或回填土碎石土地基、黄土黏土地基短桩施工。

五、冲击成孔灌注桩的施工

冲击成孔灌注桩是利用冲击式钻机或卷扬机把带钻刃的、有较大质量的冲击钻头(又称冲锤)提高,靠自由下落的冲击力来削切岩层或冲挤土层,部分碎渣和泥浆挤入孔壁中,大部分成为泥渣。并利用专门的捞渣工具掏土成孔,最后灌注混凝土成桩。

(一)冲击成孔灌注桩施工工艺

冲击成孔灌注桩设备简单、操作方便,所成孔坚实、稳定、坍孔少,不受场地限制,无噪声和振动影响,因此应用广泛。在黏土、粉土、填土、淤泥中成孔较高,而且特别适用于含有孤石的砂砾石层、漂石层、坚硬土层及岩层。桩孔直径一般为 60~150cm,最大可达 250cm;孔深最大可超过 100m。冲击桩单桩成孔时间相对稍长,混凝土充盈系数相对较大,可达 1.2~1.5。但由于冲击桩架小,一个场地可同时容纳多台冲击桩基施工,所以群桩施工速度一般。其最大优点是可在硬质岩层中成孔。

冲击成孔灌注桩施工工艺流程是:设置护筒→钻机就位、孔位校正→冲击成孔、泥浆循环→清孔换浆→终孔验收→下钢筋笼和导管→二次清孔→灌注混凝土成桩。

(二)冲击成孔灌注桩施工机械与操作规程

1. 施工机械

冲击成孔灌注桩的设备由钻机、钻头、转向装置和打捞装置等构成,如图 7-5-2 所示。钻头有一字形、十字形、工字形、圆形等,常用钻头为十字形,其重量应根据具体施工条件确定。掏渣筒的主要作用是捞取被冲击钻头破碎后的孔内钻渣。它主要由提梁、管体、阀门和管靴等组成。阀门有多种形式,常用的有碗形活门、单向活门和双扇活门等。

2. 施工要点

根据《建筑桩基技术规范》(JGJ 94—2008),冲击成孔灌注桩的施工应符合下列要求。

(1)埋设护筒。冲孔桩的孔口应设备护筒,其内径应大于钻头直径 200mm,其余规定与正反循环钻孔灌注桩要求相同。

(2)安装冲击钻机。在钻头锥顶和提升钢丝绳之间设置保证钻头自动转向的装置,以免产生梅花孔。

(3)冲击钻进。

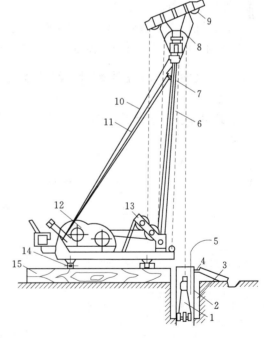

图 7-5-2 简易冲击式钻机

1—钻头;2—护筒回填土;3—泥浆渡槽;4—溢流口;
5—供浆管;6—前拉索;7—主杆;8—主滑轮;
9—副滑轮;10—后拉索;11—斜撑;12—双筒
卷扬机;13—导向轮;14—钢槽;15—垫木

1）开孔时，应低锤密击，如表层土为淤泥、细砂等软弱土层，可加黏土块夹小片石反复冲击孔壁，孔内泥浆应保持稳定。

2）进入基岩后，应低锤冲击或间断冲击，如发现偏孔应立即回填片石至偏孔上方300～500mm 处，然后重新冲击。

3）遇到孤石时，可预爆或用高低冲程交替冲击，将其击碎或挤入孔壁。

4）应采取有效的技术措施，防止扰动孔壁造成塌孔、扩孔、卡钻和掉钻及泥浆流失等。

5）每钻进 4～5m 深度应验孔一次，在更换钻头前或容易缩孔处，均应验孔。

6）进入基岩后，每钻进 100～500mm 应清孔取样一次（非桩端持力层为 300～500mm，桩端持力层为 100～300mm），以备终孔验收。

7）冲孔中遇到斜孔、弯孔、梅花孔、塌孔、护筒周围冒浆时，应立即停钻，查明原因，采取措施后继续施工。

8）大直径桩孔可分级成孔，第一级成孔直径为设计桩径的 0.6～0.8 倍。

（4）捞渣。开孔钻进，孔深小于 4m 时，不宜捞渣，应尽量使钻渣挤入孔壁。排渣可用泥浆循环或抽渣筒等方法，如采用抽渣筒排渣，应及时补给泥浆，保证孔内水位高于地下水位 1.5m。

（5）清孔。不宜坍孔的桩孔，可用空气吸泥清除；稳定性差的孔壁应用泥浆循环或抽渣筒排渣。清孔后，在灌注混凝土之前泥浆的密度及液面高度应符合规范的有关规定，孔底沉渣厚度也应符合规范规定。

（6）清孔后应立即放入钢筋笼和导管，并固定在孔口钢护筒上，使其在灌注混凝土中不向上浮和不向下沉。当钢筋笼下完并检查无误后应立即灌注混凝土，间隔不可超过 4h。

六、钻孔灌注桩成桩质量问题及处理对策

1. 允许偏差

《建筑桩基技术规范》（JGJ 94—2008）中规定，钻孔灌注桩的平面施工允许偏差见表 7-5-5。

表 7-5-5　　　　　　　　　　　　灌注桩成孔允许偏差

成孔方法		桩径允许偏差/mm	垂直度允许偏差/%	桩位允许偏差/mm	
				1～3 根桩、条形桩基沿垂直轴线方向和群桩基础中的边桩	条形桩基沿轴线方向和群桩基础中间桩
泥浆护壁钻、挖、冲击桩	$d \leqslant 1000mm$	±50	1	$d/6$ 且不大于 100	$d/4$ 且不大于 150
	$d > 1000mm$	±50		(100+0.01)H	(150+0.01)H
锤击（振动）沉管振动冲击沉管成孔	$d \leqslant 500mm$	−20	1	70	150
	$d > 500mm$	−20		100	150
螺旋钻、机动洛阳铲干作业成孔		−20	1	70	150
人工挖孔桩	现浇混凝土护壁	±50	0.5	50	150
	长钢套管护壁	±50	1	100	200

注　1. 桩径允许偏差的负值是指个别断面。
　　 2. H 为施工现场地面标高与桩顶设计标高的距离；d 为设计桩径。

2. 桩身施工质量问题

在钻孔灌注桩的施工过程中，常会发生一些问题，如桩头混凝土强度不足、桩身缩颈、扩颈、桩身断桩或夹泥、桩端沉渣厚等，当发生这些问题时，应综合分析其原因，并提出合理的解决方法，表7-5-6即为钻孔灌注桩常见问题、可能原因及处理对策。

表7-5-6　　　　　钻孔灌注桩常见问题、可能原因及处理对策

常见问题	可 能 原 因	处 理 对 策
桩头混凝土强度不足	桩顶标高上超灌高度不够，浮浆多	凿到硬混凝土接桩
桩身缩颈	淤质地层护壁不够，待孔时间长使孔壁收缩	承载力检验，若不满足设计则补桩
桩身扩颈	砂土层塌孔，护壁不好	可以不处理
桩身断桩或夹泥	灌注混凝土时导管拔空，泥浆涌入界面	补桩
桩端沉渣厚	清洁工作未做好或待孔时间过长	桩端注浆或桩架复压或补桩

另外，钻孔灌注桩在凿桩时容易将桩头凿坏，而引起桩头沉降大，在施工中应引起注意。

对具体问题要具体分析，要结合设计要求、地质情况和施工记录对具体问题提出有针对性的处理意见，必要时召开专家论证会商讨处理对策。但关键是打桩单位要认真施工，监理单位要严格监理，设计单位要及时解决遇到的具体问题，这样才能保证钻孔桩施工质量。

第六节　人工挖孔桩的施工

人工挖孔灌注桩是用人工挖土成孔，然后安放钢筋笼，灌注混凝土成桩。这类桩具有承载能力高，造价低廉等优点，适宜的地层是黄土、无地下水或地下水较少的黏性土、粉土、含少量砂、砂卵石的黏性土层，也可应用于膨胀土、冻土及密实程度较好的人工填土、砂卵石。在地质情况复杂、地下水位高以及孔中缺氧或有毒气发生的土层中不宜采用。

一、人工挖孔桩的施工主要施工机具

（1）起吊机具：小卷扬机或电动葫芦、提升架等，用于材料和弃土的垂直运输及施工人员上下。

（2）护壁钢模板（或波纹模板）、砖等。

（3）排水机具，潜水泵用于抽出桩孔中的积水。

（4）鼓风机和送风管、向桩孔强制送入新鲜空气。

（5）挖土工具：镐、锹、土筐等。若遇到硬土或岩石还需风镐、空压机、爆破器材等。

（6）混凝土拌制、振捣机具，混凝土拌和站（拌和机），振捣棒。

（7）应急软爬梯、简易防护棚，防止提升弃土时落下伤人。

二、人工挖孔桩的施工工艺

人工挖孔桩施工最大的隐患是孔壁土体坍塌和上部掉下的异物伤人。为确保安全施工，必须认真制订孔内防止土体坍落的支护措施和防止上部异物掉入孔底伤人的措施，如采用现浇混凝土护壁、喷射混凝土护壁、波纹钢模板护壁、砌砖圈护壁等，应采取孔底设置局部挡棚防止异物掉入伤人等技术措施。

1. 放线定位

按设计图纸放线、定桩位。

2. 开挖土方

采取分段开挖，每段高度决定于土壁保持直立不坍塌状态的能力，一般以 0.8～1.0m 为一施工段。挖土由人工从上到下逐段用镐、锹进行，遇坚硬土层用锤、钎破碎。同一段内挖土次序为先中间后周边。扩底部分采取先挖桩身圆柱体，再按扩底尺寸从上到下削土修成扩底形。

弃土装入活底吊桶或箩筐内，垂直运输时则在孔口安支架，用 10～20kN 慢速卷扬机提升。桩孔较浅时，也可用木吊架或木辘轳用粗麻绳提升。吊至地面上后用机动翻斗车或手推车运出。

在地下水以下施工时，应及时用吊桶将泥水吊出。如遇大量渗水，则在孔底一侧挖集水坑，用高扬程潜水泵排出桩孔外。

3. 测量控制

桩位轴线采取在地面设十字控制网、基准点。安装提升设备时，使吊桶的钢丝绳中心与桩孔中心线一致，以作挖土时粗略控制中心线使用。

4. 支设护壁模板

通常在孔内采用现浇混凝土护壁、钢模板或波纹模板、喷射混凝土护壁等。土质稳定，渗水量少的土层也可采用预制混凝土并圈，砖砌井圈等。模板高度取决于开挖土方施工段的高度，一般为1m，由 4 块或 8 块活动钢模板组合而成。

护壁支模中心线控制，将桩控制轴线、高程引到第一节混凝土护壁上，每节以十字线对中，吊线锤控制中心点位置，用尺杆找圆周，然后由基准点测量孔深。

5. 设置操作平台

在模板顶放置操作平台，平台可用角钢和钢板制成半圆形，两个合起来即为一个整圆，用于临时放置混凝土拌和料和灌注护壁混凝土使用。

6. 灌注护壁混凝土

护壁混凝土要注意捣实，因它起着护壁与防水双重作用，上下护壁间搭接 50～75mm。护壁分为外齿式和内齿式两种（图 7-6-1）。外齿式的优点：作为施工用的衬体，抗塌孔的作用更好；便于人工用钢钎等捣实混凝土；增大桩侧摩阻力，护壁通常为素混凝土，但当桩径、桩长较大，或土质较差、有渗水时应在护壁中配筋。上下护壁的主筋应搭接。

分段现浇混凝土护壁厚度，一般由地下最深段护壁所承受的土压力及地下水的侧压力确定，地面上施工堆载产生的侧压力影响可不计。

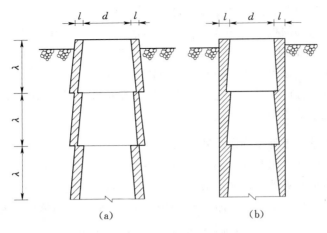

图 7-6-1　混凝土护壁形式

(a) 外齿式；(b) 内齿式

7. 拆除模板继续下一段的施工

当护壁混凝土达到一定强度（按承受土的侧向压力计算）后便可拆除模板，一般在常温情况下约过 24h 后便可以拆除模板。模板拆除后，再开挖下一段土方，然后继续支模灌注护壁混凝土，如此循环，直到挖到设计要求的深度。

8. 钢筋笼沉放

钢筋笼就位，对质量在 1000kg 以内的小型钢筋笼，可用带有小卷扬机的活动三支木搭的小型吊运机具，或用汽车吊吊放入孔内就位。对直径、长度、质量大的钢筋笼，可用履带吊或大型汽车吊进行吊放。

9. 排除孔底积水，灌注桩身混凝土

在灌注混凝土前，应先放置钢筋笼，并再次测量孔内虚土厚度，超过要求应进行清理。混凝土坍落度为 8～10cm。

混凝土灌注可用吊车吊混凝土，或用翻斗车，或用手推车运输向桩孔内灌注。混凝土下料用串桶，深桩孔用混凝土导管。混凝土要垂直灌入桩孔内，避免混凝土斜向冲击孔壁，造成塌孔（对无混凝土护壁桩孔的情况）。

混凝土应连续分层灌注，每层灌注高度不得超过 1.5m。对于直径较小的挖孔桩，距地面 6m 以上可利用混凝土的大坍落度（掺粉煤灰或减水剂）和下冲力使之密实；6m 以内的混凝土应分层振捣密实。对于直径较大的挖孔桩应分层捣实，第一次灌注到扩底部位的顶面，随即振捣密实；再分层灌注桩身，分层捣实，直至桩顶，当混凝土灌注量大时，可用混凝土泵车和布料杆。在初凝前抹压平整，以避免出现塑性收缩裂缝或环向干缩裂缝。表面浮浆层应凿除，使之与上部承台或底板连接良好。

三、人工挖孔桩施工注意要点

《建筑桩基技术规范》（JGJ 94—2008）规定，人工挖孔桩施工应采取下列安全措施。

(1) 孔内必须设置应急软爬梯；供人员上下井使用的电葫芦、吊笼等应安全可靠，并配有自动卡紧保险装置，不得使用麻绳和尼龙绳吊挂或脚踏井壁凸缘上下。电葫芦宜用按钮式开关，使用前必须检验其安全起吊能力。

（2）每日开工前必须检测井下是否有有毒、有害气体，并应有足够的安全防范措施。桩孔开挖深度超过 10m 时，应有专门向井下送风的设备，风量不宜少于 25L/s。

（3）孔口四周必须设置护栏，护栏高度一般为 0.8m。

（4）挖出的土石方应及时运离孔口，不得堆放在孔口四周 1m 范围内，机动车辆的通行不得对井壁的安全造成影响。

四、人工挖孔桩施工常见问题及处理对策

在人工挖孔桩的施工过程中，常会发生一些问题，如桩头混凝土强度不足、桩身缩颈、扩颈、桩身断桩或夹泥、桩端沉渣厚等，当发生这些问题时，应综合分析其原因，并提出合理的解决方法，表 7-6-1 即为人工挖孔桩常见问题、可能原因及处理对策。

表 7-6-1　　　　　　　　　人工挖孔桩常见问题、可能原因及处理对策

常见问题	可能原因	处理对策
桩身离析	挖孔桩内有水，灌混凝土时遇水混凝土离析	钻孔注浆或补桩
桩端持力层达不到设计要求	未挖到真正的硬岩层，在做桩端岩基静载试验后重新再向下挖到硬层； 成桩后承载力不到，则桩端持力层承载力不足； 桩端下有软下卧层	向下挖或补桩

思　考　题

1. 桩基础施工前应做哪些准备工作？其具体工作内容包括什么？

2. 预应力混凝土管桩的制作方法有哪两种？其各自有什么特点？预应力管桩如何沉桩？预应力管桩施工中的常见问题及处理对策？压桩施工应注意哪些问题？

3. 预制混凝土方桩的现场制作程序及要求？混凝土预制桩的起吊、运输和堆放方法及要求？混凝土预制桩的沉桩方法有哪几种？混凝土方桩的接桩形式有哪几种？混凝土方桩施工中的常见问题及对应的解决方法？

4. 钢管桩对比其他桩型有什么特点？其施工中的关键工序是什么？应满足哪些规定？钢管桩的运输堆放应注意哪些问题？钢管桩有哪些沉桩方法？

5. 钻孔灌注桩施工前应做好哪些准备工作？泥浆护壁成孔灌注桩施工流程？泥浆护壁钻孔灌注桩对泥浆性能有哪些要求？泥浆护壁钻孔灌注桩施工中质量问题及对应的处理措施？

6. 人工挖孔桩的特点及适用范围？人工挖孔桩的施工工艺包括哪些内容？人工挖孔桩施工注意要点？人工挖孔桩施工中常见的问题及处理方法？

第八章 大直径嵌岩灌注桩

第一节 嵌岩桩荷载传递的基本特性

嵌岩桩是指现场成孔，通过植入桩、现场浇筑混凝土或锚杆锚固等方式将桩端与中风化程度以上的基岩连接而成的桩。现场成孔，安置钢筋笼并现场浇筑混凝土形成的嵌岩桩称为嵌岩灌注桩。

嵌岩桩荷载传递规律虽然因上覆土层的物理力学指标及厚度、桩身长径比 l/d、基岩性质和嵌岩深度以及桩端沉渣厚度不同而有差异，但其规律性亦具有以下一些基本的特性。

嵌岩桩在竖向荷载作用下，桩身发生轴向压缩的同时，桩体与桩侧土之间发生了相对位移，随之桩侧土侧阻力得到一定量的发挥。随着相对位移量增加，荷载通过侧阻力先传递至桩端嵌岩段侧壁，当桩体与岩壁的相对位移量达到一定量值，部分荷载传递至桩端，端阻力开始发挥。当桩土（岩）之间的相对位移达到一定数值后，桩的侧阻力达到极限值，继续增加的外荷载则由桩端阻力来承担。传递到桩端的端阻力随着嵌岩深度的增加而减小，当嵌岩深度增大到某数值时，桩端阻力接近于零。也就是说，桩端嵌岩深度不宜过大，超过某一限值时端阻力就得不到发挥，从而不能有效地提高桩的极限承载力。

嵌岩桩的桩顶荷载是通过侧阻力逐渐传递到桩端的，但是侧阻力和端阻力并不是同步发挥的。对于桩长较长但嵌岩较浅的桩来说，桩身压缩量可以帮助土层获得足够的桩土相对位移，使得土层侧阻力先发挥到极限值，此类桩表现出摩擦桩或者摩擦端承桩的特性；对于桩长较短但嵌岩较深的桩来说，由于土层较薄，而且桩土相对位移很小，土层侧阻力不能发挥到极限值，而岩层侧阻力充分发挥所需的相对位移较土层要小得多，这就使岩层侧阻力先得到充分发挥。

第二节 嵌岩桩侧摩阻力

一、桩-土侧摩阻力

学者们的研究表明，嵌岩桩侧阻力的发挥机理实质上可以表达为桩-土间的应力-应变关系，特别是剪应力-剪应变之间的关系。嵌岩桩桩身受荷向下移动时由于桩土之间的摩阻力带动桩周土体移动，在桩周环形土体中产生剪应变和剪应力，该剪应变、剪应力沿径向向外扩散，在离桩轴 nd（d 为桩的直径，$n=8\sim15$，n 随桩顶竖向荷载水平、土性而变）处剪应变减小到零。离桩中心任一点 r 处的剪应变为

$$\gamma = \frac{\mathrm{d}W_r}{\mathrm{d}r} = \frac{\tau_r}{G} \tag{8-2-1}$$

式中　W_r——离桩中心任一点 r 处的沉降；

G——土的剪切模量，$G = E_0 / 2(1 + \mu_s)$；

E_0——土的变形模量；

μ_s——土的泊松比。

相应的剪应力可根据半径为 r 的单位高度圆环上的剪应力总和与相应的桩侧阻力 q_s 总和相等的条件求得

$$2\pi r \tau_r = \pi d q_s \tag{8-2-2}$$

剪应力为

$$\tau_r = d q_s / 2r \tag{8-2-3}$$

将桩侧剪切变形区（$r = nd$）内各圆环的竖向剪切变形加起来就等于该截面桩的沉降 W。

将式（8-2-3）代入式（8-2-1）并积分

$$\int_{d/2}^{nd} \mathrm{d} W_r = \int_{d/2}^{nd} \frac{\tau_r}{G} \mathrm{d}r \tag{8-2-4}$$

得

$$W = \frac{q_s d \ln(2n)(1 + \mu_s)}{E_0} \tag{8-2-5}$$

设达到极限桩侧阻力 q_{su} 所对应的沉降为 W_u，则：

$$W_u = \frac{q_{su} d \ln(2n)(1 + \mu_s)}{E_0} \tag{8-2-6}$$

由式（8-2-6）可知，发挥极限侧阻力所需沉降 W_u 与桩径成正比增大。出现这一现象的原因是随着桩径的变大，在桩身轴力作用下桩的侧向变形减小，相应的法向应力也会减小，不利于侧阻力的发挥，同样情况下桩侧土需要更大的相对位移才能使桩侧阻力得到充分发挥。

影响上覆土层桩侧阻力发挥的主要因素是桩土界面的相对位移值。一般来讲，砂土的临界位移较黏土大，非挤土桩中土层临界位移较挤土桩大，而且土层越密实临界位移越大。对于嵌岩桩，土层能够获得的相对位移通常与桩在土层中的长度、桩土界面特性和土的力学性质等因素有关，还与嵌岩部分的力学特性、桩岩模量比、桩岩界面特性、嵌岩深度、岩石的强度和风化程度及完整性等因素有关。

目前规范中对于在嵌岩桩承载力的计算中是否计入嵌岩桩中的上覆土层桩侧阻力还存在争议。《铁路桥涵地基和基础设计规范》（TB 10093—2017）中明确指出，嵌岩桩极限承载力不包括上覆土层的侧阻力。《建筑桩基技术规范》（JGJ 94—2008）规定桩端置于完整、较完整基岩的嵌岩桩单桩竖向极限承载力，由桩周土总极限侧阻力和嵌岩段总极限阻力组成。由此可知，其在计算时计入了嵌岩桩的桩侧土摩阻力。《水运工程桩基设计规范》（JTS 147-7—2022）在计算嵌岩桩单桩轴向抗压承载力时也计入了上覆土层桩侧阻力；而在考虑覆盖层土对嵌岩桩的水平抗力时，当覆盖层较薄且强度较低，不宜考虑覆盖层土的作用，当覆盖层土较厚或有一定厚度且强度较高，可计入覆盖层土的作用。

通过对大量的嵌岩桩静载荷试验资料的研究发现，通常情况下嵌岩桩的上覆土层桩侧阻力是嵌岩桩的极限承载力的重要组成部分，是不可忽略的。但是在一些特殊的情况下，它的影响程度也是不同的。总的来说，对于上覆土层较薄，或者虽然上覆土层较厚，但土层性质差的情况，可以不计上覆土层部分的桩侧阻力；而对于上覆土层较厚，且土层性质又较好的情况，还是应该把这一部分桩侧阻力计入嵌岩桩的极限承载力中的。

二、桩-岩侧摩阻力

嵌岩段的侧阻力是桩的竖向承载力中重要组成部分。一般情况下，嵌岩段的侧阻力和端阻力之间呈现出此消彼长的现象，即侧阻力和端阻力不能同时达到极限值。这是由于侧阻力的发挥需要产生桩岩相对位移，而端阻力的发挥必然会限制这种位移的发生。因此，对于桩底基岩强度较小的软质岩，桩端阻力发挥较同样情况下的硬质岩石要小。此时，嵌岩桩多表现为摩擦桩或者摩擦端承桩。

在桩身受力之前，桩与桩周岩石完整的结合在一起，混凝土与岩体之间产生黏结应力，黏结应力的最大值为黏结强度（τ_{bond}），黏结强度可以用混凝土与岩石的界面直剪试验来测定。对于风化黏土页岩等软弱岩体，其黏结强度可表示为

$$\tau_{bond}=\sigma_c\left[\frac{\alpha}{2\tan(45°+\varphi/2)}\right] \qquad (8-2-7)$$

式中　σ_c——岩石单轴抗压强度；

　　　φ——岩石与混凝土之间的外摩擦角；

　　　α——折减系数，一般为 0.3～0.9，若接触面粗糙，取 0.9。

对于坚硬岩石，黏结强度 τ_{bond} 可取保守值为

$$\tau_{bond}=\sigma_c/20 \qquad (8-2-8)$$

当嵌岩桩受到竖向荷载时，总是黏结强度先发挥，当外荷载超过黏结强度后，桩身将会沿着桩岩界面发生滑移，如图 8-2-1 所示。桩身在轴向荷载作用下，向下不断地沿着岩面滑移的同时，还会产生弹性压缩变形，因受法向刚度的影响，滑移使得桩径剪胀。这使得作用在桩岩界面的法向应力增加，从而导致侧阻力的增加。

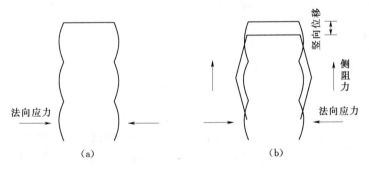

图 8-2-1　嵌岩段侧阻力发挥机理示意图
(a) 桩发生滑移之前；(b) 桩发生滑移之后

随着外荷载的增加，滑移仍在继续，孔径也不断增大，岩石与混凝土接触面积不断减小，直到粗糙面的抗剪阻力不能抵抗外荷载时，则初始的滑移机制变为剪切机制，此时孔径膨胀率逐渐减小，直至不再膨胀。在桩岩界面发生剪切前，桩侧阻力达到最大，称为峰值侧阻力；发生剪切后的侧阻力会有不同程度的降低并趋于某一定值，称为残余侧阻力。

上述嵌岩桩的受力机制与桩在土中的受力机制有所区别。在相对于岩石较软的硬黏土中，主要存在的是剪切机制，而在岩石中，膨胀滑移机制和剪切机制两者都存在。

岩石强度的不同使得嵌岩段的极限侧阻力和破坏形式会有所不同。对于软岩中的嵌岩桩，桩身的刚度 E_c 与岩体的刚度 E_r 的比值 E_c/E_r 较大，当桩身产生单位变形，扩散到岩体中产生的剪应力就较小，从而嵌岩段的侧摩阻力就较小。而硬岩中的嵌岩桩由于 E_c/E_r 的值比软岩小，桩身单位变形在岩体中引起的剪应力就比较大，从而嵌岩段的侧摩阻力也较大。从破坏形式上来说，由于软岩中的桩身混凝土与岩体之间的黏结强度一般高于岩体本身的剪切强度，所以在侧阻力向岩外围扩散的过程中，靠近桩侧表面的岩体先产生滑动破坏面，而保持桩岩之间的接触面完好。当嵌入的基岩是硬质岩石时，由于岩石的抗剪强度高于桩岩表面的黏结强度，所以破坏面往往发生在桩岩界面上。

桩岩界面的粗糙度也是影响嵌岩段侧阻力发挥的一个重要因素。一般来说，对于孔壁粗糙度较小的嵌岩桩，多发生脆性破坏。嵌岩段侧阻力充分发挥所需的相对位移很小，当嵌岩桩的沉降继续增加时，桩侧阻力逐渐减小到某一残余值，而且通常情况下残余值与极限值差距较大。相反，对于孔壁较粗糙的嵌岩桩来说，极限值和残余值都较孔壁光滑时较大，而且二者差距较小，嵌岩段侧阻力与桩顶沉降关系曲线表现为加工硬化型，平均侧阻力的增加较为平缓。

第三节 嵌岩桩端阻力

早在 20 世纪 90 年代以前，人们一直都是把嵌岩桩当成端承桩来看。随着对嵌岩桩的研究越来越深入，人们逐渐有了更新的认识。史佩栋等通过收集研究国内外 150 根带有量测元件的嵌岩桩的静载试验资料，得出了嵌岩桩在竖向荷载下桩端阻力分担荷载比（Q_b/Q）随桩的长径比（l/d）而变化的规律。结果表明，即使 l/d 小于 5 的短桩也并非都是端承桩；当 l/d 在 1~20 之间时，随 l/d 增大，Q_b/Q 自 100% 而递减至大约 20%；当 l/d 在 20~63.7 之间时，Q_b/Q 一般不超过 30%，大部分桩在 20% 以下，少部分桩在 5% 以下。虽然嵌岩桩的桩端阻力在嵌岩桩总荷载中所占的比例并不大，但是研究嵌岩桩桩端阻力对于明确嵌岩桩承载机理还是有很重要的意义。

一、桩端岩石的受力及破坏机理

澳大利亚的 I. W. Johnston, S. K. Choi 通过室内试验得出典型桩端岩石破坏曲线，如图 8-3-1 所示。试验中有关参数如下。

岩石强度：5MPa $<f_{rc}<$ 7MPa；模型尺寸：5mm $<D<$ 25mm；嵌岩比：0 $<h_r/d<$ 10。

从试验曲线上，可以把桩底岩石的变

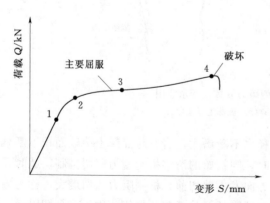

图 8-3-1 典型的桩端岩石破坏曲线示意图

形曲线分为 4 个阶段。第一阶段：线弹性变形阶段，变形随着荷载的增大成比例增大；第二阶段：屈服前塑性变形阶段，出现明显裂纹，随荷载的增加，裂纹逐渐的发展，但是发展速度较缓慢；第三阶段：岩石屈服后的变形阶段，裂纹随着荷载的增加不断扩展、增大，变形速率也逐渐增大；第四阶段：桩底岩石破坏阶段，随荷载的增加，变形速度很快，最后随变形增大荷载反而突然减小。

在试验过程中，由立体摄影测量仪拍摄的桩底岩石在加载过程中的变形、破坏过程如图 8-3-2 所示。从图中可以发现，桩端岩石的破坏过程与破坏曲线上所反映的基本一致。整个破坏过程可以分为 4 个阶段。在第一阶段，在桩底周边产生一个小的环状裂纹，以后随着荷载的增加，在主要屈服产生以前，环状裂缝进一步扩展；加载到第二阶段时，在桩底产生一个压碎锥形区；至第三阶段时，主屈服产生后在锥体和早期形成的环状裂缝间存在一个剪切区，随荷载进一步加大，岩石变形朝着破坏点逼近，在早期形成锥形体外面的剪应力区快速扩展成剪切扇形区域，同时环状裂缝进一步贯穿并朝上表面发展；加载至第四阶段时，在整个扩展的扇形区产生径向裂缝，破坏产生。一旦破坏，表面碎块区并没有产生，岩石破坏是由表面径向裂缝的产生而劈开引起的。

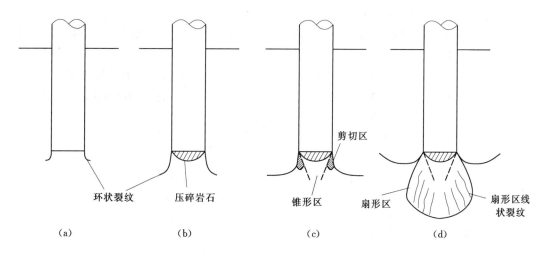

图 8-3-2　桩端岩石破坏过程

(a) 第一阶段；(b) 第二阶段；(c) 第三阶段；(d) 第四阶段

二、桩端阻力的计算与岩石强度的取值

《公路桥涵地基与基础设计规范》(JTG 3363—2019) 规定对于支承在基岩上或嵌入岩层中的钻（挖）孔桩、沉管桩和管桩的单桩轴向受压容许承载力 $[R_a]$ 可按下式计算

$$[R_a] = c_1 \cdot A_p f_{rk} + \mu \sum_{i=1}^{m} c_{2i} h_i f_{rki} + 0.5\zeta_s \mu \sum_{i=1}^{n} l_i q_{ik} \qquad (8-3-1)$$

如果仅分析桩端阻力，则由上式所确定的桩端阻力容许值 $[R_b]$ 为

$$[R_b] = c_1 A_p f_{rk} \qquad (8-3-2)$$

式中 f_{rk}——岩石饱和单轴抗压强度标准值，对于黏土质岩取天然湿度单轴抗压强度标准值；

A_p——桩端面积；

c_1——根据岩石破碎程度、清孔情况等因素而定的系数。

《港口工程桩基规范》（JTS 167-4—2012）中桩端阻力按下式计算

$$Q_{ps} = \xi_p \cdot f_{rk} \cdot A \qquad (8-3-3)$$

式中 f_{rk}——岩石饱和单轴抗压强度标准值；

A——嵌岩段桩端面积；

ξ_p——嵌岩段端阻力计算系数，与嵌岩深径比有关。

最新的《建筑桩基技术规范》（JGJ 94—2008）对嵌岩段侧摩阻力和端阻力进行综合修订，用嵌岩段总极限阻力 Q_{rk} 来表示

$$Q_{rk} = \zeta_r \cdot f_{rk} \cdot A_p \qquad (8-3-4)$$

式中 f_{rk}——岩石饱和单轴抗压强度标准值；

A_p——嵌岩段桩端面积；

ζ_r——嵌岩段侧阻力和端阻力修正系数，与嵌岩比、岩石软硬程度和成桩工艺有关。

综上所述，国内外关于桩端岩石承载力的确定方法都是通过岩石的单轴抗压强度换算而得到的。而事实上，桩端的岩石不仅受到主压力 σ_1 的作用，它还同时受到围压 σ_3 的影响，处于三向受压状态，如图 8-3-3 所示。

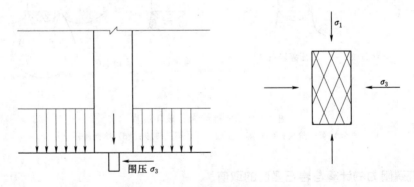

图 8-3-3 桩底基岩实际压力状态

由于围压 σ_3 的影响，岩石在真实受力状态下的承载能力应大大高于在无侧限状态下测得的抗压强度。大量的试验测试结果表明，地面以下 15m 左右的岩体所能承受的压力一般为天然湿度单轴抗压强度 f_r 的 1.5~2.0 倍，有时甚至相差 3 倍以上。由此可知，按照岩石单轴抗压强度经过换算得到的嵌岩桩桩端承载力不符合桩端岩体的实际受力状态，使得极限端阻力计算值过于保守，因此一些学者建议：在较重要的工程中，地质勘测部门应提供三轴强度供设计和施工单位参考。

第四节　嵌岩桩破坏模式

嵌岩桩的破坏模式大致可分为以下3类：

（1）在较低荷载作用下，桩即发生失稳破坏。其破坏特点是：桩的沉降量过大，或在某一级荷载作用下，经长时间观测而达不到稳定标准。发生这种破坏的原因主要是桩体质量低劣。严格地说，这种破坏模式与嵌岩无关，因为施加的荷载还比较低，桩周的摩阻力还未充分发挥，力也未传递到基岩。

（2）渐进式破坏型（缓变型）。其破坏特点是：在较高荷载作用下，桩发生了远大于40mm的沉降，但桩在每级荷载作用下，仍能达到稳定标准而不发生突发性破坏，$\lg t - S$曲线基本上仍保持线性关系，而且由密变疏。产生这种破坏的原因，大部分都是桩端底部沉渣较厚影响桩端承载力的发挥而造成的。

（3）突然破坏型。其破坏特点是：在破坏前的一级荷载很高，而沉降量较小（<40mm）；桩在破坏之前，在各级荷载作用下，桩的沉降较为正常，变形较小，基本上达到了设计要求的加载值；桩在破坏前每级荷载作用下，桩的沉降都能达到稳定标准，$S - \lg t$曲线比较平缓，$p - S$曲线也没有表现出明显的破坏前兆现象，但在向下一级荷载过渡或在下一级荷载稳压过程中发生突然破坏。

第五节　嵌岩桩承载特性的影响因素

一、成桩工艺

分析国内最近几年的一些钻孔灌注桩试桩资料，经常会发现这样的现象：同一场地，桩的规格和桩周土性质相同，但桩的承载力却相差很大。例如某文献提供的江苏南通某工程两根钻孔灌注桩的极限承载力相差30％，京九铁路黄河孙口大桥同一桥台下两根钻孔灌注桩的极限承载力分别为4200kN和5100kN，相差20％。按照现行规范和通常的概念来解释，同一场地中桩的承载力不应有如此大的差异。

在排除了桩身材料强度、桩身质量和孔底沉渣等因素的影响之后，施工工艺的差异和由此造成孔壁粗糙度的不同就可能成为其承载力差异较大的主要原因。江苏南通的两根试桩，承载力较大的一根采用的是单腰带钻机施工，另一根采用的是双腰带施工，单腰带施工钻机过程中会发生较大的摇摆，孔壁形状十分不规则，客观上使孔壁的粗糙度得到了提高。京九铁路黄河孙口大桥的两根试桩中，承载力较高的一根桩的扩孔率（实测孔径的平均值与设计孔径的比值）较高为1.19，另一根扩孔率为1.09，很显然，在桩长相同的条件下，扩孔率较高的桩其孔壁粗糙度必然较高。由此可见，施工工艺造成的粗糙度不同是上述试桩承载力差异的主要原因。

施工工艺的不同造成孔壁粗糙度及沉渣厚度、泥皮厚度不同，是造成在不同成桩工艺下嵌岩桩承载力不同的根本原因。采用合适的方法适当地增加粗糙度、减少沉渣厚度及泥皮厚度，做到既不大幅度增加施工难度，节约资源，又能大幅度提高嵌岩桩承载力，增加工程的安全系数。

二、成孔时间对嵌岩桩承载特性的影响

成孔时间影响嵌岩桩承载力机理主要在于桩周岩石的松弛效应和遇水后发生的岩石软化作用，成桩时间过长导致桩周岩石在泥浆水浸泡作用下加剧软化是承载力下降的主要原因。

对于一般的钻孔灌注嵌岩桩，一方面由于成孔后孔壁侧向应力解除，孔壁周围岩土出现松弛效应，另一方面又因为在钻孔过程中需用一定比例的泥浆护壁，使桩周岩石处于一种浸泡状态，降低桩周岩石的抗剪强度，成孔时间越长，这种软化作用越强，从而极大地减小了极限侧摩阻力。而对于冲孔灌注嵌岩桩，由于冲击成孔时间较长，都在 100h 左右，桩周岩石浸泡时间较长，致使应力松弛、岩石软化作用明显；同时由于冲击钻进过程中钻机的摇摆震动、反复切削、机具的升降都对孔壁产生一定的扰动作用，加剧了应力松弛；另外成孔时间较长致使"泥壁"越来越厚，桩土剪切滑移面发生在"泥壁"内，应力松弛和较厚的"泥壁"均导致了桩侧阻力的显著降低。旋挖灌注嵌岩桩一方面由于成孔时间较短，普通桩约 30h，孔壁土层松弛效应小，岩土浸泡时间短，软化程度小，为平衡孔壁土侧压力所需的泥浆密度小，从而形成的"泥壁"较薄，成孔后"泥壁"固结硬化充分，抗剪强度较高，使得桩侧摩阻力能得到比较充分的发挥。

三、泥皮对嵌岩桩承载特性的影响

嵌岩灌注桩的成孔过程大多采用泥浆护壁。但灌注桩在灌注时，由于混凝土自身重量产生水平应力，会使孔壁扩大，孔壁的水平应力得到部分恢复，随着时间的增长，混凝土凝固收缩，吸附在其表面的泥浆也收缩与混凝土联成一体，形成所谓"泥皮"。泥皮的存在，导致嵌岩桩与桩周岩体的黏聚力明显降低，严重影响了桩侧摩阻力的发挥，国外学者在对砂岩嵌岩桩的试验中也发现泥皮可使侧阻力减少 25% 左右。特别是当泥皮厚度较大时，桩土（岩）剪切破坏面将发生在泥皮与土（岩）体的接触面或泥皮中。因泥皮抗剪强度低，造成侧阻损失严重。

泥浆在嵌岩桩钻孔中起着不可替代的作用，造成的泥皮虽对承载力形状造成一定的危害，但也为成孔起到了一定的有利作用，只有尽可能地提高泥浆的质量参数，以此来减少泥皮的厚度，减少泥皮造成的危害。目前，国内一些桥梁（如虎门大桥、肇庆大桥、杭州湾大桥、南京长江二桥）桩基础施工过程中，已经采用了高性能泥浆，实践证明效果良好。

四、桩岩（土）界面特征

桩岩（土）界面特征就是埋设于岩石中的桩与桩周岩接触面的形态特征，对于预制桩和钢桩，桩岩（土）界面特性主要取决于桩表面的粗糙程度，对于各类型的灌注桩，桩岩（土）界面特征一般表现为孔壁粗糙度，而这与桩周岩（土）层的性质和施工工艺有关。孔壁粗糙度对嵌岩桩的承载力有着很大的影响，这已被大量的工程实践所证实。

图 8-5-1 是粗糙度不同的 3 根试桩的 Q-S 曲线。P1、P2、P3 试桩的粗糙度依次提高，从图上可以看出，随着粗糙度的增加 Q-S 曲线趋于平缓，破坏特征点变得不明显，桩侧阻力的比例增大。

粗糙度不仅影响着桩侧阻力的大小，而且还影响着桩侧阻力的发展进程。图 8-5-2

是桩底悬空、孔壁粗糙度不同的 4 根试桩的载荷试验曲线。其中 C12、S12 孔壁较为光滑，A3、S3 孔壁粗糙。对孔壁光滑试桩 C12、S12，当桩的沉降值很小时，嵌岩桩的平均摩阻力已经达到最大值，即发挥嵌岩段侧阻力峰值所需的桩岩相对位移值很小。随着沉降的增加，平均侧阻力逐渐减小到残余值，并且平均侧阻与残余值的差异较大，平均侧阻与沉降曲线呈加工软化型响应。对于孔壁粗糙试桩 A3、S3，平均侧阻最大值对应的桩的沉降量比光滑孔中大得多，平均侧阻增加过程较为平缓，曲线呈加工硬化型。

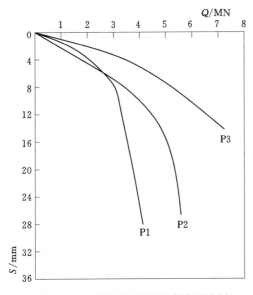

图 8-5-1 粗糙度不同时桩载荷试验图

图 8-5-2 粗糙度不同时桩承载特征

图 8-5-3 是桩顶荷载作用后嵌岩桩的状态，从中可以形象地看出受力前后桩身形状的变化，而这正是桩侧阻力发生的基础。

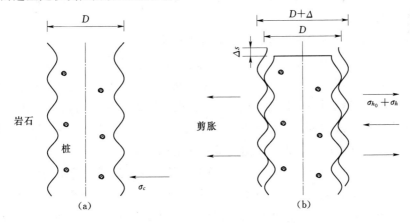

图 8-5-3 嵌岩桩受力前后的状态
(a) 沉降发生前；(b) 沉降发生后

187

图 8-5-4 是孔壁光滑和凸凹时嵌岩桩法向应力和侧阻力的对比。从中可以清楚地看出，在桩顶荷载作用下，桩首先发生轴向位移，并且沿孔壁方向发生侧向剪胀，孔壁的凹凸限制了桩的滑移，孔壁受到三向挤压，增强了法向应力，进而提高了桩侧的阻力，孔壁粗糙时的径向和切向应力都大于孔壁光滑时的相应值。

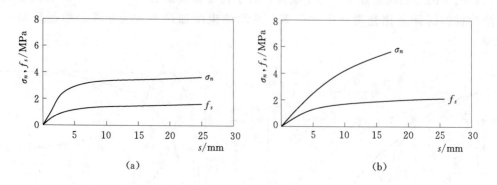

图 8-5-4 不同粗糙度时嵌岩桩的法向应力和侧阻力
(a) 孔壁光滑；(b) 孔壁凹凸

五、桩底沉渣

确定桩底沉渣厚度及其对嵌岩桩承载力的影响是一个亟待解决的问题。图 8-5-5 分析了桩端沉渣对嵌岩桩承裁性状的影响。

从图中可以看出，桩底沉渣的存在对嵌岩桩的承载力存在着不同程度的影响，主要与嵌岩比有关。当 L/D 小于 3.0 时，桩底沉渣对嵌岩桩的承载力，尤其是桩侧阻力的影响较大，桩侧阻力的峰值增加 50% 以上；当 L/D 大于等于 5.0 时，桩底沉渣对嵌岩桩的承载力已经没有太大的影响。需要指出的是，计算得出桩端存在的沉渣导致桩侧阻力增加，而试验中桩底沉渣的存在一般会导致侧摩阻力下降，这主要与加载条件和桩-岩（土）相对位移过大有关。

综上分析，桩端沉渣对嵌岩桩的影响与嵌岩比有很大关系，当嵌岩比大于 10 时，嵌岩桩基本属于摩擦桩或者摩擦端承桩，因而在桩顶荷载作用下，承载力基本由桩侧承担，荷载传递不到桩端，所以沉渣对嵌岩桩的整体承载力影响不是太大。但当嵌岩比不大时，沉渣对嵌岩桩整体承载力影响就很明显，主要是因为桩底沉渣除了降低桩端阻力之外，还要削弱桩侧阻力。造成这种现象的原因是：桩端沉渣的强度很低，当桩顶荷载传至桩端时，桩端岩（土）压缩较大，进一步造成桩岩（土）相对位移增大，当沉渣较厚时，桩岩（土）相对位移很有可能超过桩侧阻力峰值所对应的位移，造成侧摩阻力的下降，当桩端无沉渣时，靠近桩端处桩与桩间岩（土）之间的位移不会很大，随着作用在桩顶荷载的增加，荷载传至桩端，进而对桩端土体进行挤密，由于桩端岩（土）强度较高，压缩极小，桩端就会对桩身施加一个反力，从而使桩身下部的径向压力增大，因而一定程度上提高了桩侧摩阻力。

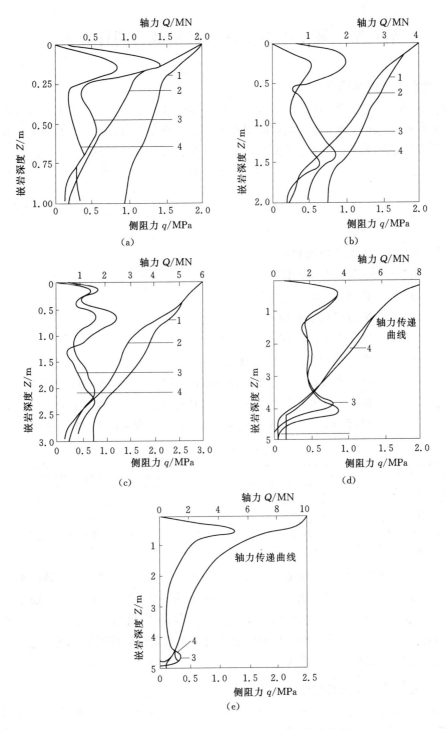

图 8-5-5　桩端沉渣影响下桩的承载力变化曲线

(a) $L/D=1.0$；(b) $L/D=2.0$；(c) $L/D=3.0$；(d) $L/D=5.0$；(e) $L/D=10.0$

1—轴力传递曲线（无沉渣）；2—轴力传递曲线（有沉渣）；3—桩侧阻力

曲线（有沉渣）；4—桩侧阻力曲线（无沉渣）

第六节　规范中有关嵌岩桩承载力的计算方法

一、建筑桩基技术规范

《建筑桩基技术规范》（JGJ 94—2008）规定桩端置于完整、较完整基岩的嵌岩桩单桩竖向极限承载力，由桩周土总极限侧阻力和嵌岩段总极限阻力组成。当根据岩石单轴抗压强度度确定单桩竖向极限承载力标准值时，可按下列公式计算

$$Q_{uk} = Q_{sk} + Q_{rk} \tag{8-6-1}$$

$$Q_{sk} = \mu \sum_1^n q_{sik} \cdot l_i \tag{8-6-2}$$

$$Q_{rk} = \zeta_r \cdot f_{rk} \cdot A_p \tag{8-6-3}$$

上几式中　Q_{sk}——土的总极限侧阻力；

$\quad\quad Q_{rk}$——嵌岩段总极限阻力；

$\quad\quad q_{sik}$——桩周第 i 层土的极限侧阻力；

$\quad\quad A_p$——嵌岩段桩端面积；

$\quad\quad l_i$——第 i 层土的厚度；

$\quad\quad f_{rk}$——岩石饱和单轴抗压强度标准值；

$\quad\quad \zeta_r$——桩嵌岩段侧阻和端阻综合系数，与嵌岩深径比 h_r/d、岩石软硬程度和成桩工艺有关，表8-6-1中数值适用于泥浆护壁成桩，对于干作业成桩（清底干净）和泥浆护壁成桩后注浆，ζ_r 应取表8-6-1中数值的1.2倍。

表8-6-1　　　　　　　　　　　桩嵌岩段侧阻和端阻综合系数

嵌岩深径比 h_r/d	0.00	0.50	1.00	2.00	3.00	4.00	5.00	6.00	7.00	8.00
极软岩、软岩	0.60	0.80	0.95	1.18	1.35	1.48	1.57	1.63	1.66	1.70
较硬岩、坚硬岩	0.45	0.65	0.81	0.90	1.00	1.04				

注　极软岩、软岩指 $f_{rk} \leqslant 15MPa$，较硬岩、坚硬岩指 f_{rk} 大于 30MPa，介于二者之间可用内差法取值。h_r 为桩身嵌岩深度，当岩面倾斜时，以坡下方嵌岩深度为准，当为非表列值时可用内差法取值。

该规范在《建筑桩基技术规范》（JGJ 94—2008）的基础上对嵌岩段侧摩阻力和端阻力进行综合修订，按嵌岩深径比（h_r/d）的不同取相应的系数，计算公式简单，更有利于设计，是近10年嵌岩桩工程和试验资料总结的基础上得出的，但是在旧规范和新规范中，嵌岩桩承载力公式都没有考虑粗糙度因子这一很重要的影响因素，对桩底沉渣也只是考虑清底干净乘以相应的扩大系数。

二、公路桥涵地基与基础设计规范

《公路桥涵地基与基础设计规范》（JTG 3363—2019）规定支承在基岩上或嵌入基岩内的单桩轴向受压容许承载力按式（8-6-4）计算。

$$[R_a] = c_1 \cdot A_p f_{rk} + \mu \sum_{i=1}^m c_{2i} h_i f_{rki} + 0.5\zeta_s \mu \sum_{i=1}^n l_i q_{ik} \tag{8-6-4}$$

式中　R_a——单桩轴向竖向承载力容许值（kN）；桩身自重与置换土重（当自重计入浮

力时，置换土重也计入浮力）的差值作为荷载考虑；

c_1——根据岩石强度、岩石破碎程度等因素而确定的端阻力发挥系数（表 8-6-2）；

A_p——桩端截面面积，m^2，对于扩底桩，取扩底截面面积；

f_{rk}——桩端岩石饱和单轴抗压强度标准值，kPa，黏土质岩取天然湿度单轴抗压强度标准值，当 f_{rk} 小于 2MPa 时按支承在土层中的桩计算；

c_{2i}——根据岩石强度、岩石破碎程度等因素而定的第 i 层岩层的侧阻发挥系数；

μ——各土层或各岩层部分的桩身周长，m；

h_i——桩嵌入各岩层部分的厚度，m，不包括强风化层和全风化层及局部冲刷线以上基岩；

m——岩层的层数，不包括强风化层和全风化层；

ζ_s——覆盖层土的侧阻力发挥系数，根据桩端 f_{rk} 确定。当 2MPa<f_{rk}<15MPa 时，$\zeta_s=0.8$，当 15MPa≤f_{rk}<30MPa 时，$\zeta_s=0.5$，当 f_{rk}≥30MPa 时，$\zeta_s=0.2$；

l_i——各土层的厚度，m；

q_{ik}——桩侧第 i 层土的侧阻力标准值，kPa，宜采用单桩摩阻力试验值；

n——土层的层数，强风化和全风化岩层按土层考虑。

表 8-6-2　　　　　　　　　　　　系数 c_1、c_2 取值

条　件	c_1	c_2
完整较完整	0.6	0.05
较破碎	0.5	0.04
破碎极破碎	0.4	0.03

注　1. 当嵌岩深度<0.5m 时，c_1 采用表列数值的 0.75 倍，$c_2=0$；
　　2. 对于钻孔桩，c_1、c_2 系数值可降低 20% 采用。桩端沉渣厚度 t 应满足以下要求：d≤1.5m 时，t≤50mm 时；d>1.5m 时，t<150mm；
　　3. 对于中风化层作为持力层的情况，c_1、c_2 应分别乘以 0.75 的系数。

该规范强调嵌入中等风化层以下按嵌岩桩计算，与旧版规范相比，公式中计入上覆土层的侧阻力；系数 c_1、c_2 只与岩石强度、岩石破碎程度有关，考虑到沉渣对承载力的削弱作用，但没有考虑粗糙度因子的影响。同时，该规范没有考虑桩侧阻力及端阻力与嵌岩深度或岩石参数的关系，意味着桩端阻力的发挥同深度无关，而嵌岩段侧阻力可随深度增加而无限增加，二者总是同时完全发挥的，这显然与嵌岩桩荷载传递机理不符。

三、铁路桥涵地基和基础设计规范

《铁路桥涵地基和基础设计规范》（TB 10093—2017）规定对于支承于岩层上或嵌入岩层内的钻（挖）孔灌注桩及管桩的容许承载力

$$[P]=(c_1 A+c_2 Uh)\cdot R \tag{8-6-5}$$

式中　A——桩端横截面面积，对于钻孔桩和管桩按设计直径采用；

U——嵌入岩石层内的桩及管柱的桩孔周长，m；

h——自新鲜岩石面（平均高程）算起的嵌入深度，m；

R——岩石天然湿度的单轴抗压强度，kPa；

c_1、c_2——根据清孔情况、岩石破碎程度等因素而定的系数，按表 8-6-3 采用。

表 8 - 6 - 3　　　　　　　　　　　　　　　系数 c_1、c_2 取值

岩石层及清底情况	c_1	c_2
良好	0.5	0.04
一般	0.4	0.03
较差	0.3	0.02

注　当 $h_r \leqslant 0.5$ 时，c_1 采用表列数值的 0.75 倍，$c_2 = 0$。

该规范没有考虑桩侧土摩阻力的作用；与公路桥涵规范相同，c_1、c_2 的取值也只是考虑岩层破碎与清底情况等因素，没有考虑桩侧阻力及端阻力与嵌岩深度或岩石参数的关系，二者的发挥程度，即假设前提是侧阻及端阻同时完全发挥，这显然与嵌岩桩荷载传递机理不符。

四、水运工程桩基设计规范

《水运工程桩基设计规范》（JTS 147—7—2022）规定。

（1）对进行静荷载抗压试验的工程，其单桩轴向抗压承载力设计值，可按下式计算

$$Q_d = \frac{Q_k}{\gamma_R} \tag{8-6-6}$$

式中　Q_d——单桩轴向抗压承载力设计值，kN；

Q_k——单桩轴向抗压极限承载力标准值，kN，当试桩数量 $n \geqslant 2$，且各桩的极限承载力最大值与最小值之比小于等于 1.3 时，取其平均值作为单桩轴向极限承载力标准值，其比值大于 1.3 时，经分析确定；

γ_R——单桩轴向抗压承载力分项系数，根据桩的类型及地质情况取 1.3~2.2。

（2）不做静荷载抗压试验的工程，其单桩轴向抗压承载力设计值，可按下式计算

$$Q_{cd} = \frac{U_1 \sum \xi_{fi} q_{fi} l_i}{\gamma_{cs}} + \frac{U_2 \xi_s f_{rk} h_r + \xi_p f_{rk} A}{\gamma_{cR}} \tag{8-6-7}$$

式中　U_1——覆盖层桩身周长，m；

U_2——嵌岩段桩身周长，m；

ξ_{fi}——桩周第 i 层土的侧阻力计算系数，当 $D \leqslant 1$m 时，岩面以上 $10D$ 范围内的覆盖层，取 0.5~0.7，$10D$ 以上的覆盖层取 1；当 $D > 1$m 时，岩面以上 10m 范围内的覆盖层，取 0.5~0.7，10m 以上的覆盖层取 1。D 为覆盖层中桩的外径；

q_{fi}——桩周第 i 层土的单位面积极限侧阻力标准值，kPa，打入的预制型嵌岩桩、灌注型嵌岩桩按现行行业标准《水运工程桩基设计规范》（JTS 147—7—2022）取值；

l_i——桩穿过第 i 层土的厚度，m；

f_{rk}——岩石饱和单轴抗压强度标准值，kPa，f_{rc} 的取值应根据工程勘察报告提供的数据结合工程经验确定，各种基岩的工程性质可参照附录 A；对黏土质岩石取天然湿度单轴抗压强度标准值；当 f_{rk} 值大于桩身混凝土轴心抗压强度标准值 f_{ck} 时，应取 f_{ck} 值；遇水软化岩层或 f_{rk} 小于 10MPa 的岩层，桩

的承载力宜按灌注桩计算；

A——嵌岩段桩端面积，m^2；

h_r——桩身嵌入基岩的深度，m，当 h_r 超过 $5d$ 时，取 $5d$；当岩层表面倾斜时，应以岩面最低处计算嵌岩深度。d 为嵌岩段桩径；

γ_{cs}——覆盖层单桩轴向受压承载力分项系数，预制桩取 $1.45\sim1.55$，灌注桩取 $1.55\sim1.65$；

γ_{cR}——嵌岩段单桩轴向受压承载力分项系数，取 $1.7\sim1.8$；

ξ_s、ξ_p——分别为嵌岩段侧阻力和端阻力计算系数，与嵌岩深径比 h_r/d 有关，按表 $8-6-4$ 取值。

表 8-6-4　　　　　嵌岩段侧阻力和端阻力计算系数（ξ_s、ξ_p）

嵌岩深径比 h_r/d	1	2	3	4	5
ξ_s	0.070	0.096	0.093	0.083	0.070
ξ_p	0.72	0.54	0.36	0.18	0.12

注　当嵌入中等风化岩时，按表中数值乘以 $0.7\sim0.8$ 计算。

以上规范给出的嵌岩桩承载力的计算方法经验系数取值偏于保守。尽管一些规范中考虑了成桩工艺，以及长径比、嵌岩深度等设计参数对嵌岩桩承载性状的影响，但是相对于嵌岩桩复杂的影响因素而言，还是不够详细，不能准确地把握嵌岩桩在各种情况下的工作机理，比如说所嵌岩石的强度、岩石的结构特征，桩岩界面的粗糙度，等等。正是由于这些因素的影响，使得嵌岩桩的承载性状变得差异很大。

思　考　题

1. 什么是嵌岩桩？什么是嵌岩灌注桩？嵌岩桩荷载传递的基本特征是什么？

2. 嵌岩桩侧阻力发挥机理实质是什么？

3. 影响上覆土层桩侧阻力发挥的主要因素是什么？还有什么其他影响因素？

4. 描述嵌岩桩嵌岩段侧阻力发挥的过程？影响嵌岩段侧阻力发挥的因素有哪些？

5. 嵌岩桩桩端岩石破坏的过程分为几个阶段？每个阶段的特征是什么？桩端岩石破曲线有什么特点？

6. 嵌岩桩的破坏模式有哪些？每种破坏模式的特点是什么？

7. 嵌岩桩承载特性的影响因素有哪些？

第九章　抗滑桩的设计与施工

第一节　概　　述

　　抗滑桩是通过桩身将上部承受的坡体推力传给桩下部的侧向土体或岩体，依靠桩下部的侧向阻力来承担边坡的下推力，从而使边坡保持平衡或稳定，如图9-1-1所示。抗滑桩主要承担水平荷载，是边坡处治工程中常用的处置方案。

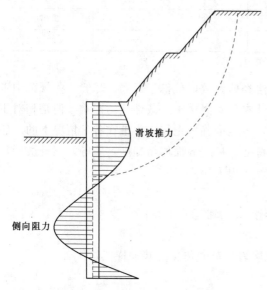

图9-1-1　抗滑桩工作原理示意

一、抗滑桩类型、特点及适用条件

1. 抗滑桩的类型

　　抗滑桩按材质分类有木桩、钢桩、钢筋混凝土桩和组合桩。

　　抗滑桩按桩身断面形式分类，有圆形桩、方形桩和矩形桩、"工"字形桩等。

　　抗滑桩按成桩方法分类，有打入桩、静压桩、就地灌注桩，就地灌注桩又分为沉管灌注桩、钻孔灌注桩两大类。在常用的钻孔灌注桩中，又分机械钻孔和人工挖孔桩。

　　抗滑桩按结构型式分类，有单桩、排桩、群桩和有锚桩，排桩型式常见的有椅式桩墙、门式刚架桩墙、排架抗滑桩墙（图9-1-2），有锚桩常见的有锚杆和锚索，锚杆有单锚和多锚，锚索抗滑桩多用单锚，如图9-1-3所示。

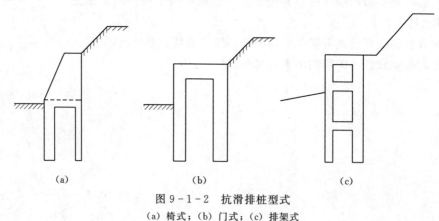

(a)　　　　　　　(b)　　　　　　　(c)

图9-1-2　抗滑排桩型式

(a) 椅式；(b) 门式；(c) 排架式

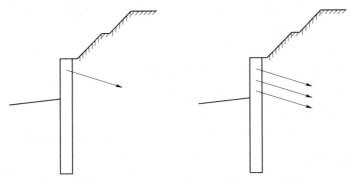

图 9-1-3 有锚抗滑桩

2. 各类桩型的特点及适应条件

木桩是最早采用的桩，其特点是就地取材、方便、易于施工，但桩长有限，桩身强度不高，一般用于浅层滑坡的治理、临时工程或抢险工程。钢桩的强度高，施打容易、快速、接长方便，但受桩身断面尺寸限制，横向刚度较小，造价偏高。钢筋混凝土桩断面刚度大，抗弯能力高，可打入、静压、机械钻孔就地灌注和人工成孔就地灌注，应用广泛，其缺点是混凝土抗拉能力有限。

抗滑桩的施工采用打入时，应充分考虑施工振动对边坡稳定的影响，一般全埋式抗滑桩或填方边坡可采用，同时下卧地层应有可打性。抗滑桩施工常用的是就地灌注桩，机械钻孔速度快，桩径可大可小，适用于各种地质条件，但对地形较陡的边坡工程，机械进入和架设困难较大，另外，钻孔时的水对边坡的稳定也有影响。人工成孔的特点是方便、简单、经济，但速度较慢，劳动强度高，遇不良地层（如流沙）时处理相当困难，另外，桩径较小时人工作业困难，桩径一般应在 1000mm 以上才适宜人工成孔。

单桩是抗滑桩常用的结构型式，其特点是简单，受力和作用明确。当边坡的推力较大，用单桩不足以承担其推力或使用单桩不经济时，可采用排桩，排桩的特点是抗弯能力强，桩壁阻力较小，桩身应力较小，在软弱地层有较明显的优越性。有锚桩的锚可用钢筋锚杆或预应力锚索，锚杆（索）和桩共同作用，改变桩的悬臂受力状况和桩完全靠侧向地基反力抵抗滑坡推力的机理，使桩身的应力状态和桩顶变位大大改善，是一种较为合理、经济的抗滑结构，但锚杆或锚索的锚固端需要有较好的地层或岩层以提供可靠的锚固力。

抗滑桩群一般指在横向 2 排以上，在纵向 2 列以上的组合抗滑结构，能承担更大的滑坡推力，可用于特殊的滑坡治理工程或特殊用途的边坡工程。

二、抗滑桩设计要求和设计内容

1. 抗滑桩设计一般要求

（1）抗滑桩要保证整个滑坡体具有足够的稳定性，即滑坡体的稳定安全系数满足相应规范规定，同时保证坡体不从桩顶滑出，不从桩间挤出。

（2）抗滑桩桩身要有足够的强度和稳定性，即桩的断面要有足够的刚度，桩的应力和变形满足规定要求。

（3）桩周的地基抗力和滑体的变形在容许范围内。

（4）抗滑桩的埋深及锚固深度、桩间距、桩结构尺度和桩断面尺寸都比较适当，安全可靠，施工可行、方便，造价较经济。

2. 抗滑桩的设计内容

（1）进行桩群的平面布置，确定桩位、桩间距等平面尺度。

（2）拟定桩型、桩埋深、桩长、桩断面尺寸。

（3）根据拟定的结构确定作用于抗滑桩上的力系。

（4）确定桩的计算宽度，选定地基反力系数，进行桩的受力和变形计算。

（5）进行桩截面的配筋计算和一般的构造设计。

（6）提出施工技术要求，拟定施工方案，计算工程量，编制概（预）算等。

三、抗滑桩的设计计算程序

抗滑桩的设计计算程序如图 9-1-4 所示。

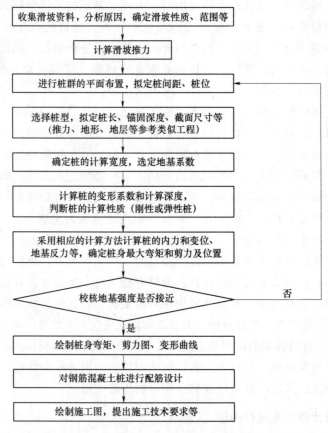

图 9-1-4 抗滑桩设计计算程序

第二节 抗滑桩设计荷载的确定

作用于抗滑桩上的力系主要有两大部分：作用于桩上部的滑坡推力和桩周地层对桩的

反力。对有锚桩，还有锚杆或锚索系统对桩上部的横向拉力和压力。

一、滑坡推力的确定

滑坡推力作用于滑面以上部分的桩背上，是采用平衡推力传递系数法计算所得的桩所在坡体坡足处的不平衡推力，其方向假定与桩穿过滑面点处的切线方向平行。通常假定每根桩所承担的滑坡推力等于两桩中心间距宽度范围内的滑坡推力，即将前述方法计算滑坡推力值乘以桩间距。滑坡推力在桩背上的分布和作用点位置，与滑坡的类型、部位、地层性质、变形情况及地基反力系数等因素有关。

根据《公路设计手册 路基》《铁路工程设计技术手册 路基》的经验，对于液性指数小，刚度较大和较密实的滑坡体，从顶层至底层的滑动速度通常大体一致，假定滑面上桩背的滑坡推力分布图形呈矩形；对于液性指数较大，刚度较小和密实度不均匀的塑性滑体，其靠近滑面的滑动速度较大，而滑体表层的速度则较小，假定滑面以上桩背的滑坡推力图形呈三角形分布；介于上述两者之间的情况可假定桩背推力分布呈梯形。

二、地基反力的确定

1. 地基反力

当桩前土体不能保持稳定可能滑走时，不考虑桩前土体对桩的反力，仅考虑滑面以下地基土对桩的反力，抗滑桩嵌固于滑面以下的地基中，相当于悬臂桩。当桩前土体能保持稳定，此时抗滑桩按所谓的"全埋式桩"考虑，可将桩前土体（亦为滑体）的抗力作为已知的外力考虑，仍可将桩看成悬臂桩考虑。

桩将滑坡推力传递给滑面以下的桩周土（岩）时，桩的锚固段前后岩（土）体受力后发生变形，并由此产生岩（土）体的反力。反力的大小与岩（土）体的变形状态有关。处于弹性阶段时，可按弹性抗力计算，处于塑性阶段变形时，情况则比较复杂，但地基反力应不超过锚固段地基土的侧向容许承载能力。

另外，桩与地基土间的摩阻力、黏着力、桩变形引起的竖向压力一般来说对桩的安全有利，通常略去不计。为简化计算，桩的自重和桩底应力等也略去不计。

2. 地基反力系数

桩侧岩土体的弹性抗力系数称为地基反力系数，是地基承受的侧压力与桩在该位置处产生的侧向位移的比值。也即单位土体或岩体在弹性限度内产生单位压缩变形时所需施加于其单位面积上的力。可按水平承载桩常用的 K 法、m 法、C 法进行计算，地基反力系数 K、m 应通过试验或查表确定。

3. $p-y$ 曲线法

上述的 K 法、m 法和 C 法能根据弹性地基上梁的挠曲线微分方程用无量纲系数求解抗滑桩的承载力、内力和变位。但当桩发生较大的位移，土的非线性特性将变得非常突出。$p-y$ 曲线法则考虑了土的非线性特点，它既可用于小位移，也可用于较大位移的求解。

$p-y$ 曲线法是根据地基土的实验数据来绘制，目前一般采用 Matlock 建议的软黏土 $p-y$ 曲线绘制方法和 Resse 建议的硬黏土和砂性土的 $p-y$ 曲线绘制方法。在滨河、滨海的软土地基中 $p-y$ 曲线已得到较多的应用。

第三节 抗滑桩的计算方法

抗滑桩为承受水平荷载的桩，计算水平受荷桩的方法均可采用。

抗滑桩受到滑坡推力后，将产生一定的变形。根据桩和桩周土的变形将桩分为刚性桩和弹性桩（具体判断方法参考水平受荷桩）。刚性桩的计算可采用极限地基反力法，弹性桩的计算主要有 m 法、K 法、复合地基反力法及 $p-y$ 曲线法（具体计算过程参考水平受荷桩）。

第四节 抗滑桩的设计

一、抗滑桩的布设

1. 抗滑桩的平面布置

抗滑桩的平面布置包括桩的平面位置和桩间距。一般根据边坡的地层性质、推力大小、滑动面坡度、滑动面以上的厚度、施工条件、桩型和桩截面大小以及可能的锚固深度等因素综合考虑决定。对一般边坡工程，根据主体工程的布置和使用要求而确定布桩位置。

对滑坡治理工程，抗滑桩原则上宜布置在滑体的下部，即在滑动面平缓、滑体厚度较小、锚固段地质条件较好的地方，同时应考虑施工的方便。对地质条件简单的中小型滑坡，一般在滑体前缘布设一排抗滑桩，桩排方向应与滑体垂直或接近垂直。对于轴向很长的多级滑动或推力很大的滑坡，可考虑将抗滑桩布置成两排或多排，进行分级处治，分级承担滑坡推力；也可考虑在抗滑地带集中布置 2~3 排、平面上呈品字形或梅花形的抗滑桩或抗滑排架。对滑坡推力特别大的滑坡，可考虑采用抗滑排架或群桩承台。对于轴向很长的具有复合滑动面的滑体，应根据滑面情况和坡面情况分段设立抗滑桩，或采用抗滑桩与其他抗滑结构组合布置方案。

2. 抗滑桩的间距

抗滑桩的合适的桩间距应该使桩间滑体具有足够的稳定性，在下滑力作用下不致从桩间挤出。可按在能形成土拱的条件下，两桩间土体与两侧被桩所阻止滑动的土体的摩阻力不少于桩所承受的滑坡推力来估计。一般采用的间距 6~10m。桩间采用了结构连接来阻止桩间楔形土体的挤出，则桩间距完全决定于抗滑桩的抗滑力和桩间滑体的下滑力。

当抗滑桩集中布置成 2~3 排排桩或排架时，排间距可采用桩截面宽度的 2~3 倍。

3. 桩的锚固深度

桩埋入滑面以下稳定地层内的适宜锚固深度原则上由桩的锚固段传递到滑面以下地层的侧向压应力不得大于该地层的容许侧向抗压强度、桩基底的压应力不得大于地基的容许承载力来确定。

锚固深度是抗滑桩发挥抵抗滑体推力以生存的前提和条件，锚固深度不足，抗滑桩不足以抵抗滑体推力，容易引起桩的失效。但锚固过深则又造成工程浪费，并增加了施工难度。可采取缩小桩的间距，减少每根桩所承受的滑坡推力，或增加桩的相对刚度等措施来适当减少锚固深度。

当锚固段地层为土层及严重风化破碎岩层时，桩身对地层的侧压力应符合下列条件

$$\sigma_{max} \leqslant \frac{4}{\cos\varphi}(\gamma l \tan\varphi + c) \qquad (9-4-1)$$

式中　σ_{max}——桩身对地层的侧压应力，kPa；

γ——地层岩（土）的重度，kN/m^3；

φ——地层岩（土）的内摩擦角，（°）；

c——地层岩（土）黏聚力，kPa；

l——地面至计算点的深度，m。

桩底可按自由支承处理，即令 $M_B=0$，$Q_B=0$。

当锚固段地层为比较完整的岩质、半岩质地层时，桩身对围岩的侧向压应力应符合下列条件

$$\sigma_{max} \leqslant K_1' K_2' R_0 \qquad (9-4-2)$$

式中　σ_{max}——桩身对围岩的侧压应力，kPa；

K_1'——折减系数，根据岩层产状的倾角大小，取 0.5～1.0；

K_2'——折减系数，根据岩层的破碎和软化程度，取 0.3～0.5；

R_0——围岩岩石单轴抗压极限强度，kPa。

桩底可按铰支承情况处理，即令 $X_B=0$，$M_B=0$。

根据经验，对于土层或软质岩层，锚固深度取 1/3～1/2 桩长比较合适，对于完整、较坚硬的岩层可取 1/4 桩长。

二、桩型选择

适用于抗滑桩的桩型有钢筋混凝土桩和钢管桩、H 型钢桩等，最常用的是钢筋混凝土桩。

1. 钢筋混凝土桩

钢筋混凝土桩断面形式主要有圆形、矩形。圆形断面可机械钻孔成桩，也可人工挖孔成桩，桩径根据滑坡推力和桩间距而定，从 $\Phi600$～$\Phi2000$，最大可达 $\Phi4500$。矩形断面可充分发挥其抗弯刚度大的优点，适用于滑坡推力较大，需要较大刚度的地方。一般为人工成孔抗滑桩，断面尺寸 $b \times h$ 一般为 1000×1500、1200×1800、1500×2000、2000×3000 等。滑坡推力大、桩间距大，选择桩径较大或桩断面尺寸较大的桩；反之则选桩径小的桩。

2. 钢管桩

钢管桩一般为打入式桩，其特点是强度高、抗弯能力大、施工快、可快速形成桩排或桩群。钢管桩桩径一般为 $D400$～$D900$，常用的是 $D600$。钢管桩适合于有沉桩施工条件和有材料可资利用的地方，或工期短、需要快速处治的滑坡工程。

3. H 型钢桩

H 型钢桩与钢管桩的特点和适用条件基本相同，其型号有 HP200、HP250、HP310、HP360 等。

三、桩的内力和变位计算

1. 桩的计算宽度确定

试验研究表明，桩在水平荷载作用下，不仅桩身宽度内的桩侧岩（土）体受挤压，而

且桩身宽度以外一定范围内的土体也受到影响，呈现出空间受力状态；岩（土）体的影响范围随不同截面形状的桩而有所不同。为了简化计算，即将空间受力状态简化为平面问题，考虑到桩截面形式的影响，将桩宽（或桩径）换算成相当于实际工作条件下的矩形桩宽度 B_P，B_P 称为桩的计算宽度。对于正面边长 b 不小于1m 的矩形桩和桩径 d 不小于1m 的圆形桩，其计算宽度为

$$\left.\begin{array}{l}\text{矩形桩}:B_P=b+1(\text{m})\\\text{圆形桩}:B_P=0.9(d+1)(\text{m})\end{array}\right\}\tag{9-4-3}$$

2. 地基反力系数或计算参数确定

水平地基反力系数一般应通过试验确定。但无试验资料时，可参照《桩基工程手册》、《公路设计手册·路基》查得地基系数值 K 及 m 值，结合当地情况以及设计人员的工程经验确定。对于常用的 m 法，我国公路、铁路、港口、建筑等行业在相应的规范中都给出了相应的数值，设计取值应在规定的取值范围内。

3. 计算图式的拟定

根据抗滑桩平面布置，初步选出桩型，确定锚固深度、桩长，计算桩上承受的滑坡推力，绘出计算图式，确定桩的边界条件。

收集并整理出计算的基本数据，如地基土的黏聚力 c、内摩擦角 ϕ、重度 γ、桩长 l、锚固深度 l_2、计算宽度 B_P、桩的刚度 EI、地基反力系数 m 和 A（或 k 值等）。

4. 计算方法选择和桩性质的判定

抗滑桩的计算方法分为刚性桩的计算和弹性桩的计算。弹性桩的计算方法常用的有 m 法、K 法和 $p-y$ 曲线法，还有数值分析方法和双参数方法，用得最多的是 m 法。

根据桩的变形系数（α 或 β）和拟采用的计算方法的临界值来判定桩的性质。当采用 m 法时

$$\left.\begin{array}{l}\alpha l_2\leqslant2.5\text{ 时，抗滑桩为刚性桩}\\\alpha l_2>2.5\text{ 时，抗滑桩为弹性桩}\end{array}\right\}$$

当采用 k 法时

$$\left.\begin{array}{l}\beta l_2\leqslant1.0\text{ 时，抗滑桩为刚性桩}\\\beta l_2>1.0\text{ 时，抗滑桩为弹性桩}\end{array}\right\}$$

其中　l_2——锚固深度；

　　　α——m 法计算时桩的变形系数；

　　　β——K 法计算时桩的变形系数。

5. 计算桩内力和变位

根据所确定的计算图式、计算参数及计算方法、桩的性质，便可按水平承载桩的计算方法计算出桩的弯矩分布图（M_x）、剪力分布图（Q_x）、桩的水平变位（y_x）和转角（φ_x）分布图，同时计算出桩身对地层岩（土）体的侧向应力分布图（σ_x）。

计算时，先计算出桩在滑面处的位移 y_0 和侧向压应力。判断值 y_0 是否在桩的水平位移限值内。若不在，应适当增加桩的刚度或锚固深度，重新计算，使其满足要求。判断侧向压应力是否满足桩侧地层的岩（土）稳定性时，一般可在锚固深度中选取几个代表断面，如 $l_2/3$ 处、$l_2/2$ 处和 l_2 处等，判断这些代表断面的侧压应力是否小于式（9-4-1）

或式（9-4-2）所确定的稳定极限应力值。若不能满足断面稳定要求，则应调整桩的刚度、锚固深度和桩的间距，再次进行计算，直到满足稳定要求时为止。最后根据调整确定计算参数，得出桩的 y_x，φ_x，M_x，Q_x 等计算结果。

四、桩的配筋计算和构造设计

1. 桩的配筋计算

钢筋混凝土抗滑桩的配筋计算一般根据所算得的桩身最大弯矩值 M_{max} 进行配筋计算，再验算最大弯矩值断面的抗裂要求、剪力最大截面处的抗剪强度。配筋计算方法与一般钢筋混凝土结构相同，在此不再赘述。

2. 钢筋混凝土桩的构造要求

（1）混凝土强度：一般采用 C20，不低于 C15，水下灌注时不低于 C20。

（2）主筋保护层厚度一般不小于 35mm，水下灌注混凝土时不小于 50mm。

（3）主筋不宜小于 $8\phi10$（小桩径），常用 $12\phi16$ 以上（D600 以上），纵向主筋沿桩身周边均匀布置（圆桩），钢筋净距不应小于 60mm。

（4）配筋长度（滑面以下）宜采用 $4/\alpha$，通长配筋。

（5）配筋率一般不低于 $0.65\% \sim 0.20\%$（小桩径取高值，大桩径取低值）。

（6）箍筋率一般不低于 $\phi6@200mm$，宜采用螺旋箍筋或焊接环式箍筋；钢筋骨架中应每隔 2m 左右设一道焊接加强箍筋。

（7）钢筋的接长等符合钢筋混凝土构件的构造要求。

第五节　抗　滑　桩　的　施　工

一、施工一般程序

抗滑桩施工一般采用机械成孔或人工成孔，现场灌注混凝土施工。

灌注桩是一项质量要求高，施工工序较多，并须在一个短时间内连续完成的地下隐蔽工程。因此，施工应按工序进行。应按设计要求、有关规范、规程及施工组织设计，建立各工序的施工管理制度。施工、监理、设计和业主各方管理到位、监控到位、技术服务和技术跟踪到位。保证施工有序、快速、高质地进行。

灌注桩施工的一般程序如图 9-5-1 所示。

灌注桩施工一般应先进行试成孔施工，试成孔的数量不少于两个，以便核对地质资料，检验所选的设备、施工工艺以及技术要求是否适宜，同时检验并修正施工技术参数。如出现缩颈、坍孔、回淤、吊脚或出现流沙、地下水量大等情况，不能满足设计要求，

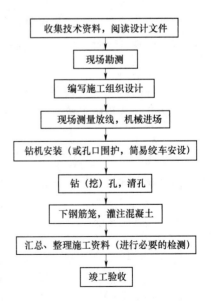

图 9-5-1　灌注桩施工程序

或增加了施工难度、达不到工期要求时，应重新制定施工方案，考虑新的施工工艺，甚至选择更适合的桩型。

二、成孔工艺选择

成孔工艺又称设桩工艺或成孔方法。抗滑桩施工常用的主要为非挤土灌注桩类型。正确、恰当地选择成孔工艺，才能保证施工质量和施工工期。各种设桩工艺适用范围及特点见表 9-5-1。

表 9-5-1　　　　　　　　各种设桩工艺适用范围及特点

序号	成孔方法	适 用 范 围			对环境的影响
		孔径/mm	孔深/m	土 层	
1	人工推钻或机械推钻	600～1600	30～40	黏性土，砂类土，含少量砂砾（粒径小于 10cm，含量低于 30%）的土	振动小，不需泥浆
2	人工挖孔	800～4000	≤25	各种土石	无噪声，不需泥浆
3	潜水钻成孔	450～4500	≤80	淤泥腐质土，粉沙，砂类土	振动小，需泥浆
4	正循环钻成孔	400～2500	≤50	黏性粉沙，细、中、粗砂，含少量卵石、砾石的土，软岩	振动小，需泥浆
5	反循环钻成孔	400～4000	≤90	黏性土，砂类土，含少量砾石、卵石的土，软岩	振动小，需泥浆
6	钻斗钻成孔	800～1500	≤40	淤泥质土，黏性土，粉土	有振动，不需泥浆
7	冲抓锥成孔	1000～2000	20～30	淤泥，密实黏土，砂类土，砂砾、卵石	振动大，不需泥浆
8	冲击实心锥成孔	800～2000	≤50	黏性土，砂类土，砾、卵、漂石，软岩	有振动，需泥浆

设桩工艺选择时，应根据具体的地质情况、桩径、桩长和工期要求，并结合机具设备供应情况和各种设桩（成孔）工艺的适用范围和优缺点，灵活、正确地选用。

三、施工机具

灌注桩的施工机具较多，有定型产品，也有自制机具，大部分采用国内产品，也有部分进口产品。各种施工机具的主要技术指标及适用的成桩方法见表 9-5-2。

表 9-5-2　　　　　　　　主要施工机具性能表

序号	设备名称及型号	主要性能指标				适用成孔方法	制造者
		钻孔直径/mm	深度/m	钻进速度/(m·min⁻¹)	电机功率/kW		
1	螺旋钻孔机 ZKL800-C	800	12～18	1	55	机动推钻	郑州勘机厂
2	螺旋钻孔机 ZKL500	600	15.5		45	机动推钻成孔	兰州建机厂
3	螺旋钻孔机 LZ	300～600	13.0	1	30	机动推钻成孔	北京桩机厂
4	钻孔机 TEXOMA700Ⅱ	1828	18		100	机动推钻成孔	天津钻机厂
5	螺旋钻孔机 ZKL1500	1500	40		83	机动推钻成孔	北京成建厂

序号	设备名称及型号	主要性能指标				适用成孔方法	制造者
		钻孔直径 /mm	深度 /m	钻进速度 /(m·min⁻¹)	电机功率 /kW		
6	YS－100 型打井机	600～1100	40		7	推钻成孔	河南机械厂
7	螺旋钻孔机 RT3/S	2200	42		118	推钻成孔	意大利 Soilmec
8	潜水钻机 KQ～1500	800～1500	80		37	潜水钻成孔	河北新河钻机厂
9	潜水钻机 KQ－3000	2000～3000	80		111	潜水钻成孔	河北新河钻机厂
10	潜水钻机 LB	800～3000	70		40～75	潜水钻成孔	日本富士机械
11	潜水钻机 RRC－20	1500～2000	50		2×14	潜水钻成孔	日本利根
12	正循环钻机 GPS－10	400～1200	50		37	正循环成孔	上海探机厂
13	正循环钻机 GQ－80	600～800	40		22	正循环成孔	重庆探机厂
14	正循环钻机 XY－5G	800～1200	40		45	正循环成孔	张家口探机厂
15	正、反循环钻机 QJ250	2500	100		95	正、反循环成孔	郑州勘机厂
16	正反循环钻机 GJC－40HF	1000～1500	40		118	正、反循环成孔	天津探机厂
17	正、反循环钻机 BRM－2	1500	40～60		22	正、反循环成孔	武汉桥机厂
18	反循环钻机 S480H	1000～4800	100		75	反循环成孔	日立建机
19	反循环钻机 MD150	3000～5000	200		110	反循环成孔	三菱重工
20	反循环钻机 FX－360	1500～3000	65		2×40	反循环成孔	江苏沛县农机厂
21	钻斗钻机 20HR	1200～2000	27～42		49	钻斗钻成孔	日本加藤
22	钻斗钻机 TH55	1500～2000	30～40		88	钻斗钻成孔	日立建机
23	钻斗钻机 RTAH	1200	28		11	钻斗钻成孔	意大利土力机械有限公司
24	钻斗钻机 R18	3000	62		183	钻斗钻成孔	意大利土力机械有限公司
25	冲抓钻机 20-THC	450～1200	40		48＋88	冲抓锥成孔	日本加藤
26	冲抓钻机	600～1200	50		16	冲抓锥成孔	湖南筑路机械厂
27	冲击钻机 CJD－1500	1500～2000	50		118	冲击钻成孔	张家口探机厂
28	冲击钻机 KC－31	1500	120		60	冲击钻成孔	洛阳矿机厂
29	冲击钻机 CZ－30	1200	180		40	冲击钻成孔	太原矿机厂
30	冲击钻机 CJC－40H	700	80		118	冲击钻成孔	天津探机厂

四、施工质量控制

1. 一般要求

抗滑桩多采用灌注桩，灌注桩的质量控制主要是指钻孔、清孔、钢筋笼制作、安放、混凝土配制、灌注等工艺工序过程的质量标准和控制方法，应以设计文件和国家或行业标准为准，制定出切合工程实际和易于操作的具体标准和要求。要特别把好成孔（包括钻孔和清孔）、下钢筋笼和灌注混凝土等几道关键工序。每一工序完毕时，均应及时进行质量检验，上道工序不清，下道工序就不能进行，以免留存隐患。施工时每一工地应设专职质量检验员，对施工质量进行全面检查监督，质量责任落实到人，落实到每一根桩。

2. 质量检验及质量标准

灌注桩钻、挖孔在终孔和清孔后，应进行孔位和孔深检验。孔径、孔形和倾斜度宜采用专用仪器测定，或采用外径为钻孔钢筋笼直径加 100mm（不大于钻头直径）、长为 4～6 倍桩径的钢筋检孔器吊入钻孔内检测。钻、挖成孔的质量标准参见表 9-5-3，施工允许偏差也可参考表 9-5-4。

表 9-5-3 　　　　　　　　　　　　　钻、挖成孔质量标准

项　目	规定值或允许偏差
孔的中心位置/mm	群桩：100，单排桩：50
孔径/mm	不小于设计桩径
倾斜度	钻孔：小于 1%，挖孔：小于 0.5%
孔深/m	摩擦桩：不小于设计规定；支承桩：比设计深度超深不小于 0.05
沉淀厚度/mm	摩擦桩：符合设计规定；设计未规定时，对桩径≤1.5m 的桩，≤200；桩径＞1.5m，或桩长＞40m 或土质较差的桩，≤300。支承桩：不大于设计规定；设计未规定时≤50
清孔后泥浆指标	相对密度：1.03～1.10；黏度：17～20Pa·s；含砂率：＜2%；胶体率：＞98%

注　引自《公路工程质量检测评定标准　第一册　土建工程》（JTG F80/1—2017）8.5.2 与 8.5.3。

表 9-5-4 　　　　　　　　　　　　　灌注桩施工允许偏差

序号	成孔方法		桩径偏差/mm	垂直度允许偏差/%	桩位允许偏差/mm	
					1～3 根桩、条形桩基沿垂直轴线方向和群桩基础的边桩	条形桩基沿轴线方向和群桩基础的中间桩
1	泥浆护壁钻、挖、冲孔桩	d≤1000	±50	1	d/6 且不大于 100	d/4 且不大于 150
		d＞1000	±50		100＋0.01H	150＋0.01H
2	锤击（振动）沉管、振动冲击沉管成孔	d≤500	−20	1	70	150
		d＞500			100	150
3	螺旋钻、机动洛阳铲干作业成孔		−20	1	70	150
4	人工挖孔桩	现浇混凝土护壁	±50	0.5	50	150
		长钢套管护壁	±20	1	100	200

注　1. 桩允许偏差负值是指个别断面。
　　2. H 为施工现场地面标高与桩顶设计标高之差，d 为桩径。
　　3. 引自《建筑桩基技术规范》（JGJ 94—2008）。

桩径检测可用专用球形孔径仪、伞形孔径仪和超声波孔壁孔测定仪等测定。孔深用专用测绳测定，钻深可由核定钻杆和钻头长度来测定。孔底沉淀厚度可用 CZ-ⅡB 型沉渣测定仪测定。桩位允许偏差可用经纬仪、钢尺和定位圆环测定。垂直度偏差可用定位圆环、

测锤和测斜仪测定。

绑扎或焊接的钢筋笼不得有变形、松脱和开焊，钢筋笼主筋的焊接接头、接头间距、焊接长度或其他接长方法，均应符合钢筋混凝土结构的相关规定，根据《公路桥涵施工技术规范》（JTG/T 3650—2020）规定，制作时应采取必要措施，保证骨架的刚度，主筋的接头应错开布置。大直径长桩的钢筋骨架宜在胎架上分段制作，且宜编号，安装时应按编号顺序连接。应在骨架外侧设置控制混凝土保护层厚度的垫块，垫块的间距在竖向应不大于2m，在横向圆周应不少于4处。钢筋骨架在运输过程中，应采取适当的措施防止变形。钢筋骨架在安装时，其顶端应放置吊环。

3. 施工质量控制要点

孔位：在现场地面设十字形控制网、基准点，随时复测、校核。

成孔：成孔设备就位后，必须平正、稳固，确保在施工中不发生倾斜和移动、松动。

钢筋笼制作：采用卡板成型法或支架成型法，加强箍筋直径适当加大或适当加密，加强筋与主筋定位后在接点处点焊固定；对直径较大的桩（2m以上），加强筋可考虑用角钢或扁钢，以增大钢筋笼的刚度，或在钢筋笼内设临时支撑梁。在钢筋笼主筋外侧设钢筋定位器，以控制主筋的保护层厚和钢筋笼的中心偏差。钢筋笼沉放时要对准孔位、扶稳、缓慢放入孔中，避免碰撞孔壁，到位后立即固定。

混凝土灌注：混凝土的配合比严格按混凝土施工规范进行，严格控制其坍落度。一般采用直长导管法（孔内水下灌注）或串筒法（孔内无水灌注）连续灌注，成孔质量合格后尽快灌注。直径大于1m的桩应每根桩留有1组试件，且每个台班不得少于1组试件。灌注时适当超过桩顶设计标高。当桩的尺寸较大而又是人工成孔时，可考虑采用人工入孔振捣混凝土，以提高桩的浇注质量。

检测：对桩径、桩混凝土质量可采用超声检测、振动检测、钻孔取芯检测、电动激振器检测、水电效应检测等。在有条件的情况下或大型滑坡工程，应考虑进行试桩检测。

试桩可分为鉴定性试桩和破坏性试桩。鉴定性试桩的荷载为设计荷载的1.2～1.5倍，可在一般的桩上进行。破坏性试桩的荷载可分级加荷，直到桩破坏，应在专供试验用的桩上进行。

五、施工中应注意的问题

灌注桩施工在成孔、钢筋笼吊放和混凝土灌注中经常出现的问题包括：坍孔、钻孔偏斜、钻头脱落、糊钻、扩孔或缩孔、梅花孔、卡钻、钻杆折断、钻孔漏浆等，人工挖孔桩出现流沙或大量涌水、承压水等，具体问题、原因及解决方法见表9-5-5。

表9-5-5 灌注型抗滑桩施工中存在的问题、原因及解决方法

问题	原 因	解 决 方 法
坍孔	自然原因：如地质情况异常和地下水位变化；施工原因：如泥浆密度不够，掏渣后未及时补充泥浆，护筒埋置太浅，钻进太快，吊入钢筋笼时碰撞孔壁等	在孔口时，应立即拆除护筒并回填钻孔，重新埋设护筒再钻，在孔内时，应判明坍塌位置，回填砂和黏土，待回填物沉积密实后再钻

续表

问 题	原 因	解 决 方 法
钻孔偏斜	钻孔中遇较大孤石、软硬地层交界、岩面倾斜、机座不平或发生不均匀沉陷、钻杆弯曲和接头不正时都可能发生钻孔偏斜	在偏斜处吊住钻头反复扫孔，严重时回填砂或黏土，沉积密实后再钻进；在地层交界和岩面倾斜处可吊着钻杆控制进尺、低速钻进
钻头脱落	当基岩坚硬，钻进缓慢，使得操作工容易懈怠、麻痹大意，造成当钻头脱落时，难以及时发现	应经常检查钻具、钻杆及连接；在孔口加盖，防止零星铁件吊入孔内。发生时用打捞叉、打捞钩或打捞活套、打捞钳等进行打捞
糊钻	在采用正、反向循环回转钻进或冲击锥钻进时，因进尺快，钻渣量大，出浆口堵塞而造成	施工时应控制进尺，发生时提出钻锥、清除残渣，或适当降低泥浆稠度
扩孔和缩孔	扩孔是孔内局部坍塌现象，缩孔是由于钻具磨损或孔内出现橡皮土而造成	扩孔不影响钻孔时可不处理，若严重，则按坍孔处理。缩孔时一般采用上下反复扫孔的方法处理
梅花孔	冲击钻进时，由于转向装置失灵、泥浆太稠使冲击锥不能转动，或冲程太小等原因引起	选用适当黏度和浓度的泥浆、及时掏渣、适当提高冲程等措施加以预防。发生时，可回填片石、卵石和黏土混合物后重新冲击施工
卡钻	钻进施工时，由于更换了钻头、冲锤倾倒，又遇孔内探头石或孔内掉入物件而卡住钻头	卡钻后不要强提，应采用小冲击锥冲、吸其卡钻周围的钻渣，待其松动后再提。若仍无效，则可考虑爆破提锥
钻杆折断	由于转速过大、钻杆磨损、地层太硬、进尺太快等原因，都可导致钻杆折断	发生时，可按钻头脱落方法进行打捞
钻孔漏浆	由于穿越透水性强的地层、泥浆稠度不够或水头过高都可能引起漏浆	加稠泥浆，回填土掺片、卵石，反复冲击增强护壁
质量缺陷桩	未达到设计要求或有质量缺陷的桩	判明桩的缺陷程度，采取加固补强措施。包括在该桩附近增加"小桩"，或采用处理桩周围地基土的方法等

思 考 题

1. 什么是抗滑桩？抗滑桩有哪些类型？每种类型的特点是什么？每种类型的适用条件是什么？

2. 抗滑桩设计有哪些要求？设计的一般计算程序是什么？

3. 作用于抗滑桩上的力系主要分为哪两部分？每部分如何确定？

4. 抗滑桩的设计包括哪些内容？

5. 抗滑桩的一般施工工艺是什么？什么是设桩工艺？如何选择合适设桩工艺？

6. 抗滑桩施工控制要点有哪些？施工过程中应注意哪些问题？对质量缺陷桩应该怎样处理？

第十章 大直径钢护筒嵌岩桩

第一节 大直径钢护筒嵌岩桩受力特点

大直径钢护筒嵌岩桩是在覆盖层较浅的深水码头和跨江桥梁建设中经常采用的深基础型式。近年来，随着我国深水码头、高速公路、高速铁路等基础设施建设速度加快，大直径钢护筒嵌岩桩的应用越来越广泛。大直径钢护筒嵌岩桩主要由两部分组成：一是进入岩层较浅的钢护筒；二是钢护筒内嵌入中风化岩层一定深度的钢筋混凝土。在施工过程中往往以钢护筒的型式作为施工措施，使用中钢护筒和桩芯钢筋混凝土具有明显的共同受力性质。码头下部结构的两层钢纵横联系梁及钢靠船构件都是焊接在钢护筒上，因此，船舶撞击力等水平荷载通过钢护筒传递给整个桩基，如图 10-1-1 所示，图 10-1-2 为钢护筒嵌岩桩构造图。

大直径钢护筒嵌岩桩虽然具有传统钢筋混凝土嵌岩桩和钢管混凝土桩（柱）的部分特性，但仍有其突出的自身特点。与传统钢筋混凝土嵌岩桩相比，由于桩芯混凝土浇筑于钢护筒中，钢护筒与桩芯混凝土具有共同受力特性。而与钢管混凝土桩（柱）相比，有以下三点不同：

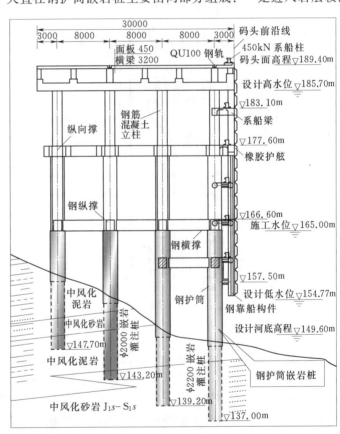

图 10-1-1 深水码头排架结构中的钢护筒嵌岩桩（单位：mm）

（1）受荷性质不同。钢管混凝土桩（柱）主要承担轴向荷载，而深水码头大直径钢护筒嵌岩桩除了承受竖向荷载外，还受到船舶撞击力、系缆力等水平循环荷载作用，且横向承载性能研究更为重要。

（2）联合受力机理不同。钢管混凝土桩（柱）主要利用轴向受压时钢管对核心混凝土的紧箍作用，使管内混凝土处于三向受压状态而提高其抗压强度。而大直径钢护筒嵌岩桩由于直径大（通常超过 1.0m），钢护筒与钢筋混凝土进入基岩深度不同，钢护筒对混凝土的约束效应有限且无法保证两者协调工作，导致钢护筒与桩芯混凝土联合受力性能低于钢管混凝土桩（柱）。

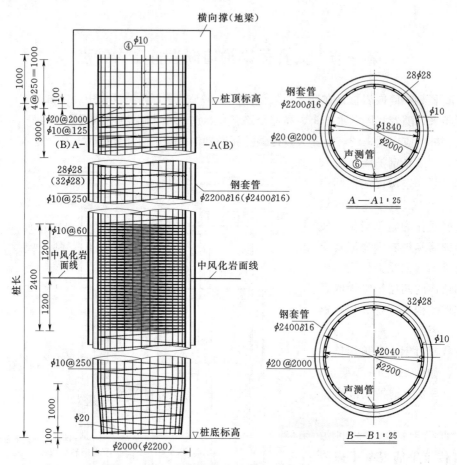

图 10-1-2　钢护筒嵌岩桩构造图（单位：mm）

（3）传力途径不同。钢管混凝土桩（柱）主要以轴向力的方式将上部荷载传递到基础或地基中，传递途径为：上部荷载→钢管混凝土桩（柱）→地基（或基础）。大直径钢护筒嵌岩桩轴向承载与钢管混凝土桩（柱）类似，但承受船舶荷载（水平力）时的传力途径为：船舶荷载→靠船构件→钢护筒→钢-混凝土界面→桩芯混凝土→地基。码头下部水平受力结构与钢护筒间通过焊接的纵横联系梁连接，水平力通过纵横联系梁传给钢护筒，再由钢-混凝土界面传递给桩芯混凝土，而并非直接作用于桩芯上。

复杂的结构受力特点使得大直径钢护筒嵌岩桩的设计计算面临很大困难。虽然国内外学者普遍认同钢管与桩芯混凝土具有共同受力的观点，但目前采用的计算方法主要是通过钢管混凝土的套箍指标将钢管强度折算为混凝土强度来考虑其共同受力，或者只考虑钢筋混凝土的单独受力。对大直径钢护筒嵌岩桩受力性质、变形特性认识不清，将会导致提出的设计方法存在局限，造成工程造价增大或存在安全隐患。因此，有必要系统开展大直径钢护筒嵌岩桩承载性能研究。

　　钢结构防腐蚀也是大直径钢护筒嵌岩桩基础在使用阶段面临的难点。防腐蚀要求得不到保证，将会影响结构的耐久性。涂装防锈漆是内河港工和桥梁结构防腐体系中的首选方式。根据工程实践经验，由于长江上游特别是三峡变动回水区汛期水流速度大，江水挟沙，对大直径钢护筒嵌岩桩表面的防锈漆有很大的冲刷作用，降低了防腐体系的防护年限，如不妥善处理还将造成钢护筒锈蚀、桩基承载能力降低的严重后果。因此，开展大直径钢护筒嵌岩桩基础高性能防腐材料及相应的防腐技术研究也十分必要。

第二节　大直径钢护筒嵌岩桩水平承载性状试验研究

　　在港口工程中，码头往往承受船舶荷载、门机荷载、流动运输机械、码头堆货等作用，因此大直径钢护筒嵌岩桩受力性状比较复杂。重庆交通大学刘明维教授科研团队针对大直径钢护筒嵌岩桩水平、竖向承载性状方面开展了大量室内模型试验，对竖向、横向及其耦合静力加载下大直径钢护筒嵌岩桩承载性能和水平循环荷载下大直径钢护筒嵌岩桩承载性能进行了研究。限于篇幅，以下仅对水平静力荷载及水平循环荷载下大直径钢护筒嵌岩桩承载性能简略论述。

一、模型缩尺比

　　以重庆果园港二期扩建工程多用途泊位嵌岩灌注桩为原型，开展室内模型试验，如图 10-2-1 和图 10-2-2 所示。室内模型试验是通过相似比尺的控制，利用模型测试量来反映原型的物理指标。几何比尺的选择与试验条件以及试验要求精度等多方面因素有关，综合各方面因素，确定试验模型几何比尺 $\lambda_L = 1/7.33$。

图 10-2-1　钢护筒嵌岩桩工作状态

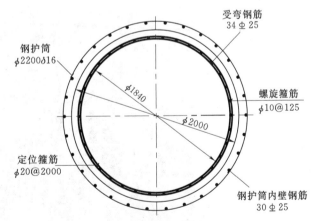

图 10-2-2　原型桩结构断面图（单位：mm）

二、水平静力荷载下大直径钢护筒嵌岩桩承载性能

1. 模型试验方案

　　试验共设计两组钢护筒嵌岩桩模型，其中模型一为普通钢护筒嵌岩桩（钢护筒内壁未焊接钢筋），模型二为加肋钢护筒嵌岩桩（钢护筒内壁焊接钢筋采用 8 根直径 8mm 的二

级钢筋），结构设计如图 10-2-3 所示。通过对两组模型进行水平加载，研究两种钢护筒嵌岩桩在水平荷载作用下的承载性状，并对比分析内壁焊接钢筋对钢护筒嵌岩桩承载性能的强化效应，物理模型试验如图 10-2-4 所示。

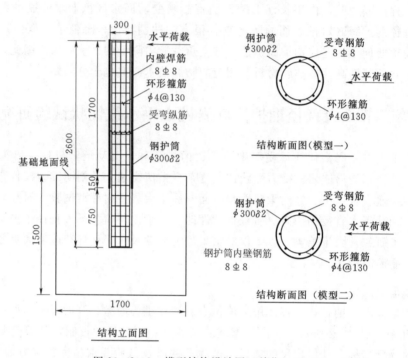

图 10-2-3　模型结构设计图（单位：mm）

图 10-2-4　物理模型试验图

2. 试验材料选择

（1）钢护筒。根据试验相似原理分析所得到的材料和模型尺寸要求，钢护筒由厚 2mm 的 Q235 钢板卷制焊接而成，外径 300mm，总长 1.85m，其中，悬臂段长 1.7m，嵌岩段长 0.15m。

（2）桩心混凝土。按照《砌筑砂浆配合比设计规程》（JGJT 98—2010），桩心混凝土标号为 C30，桩体总长 2.6m，其中悬臂段长 1.7m，嵌岩段长 0.9m。

（3）钢筋笼。桩内配筋以断面配筋率为标准，按照相似原理准则换算后。模型钢筋笼的主筋由 8 根直径 8mm 的二级钢筋组成，箍筋由间距 130mm 直径为 4mm 的一级钢筋组成，带肋钢筋由 8 根直径 8mm 的二级钢筋组成，钢护筒及钢筋笼构造如图 10-2-5 所示。

（4）地基岩石。根据《重庆港主城港区果园作业区二期扩建工程水工码头泊位部分工程地质详细勘察报告》果园港的基础包含了砂岩与泥岩，泥岩的天然单轴抗压强度标准值 7.4MPa，饱和强度为 4.3MPa，中风化泥岩的地基容许承载力可取 800kPa，强风化泥岩的地基容许承载力可取 300kPa。试验采用混凝土来模拟现场的

图 10-2-5　试验模型桩钢护筒及钢筋笼构造图

岩石地基。混凝土配合比为：胶凝材料为 12.5%，石子为 12.5%，沙为 50%。养护 28d 后在 RMT-150 试验机上进行单轴抗压强度试验，测得地基混凝土标准立方体抗压强度为 300kPa，弹性模量为 16MPa。

3. 加载方案设计

（1）加载装置。试验采用大型港工桩基试验系统进行加载，试验系统结构如图 10-2-6 所示。加载系统主要由液压源、电液伺服作动器、电液伺服阀、模拟控制器、测量传感

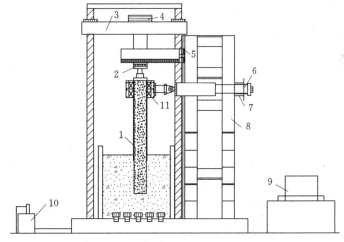

图 10-2-6　大型港工桩基试验系统结构

1—模型桩；2—竖向电液伺服作动器（内含位移、荷载传感器以及电液伺服阀）；3—竖向作动器反力梁；4—电机（控制作动器竖向移动）；5—竖向滑轨；6—横向电液伺服作动器（内含位移、荷载传感器以及电液伺服阀）；7—横向作动器固定梁；8—横向作动器反力架；9—计算机（包括模拟控制器和试验控制系统）；10—液压源；11—横向加载连接件

器、计算机及作动器反力架等组成，具有力控制和位移控制两种加载方式，可完成静力试验、疲劳试验、低周反复荷载试验等。

（2）加载方案。原型桩设计中，轴力最大设计值为 14100kN，弯矩最大设计值为 7372kN·m，剪力最大设计值为 1000kN。按照相似比尺，结合试验实际情况确定竖向加载目标值为 600kN，横向加载目标值为 30kN。

（3）加载制度。根据《港口工程基桩静载荷试验规程》（JTJ 255—2002）和《混凝土结构试验方法标准》（GB/T 50152—2012），试验分正常承载试验和破坏试验两类，正常承载试验加载目标值按上述设计值选取，模型处于承载能力极限状态内，加载制度采用分级加载；破坏试验的荷载在达到加载目标值之前，其加载制度与正常承载试验一致，超过加载制度后采用缓慢平稳的持续加载方式，以得到连续完整的破坏试验数据。

分级加载具体步骤如下：

1）正式加载前先进性行预压，使模型与加载装置之间充分接触，并校验仪器是否正常。预压值取目标值的 10%，加载速度取每分钟 $0.2\sim0.5F$（F 为预压值），持荷 5min。然后卸载至 0，加载系统和采集系统重新调零。

2）根据试验实际情况，正式加载分 $5\sim10$ 级，每级加载值取加载目标值的 $10\%\sim20\%$。每级加载完成后均持荷 10min，加载速度取每分钟 $0.2\sim0.5F$（F 为每级加载值）。

3）加载达到目标值后稳定 15min，进行卸载。卸载方式与加载时类似。

以竖向加载 600kN 为例，具体加载制度如图 10-2-7 所示。

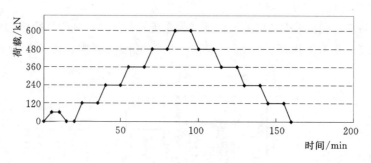

图 10-2-7　模型试验加载制度图

4. 数据采集方案

试验采用应变片测量钢筋轴向应变、钢护筒轴向应变、核心混凝土轴向应变，采用位移计测量桩身侧向位移。共设置四类测点：第一类测点用于测量钢筋轴向应变；第二类测点用于测量钢护筒轴向应变；第三类测点用于测量核心混凝土轴向应变；第四类测点用于测量桩身侧向位移。具体布置如图 10-2-8 所示。

5. 试验结果分析

对试验测得的水平荷载作用下两组模型桩的破坏模式、钢筋轴向应变、钢护筒轴向应变、桩身弯矩及水平位移进行对比分析。

（1）破坏模式分析。

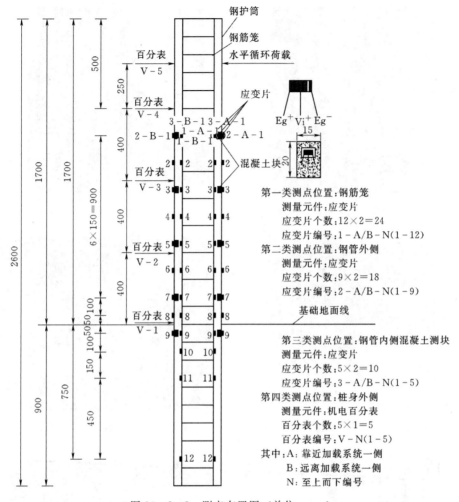

图 10-2-8　测点布置图（单位：mm）

1）模型一桩体在水平荷载作用下发生明显倾斜，地基未发生明显破坏。桩体破坏分为三段：

a. 钢护筒悬臂段发生较大倾斜，转角为 2.7°；

b. 钢护筒嵌岩段产生较小倾斜，转角为 1.5°（图 10-2-9）；

c. 钢护筒近地表处，受压侧产生屈曲变形，屈曲中心隆起（图 10-2-10），受拉侧与地基分离，有微裂缝产生（图 10-2-11）。

桩心混凝土有两处开裂：一处位于地基表面，与地基表面齐平；另一处与钢护筒底端齐平（图 10-2-12）。

2）模型二桩体在水平荷载作用下亦发生明显倾斜，地基产生严重破坏（图 10-2-13）。整体破坏可分为两部分：

a. 有钢护筒段发生明显倾斜，转角约为 4.5°；

b. 无钢护筒段桩身基本未发生弯曲（图 10-2-14）。

图 10-2-9 模型一嵌岩桩破坏内部整体图

图 10-2-10 模型一桩身受压侧破坏图

图 10-2-11 模型一桩身受拉侧破坏

图 10-2-12 模型一嵌岩桩剖开图

图 10-2-13 模型二嵌岩桩破坏整体图

图 10-2-14 模型二桩体地基内部破坏图

桩身钢筋混凝土沿钢护筒底端完全开裂，开裂面近似水平，受拉侧钢筋拉断（图 10-2-15）。地基表面主要发育两组裂缝，一组裂缝沿垂直水平作用力方向向边界扩展，另一组裂缝与水平作用力呈 45°向对角发展（图 10-2-16）。

图 10-2-15　模型二钢护筒内部破坏图　　　　图 10-2-16　模型二地基表面破坏图

两组试验中，受"变截面效应"和"弯矩极值点"影响，在弯矩作用下钢护筒底端钢筋混凝土截面均被拉断开裂。而模型二钢护筒内壁焊接钢筋，桩身刚度和强度均大于模型一，进而在破坏模式上产生了差异。具体表现为：模型一桩身在地基表面处受压侧钢护筒屈曲，内部混凝土压碎，受拉侧钢护筒与地基分离，内部混凝土水平拉裂。而模型二桩身倾斜，钢护筒底部混凝土断裂，地基翘起开裂。

（2）桩身弯矩分析。在水平荷载作用下两根模型桩的钢筋与钢护筒应变趋势基本一致，故以下均以模型二为例进行钢筋轴向应变的分析。由于桩身不同位置，抗弯截面受力情况均不一样，所以由钢筋和桩侧混凝土应变积分求解桩身弯矩很难实现，现根据两侧应变均值简化估算，计算式如下：

$$\varepsilon = \frac{M_{max}}{W_z \times E} = \frac{F \times L}{W_z \times E} \qquad (10-2-1)$$

式中　M_{max}——桩身最大弯矩（此处只考虑悬臂段）；

　　　F——桩顶横向荷载，30kN；

　　　L——横向力作用点距地基表面距离，1.55m；

　　　W_z——弯曲截面系数，圆形截面 $W_z =$ 3.14×0.3³/32=0.00265mm²；

　　　E——等效弹性模量。

计算得到模型二桩身弯矩分布情况如图 10-2-17 所示。由图可得，桩身弯矩在−150mm 处最大，在 −150～−450mm 处迅速衰减，−450mm 以下桩身基本不受力。结合桩身弯矩图和地基应变数据可知，在−150～0mm 段，左侧地基受压，且出现明显的应力集中，右侧地基受拉，由于界面光滑黏结力较差，拉力基本可以忽略。在−150～−450mm 段，右侧地

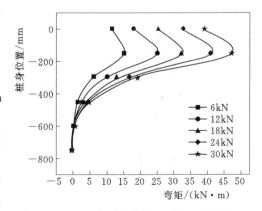

图 10-2-17　水平荷载作用下桩身弯矩图

基受压，受压区面积较大，且合力较小，对应的地基应变较小，无应力集中现象。

（3）钢筋轴向应变分析。通过试验得到水平荷载作用下钢筋轴向拉、压应变图（图10-2-18）。

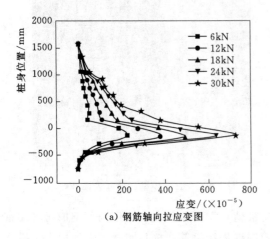

（a）钢筋轴向拉应变图

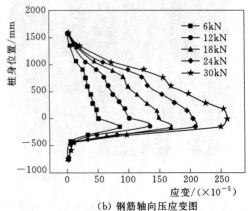

（b）钢筋轴向压应变图

图10-2-18　水平荷载作用下钢筋轴向应变图

由10-2-18（a）可知，当弯矩较小时，受拉侧混凝土、钢筋以及钢护筒均未被破坏，受拉侧混凝土、钢筋以及钢护筒三者共同受力，因此在悬臂段钢筋轴向拉应变基本呈线性增加；当弯矩超过一定值，受拉侧混凝土逐步开裂丧失承载能力，钢筋分担的弯矩比例增加，因此靠近地基处的拉应变剧增。-150mm处出现钢筋应变最大值，-150～-450mm段大幅度减小，-450mm以下应变减小为0。由图10-2-18（b）可知，钢筋轴向压应变的变化趋势与拉应变相似。但是，由于混凝土抗压强度远大于抗拉强度，且抗压侧始终是由钢筋、混凝土和钢护筒三者受力，因此悬臂段钢筋压应变始终呈近似线性增加。在嵌岩段，随着弯矩增大，-150mm处截面受拉侧混凝土失效面积增大，中性轴不断向受压侧移动，受拉侧应变增大，受压侧应变相应减小。

（4）钢护筒与钢筋轴向应变对比分析。由图10-2-19可知，钢护筒受拉侧应变基本呈线性变化，但由于钢护筒与地基接触面小，界面约束力不大，使得受拉侧钢护筒与地基之间发生相对滑动，产生应力松弛，因此在近地基处出现一点偏差。由图10-2-20可知，除地基表面测点外，其他钢护筒表明测点的受压侧和受拉侧应变变化趋势一致。而受压侧与之相反，受压侧地基以及桩芯混凝土对钢护筒的约束要远大于受拉侧，此处形成"节点"，因此出现应力集中。

为更好地对比两侧钢护筒与钢筋应变，现将30kN水平力作用下的应力对比图绘制

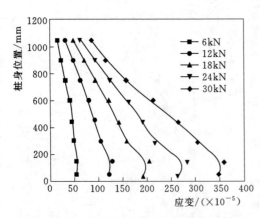

图10-2-19　钢护筒轴向拉应变图

如下（图 10-2-21）。

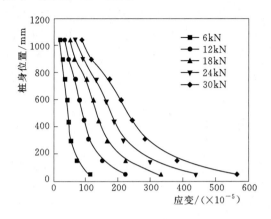

图 10-2-20　钢护筒轴向压应变图

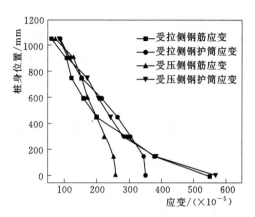

图 10-2-21　水平荷载作用下钢筋
与钢护筒轴向应变对比图

从两侧钢筋的对比可以看出，在 450mm 以上，两侧钢筋应变基本相等，抗弯截面中性轴基本处于几何中心。而 450mm 以下抗拉侧应变大于抗压侧，且越往下差值越大。这是由于抗拉侧混凝土失效，对应钢筋承担了更多拉力，中性轴向受压侧偏离。从两侧钢护筒的对比可知，除地基表面点以外，其他各点应变不仅趋势相同，且数值基本相等。地基表面点差异原因已在上一节中分析，此处不再赘述。对比钢护筒与钢筋应变可以发现，两侧钢护筒的应变均要略大于钢筋，这是由于钢护筒距离中性轴的距离要略大于钢筋。除此，钢护筒与钢筋在突变点（地基表面）的趋势正好相反。受拉侧钢筋应力集中，钢护筒有略微应力松弛；受压侧钢护筒应力集中，钢筋应力基本不变。由此可知，地基表面处，钢护筒与内部混凝土受力不一致，极易发生界面破坏。

（5）荷载位移曲线对比分析。横向加载时，分别在桩顶和地基表面处安装位移计，对荷载位移数据进行线性拟合，得到如下所示荷载位移曲线对比图（图 10-2-22 和图 10-2-23）。

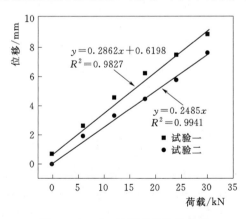

图 10-2-22　桩顶荷载位移曲线

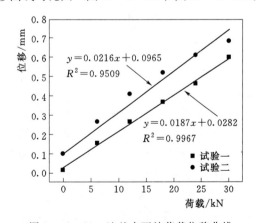

图 10-2-23　地基表面处荷载位移曲线

从图中的拟合系数 R^2 可以看出，四组荷载位移曲线线性程度很高，这说明在水平荷载 30kN 作用下，两组模型桩均处于弹性范围。其中模型一截距不为零，这是由加载初期整个模型受力接触不充分引起的。对比两组试验，桩顶和岩面处的曲线斜率模型一均大于模型二，说明模型二桩内壁焊接钢筋后刚度增大。对比桩顶和地基表面处位移，后者约为前者的 8%，岩面处最大位移为 0.69mm，桩顶处最大位移为 8.79mm。按照模型比尺换算，则原型桩两个位移分别约等于 4.85mm 和 61.56mm，已经超过规范要求。由此可见在设计荷载下，原型桩的力学性能上仍有较大安全储备，但挠度已经超过允许限值。

三、水平循环荷载下大直径钢护筒嵌岩桩承载性能

1. 模型试验方案

水平循环荷载下钢护筒嵌岩桩的试验模型、加载装置、测点布置均与水平静力荷载下模型相同。水平循环荷载下钢护筒嵌岩桩承载性能试验共制备三组模型，分别用于开展不同水平循环荷载幅值下的钢护筒嵌岩桩承载性能试验。

2. 试验装置及加载方案

在实际工程中，桩基承受的水平力以船舶撞击力为主，同时承受水流的扰动以及风、波浪的干扰等，考虑桩基设计以及自然环境下的不可抗力等因素，三组试验水平荷载加载幅值分别设置为 18kN、22.5kN、27kN。研究主要集中于水平循环荷载对钢护筒嵌岩桩的受力影响，因此，不施加竖向荷载。水平循环试验的荷载加载频率为 0.2Hz。试验加载步骤如下：

（1）循环加载试验开始前进行预加载试验，加载值为水平荷载幅值的 20%，消除支座等连接件之间的不良接触情况；

（2）预加载过程中测试试验系统工作是否正常；

（3）然后开展水平循环加载试验，当地基出现明显破坏或位移剧烈增加时终止试验。

3. 试验结果分析

（1）水平循环荷载下钢护筒嵌岩桩破坏模式。水平循环荷载下，钢护筒嵌岩桩受长期低周往复循环荷载而产生疲劳破坏，是一个长历时的动态破坏过程。试验中桩基失效过程呈现一系列破坏特征标志，依次出现的顺序为：

特征 A. 嵌岩段的钢护筒与地基界面脱粘以及地基挤压密实［图 10-2-24（a）］；

特征 B. 变截面混凝土断裂［图 10-2-24（b）］；

特征 C. 地基 CD 侧开裂及扩展［图 10-2-24（c）］；

特征 D. 桩基嵌岩段核心混凝土破坏，钢护筒—混凝土界面黏结强度损失［图 10-2-24（d）］；

特征 E. 钢护筒嵌岩段屈曲［图 10-2-24（d）］；

特征 F. 变截面钢筋主筋疲劳断裂［图 10-2-24（e）］；

特征 G. 钢护筒嵌岩桩断裂以及地基破坏［图 10-2-24（f），图 10-2-25］。

其中如图 10-2-25 所示，特征 A 为水平循环荷载下，一方面钢护筒嵌岩桩受力方向两侧钢护筒外壁与地基脱粘，另一方面，钢护筒与地基相互作用下，地基受压两侧被挤压密实；特征 B 为钢护筒外壁与地基界面脱粘后，桩基受力中性点下移，变截面处混凝土受拉开裂；特征 C 表示钢护筒嵌岩桩垂直于作用力方向两侧地基由于水平荷载受拉而开始形成裂纹，并逐渐沿垂直于水平作用力方向扩展；特征 D 代表水平荷载循环作用下，桩基嵌岩段与地基反复挤压导致嵌岩段核心混凝土压碎，钢护筒内壁与混凝土界面脱粘；

特征 E 为嵌岩段钢护筒由于核心混凝土压碎而产生屈曲变形；特征 F 指变截面处混凝土开裂后，水平荷载产生的轴向拉力转移至钢筋笼主筋，主筋在水平荷载反复施加下产生疲劳直至断裂；特征 G 代表桩基整体已经失效破坏（图 10 - 2 - 25）。

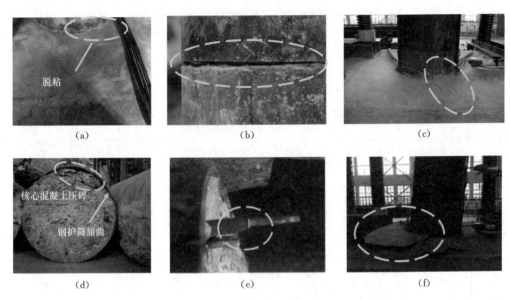

图 10 - 2 - 24　钢护筒嵌岩桩破坏过程

(a) 特征 A；(b) 特征 B；(c) 特征 C；(d) 特征 D、E；(e) 特征 F；(f) 特征 G

（2）水平循环荷载下钢护筒嵌岩桩侧向位移变化规律。对 3 组桩基模型进行水平荷载幅值的循环加载试验，得到桩基模型从加载开始到桩基失效期间承受的循环加载次数，见表 10 - 2 - 1。水平荷载为 18kN 时，试件的加载次数达到 68000 次；而当水平荷载为 22.5kN 时，加载次数降低至 11550 次。相比 18kN 时降低了约 83%。水平荷载为 27kN 时，加载次数降低至 7900 次，相比 18kN 时降低了约 88%。表明桩基的水平承载能力随着水平荷载等幅增加呈非线性降低。

同时，试验得到各组试验不同桩身高度处侧向位移随加载次数变化曲线，如图 10 - 2 - 26 所示。由图对比可知，在水平循环荷载下桩基侧向位移随加载次数变化具有相同的趋势。侧向位移与荷载加载次数曲线整体呈倒"S"形。以此将试件侧向位移发展历程划分为三个阶段：（Ⅰ）快速增长阶段；（Ⅱ）疲劳增长阶段；（Ⅲ）急剧增长阶段。

图 10 - 2 - 25　钢护筒嵌岩桩整体失效破坏

桩基在各个阶段经受的水平循环次数 $n_i (i = 1,2,3)$ 见表 10 - 2 - 1，定义 $R_i = n_i / N$ $(i = 1,2,3)$ 为各组试验每个阶段的加载次数分别占总加载次数的比率。在第 Ⅰ 阶段内，桩基侧向位移在较少的循环次数内快速增加并达到稳定值，侧向位移达到稳定时，18kN、22.5kN、27kN 三组试验的 R_1 分别为 15.44%、16.62%、8.86%。第 II 阶段内，侧向位移随循环加载次数增加缓慢增长，这一过程持续时间最长。三组试验的 R_2 分别为 74.26%、71.69%、84.81%。第 III 阶段内，桩身侧向位移急剧增加，桩基均已破坏失效。相应地，R_3 分别为 10.29%、11.69%、6.33%。随着荷载增加，桩基模型同一桩身高度的侧向位移均增大，符合理论受力情况。将第 I、II 阶段作为钢护筒嵌岩桩安全服役期，其约占其总寿命的 90%。

表 10 - 2 - 1　　　　　　　　　　　试　验　结　果

试验荷载/kN	循环加载次数						
	总加载次数 N	阶段 I/n_1	R_1/%	阶段 II/n_2	R_2/%	阶段 III/n_3	R_3/%
18	68000	10500	15.44	50500	74.26	7000	10.29
22.5	11550	1920	16.62	8280	71.69	1350	11.69
27	7900	700	8.86	6700	84.81	500	6.33

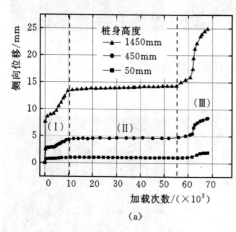

(a)

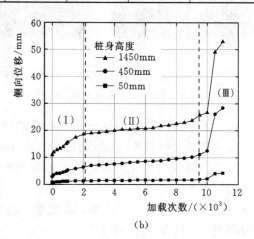

(b)

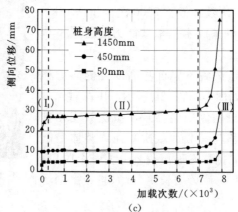

(c)

图 10 - 2 - 26　桩基侧向位移-加载次数曲线
(a) 18kN；(b) 22.5kN；(c) 27kN

桩基破坏过程中出现的特征标志与侧向位移-加载次数曲线出现明显分段具有密切联系。在第Ⅰ阶段中，特征A和特征B发生。水平荷载作用下，钢护筒-地基界面主要为化学粘结力，且这一粘结力非常小，几乎可以忽略不计。于是，在水平荷载下，钢护筒-地基界面首先脱粘，特征A出现，并进一步引起特征B发生。与此同时，地基受力侧也在桩基挤压下更加密实。钢护筒嵌岩桩受力后桩身产生的挠度变形、钢护筒-地基界面脱粘和地基挤压密实共同导致了侧向位移在第Ⅰ阶段内快速上升，并在特征A、特征B出现后达到稳定。在第Ⅱ阶段中，水平荷载反复加载下，特征C、特征D、特征E、特征F接连出现，并形成持续时间相对较长的疲劳破坏阶段。由于地基及桩身的刚度都较大，在这个阶段内侧向位移随荷载加载次数呈现缓慢增长趋势。随着特征F发生进入阶段Ⅲ。在此阶段内，钢护筒嵌岩桩迅速失效，地基表面破坏，最终结构整体破坏，侧向位移在较短的时间内急剧增长。

　　（3）钢护筒与核心混凝土协同受力特性。桩基不同高度的主筋轴向应变、核心混凝土轴向应变以及钢护筒轴向应变随加载次数的部分变化曲线图10-2-27所示。同一桩基模

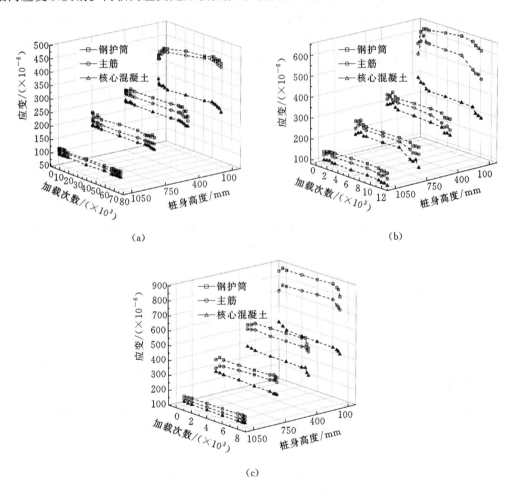

(a)

(b)

(c)

图10-2-27　钢护筒嵌岩桩钢护筒、主筋及核心混凝土应变曲线

(a) 18kN；(b) 22.5kN；(c) 27kN

型不同桩身高度中，主筋、核心混凝土以及钢护筒的轴向应变变化明显。由于桩基上端为悬臂梁，水平荷载下产生的弯矩和内力相比下部较小。在桩基悬臂段上部，三者的应变均为最小，并且三者之间的差值也为最小。桩基上部钢筋、核心混凝土以及钢护筒之间处于较好协同受力状态。此时，钢护筒与核心混凝土、核心混凝土与主筋之间有足够的黏结强度，共同承受内力所产生的相对较小的应变值。

随着桩身高度下移，桩基横截面上产生的弯矩和内力增大，钢护筒、钢筋及核心混凝土的应变增大，钢护筒、钢筋及核心混凝土之间的差值也增大，三者承受的内力发生了重分布。相比核心混凝土，钢护筒和钢筋的弹性模量更大，能承受更大的内力，因此钢护筒与主筋上的应变比核心混凝土大。

桩身下部钢护筒、钢筋及核心混凝土上产生最大应变，初始加载阶段，内力由钢筋、核心混凝土及钢护筒共同承担。在第Ⅰ阶段中，由于特征 B 的出现，引起桩身悬臂段下部应力重分布，核心混凝土的应变随加载次数增加而降低，钢护筒和钢筋应变则呈增长趋势。在第Ⅱ阶段内，钢护筒嵌岩桩在水平循环荷载下逐渐产生疲劳，引起特征 D 出现，进一步导致内力转移并主要由受力钢筋及钢护筒承受。于是，钢护筒及受力钢筋应变值缓慢增加，核心混凝土应变值持续缓慢降低变，钢筋的疲劳破坏加速。在钢护筒嵌岩桩变截面处钢筋断裂后进入第Ⅲ阶段，该阶段钢护筒、钢筋及核心混凝土的应变均因结构失效而降低。

通过上述分析可知，对于钢护筒嵌岩桩上部（约占钢护筒总长的 7/10），钢护筒内壁焊接的纵向带肋钢筋为钢护筒与核心混凝土协同受力提供了足够的粘结强度，钢护筒-核心混凝土界面始终保持粘结状态。而在下部（约占钢护筒总长的 3/10），钢护筒与桩心混凝土界面脱粘破坏。试验过程中桩基下部与地基反复挤压，核心混凝土受压剪作用破坏是导致界面脱粘破坏的原因。

第三节 大直径钢护筒嵌岩桩施工工艺

一、钻孔桩施工工艺流程

钢护筒嵌岩桩属于现场灌注桩，施工工艺与常规现场灌注桩类似，但由于钢护筒嵌岩桩往往为了适应深水施工条件，其施工工艺有较大不同，其基本施工工艺流程如图 10-3-1 所示。

二、施工准备

钻孔前的准备工作主要包括钢平台及钻孔平台的搭设，桩位放样，整理平整场地设置供电及供水系统。制作钢护筒，制作钻孔架，泥浆的制备和准备钻孔机具等。

1. 钢平台及钻孔平台的搭设

钻孔钢平台通常采用 $\phi600mm$ 钢管桩作支撑，钢平台用型钢搭设，并设置栈桥从岸边与钻孔钢平台连通。钻孔平台断面图如图 10-3-2 所示。

钻孔钢平台施工：钢管桩下沉采用振动锤振动下沉，起重设备采用浮吊，如图

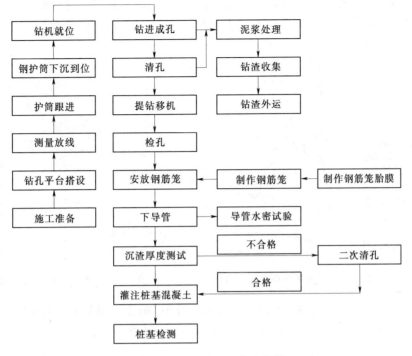

图 10-3-1 施工工艺流程图

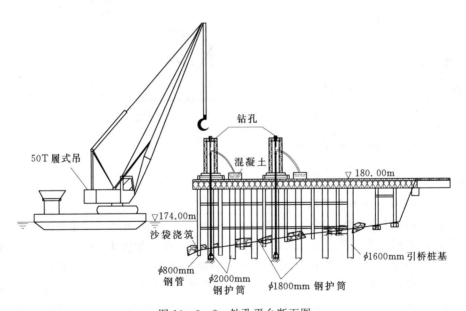

图 10-3-2 钻孔平台断面图

10-3-3所示。下沉时用全站仪及经纬仪在岸上两个垂直的平面内监视平面位置及倾斜度，随时校正其倾斜度，钢管桩要求穿过覆盖层进入强风化层，其倾斜度要求控制在1%以内。先施打钢平台岸侧桩，打完两根桩，及时用型钢临时连接，每下沉好一根钢管桩，都要临时和其他钢管桩连接，防止因嵌固深度浅，被水流冲倒。平台所有支撑钢管桩下沉完毕后，由测量在钢管桩上作标记，管顶高于平台标高时，将其上的桩头全部割除，个别不够标高要接长，然后沿码头横向安放主承重 H50 工字钢，上面纵向放钢平台面板系，如图 10-3-4 所示。

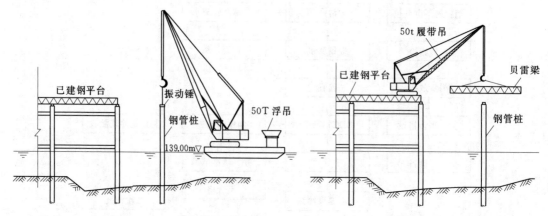

图 10-3-3　浮吊振动下沉钢管桩情况示意图　　　　图 10-3-4　平台贝蕾片桁架吊安示意图

钢栈桥施工：浇筑钢管桩扩大混凝土地基，利用 50t 履带吊安装钢管桩。图 10-3-5 为钢栈桥钢管桩吊安施工示意，图 10-3-6 为钢栈桥贝蕾片桁架吊安示意。

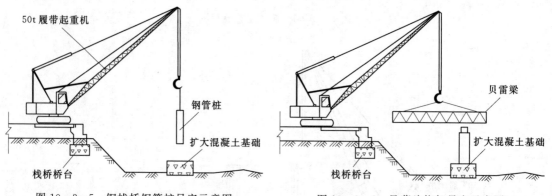

图 10-3-5　钢栈桥钢管桩吊安示意图　　　　图 10-3-6　贝蕾片桁架吊安示意图

2. 钢护筒制作、接长及下沉

钢护筒采用 A3 钢板卷制而成，厚度为 12~16mm。护筒成形采用定位器，设置台座接长，确保卷筒圆、接缝严。为加强护筒的整体刚度，在焊接接头焊缝处、护筒底脚处加设钢带。钢护筒每节加工长度不宜超过 10m。避免在吊装过程中导致钢护筒变形，焊接采用坡口双面焊，所有焊接必须连续，以保证不漏水。为避免运输过程导致变形，钢护筒的制作加工均在现场进行加工，再根据桩长进行接长，经检查合格后再吊装至桩位进行安装。

按设计要求钢护筒必须进行表面涂层防腐处理，涂层采用环氧沥青漆，成膜厚度不小于 $300\mu m$，进行涂层处理前要对钢结构进行除锈处理，除锈与底漆质量要求按国家现行标准《水工结构防腐蚀施工规范》(JTS/T 209—2020) 和《钢结构工程施工及验收规范》(GB 50205—2020)，钢护筒面漆有黄黑相间的醒目标志。

钢护筒加工要求及精度如下：①钢护筒椭圆度≤10mm；②相邻管节管径差≤3mm；③轴线纵向弯曲≤10mm。

为保证护筒的垂直度，要求护筒竖向接长时严格控制，双节护筒须同心。以保证后续护筒接长精度满足要求。施工顺序一般为：先将第一节护筒吊至设计桩位，安装固定就位后，再起吊下一节护筒与之对焊，要求 V 形坡口焊，需满焊，焊接采用二氧化碳保护焊或电弧焊。每个接头应等间距加焊 6 块 150mm×150mm×10mm 缀板，以保证接头在施沉中不出现裂缝，确保钻孔过程中不漏水。护筒采用起重设备起吊对接，整根护筒连接完毕后使用振动锤进行护筒施沉，直至护筒下放至河床面。

3. 护筒跟进

护筒落于河床底面后，即开始护脚防护，护脚方式可采用在护筒周围抛填麻袋土，钢护筒跟进采用替打辅助振动锤进行。护筒下放时定位，采用在钢平台上及钢管桩上焊接定位架，对下放时钢护筒的位置进行定位，防止偏位。

4. 泥浆制备

黏土直接投入孔内由钻锤造浆。冲击钻孔施工泥浆制作指标为，浓度（比重）：1.2～1.4，黏度：20～30（单位：s），胶体率：95% 以上，失水率：<20%，钻孔阶段含砂率：<4%，泥皮厚度：<3mm/30min。泥浆经振动塞处理后，通过钢护筒之间的连通管流入钻孔孔内。钻渣转运至运渣船，输送至业主或环保部门指定的地点丢弃。

三、钻孔施工

1. 钻机安装就位

钻机就位前应对钻机各主要机具设备进行检查和维修，钻机可利用履带吊安装就位。

2. 钻机调试

钻机就位后，要对钻机进行调平，若不平则需用千斤顶将较低边顶起，下垫钢板调平。然后检查桩锤中心及孔位中心是否在同一铅垂线上，开动卷扬机，检查系统是否正常。

3. 钻进施工方式

（1）制浆阶段，可将黏土直接投入护筒内，使用冲击锤冲击制浆，待黏土已冲搅成泥浆时，即可进行钻孔。护筒内钻进宜采用密度 1.2～1.4g/m³ 的泥浆，以 0.5m 小冲程钻进，直至穿过护筒底口 1m 以后，逐步进入正常钻进施工。

（2）在通过基岩（强风化砂岩、泥岩）之类的土层时，始终保持孔内充满 1.2～1.4 的泥浆悬浮钻渣，优先选用有较大冲击力的十字实心锥，采用 1m 高冲程冲击钻进。

4. 钻进注意事项

（1）钻孔作业应分班连续进行，认真填写施工记录。孔内要求保持 2.0m 水头高度，每钻进 2m 和在地层变化处均应捞取渣样，以便与勘察设计时的地质剖面图进行核对。在钻孔施工过程中，钻渣均要求排放在业主指定的弃渣场，不能直接排入河中，需沉淀处理达到排放要求后排放。

（2）钻头的钢丝绳同钢护筒中心位置偏差不大于 2cm，升降钻头时要平稳，不得碰撞护壁和孔壁。

（3）钻孔作业必须连续，并作钻孔记录，经常对钻孔泥浆进行检测和试验，不符合要求的随时改正，注意补充泥浆，在整个施工过程中，泥浆的损失较小，水头始终保证在2m左右，防止漏浆，确保钻孔桩的成孔质量和成孔速度。

（4）钻进过程中，每进1~2m检查钻孔直径和竖直度，注意地层变化，在地层变化处捞取渣样，判明后记入渣样记录表中并与地质剖面图核对。根据实际地层变化采用相应的钻进方式。

5. 入岩深度控制

当钻头进入基岩面时，操作人员根据钻机进尺情况通知现场技术人员，现场技术人员和监理工程师共同测量基岩顶面标高，然后根据施工图设计及地质剖面图提供的桩底标高确定入岩深度，确保桩身进入持力层（中风化岩层）达到要求后，方可停止冲击钻进。

6. 防渗漏技术措施

为防止渗漏需要采取预防措施，防止孔内水头突然下降导致孔口护筒被水压压坏或引起局部破碎岩穿孔，施工中应采取如下措施：

（1）在入岩前，必须准备充足的水源及2~3台水泵，且保证完好。

（2）准备足够数量的黏土和一定数量的小石片（直径15~20cm）。

（3）在冲砸过程中，密切注意护筒内浆面的变化情况。当泥浆面迅速下降时，说明正在漏浆。首先要赶快补水，保证孔内水平衡，再将黏土和片石的混合物投入孔中大于2m深，重新冲砸。这样砸碎的片石和大颗粒的黏土可将裂缝填充一定的距离，可钻进一定的深度而不漏浆。当再次漏浆时，仍按上述方法处理，即可逐步至设计标高。

7. 钻孔中常见事故预防和处理

（1）钻孔偏斜。

1）安装钻机时使桩锤、桩位中心在一条铅垂线上，并每班校正。

2）在倾斜的软、硬地层钻进时，应降低冲程，慢速钻进。

3）若发现桩孔倾斜，在倾斜处加入片石反复冲击，使桩孔垂直。

（2）掉落异物。

1）开钻前应清理孔内杂物。

2）搭设钻孔平台时严禁乱抛乱丢。

3）经常检查钻具、钢丝绳和联结装置。

4）为便于打捞落锤，可在锤上预先焊打捞抓环或捆钢丝绳。

（3）卡锤。用小冲击锤冲击或用冲、吸的方法将卡住冲锤周围的钻渣松动，然后提出冲锤。（预防卡锤的办法就是每班检查钻头，如尺寸变小，及时更换）。

（4）钻孔漏浆。

1）若发生漏浆或遇承压水发生泥浆稀释时，须加入稠泥浆或倒入黏土。

2）回填黏土掺片石，反复冲击增强护壁。

8. 终孔

钻头钻至设计标高时，停止钻孔，捞取渣样，并提前报请设计院、监理工程师对孔底岩层进行检查，待其确认后方可进行下一步操作。

9. 清孔和检孔

清孔分两次进行，第一次清孔以反循环吸孔为主，第二次清孔（混凝土浇筑导管清孔及吸孔配合）为铺。清孔后泥浆指标为相对密度 1.03～1.1；胶体率＞98％，黏度 17s～20s；含砂率＜2％。第一次清孔采用吸孔清孔方式，二次清孔在钢筋笼和混凝土浇注导管安装下放完毕，经测定孔底沉渣和泥浆指标不符合规范及设计要求时，采用混凝土浇筑导管接变径接头，用的空压机气举反循环清孔。第一次清孔完毕后，请监理工程师检查桩径、倾斜度、孔深等。待监理工程师认证后方可拆除钻锤、撤离钻机。孔径采用自制检孔器检测。

钢筋笼施工与混凝土灌注可参照灌注桩施工。

思 考 题

1. 大直径钢护筒嵌岩桩组成及受力特点是什么？

2. 大直径钢护筒嵌岩桩存在问题是什么？

3. 大直径钢护筒嵌岩桩承载性状试验包含哪些内容？从破坏模式方面比较普通嵌岩桩与钢护筒嵌岩桩承载性状的不同？

4. 大直径钢护筒嵌岩桩施工工艺基本流程是什么？钻进过程中的注意事项是什么？简述钻孔中常见事故预防和处理？

第十一章 桩 基 检 测

第一节 概 述

桩基的质量直接关系到工程主体结构的安全，但由于桩基的地下或水下施工，使得桩基的质量较难控制。基桩检测是采用一定的技术手段，对基桩的承载力及桩身质量进行检测的统称。常见的基桩检测主要包括以下两个方面：①承载能力检测；②桩身完整性检测。承载能力检测主要采用静载试验方法，包括单桩轴向抗压静荷载试验、单桩水平静载试验、单桩竖向抗拔静载试验等；桩身完整性检测的主要方法有钻芯法、低应变法、高应变法、声波透射法等，其中低应变法、高应变法属于基桩的动测技术。

本章以国家现行的基桩检测规范为依据，对基桩检测的各种方法进行阐述，鉴于承载力检测在桩基工程中的重要地位，本章内容主要对基桩的承载力检测方法进行介绍。

第二节 单桩轴向抗压静荷载试验

在桩基工程设计中，如何正确评价和确定单桩承载力，是一个关系到设计是否安全与经济的重要问题。但目前这个问题尚未很好的解决。单桩垂直承载力可以通过静载试验、静力触探、动力触探及本地区经验等途径来确定。其中垂直静载试验是各种确定单桩承载力方法中最基本和最可靠的方法。所谓最基本是指各种方法的成果都要与静载试验结果对比，所谓最可靠是指静载试验就在工程现场进行。但静载试验成本较高，实验设备比较笨重，还常常不易在初步设计阶段之前预先进行。桩的承载力是桩与土的共同工作问题，桩与土的应力传递比较复杂，加上天然土层千变万化，所以，除静载试验外，其他方法都有不同程度的误差。国内外规范均一致规定，对重要工程，一般都应通过现场静载试验确定桩的轴向承载力。

单桩轴向抗压静载试验，就是采用接近于轴向抗压桩实际工作条件的试验方法，确定单桩轴向抗压极限承载力。因为绝大多数建筑中桩顶荷载是逐渐增大的，所以抗压静载试验也采用分级加载、分级沉降观测的方法来记录荷载沉降关系。试验时荷载逐级作用于桩顶，桩顶沉降慢慢增大，最终可得到单根试桩静载 Q - S 曲线，还可获得每级荷载下桩顶沉降随时间的变化曲线，当桩身中埋设应力应变量测元件时，还可以得到桩侧各土层的极限摩阻力和端承力。

一个工程中应取多少根桩进行静载试验，各个部门规范大体相同。《水运工程桩基设计规范》（JTS 147 - 7—2022）规定：试验桩的数量应根据要求和工程地质条件等确定，不宜少于 2 根。

一、静载试验的目的和意义

通过现场试验确定单桩的轴向受压承载力。荷载作用于桩顶，桩将产生位移（沉降），可得到每根试桩的 Q-S 曲线，它是桩破坏机理和破坏模式的宏观反映。此外，静载试验过程，还可以获得每级荷载下桩顶沉降随时间的变化曲线，它也有助于对实验成果的分析。

对单桩荷载在 4000kN 以上的建筑物和重要的交通能源工程以及成片建造的标准厂房和住宅进行静载试桩时，宜埋设应变测量元件以直接测定桩侧各土层的极限摩阻力和端承力，以及桩端的残余变形等参数。从而能对桩土体系的荷载传递机理作较全面的了解和分析。

二、试桩的制作

试桩顶部一般应予以加强，可在桩顶配置加密钢筋网 2～3 层，或以薄钢板圆筒做成加劲箍与桩顶混凝土浇成一体，用高强度等级砂浆将桩顶抹平，钻孔灌注桩试桩的桩头制作如图 11-2-1 所示。对于预制桩，若桩顶未破损可不另作处理，如因沉桩困难需要在截桩的桩头上做试验，其顶部要外加封闭箍、内浇捣高强细石混凝土予以加强。

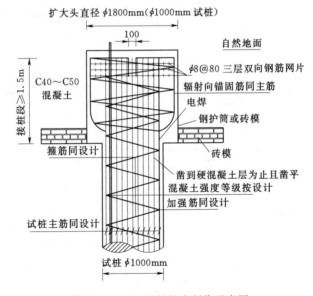

图 11-2-1 试桩桩头制作示意图

试桩的成桩工艺和质量控制标准应与工程桩一致。为缩短试桩达到设计强度的时间，混凝土强度等级可适当提高。在水下混凝土浇捣时，不能掺加早强剂。但在试桩头制作时，可添加早强剂，并预留 1～2 组试块。

对于预制方桩或者预应力管桩，从成桩到开始试验的间歇时间：在桩身强度达到设计要求的前提下，对于砂类土，不应少于 10d；对于粉土和黏性土，不应少于 15d；对于淤泥或淤泥质土，不应少于 25d。这是因为打桩施工对土体有扰动，所以试桩必须待桩周土体的强度恢复后才可以进行。

对于灌注混凝土桩，原则上应在成桩 28d 后进行试验。

三、静载试验加载装置

一般使用单台或多台同型号千斤顶并联加载。千斤顶的加载反力装置的形式有：锚桩横梁反力装置、压重平台反力装置、静压桩架反力装置和锚桩压重联合反力装置等4种形式。

1. 锚桩横梁反力装置

锚桩横梁反力装置如图11-2-2和图11-2-3所示。一般锚桩至少4根。如用灌注桩作锚桩，其钢筋笼要通长配置。如用预制长桩，要加强接头的连接，锚桩按抗拔桩的有关规定计算确定，并应对在试验过程中对锚桩上拔量进行监测。除了工程桩当锚桩外，也可用地锚的办法。主次梁的强度、刚度及锚接拉筋总断面在试验前要进行验算。在大承载力桩试验中，主次梁的安装，自重有时可达400kN左右，需要以其他工程桩作支承点，且基准梁亦以放在其他工程桩上较为稳妥。该方案不足之处是进行大吨位灌注桩试验时无法随机抽样，但对预制桩试验抽样仍无影响。

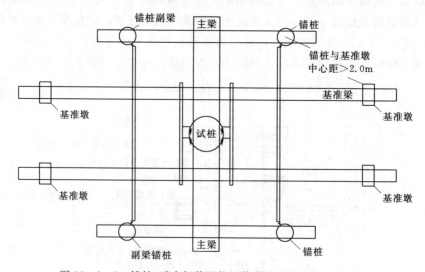

图11-2-2 锚桩-反力架装置抗压静载试验平面布置示意图

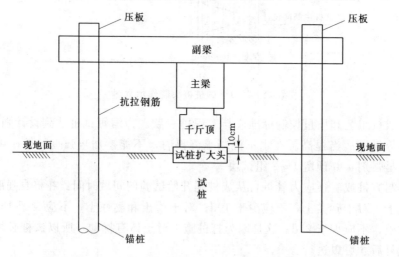

图11-2-3 锚桩法轴向抗压静载试验装置示意图

2. 堆重平台反力装置

堆重量不得少于预估试桩破坏荷载的 1.2 倍。堆载最好在试验开始前一次加上，并均匀稳固放置于平台上。堆重材料一般为钢锭、混凝土块或砂袋，如图 11-2-4 和图 11-2-5 所示。在软土地基上的大量堆载将引起地面的大量下沉，基准梁要支承在其他工程桩上，并远离沉降影响范围。作为基准梁的工字钢宜长些，但刚度不能太小，高跨比宜不小于 1/40。

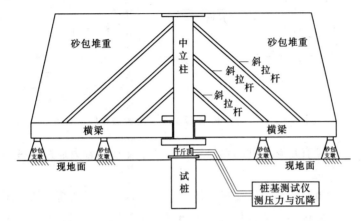

图 11-2-4　砂包堆重-反力架装置静载试验示意图

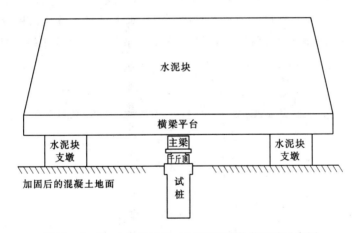

图 11-2-5　水泥块堆重-反力架装置静载试验示意图

3. 静压桩架反力架装置

对静压预制桩，可采用静压桩机及其配重作反力架，进行静载荷试验，如图 11-2-6 所示。该方案就地取材，具有简便易行、成本低的特点。但最大试验荷载受到静压桩架自重的限制，有可能做不到单桩轴向极限承载力。此时要采取增加配重等相应措施。

4. 锚桩压重联合反力装置

当试桩最大加载重量超过锚桩的抗拔能力时，可在锚桩上或主次梁上预先加配重，由锚桩与堆重共同承受千斤顶的反力。当采用多台千斤顶加载时，应将千斤顶并联同步工

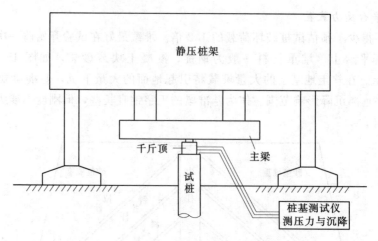

图 11-2-6 静压桩架-反力架装置静载试验示意图

作，其上下部尚需设置有足够刚度的钢垫箱，并使千斤顶的合力通过试桩中心。

5. 自平衡反力装置

该方法是将荷载箱与钢筋笼焊接成一体放入桩体，用油泵向荷载箱加压，使上半部分桩的承载力与下半部分相同，通过加荷分别测试出荷载箱上半部分桩的摩阻力及其下半部分桩的承载力，经转换为传统静载荷试验，从而给出桩基承载力，如图 11-2-7 所示。该方法自 1996 年引入我国到目前为止已成功应用在水上试桩、坡地试桩等多种特殊场地试桩，桩型有钢桩、混凝土预制桩、钻孔灌注桩、沉管灌注桩及人工挖孔桩。

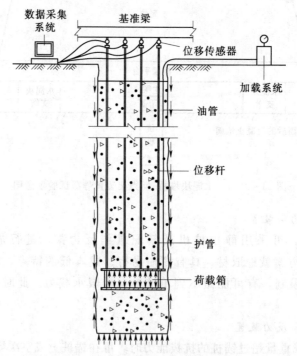

图 11-2-7 桩承载力自平衡试验示意图

6. 各种反力装置的优缺点

各种反力装置有其各自的特点，在实际工程中可以根据不同的工程情况进行选择，5 种反力装置的优缺点见表 11 - 2 - 1。

表 11 - 2 - 1　　　　　　　　5 种静载反力装置的优缺点

反力装置	优　点	缺　点
锚桩横梁反力装置	使用试桩邻近的工程或预先设置的锚桩来提供反力，安装比较快捷，特别对于大吨位的试桩来讲，比较节约成本且准确性相对较高	锚桩在试验过程中受到上拔的作用，其桩周围的扰动同样会影响到试桩。对于桩身承载力较大的钻孔灌注桩无法进行随机抽样检测
堆重平台反力装置	承重平台搭建简单，一套装置可以选做不同荷载量的试验，能对工程桩进行随机抽样检测，适合于不配筋或少配筋的桩	由于在开始试验以前，堆重物的重量由支撑墩传递到了地面上，从而使桩周土体受到了一定的影响，所以要观测支墩和基准梁的沉降，而且在大吨位试验时要注意安全
桩架自重荷重反力架装置	就地取材，具有简便易行，成本低的特点	局限性较大，对于灌注桩等大吨位试验不适应
锚桩压重联合反力装置	锚桩上拔受拉，采用适当的堆重，有利于控制桩体混凝土上裂缝的开展	由于桁架或梁上挂重堆重，桩的突发性破坏所引起的振动、反弹对安全不利
自平衡反力装置	可以适应各种场地，各种型号的桩，并且可以检测高承载力的桩。	测出的数值与真实值之间存在差异，需要通过转换，在转换的过程中会由于方法和参数选择的不同产生误差

7. 试桩、锚桩（或压重平台支墩边）和基准桩之间的中心距离

根据《建筑基桩检测技术规范》（JGJ 106—2014）规定，试桩、锚桩（或压重平台支墩边）和基准桩之间的距离应符合表 11 - 2 - 2 的规定。表中 D 为试桩或锚桩的设计直径，取其较大者。如试桩或锚桩为扩底桩时，试桩与锚桩的中心距不应小于 2 倍扩大端直径。

表 11 - 2 - 2　　　试桩、锚桩（或压重平台支墩边）和基准桩之间的中心距离

反力装置	试桩中心与锚桩中心距离（或压重平台支墩边）	试桩中心与基准桩中心距离	基准桩中心与锚桩中心距离（或压重平台支墩边）
锚桩横梁	≥4(3)D 且>2.0	≥4(3)D 且>2.0	≥4(3)D 且>2.0
压重平台	≥4D 且>2.0	≥4(3)D 且>2.0	≥4D 且>2.0
地锚装置	≥4D 且>2.0	≥4D 且>2.0	≥4D 且>2.0

注　1. D 为试桩、锚桩（或压重平台支墩边），取其较大者。
　　2. 如试桩或锚桩为扩底桩或多支盘桩时，试桩与锚桩的中心距尚不应小于 2 倍扩大端直径。
　　3. 括号内数值可用于工程桩验收检测时多排桩设计桩中心距离小于 4D 的情况。
　　4. 软土场地堆载重量较大时，宜增加支墩边与基准桩中心和试桩中心之间的距离，并在试验过程中观测基准桩的竖向位移。

四、试验方法

1. 静载试验方法

（1）试验方法可采用快速维持荷载法或慢速维持荷载法，有经验时也可采用其他方法。外海宜优先采用快速维持荷载法。荷载试验中若需测定桩的轴向刚性系数时，在永久荷载标准值到永久荷载与可变荷载标准值的组合值之间，至少往复加卸载 3 次，并应取趋

于稳定的一次循环的首尾点进行计算。

（2）加卸载均应分级进行，宜采用等量分级。每级加载宜为预计最大试验荷载的 1/12～1/10，每级卸载量宜为 2 倍每级加载量。加卸载应平稳、连续、无超载。每级加卸载时间不宜少于 1min。

（3）每级荷载维持的时间应按表 11-2-3 的规定确定。

表 11-2-3　　　　　　　　　　　　每一荷载级维持时间

试验方法 荷载级	快速法	慢速法
新加载级	1h	桩顶沉降速率达到稳定标准为止，且不小于 2h
卸载级	15min	1h
卸载为零	1h	3h
循环加、卸载的途径荷载级	5min	15min
循环加、卸载的首尾荷载级	15min	1h

（4）慢速维持荷载法试验时，桩顶在某级荷载作用下，1h 内对应的沉降值小于 0.1mm 时可定为该级沉降达到稳定。

（5）试验中各项观测数据应及时记录，并当场做数据整理汇总。手工记录汇总格式可参照表 11-2-4。异常情况时应及时做详尽记录。汇总后，应绘制荷载-沉降（Q-S）曲线和沉降-时间对数（S-$\lg t$）曲线等。

表 11-2-4　　　　　　　　　　　　试桩压载试验记录

工程名称：　　　　　　　　　　　试桩规格：

试验日期：　　　　　　　　　　　桩顶高程：

泥面高程：　　　　　　　　　　　桩尖高程：

加载序号	桩顶荷载	测读时间	百分表读数				桩顶累计沉降				平均累计沉降 /mm	潮位 /m	气温	锚桩上拔量 /mm	试桩水平位移量 /mm	备注
			1	2	3	4	1	2	3	4						

记录员：　　　　　　　值班记录员：　　　　　　　　　　　校核：

（6）慢速维持荷载法试验测读时间点为 0min、5min、10min、15min 和 30min，以后每间隔 30min 测读 1 次，直至达到每级荷载维持时间的标准。

（7）当出现下列条件之一时，可终止加载。

1）当 Q-S 曲线出现可判定极限承载力的陡降段，且桩顶总沉降量超过 40mm，对慢速维持荷载法桩顶总沉降量达到 40mm 以前有一级稳定荷载。

2）采用慢速维持荷载法试验时，在某级荷载作用下，24h 未达到稳定。

3）Q-S 曲线没有明显陡降段，桩顶总沉降量达 60～80mm 或达到设计要求的最大允许沉降量。

4）验证性试验已达到设计要求的最大加载量。

2. 桩极限荷载的确定方法

桩的极限荷载又叫桩的极限承载力，前者是对桩来说的，后者是对地基来说的。由于桩的破坏模式一般属于刺入破坏，故不能给出明确的破坏荷载数值。对摩擦桩和端承桩极限荷载的确定，目前没有争论或争论很小，而对摩擦-端承桩或端承-摩擦桩极限荷载的确定却分歧很大，而这种桩在工程实践中又是最常见的。下面将重点就这种桩极限荷载的确定，介绍一些国内外常用的方法。

（1）《港口工程桩基规范》（JTS 167-4—2012）法。当 Q-S 曲线上有可判定极限承载力的陡降段时，可取明显陡降段起始点相对应的荷载为极限承载力。陡降段的起始点可采用下列方法之一确定

1）$\dfrac{\Delta S_n}{\Delta Q_n} \leqslant f(L)$，而当 $\dfrac{\Delta S_{n+1}}{\Delta Q_{n+1}} > f(L)$ 时，或 $\dfrac{\Delta S_{n+1}}{\Delta Q_{n+1}}\Big/\dfrac{\Delta S_n}{\Delta Q_n} > 5$ 且 $S_{n+1} > 40$mm 时，

n 点对应的荷载极限承载力，如图 11-2-8（a）所示。其中 $f(L) = \dfrac{3.3}{L} - 0.04$；$L$ 为桩长，单位为 m，$f(L)$ 单位为 mm/kN。

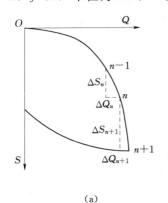 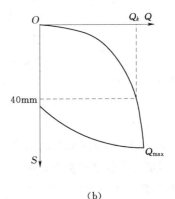

（a） （b）

图 11-2-8 Q-S 曲线

n—加载级；ΔS_n—n 级沉降增量；ΔQ_n—n 级荷载增量；
ΔS_{n+1}—$n+1$ 级沉降增量；ΔQ_{n+1}—$n+1$ 级荷载增量

2）当 $Q/Q_{\max}$-S/d 曲线有明显陡降，即曲线斜率开始演变为大于 0.3（对于一般挤土桩），或大于 0.2（对于大直径开口桩等低挤土桩）时对应的荷载为极限承载力。其中

$Q_{\max}$ 为试验所加的最大荷载，S 为沉降，d 为桩径。

3）在 $S-\lg t$ 曲线中取曲线斜率明显变陡或曲线尾部明显向下曲折的前一级荷载为极限承载力。

终止条件符合，但 $Q-S$ 曲线上没有可判定极限承载力的陡降段时，取该不稳定荷载的前一级荷载为极限承载力。

$Q-S$ 曲线没有明显陡降段时，在 $Q-S$ 曲线上取桩顶总沉降量 $S=40\text{mm}$ 相对应的荷载作为极限承载力近似值，如图 11-2-8（b）所示。对于钢管桩或桩长超过 50m 的预应力混凝土大直径管桩所取用的桩顶总沉降量应适当加大，加大值取桩身弹性压缩量值。

（2）建筑基桩检测技术规范（JGJ 106—2003）法。

1）根据 $Q-S$ 曲线的特征确定：对于陡降型 $Q-S$ 曲线，取其发生明显陡降的起始点对应的荷载。

2）根据 $S-\lg t$ 曲线的特征确定：取 $S-\lg t$ 曲线尾部出现明显向下弯曲的前一级荷载值。

3）某级荷载作用下，桩顶沉降量大于前一级荷载作用下沉降量的 2 倍，且经 24h 尚未达到相对稳定标准。

4）当荷载-沉降曲线呈缓变形时，可根据沉降量确定，宜取 $S=40\text{mm}$ 对应的荷载值；当桩长大于 40m 时，宜考虑桩身弹性压缩量；对直径大于或等于 800mm 的桩，可取 $S=0.05D$（D 为桩径）对应的荷载值。

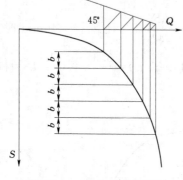

图 11-2-9 波兰桩基规范

（3）波兰桩基规范法。该法假定 $Q-S$ 曲线在破坏时为抛物线，具体做法是：任选一组等量桩顶下沉量线，然后自这些线与 $Q-S$ 曲线的交点作相应的荷载线，再从每一荷载线与荷载横轴的交点作出与横轴成 45°的斜线并与其次荷载线相交，这些交点大致落在一条直线上，此直线与荷载轴线的交点即为破坏荷载，如图 11-2-9 所示。当试桩未破坏时，可用该直线外延求取破坏荷载。

（4）百分率法。此法假定 $Q-S$ 曲线可用下列指数方程表示

$$Q=Q_{\max}(1-e^{-\alpha s}) \tag{11-2-1}$$

式中 α——反映 $Q-S$ 曲线形状的系数；

$Q_{\max}$——假定的桩的极限荷载，为一待定值。

移项并取对数，改为

$$S=-\frac{1}{\alpha}\ln\left(1-\frac{Q}{Q_{\max}}\right)$$

$$S=-\frac{1}{\alpha}\lg\left(1-\frac{Q}{Q_{\max}}\right) \tag{11-2-2}$$

式中 $\alpha'=\alpha\lg e=0.43429448\alpha$。

以上关系表明，如果式（11-2-1）成立，那么 S 与 $\lg(1-Q/Q_{\max})$ 的关系将是一

条直线。具体做法是：根据实验的荷载—沉降资料，任意假设一个 Q_{max} 值得到一条曲线，一次假设不同的 Q_{max} 便得到一组曲线；若假设的 Q_{max} 偏小，曲线上凸，反之则下凹；在两组反向曲线的过渡区中可以找到一根近似的直线，与其相应的荷载即为极限荷载，如图 11-2-10 所示。

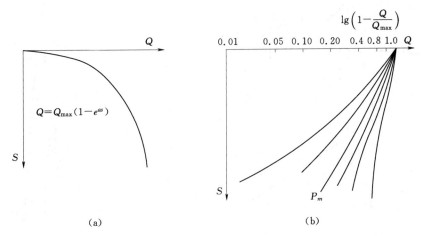

图 11-2-10　百分率法

杨克己等人认为该法亦可用数解法求解

$$S = a + b\ln\left(1 - \frac{Q}{Q_{max}}\right) \tag{11-2-3}$$

对式（11-2-3）用线性回归计算，若按假设的 Q_{max} 求得的相关系数 $r \approx 1.0$ 时，则该假设 Q_{max} 即为桩的极限承载力。

（5）斜率倒数法。此法由 Christow（1967）和马来西亚 Chin Fung Kee（1970）分别提出。假设作用在桩上荷载 Q 和下沉量 S 之间的关系为双曲线

$$Q = \frac{S}{a + bS} \tag{11-2-4}$$

式中　a、b——常数。

则

$$Q_u = \lim_{S \to \infty} \frac{S}{a + bS} = \lim_{S \to \infty} \frac{1}{\dfrac{a}{S} + b} = \frac{1}{b} \tag{11-2-5}$$

经变换改写为

$$\frac{S}{Q} = bS + a \tag{11-2-6}$$

于是 S/Q 和 S 的关系曲线为一条直线，此直线的斜率倒数等于 $1/b$，即为桩的极限荷载，如图 11-2-11 所示。用式（11-2-6）求 a 和 b 时建议用最小二乘法。经研究，用斜率倒数法求出的极限荷载接近于实测的破坏荷载。所以式（11-2-5）的 Q_u 实际上为桩的破坏荷载。此法的优点还在于，如果试桩未做到破坏，也可从已有的数据预测出桩

的破坏荷载。

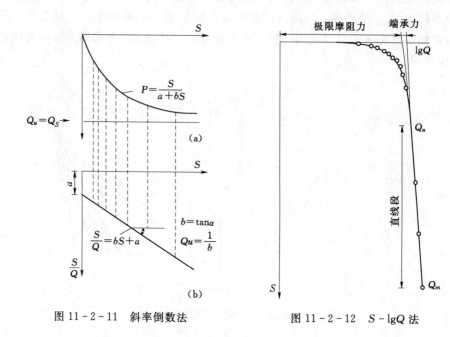

图 11-2-11　斜率倒数法　　　　　　图 11-2-12　$S-\lg Q$ 法

（6）$S-\lg Q$ 法。$S-\lg Q$ 曲线的陡降直线段在拐弯后比较明显，取 $S-\lg Q$ 曲线出现陡降直线段的起始点所对应的荷载为桩的极限荷载，如图 11-2-12 所示。该法已引入《工业与民用灌注桩基础设计与施工规程》（JGJ 4—86）。其拐点较 $Q-S$ 曲线明显，易于判定。用该法还可将桩侧摩阻力和桩尖阻力分开，具体做法是将以极限荷载为起点的直线段延长与横坐标相交，其交点与坐标原点间的荷载值即为桩侧的极限摩阻力，剩余部分为桩的端阻力。

但当试验不够完整或桩底落在软土层时，桩侧阻力按上述图解误差较大时，也可用几何分析法由下式推算

$$Q_f=\left(\frac{Q_u}{Q_m}\right)^\alpha Q_u \qquad (11-2-7)$$

$$\alpha=\frac{1}{S_m/S_u-1} \qquad (11-2-8)$$

式中　Q_f——桩侧阻力；

　　　Q_u——桩极限荷载；

　　　Q_m——最大桩顶荷载；

S_m、S_u——对应于荷载为 Q_m、Q_u 时的桩顶下沉量。

（7）$S-\lg t$ 法。试桩加载后沉降 S 与时间的对数 $\lg t$ 呈线性关系，曲线的坡度陡增时，认为桩已达到极限承载力。《工业与民用灌注桩基础设计与施工规程》（JGJ 4—86）取 $S-\lg t$ 曲线尾部向下弯曲前的一级为极限荷载，如图 11-2-13 所示。S 轴的比例为 10∶1。铁科院认为，随着荷载加大，$S-\lg t$ 曲线末端开始倾斜，当倾斜度明显增大，两级荷载下的 $S-\lg t$ 之间的间距明显增大，此时的荷载相当于极限荷载。

（8）求屈服荷载的折线法，即 $\Delta^2 K / \Delta^2 Q - Q$ 法。从国内外的试桩资料得知，多数试桩往往未出现极限荷载，便停止试验。其原因：一是不少试桩仅为检验性的；二是采用大直径桩，由于桩径大、入土深度或反力装置出现故障等原因使试桩压不到破坏。用现行的方法难以确定桩的极限荷载，而用屈服荷载评价桩的承载力具有实用意义。试桩 Q-S 曲线末段一般为指数函数，即

$$S_i = ae^{bQ_i} \qquad (11\text{-}2\text{-}9)$$

对试桩资料的最后三级荷载（四组试验数据），用回归分析进行曲线拟合，所得拟合公式（11-2-9）即为试验数据 $S_i = f(P_i)$ 列表函数的近似表达式。在式（11-2-9）中，S_i 为沉降，Q_i 为荷载，a、b 为回归系数，e 为自然对数，$i = 1$，2，3，$\cdots$，n。选择适合实测数据的线形，对式（11-2-9）通过变量变换进行线性化处理，对该式两边取对数得

$$\lg S_i = \lg a + bQ_i \lg e \qquad (11\text{-}2\text{-}10)$$

令 $\lg S_i = Y$，$Q_i = X$，$\lg a = A$，$b\lg e = B$，则上述指数函数在半对数坐标上呈线性关系

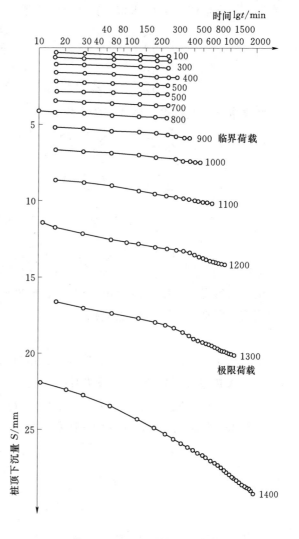

图 11-2-13 S-$\lg t$ 曲线法（单位：kN）

$$Y = A + BX \qquad (11\text{-}2\text{-}11)$$

如果上述经验方程能代表试验数据，则试验值 $Y = \lg S_i$ 与它对应的 $X = Q_i$ 值代入上式所得的 Y' 计算值之差（即为离差 δ）的平方和为最小，此方程即为最佳曲线的回归方程

$$\delta = Y - Y' = Y - (A + BX) = Y - A - BX$$

式中 Y——$Y = \lg S_i$ 的试验值；

Y'——$X = Q_i$ 代入式（11-2-11）求得的值。

离差的平方和为

$$Q = \sum \delta^2 = \sum_{i=1}^{n} (Y - A - BX)^2$$

式中，A 和 B 可根据试验数据用统计方法求得，此 A、B 值就是可能出现的数据中

概率最大的最佳值。对 Q 求偏导数并令等于零

$$\left.\begin{array}{l} \dfrac{\partial Q}{\partial A}=0 \quad \displaystyle\sum_{i=1}^{n}Y-nA-B\sum_{i=1}^{n}X=0 \\[4mm] \dfrac{\partial Q}{\partial B}=0 \quad \displaystyle\sum_{i=1}^{n}XY-A\sum_{i=1}^{n}X-B\sum_{i=1}^{n}X^2=0 \end{array}\right\} \tag{11-2-12}$$

联立求解以上两式，得 A，B 系数

$$\left.\begin{array}{l} B=\dfrac{\displaystyle\sum_{i=1}^{n}XY-\dfrac{1}{n}\sum_{i=1}^{n}X\sum_{i=1}^{n}Y}{\displaystyle\sum_{i=1}^{n}X^2-\dfrac{1}{n}\left(\sum_{i=1}^{n}X\right)^2} \\[9mm] A=\dfrac{1}{n}\displaystyle\sum_{i=1}^{n}Y-\dfrac{\displaystyle\sum_{i=1}^{n}XY-\dfrac{1}{n}\sum_{i=1}^{n}X\sum_{i=1}^{n}Y}{\displaystyle\sum_{i=1}^{n}X^2-\dfrac{1}{n}\left(\sum_{i=1}^{n}X\right)^2}\times\dfrac{1}{n}\sum_{i=1}^{n}X=\overline{Y}-B\overline{X} \end{array}\right\} \tag{11-2-13}$$

由上式解得 $A=\lg a$，$B=\lg b$，由 A、B 再反求 a、b 值，再代入式（11-2-9），从而得到 Q-S 曲线最后 4 点的拟合公式

$$S_i=ae^{bQ_i}$$

把最后一级实测荷载 Q_n 加上每级荷载增量 ΔQ，即得 $Q_{n+1}=Q_n+\Delta Q$，把 ΔQ_{n+1} 代入拟合公式，即可预测 Q_{n+1} 荷载级时的下沉量 S_{n+1}。以此类推，同时还可以算出相应任一级荷载 Q_n 下的 K_n、$(\Delta K/\Delta Q)_n$、$(\Delta^2 K/\Delta^2 Q)_n$ 等。

计算 Q-S 曲线上每段折线的一阶数值导数

$$K_{(i-1)\sim i}=\frac{S_i-S_{i-1}}{Q_i-Q_{i-1}}$$

$$K_{i\sim(i+1)}=\frac{S_{i+1}-S_i}{Q_{i+1}-Q_i}$$

计算每级荷载下 K 的一阶数值导数，即斜率的变化率

$$\left(\frac{\Delta K}{\Delta Q}\right)_{i-1}=\frac{K_{(i-1)\sim i}-K_{(i-2)\sim(i-1)}}{Q_i-Q_{i-1}}$$

$$\left(\frac{\Delta K}{\Delta Q}\right)_{i}=\frac{K_{i\sim(i+1)}-K_{(i-1)\sim i}}{Q_{i+1}-Q_i}$$

计算每级荷载下 K 的二阶数值导数

$$\frac{\Delta^2 K}{\Delta P^2}=\frac{(\Delta K/\Delta P)_i-(\Delta K/\Delta P)_{i-1}}{Q_i-Q_{i-1}} \tag{11-2-14}$$

绘出 Q-$\Delta^2 K/\Delta Q^2$ 折线图，如图 11-2-14 所示。图中折点 A 的荷载值相当于 Q-S 曲线上的屈服荷载 Q_y，B 点的荷载值相当于 Q-S 曲线上的极限荷载 Q_u。

根据北京市建筑工程研究所对 154 根桩的国内外资料验算结果表明，Q_y/Q_u 的平均

值为 0.766，均方差为 14.8%；如果以 51 根大直径桩单独统计，则 $Q_y/Q_u = 0.764$，均方差为 13.3%，故桩极限荷载 Q_u 为

$$Q_u = \frac{Q_y}{0.765} \qquad (11-2-15)$$

若以上述方法算得的屈服荷载 Q_y 作为单桩的设计荷载或单桩的容许承载力 $[Q]$，则安全系数宜取 1.53。

采用本法确定桩的屈服荷载，物理概念清楚，其折线图的特征点 A、B 明确，

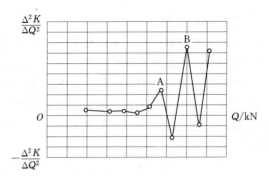

图 11-2-14 $Q-\Delta^2 K/\Delta Q^2$ 折线图

可减少人为误差。本法对未达到破坏的试桩，可以延伸和推算最后一级荷载以后的荷载沉降变化趋势，还可预估桩的极限荷载，对大直径试桩尤其适用。

3. 单桩竖向抗压极限承载力统计值的确定

单桩竖向抗压极限承载力统计值的确定应符合下列规定。

(1) 参加统计的试桩结果，当满足其极差不超过平均值的 30% 时，取其平均值为单桩竖向抗压极限承载力。

(2) 当极差超过平均值的 30% 时，应分析极差过大的原因，结合工程具体情况综合确定，必要时可增加试桩数量。

(3) 对桩数为 3 根或 3 根以下的柱下承台，或工程桩抽检数量少于 3 根时，应取低值，以确保安全。

第三节 单桩水平静载试验

一、试验目的与适用范围

在水平荷载作用下的单桩静载试验常用来确定单桩的水平承载力和地基土水平抗力系数的比例系数值，或对基桩的水平承载力进行检验和评价。当埋设有桩身应力测量元件时，可测定出桩身应力变化，并由此求得桩身弯矩分布。水平荷载有多种形式，如制动力、波浪力、风力、地震力和船舶撞击力等产生的水平力和弯矩，这些水平荷载都有其特殊性质，它们对桩的作用有专门的分析计算方法。水平受力桩通常有 4 种分析计算方法，即地基反力系数法、弹性理论法、有限元法和极限平衡法，按是否随水平位移而变化，地基反力系数法又分为非线性（如 $P-Y$ 曲线法）和线性两种方法。目前我国工程实践中常用的地基反力系数法是指后者，并假定地基抗力系数沿深度呈线性增长，即 m 法。我国基桩检测规范规定，对于受水平荷载较大的一级建筑桩基，单桩的水平承载力设计值应通过单桩静力水平荷载试验确定。

单桩水平静荷载试验主要的目的包括以下 3 个方面：①确定单桩水平临界和极限承载力，推定土抗力参数；②判定水平承载力是否满足设计要求；③通过桩身内力及变形测试，测定桩身弯矩。单桩水平静荷载试验主要的适用于能达到试验目的的钢筋混凝土桩、钢桩等。

二、一般要求

桩的水平静载试验一般以桩顶自由的单桩为对象,其主要目的是确定桩的水平承载力、桩侧地基土的侧向地基系数、土的反力模量 E_s 和 p - y 曲线。

试桩的位置选择有代表性的地点,试验桩的周围地表面较平坦,试验桩变形受其他因素的影响应较小。在实际工程中,当桩受到的水平荷载大大超过常用的经验数值,或当桩基受到循环荷载时,一般应进行水平静载试验。试桩数量应根据设计要求及工程地质条件确定,不宜少于 2 根。

试验前,在离试桩边 3~10m 范围内应有钻孔;在地表以下 16d(d 为桩径)深度范围内每隔 1m 应有土样的物理力学试验指标,16d 以下深度取样的间距可适当放大,有条件时尚宜进行现场十字板、静力触探或旁压试验。

打入桩在沉桩后到进行试桩的间隔时间,对于砂性土不应少于 3d;对于黏性土不应少于 14d;对水冲沉桩不应少于 28d。在同一根试验桩上先进行垂直静荷载试验,再进行水平静载荷试验时,两次试验之间的间歇的时间不宜小于 48h。

三、试验装置

单桩水平静荷载试验的试验装置主要包括反力系统、压力系统和水平位移量测系统 3 个部分,试验装置如图 11-3-1 所示。首先要根据试验要求预估能施加的最大荷载和最大位移,试验设备的加载能力应取预估最大荷载的 1.3~1.5 倍;反力设备的水平承载力和水平刚度应取试验桩的 1.3~1.5 倍。当采用对顶法加荷时,反力结构与试验桩之间净距不小于 6d。试验桩的加力点处应进行适当加强;基桩应稳固可靠,不受试验和其他影响,与试验桩或反力结构的净距不宜小于 6d。试验中还应防止偏心加载,在千斤顶与试桩接触处宜安设一球形支座。位移测试精度不宜小于 0.02mm。

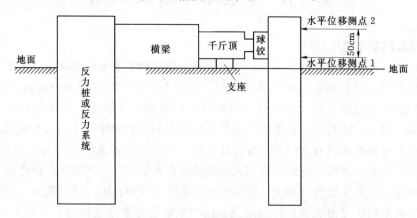

图 11-3-1 水平静载试验装置

在每一试桩在力的作用水平面上和在该平面以上 50cm 左右各安装一或两只百分表(下表测量桩身在地面处的水平位移,上表测量桩顶水平位移,根据两表位移差与两表距离的比值求得地面以上桩身的转角)。如果桩身露出地面较短,可只在力的作用平面上安装百分表测量水平位移。应注意固定或支承百分表的夹具和基准梁在构造上应确保不受温度变化、振动及其他外界因素影响而发生竖向变位;基准桩应设置在受试桩及结构反力影响的范围外；基准桩与试桩、反力桩之间的最小中心距应符合相关规定。

四、试验方法

单向单循环水平维持荷载法的加卸载分级，试验方法及稳定标准与单桩竖向静载试验的规定相同。下面介绍单向多循环加载法。

1. 加载和卸载方法

单向多循环加载法的分级荷载应小于预估水平极限承载力或最大试验荷载的 1/10。每级荷载施加后，恒载 4min 后可测读水平位移，然后卸载至零，停 2min 测读残余水平位移，至此完成一个加卸载循环。如此循环 5 次，完成一级荷载的位移观测。

2. 终止加载条件

《水运工程桩基设计规范》(JTS 147-7—2022) 对终止加载条件均做了规定，当出现下列情况之一时，可终止加载：

(1) 在某级荷载下，横向变形急剧增加。

(2) 变形速率明显加快。

(3) 地基土出现明显的斜裂缝。

(4) 达到试验要求的最大荷载和最大位移。

五、试验成果整理

单桩水平静载试验成果，为了便于应用与统计，宜整理成表格形式，并绘制有关试验成果曲线。除表格外还应对成桩和试验过程中出现的异常现象做补充说明。主要的成果资料包括以下几个方面：

(1) 单桩水平临界荷载、单桩水平极限荷载及它们对应的水平位移。

(2) 各级荷载作用下的水平位移汇总表。

(3) 绘制水平力-时间-位移 ($H_0 - t - X_0$) 关系曲线、水平力 H_0 与位移梯度 $\Delta X_0 / \Delta H_0$ 关系曲线、$\Delta H_0 - \Delta X_0 / \Delta H_0$ 曲线或水平力 H_0 与位移 ΔX 双对数曲线 ($\lg H_0 - \lg X_0$ 曲线)；分析确定试桩的水平荷载承载力和相应水平位移，如图 11-3-2 (a)、(b) 所示。

(4) 当测量桩身应力时，尚应绘制应力沿桩身分布和水平力-最大弯矩截面钢筋应力 ($H_0 - \sigma_g$) 等曲线，如图 11-3-2 (c) 所示。

1. 单桩水平承载力特征值的确定

《建筑基桩检测技术规范》(JGJ 106—2003) 对单桩水平承载力特征值做了规定，单位工程同一条件下的单桩水平承载力特征值的确定应符合下列规定：

(1) 当水平承载力按桩身强度控制时，取水平临界荷载统计值为单桩水平承载力特征值。

(2) 当桩受长期水平荷载作用且不允许开裂时，取水平临界荷载统计值的 0.8 倍作为单桩水平承载力特征值。

(3) 当水平承载力按设计要求的水平允许位移控制时，可取设计要求的水平允许位移对应的水平荷载作为单桩水平承载力特征值，但应满足有关规范抗裂设计的要求。

2. 单桩水平极限承载力的确定

单桩水平极限承载力可以按下面的方法来确定。

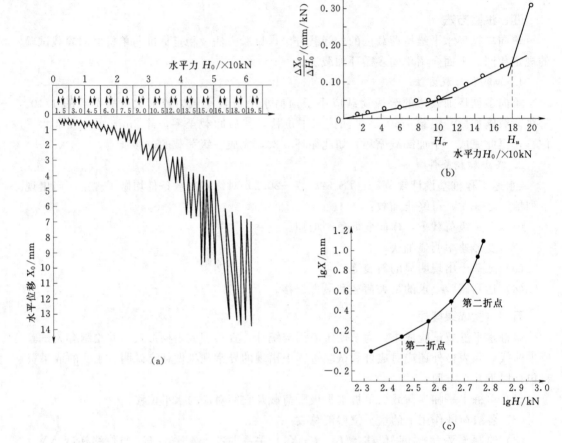

图 11-3-2　单桩水平静载实验成果曲线

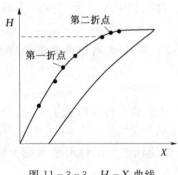

图 11-3-3　H-X 曲线

（1）H-X 曲线上第二折点的前一级荷载，如图 11-3-3 所示。

（2）H-t-X 曲线明显陡降的前一级荷载，如图 11-3-2（a）所示。

（3）$\lg H$-$\lg X$ 曲线上第二个折点（钢桩取第一折点）的前一级荷载，如图 11-3-2（c）所示。

（4）H-$\dfrac{\Delta X}{\Delta H}$ 曲线第二个直线段终点对应的荷载，如图 11-3-2（b）所示。

具体确定时，可用上述 4 法综合确定。

第四节　桩身完整性检测

埋于地下的桩是隐蔽工程，不论预制桩或灌注桩，在打入地下或浇注时，由于地层地质条件的复杂多变，地下水的赋存及流动，施工人员的技术素质、工作责任心以及不规范的经济行为等多种原因，使成桩的质量、混凝土标号、桩的不完整性乃至桩长不足等问题时有发生。具体表现为：桩身总体混凝土标号达不到设计要求，桩身出现缩径、断裂、断开、夹泥、空洞、混凝土离析以及扩径等缺陷。这些缺陷会严重影响桩基础的稳定性、抗震性能，使桩达不到设计要求的承载力标准值，由此可见对桩身完整性检测的必要性。常用的桩身完整性检测方法包括直观的取芯法、动测方法（低应变法、高应变法）、声波透射法等，本节仅做简要介绍。

一、取芯法

钻孔取芯法检测是一简单直观的方法。此方法适用于检测混凝土灌注桩的桩长、桩身混凝土强度、桩底沉渣厚度和桩身完整性，判定或鉴别桩端持力层岩土性状。通过钻孔取芯可检查整个桩长范围内混凝土的胶结、密实度是否满足要求并测出桩身混凝土的实际强度，既可检查出混凝土的配置技术又可检查出桩身混凝土的灌注质量。对桩底沉渣厚度、桩实际长度及桩端持力层岩性均可通过取芯直观认定。

钻取芯样宜采用液压操纵的钻机。钻机设备额定最高转速不低于790r/min，转速调节范围不少于4挡，额定配用压力不低于1.5MPa。钻机配备单动双管钻具以及相应的孔口管、扩孔器、卡簧、扶正稳定器和可捞取松软渣样的钻具。钻杆直径一般取50mm。钻头则根据混凝土设计强度等级选用合适粒度、浓度、胎体硬度的金刚石钻头，且外径一般不小于100mm。

（1）在进行检测时，每根受检桩的钻芯孔数和钻孔位置宜符合下列规定。

1）桩径小于1.2m的桩钻1孔，桩径为1.2～1.6m的桩钻2孔，桩径大于1.6m的桩钻3孔。

2）当钻芯孔为一个时，宜在距桩中心10～15cm的位置开孔；当钻芯孔为两个或两个以上时，开孔位置宜在距桩中心0.15～0.25D内均匀对称布置。

3）对桩端持力层的钻探，每根受检桩不应少于一孔，且钻探深度应满足设计要求。

（2）钻取的芯样应由上而下按回次顺序放进芯样箱中，芯样侧面上应清晰标明回次数、块号、本回次总块数，并及时记录钻进情况和钻进异常情况，对芯样质量进行初步描述。钻芯过程中，应对芯样混凝土、桩底沉渣以及桩端持力层详细编录。钻芯结束后，应对芯样和标有工程名称、桩号、钻芯孔号、芯样试件采取位置、桩长、孔深、检测单位名称的标示牌的全貌进行拍照。当单桩质量评价满足设计要求时，应采用0.5～1.0MPa压力，从钻芯孔孔底往上用水泥浆回灌封闭；否则应封存钻芯孔，留待处理。截取混凝土抗压芯样试件应符合下列规定。

1）当桩长为10～30m时，每孔截取3组芯样；当桩长小于10m时，可取2组，当桩长大于30m时，不少于4组。

2）上部芯样位置距桩顶设计标高不宜大于1倍桩径或1m，下部芯样位置距桩底不宜大于1倍桩径或1m，中间芯样宜等间距截取。

3）缺陷位置能取样时，应截取一组芯样进行混凝土抗压试验。

4）当同一基桩的钻芯孔数大于一个，其中一孔在某深度存在缺陷时，应在其他孔的该深度处截取芯样进行混凝土抗压试验。

（3）成桩质量评价应按单桩进行，当出现下列情况之一时，应判定该受检桩不满足设计要求（表11-4-1）。

1）桩身完整性类别为Ⅳ类的桩。

2）受检桩混凝土芯样试件抗压强度代表值小于混凝土设计强度等级的桩。

3）桩长、桩底沉渣厚度不满足设计或规范要求的桩。

4）桩端持力层岩土性状（强度）或厚度未达到设计或规范要求的桩。

表11-4-1　　　　　　　　　　桩身完整性判定表

类别	特　征
Ⅰ	混凝土芯样连续、完整，表面光滑、胶结好、骨料分布均匀、呈长柱状、断口吻合，芯样侧面仅见少量气孔
Ⅱ	混凝土芯样连续、完整、胶结较好、骨料分布基本均匀、呈柱状、断口基本吻合
Ⅲ	大部分混凝土芯样胶结较好，无松散、夹泥或分层现象，但有下列情况之一：①芯样局部被破碎且破碎长度不大于10cm；②芯样骨料分布不均匀；③芯样侧面蜂窝麻面、沟槽连续
Ⅳ	钻进很困难；芯样任意断送三、夹泥或分层；芯样局部破碎且破碎长度大于10cm

二、低应变法

基桩低应变动力检测反射波法的基本原理是将桩身假定为一维弹性杆件（桩长≫直径），在桩顶锤击力作用下，在桩身顶部进行竖向激振，弹性波沿着桩身向下传播，当桩身存在明显波阻抗差异的界面（如桩底、断桩和严重离析等部位）或桩身截面面积变化（如缩径或扩径）部位，将产生反射波。广义讲，桩身某处截面波阻抗降低，表现为反射波与入射波相位相同，如夹泥、离析、蜂窝、洞、缩颈甚至断裂；反之相位相反，如扩颈。经接受放大、滤波和数据处理，可识别来自桩身不同部位的反射信息，据此计算桩身波速，以判断桩身完整性及估计混凝土强度等级。还可根据视波速和桩底反射波到达时间对桩的实际长度加以核对。通过反射波相位特征来判断桩身缺陷的具体类型具有一定困难。因此本方法在应用中应结合工程地质资料、施工技术资料（异常情况）、桩型、施工工艺等资料，通过综合分析来对桩身的缺陷及类型做出定性判定。

低应变反射波法因其具有室外数据采集快速、仪器轻便、测试成本低廉、测试周期短、测试信号分析简单、对桩身无损，非常适用于规模普查，因此在桩身质量检测中应用最为广泛，在桩身完整性检测中有着不可替代的地位。低应变反射波法主要有以下用途。

（1）检测桩身缺陷及扩颈位置。根据波形特征无法判定缺陷性质，无论是缩颈，夹泥，混凝土离析或断桩等缺陷的反射波并无大差别，要判定缺陷性质只有对施工工艺、施工记录、地质报告以及某种桩型容易出现的质量问题非常熟悉，并结合个人工程经验进行大概的估计，估计是否准确只有通过开挖或钻芯验证。

（2）判定桩身完整性类别。所谓完整性类别就是缺陷的程度，缺陷占桩截面多大比例，是否影响桩身结构承载力的正常发挥。但是目前缺陷程度只能定性判断，还不能定量判断。目前有用波形拟合法试图给出定量结果，如荷兰建筑材料和结构研究所的 TNO-

WAVE 软件。

　　低应变法检测的仪器设备主要包括激振设备和传感器，常用的激振设备分为瞬态激振设备和稳态激振设备。瞬态激振设备有手锤、自由落锤和力棒，锤体质量一般为几百克至几十千克不等，手锤可用一般的榔头或特制手锤。用它敲击桩顶，因手劲大小不易掌握，作用力不易垂直和每一锤用力不均等缺点，容易造长波形重复性较差。自由落锤或力棒是靠锤自重，以一定高度自由下落打在柱顶上。每一锤落高一样时，作用力垂直，大小均匀，信号重复性较好，单锤和多锤平均信号的效果差别不大。手锤、自由落锤或力棒的锤头所使用的材料，或锤垫厚度将影响敲击力脉冲宽度，也就是影响力谱成分。铝头力谱宽度最宽，尼龙头次之，硬橡胶头最窄。

　　稳态激振设备的激振部分由永磁式激振器、信号源和功率放大器组成。激振器和桩顶连接有悬吊式和半刚性座式两种方式。拾振器为安装在桩顶的速度传感器。功率放大器推动激振器，产生正弦式垂直力，通过传感器作用在桩顶上。由力传感器、功率放大器和检测仪组成闭环系统，可使激振力幅值保持恒定，而激振频率从 $5\sim1200\mathrm{Hz}$ 变化，激振器出力一般为 $100\sim200\mathrm{N}$，大的为 $400\sim500\mathrm{N}$。稳态激振比瞬态激振的优点是量测精度高，因为稳态激振每条谱线上的力值是不变的，而后者每条谱线上的力值随频率增加而减小。

　　目前国内测桩所用的传感器有速度传感器和加速度传感器两类。速度传感器均为磁电式，其结构形式决定了频响范围较窄，存在低频低不下去，高频高不上去的缺点。目前所用速度传感器有下面 3 种。

　　1）检波器：检波器大都配合地震仪使用，主要功能是记录地震波到达的起始时间，对传感器频响无过高要求，检波器一般有 f_1、f_2 和 f_3 3 个固定频率（$f_1=38\mathrm{Hz}$，$f_2=220\mathrm{Hz}$，$f_3=380\mathrm{Hz}$）。如 38Hz 检波器，该传感器用于测桩，容易产生指数衰减振荡信号。

　　2）低阻尼速度传感器：以美国本特利公司（Bently Nevada）生产的速度传感器为例，其频率响应为 $4.5\sim1000\mathrm{Hz}$，速度灵敏度为 $197\mathrm{mV/(cm/s)}$。

　　3）高阻尼速度传感器。例如淮南矿业学院生产的速度传感器，采用牺牲灵敏度、增大阻尼办法拓宽其频响范围，据介绍，其频响为 $2\sim200\mathrm{Hz}$。

　　加速度传感器有压阻式、压电式的和电阻式 3 种。常用的是压电晶体式的，其频响范围为 $2\mathrm{Hz}\sim20\mathrm{kHz}$。另外，有一种内装放大器式加速度计。该加速度计不是电荷放大，而是电压量和低阻输出，它对引线要求不高，不像电荷放大要使用低噪声电缆。例如美国 PCB 公司生产的量程 50g 加速度计，频响 $2\mathrm{Hz}\sim10\mathrm{kHz}$，灵敏度 100mV/g。压电加速度计的测振原理是压电晶片上安装一质量块，用弹簧对质量块施加预压力，使质量块和压电晶片中牢固定在基座上，加速度计和桩体一起振动时，质量块产生惯性力作用在晶体上，压电晶体产生与惯性力成比例的电荷量输出。压电加速度计和速度传感器比较，具有体积小，重量轻、频响范围大，稳定性好，安装方便等优点，所以绝大多数测桩仪都是采用压电式加速度计。

　　应力波反射法的振源属冲击振动，它是非周期振动，其能量释放是突然发生，冲击力持续时间短（毫秒级）。冲击力包含有从零开始很宽频率范围，所以要求传感器、放大器和记录系统有宽的频带。一般要求频率上限大于 10 倍被测系统的频率，这样实测波形才不至于有太大失真。当传感器低频响应不好，会使实测波形峰值下降，同时波形后段产生反向峰；当高频响应不够，会使实测波形产生振荡。

三、高应变法

高应变法，是用重锤冲击桩顶，实测桩顶部的速度和力时程曲线，通过波动理论分析，对单桩竖向抗压承载力和桩身完整性进行判定的检测方法。其基本原理就是往桩顶滞轴向施加一个冲击力，使桩产生足够的贯入度，实测由此产生的桩身质点应力和加速度的响应，通过波动理论分析，判定单桩竖向抗承载力及桩身完整性。用重锤冲击桩顶时，桩-土之间会产生足够的相对位移，以充分激发桩周土阻力和桩端支承力。在这个过程中，从桩身运动方向来说，有产生向下运动和向上运动之分。习惯把桩身受压（不论是内力、应力还是应变）看作正的，把桩身受拉看作是负的；把向下运动（不论是位移、速度还是加速度）看作正的，而把向上的运动看作负的。由于应力波在其沿着桩身的传播过程中将产生十分复杂的透射和反射，因此，有必要把桩身内运动的各种应力波划分为上行波和下行波。由于下行波的行进方向和规定的正向运动方向一致，在下行波的作用下正的作用力（即压力）将产生正向的运动，而负的作用力（拉力）则产生负向的运动。上行波则正好相反，上行的压力波（其力的符号为正）将使桩产生负向的运动，而上行波的拉力（力的符号为负）则产生正向的运动。由于锤击所产生的压力波向下传播，在有桩侧摩阻力或桩截面突然增大处会产生一个压力回波，这一压力回到桩顶时，将使桩顶处的力增加，速度减少。同时，下行的压力波在桩截面突然减小处或有负摩阻力处，将产生一个拉力回波。拉力波返回桩顶时，将使桩顶处的力值减小，速度增加。掌握这一基本概念就可以在实测的力波曲线和速度曲线中根据二者变化关系来判断桩身的各种情况。

1. 高应变检测的目的

（1）判定单桩竖向抗压承载力。单桩承载力是指单桩所具有的承受荷载的能力，其最大的承载能力称为单桩极限承载力，高应变法判定单桩承载力是桩身结构强度满足轴向荷载的前提下判定地基土对桩的支承能力。

（2）判定桩身完整件。高应变法作用在桩顶的能量大，检测桩的有效深度比低应变法深，对预制桩和预应力管桩接头是否焊缝开裂，以及桩身水平整合型裂缝等缺陷的判定优于低应变法，对等截面桩可以由截面完整系数 β 定量判定桩身第一缺陷的缺陷程度，从而可定量判定缺陷是否影响桩身结构的承载力。

（3）打入式预制桩的打桩应力监控，桩锤效率、打桩系统效率和能量传递比检测，为沉桩工艺和锤击设备选择提供依据。

（4）对桩身侧阻力和端阻力进行估算，高应变法通过波形拟合程序可以计算桩身侧阻力分布和端阻力值，为桩基设计提供参考依据。

2. 常用的高应变基桩检测法

（1）凯斯法（Case 法）。Case 法是美国俄亥俄州凯斯工学院 G. C. Coble 教授主持进行了为期 12 年的研究而提出的一种简单近似的判定单桩承载力和桩身完整性的检测方法。桩身受一向下的锤击力后，桩身向下运动，桩身产生压应力波 $P(T)$，在桩身的每一载面 X_i 处作用有土的摩阻力 $R(i,t)$，应力波到达该处后产生一新的压力波向上和向下传播。上行波为幅值等于 $1/2R(i,t)$ 的压应力波，在桩顶附近安装一组传感器，可接收到锤击

力产生的应力波 $P(T)$ 和每一载面 X_i 处传来的上行波。同样，下行波是幅值为 $1/2R(i, t)$ 的拉力波，到达桩尖后反射成压力波向桩顶传播，到达传感器位置后被传感器接收，这些波在桩身中反复传播，每到传感器位置时均被传感器接收，在公式的推导过程中不考虑应力波的传播过程中能量的耗散，可得桩的静极限承载力。

（2）波形拟合法。波形拟合法的数学模型分为桩体模型和土模型。对于桩体模型，波形拟合法采用"连续"模型，把桩看作连续的、时不变的、线性的和一维的弹性杆件。把桩体划分为 N_p 个分段，分段长度应保持应力波在通过每个分段时所需的时间相等，分段本身阻抗是恒定的，但各分段阻抗可以不同。桩身内阻尼引起应力波的衰减可用衰减率模拟。其基本思路是在锤击过程中，采集两组实测曲线：力随时间变化曲线和速度随时间变化曲线。借助分析其中一组曲线，对土阻力、桩身阻抗及其他所有桩土提出假设，进而推求另一组曲线值，再把推求值与另一组实测曲线值比对。比对不满足，需要调整假设值继续试算，一直到计算值与实测值相吻合，此时对应的桩土参数就是实际的桩土参数值。该检测方法充分利用了动测过程中所测得的实测值，再辅以计算机试算可以准确地测出基桩承载力。通过大量的测试实践表明，波形拟合法是一种较为成熟的承载力确定方法，准确性和可信度均很高，必将成为高应变动测法的主流。

高应变法所需要的仪器设备包括锤击设备、传感器等。高应变法桩检测的锤可以是用于灌注桩的自由落锤；也可用打桩时的筒式柴油锤、蒸汽锤和液压锤作为桩复打时的锤击装置。对于传感器，高应变法中距桩顶一定距离的桩两侧对称各安装两只加速度传感器和两只应变式力传感器。

四、声波透射法

声波透射法用于检测桩身混凝土质量始于 20 世纪 70 年代，其结果较为准确可靠，是检验大直径灌注桩完整性的较好方法，目前在工业民用建筑、铁路，公路、港口和水利电力等工程建设得到广泛应用。声波透射法适用于已预埋声测管的混凝土灌注桩桩身完整性检测，判定桩身缺陷的程度并确定其位置。声波透射法可以检测全桩长的各横截面混凝土质量情况，桩身是否存在混凝土离析、夹泥、缩颈、密实度差和断桩等缺陷，其结果比低应变法直观可靠，同时现场操作较简便，检测速度较快，不受长径比和桩长限制。

声波透射法桩基检测就是根据混凝土声学参数测量值的相对变化，分析、判别其缺陷的位置和范围，评定桩基混凝土质量类别。声波是弹性波的一种，若视混凝土介质为弹性体，则声波在混凝土中的传播服从弹性波传播规律，由发射探头发射的声波经水的耦合传到测管，再在桩身混凝土介质中传播后，到接收端的测管，再经水耦合，最后到达接收探头。由于液体或气体没有剪切弹性，只能传播纵波，因此超声波测桩技术采用的是纵波分量。探头发射的声波会在发射点和接收点之间形成复杂的声场，声波将分别沿不同的路径传播，最终到达接收点，其走时都不尽相同。但在所有的传播路径中总有一条路径，声波走时最短，接收探头接收到该声波时，形成信号波形的初始起跳，一般称为"初至"，当桩身完好时，可认为这条路径就是发射探头和接收探头的直线距离，是已知量；而初至对应的声时扣去声波在测管、水之间的传播时间以及仪器系统延迟时间，可得声波在两测管间混凝土介质中传播的实际声时，并由此可计算出所对应的声速。当桩身存在断裂、离析等缺陷时，破坏了混凝土介质的连续性，使声波的传播路径复杂化，声波将透过或绕过缺陷传播，其传播路径大于直线距离，引起声时的延长，而由此算出的波速将降低。另外，由于空气和水的声阻抗远小于混凝土的声阻抗，声波在混凝土中传播过程中，遇到蜂窝、空洞或裂缝等缺陷时，在缺陷界面发生反射和散射，声能衰减，因此接收信号的波幅明显降低，频率明显减小。再者，透过或绕过缺陷传播的脉冲波信号与直达波信号之间存在声程和相位差，叠加后互相干扰，致使接收信号的波形发生畸变。综上所述，当桩身某一段存在缺陷时，接收到的声波信号会出现波速降低、振幅减少、波形畸变、接收信号主频发生变化等特征。

按照超声波换能器通道在桩体中的不同的布置方式，超声波透射法基桩检测主要有以下方法。

1. 桩内单孔透射法

在某些特殊情况下只有一个孔道可供检测使用，例如在钻孔取芯后，需进一步了解芯样周围混凝土质量，作为钻芯检测的补充手段，这时可采用单孔检测法，此时，换能器放置于一个孔中，换能器间用隔声材料隔离（或采用专用的一发双收换能器）。超声波从发射换能器出发经耦合水进入孔壁混凝土表层，并沿混凝土表层滑行一段距离后，再经耦合水分别到达两个接收换能器上，从而测出超声波沿孔壁混凝土传播时的各项声学参数。需要注意的是，运用这一检测方式时，必须运用信号分析技术，排除管中的影响干扰，当孔道中有钢质套管时，由于钢管影响超声波在孔壁混凝土中的绕行，故不能用此法。

2. 桩外孔透射法

当桩的上部结构已施工或桩内没有换能器通道时，可在桩外紧贴桩边的土层中钻一孔作为检测通道，检测时在桩顶面放置一发射功率较大的平面换能器，接收换能器从桩外孔中自上而下慢慢放下，超声波沿桩身混凝土向下传播，并穿过桩与孔之间的土层，通过孔中耦合水进入接收换能器，逐点测出透射超声波的声学参数，根据信号的变化情况大致判定桩身质量。由于超声波在土中衰减很快，这种方法的可测桩长十分有限，且只能判断夹层、断桩、缩颈等。

声波透射法的仪器由声波仪与换能器（探头）两部分组成。随着计算机技术和电子技术的发展，目前所生产的声波仪都是智能型的数字式声波仪。数字声波仪主要由电压发射与控制、程控放大与衰减、A/D转换与采集和计算机4部分组成。高压发射电路产生高压脉冲激励发射换能器，由电能转换为声能，以声脉冲穿过混凝土，被接收换能器接收，又将声能转为电能，电信号经程控放大与衰减，将信号自动调节到最佳电平，转入A/D转换器，变为数字信号并以DMA方式输入计算机，进行数据处理。声波换能器起电声和声电能量转换作用，分为发射换能器和接收换能器。发射换能器为实现电能转换为声能的探头；接收换能器为实现声能转换为电能的探头。

思 考 题

1. 单桩竖向抗压静载试验的目的是什么？适用于哪些范围？
2. 单桩竖向抗压静载试验加载的方法有哪些？各有何优缺点？

3. 单桩竖向抗压静载试验成果整理包括哪些内容？

4. 如何利用单桩竖向抗压静载试验确定单桩竖向抗压极限承载力？

5. 单桩水平静载试验的目的是什么？有哪些适用范围？试验装置主要包括哪些部分？

6. 如何利用单桩水平静载试验确定单桩水平临界荷载和单桩水平极限承载力？

7. 简述如何利用取芯法判定桩身的完整性。

第十二章　桩基础在港口与海洋工程中的应用

第一节　桩基础在高桩码头中的应用

一、概述

高桩码头是由基桩和上部结构组成，基桩的下部打入土中，上部高出水面，上部结构有梁板式、无梁大板式、框架式和承台式等。高桩码头属于透空式结构，波浪和水流可在码头平面以下通过，对波浪不发生反射，不影响泄洪，并可减少泥沙淤积。

高桩码头不仅适应于软土地基以及可以沉桩的黏性土、粉土、砂土等地基，而且在无覆盖层或覆盖层不足的岩基上已通过使用嵌岩桩得到较多的工程应用。随着港口建设不断向深水和外海发展，以及靠泊船舶吨位和装卸机械的大型化，桩基所承受的船舶荷载、波浪力和水流力、以及防风锚碇荷载大幅增加，同时码头前沿水深不断增大，桩的自由长度增大，对桩基抗弯能力、竖向抗压承载力和抗拔力提出了更高的要求。高桩码头施工设计图如图 12-1-1 所示。

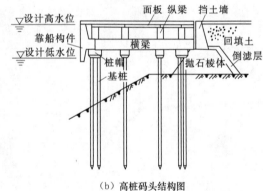

（a）高桩码头桩基础　　　　　　　（b）高桩码头结构图

图 12-1-1　高桩码头

二、高桩码头中桩的分类

港口工程基桩可按成桩工艺分为打入桩、灌注桩和嵌岩桩 3 类，各类桩可按下列方法分为不同的桩型。

打入桩可按桩材料分为预制混凝土桩和钢管桩等，其中预制混凝土桩可按桩身结构情况分为钢筋混凝土桩和预应力混凝土桩，预应力混凝土桩可按桩身截面形状分为预应力混凝土方桩和预应力混凝土管桩等。

灌注桩可按成孔方法分为钻孔灌注桩和挖孔灌注桩等。

嵌岩桩可按成桩方法、结构组成和嵌岩形式等分为灌注型嵌岩桩、灌注型锚杆嵌岩桩、预制型植入嵌岩桩、预制型芯柱嵌岩桩、预制型锚杆嵌岩桩和预制型组合式嵌岩桩等。

本节将对高桩码头中比较常用的钢管桩、预应力混凝土管桩、灌注桩进行讲解。

图 12-1-2 为钢管桩、预应力混凝土管桩、灌注桩示意图。

（a）钢管桩现场图

（b）预应力混凝土管桩现场图

（c）灌注桩现场图

图 12-1-2　高桩码头分类

三、高桩码头的设计规范

高桩码头的基桩宜采用预应力混凝土方桩、预应力混凝土管桩和钢管桩等打入桩，也可采用灌注桩和嵌岩桩等其他形式的基桩，内河小型码头亦可采用预制钢筋混凝土桩。对于掩护水域建造的引桥式码头或码头需要承受较大水平荷载时，应根据具体情况增加斜桩或叉桩以及适当增加码头桩台的宽度等措施。

码头桩台还应设置伸缩缝和沉降缝。伸缩缝的间距，应根据本地区的温度差、上部结构的刚度、桩的自由长度和刚度等因素综合考虑。上部结构为装配整体式结构时，宜取60～70m；上部结构为现场整体浇注混凝土时宜取 35m 左右。沉降缝的位置应根据荷载情况、结构形式和地质条件进行确定，沉降缝宜与伸缩缝相结合。

若码头上部结构在伸缩缝和沉降缝分段处，可采用悬臂式结构或简支结构。分段处的缝宽可取 20～30mm，当有抗震要求时缝宽可根据计算或当地经验确定。伸缩缝内应采用泡沫塑料等柔性材料填充，保证结构自由伸缩。为防止码头相邻两段水平位移不一致影响有轨装卸机械的行驶，分段处在平面上宜做成凹凸缝，如图 12-1-3 所示。凹凸缝的齿

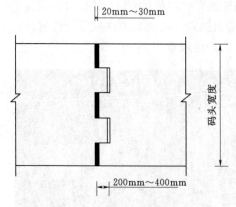

图 12-1-3 伸缩缝和沉降缝平面图

高可取 200~400mm,当水平力较大时应由计算确定。凹凸缝转角处宜设置钢筋予以加强。

码头面应设排水坡和泄水孔,排水坡度可采用 5‰~10‰。还应设置磨耗层,其厚度根据流动机械的类型和使用情况确定。磨耗层与面板同时浇筑时,其厚度不应小于 20mm,分开浇筑时不应小于 50mm。其中,磨耗层混凝土的强度等级不应低于 C25,对行驶流动机械频繁的码头可适当提高,还应考虑耐久性要求。而基于耐久性要求的混凝土最低强度等级可按《水运工程混凝土结构设计规范》(JTS 151—2011)取值,见表 12-1-1。

表 12-1-1　　　　　　　基于耐久性要求的混凝土最低强度等级

所在部位	海水环境		淡水环境	
	钢筋混凝土	素混凝土	钢筋混凝土	素混凝土
大气区	C30	C20	C25	C20
浪溅区	C40	C25	—	—
水位变动区	C35	C25	C25	C20
水下区	C30	C25	C25	C20

注　有抗冲耐磨要求的部位,应专门研究确定,且混凝土强度等级不应低于 C30。

除混凝土强度等级有最低强度要求之外,《水运工程混凝土质量控制标准》(JTS 202-2—2011)对于淡水和海水环境下,钢筋的混凝土保护层最小厚度也有相关要求,见表 12-1-2 和表 12-1-3。

表 12-1-2　　　　淡水环境下钢筋的混凝土保护层最小厚度 (单位:mm)

水 上 区		水位变动区	水下区
水汽积聚	无水汽积聚		
40	35	40	40

注　1. 箍筋直径大于 6mm 时,保护层厚度可按表中规定增加 5mm,板等无箍筋的构件保护层厚度宜按表中规定减少 5mm。

　　2. 预应力钢筋的保护层厚度不宜小于 1.5 倍主筋直径;碳素钢丝、钢绞线的保护层厚度宜按表中规定增加 20mm,如采取特殊工艺或专门防腐措施,经充分技术论证,对预应力筋的防腐蚀作用确有保证时,保护层厚度可不受上诉规定的限制。

表 12-1-3　　　　海水环境下钢筋的混凝土保护层最小厚度 (单位:mm)

建筑物所在地区	大气区	浪溅区	水位变动区	水下区
北方	50	60	50	40
南方	50	65	50	40

注　1. 混凝土保护层厚度系指主筋表面与混凝土表面的最小距离。

　　2. 表中数值系箍筋直径为 6mm 时主钢筋的保护层厚度,当箍筋直径大于 6mm 时,保护层厚度应按表中规定增加 5mm。

　　3. 位于浪溅区的码头面板、桩等细薄构建的混凝土保护层,南方和北方一律取 50mm。

　　4. 南方指历年最冷月月评价气温大于 0℃的地区。

码头前沿护轮坎宜采用钢板进行保护，并作鲜明标记以防碰撞，护轮坎根部视具体情况设置泄水孔。

在码头上应设置固定的沉降、位移观测点，并应符合现行行业标准《港口设施维护技术规范》（JTS 310—2013）规定。

四、钢管桩在高桩码头中的应用

现阶段工程施工中所采用的钢管桩多为低碳钢，该材料在抗强度、抗拉、抗压等多个方面的能力均较强，且经过加工形成钢管后，其在抗弯方面的水平较高，适宜在持力层较强的地质环境中应用，使其受力特性可充分发挥。钢管桩易于调整桩长，提高经济效益。其通过焊接方式接长，若持力层的埋深情况发生改变时，可结合沉桩情况对钢管桩进行焊接或是切割处理。大多数的钢管桩均是采用敞口式，且钢管桩的管壁较薄，减少表土与挤土的隆起，降低压桩对土体以及周边设施的干扰。目前，大吨位高桩码头的桩基工程都是使用钢管桩进行施工，尤其是距海岸相对稍远的大吨位深水石油高桩码头工程。

高桩码头钢管桩的工艺流程：

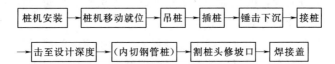

高桩码头钢管桩制作阶段质量控制要点如下。

钢管桩焊接质量控制：质量控制人员要对钢管桩的生产进行监督检查，而且还要重点检查钢管桩生产的质量以及钢管桩的生产工艺方面，还要对钢管桩的生产焊接部分进行焊接工艺核查和评定，并总结出相关的评定报告。为了保证焊接过程评估报告的真实性和有效性，有必要参与焊接工艺过程。同时，有必要检查焊接操作工和检验人员的资质证书，并确保实际操作人员和焊接工艺评定程序是同一人。钢管桩的设计和确定应根据码头的条件、码头的水平和防腐的要求。一般高桩码头的钢管桩选择都是有较好性能的钢，具有一定的抗腐蚀性性能也是可以使用的。

钢管桩防腐蚀质量控制：对钢管桩进行保护，使其不被腐蚀，这可以使钢管桩使用更加长久，对钢管桩进行保护的施工措施一般情况下在工厂生产时就已经完成。根据现场情况，还设有防腐蚀涂层的特殊部位。控制钢管桩腐蚀质量的关键应做好以下几方面：质量控制人员应仔细检查防腐蚀施工方案，并将重点放在现场布置、除锈程序和工艺连接安排上。对于涂装材料，进入后检查合格证书和质量保证，并进行抽查以确保原材料符合设计和规范要求。施工单位需要保持原料的贮存系统，确保原材料的检验合格，对原材料进行定期和不定期检查。

钢管桩沉桩前质量控制：由于钢管桩大多是由厂家焊接和进行防腐蚀处理的，由于中途运输路程长，且运输时间久，所以钢管桩很有可能在运输的路上就已经发生损坏，为确保工程的安全，在交货前和交付后都要进行质量控制。重点对工厂的驳船检验和目前的外观检查，主要是为了确保桩基桩驳船规格的荷载和满足桩的需要。

高桩码头钢管桩沉桩阶段质量控制要点如下。

沉桩施工专项方案审查：对沉桩的特殊方案进行回顾，重点进行沉桩的选择、布置和顺序图的规划。

桩位计算成果复核和测量控制：现在打桩船配备了 GPS 测量控制系统，可以控制桩的位置和标高。对桩位计算结果进行回顾是非常重要的，这是保证桩位正确位置的最后一步，质量控制人员应逐个检查桩位。同时，虽然有一个 GPS 控制支撑桩的位置，也应该配备全站仪对水平和高度同步确认，特别是在沉桩的开始阶段，认真开展工作，以消除 GPS 的可能性桩位置误差计算和测量系统的误差。

对装船配备的锤型进行确认：对沉桩工程所使用的锤型进行选择是非常重要的，相关工作人员务必要确保所选择的锤型与施工设计所要求的锤型是一致的，以确保工程的顺利开展，保证工程质量的安全可靠。

召开沉桩设计、施工专项交底会：在沉桩施工开始前，应对沉桩设计和施工进行会议讨论确认，除了在会议上应注意有关事项外，打桩过程中，桩锤停止也应该专注于特定标准和桩异常处理程序，并强调确保沉桩过程的沟通。

重视沉桩记录：在实践中，沉桩的记录有时会被忽略，有时甚至是伪造的。沉桩记录是沉船过程中最完整的记录，沉桩记录是最重要的参考资料。质量经理要对记录程序和记录进行抽查，以确保记录的及时性和真实性。

用好大小应变检测手段：在码头的沉桩过程中，大小应变的测量是质量控制的重要手段。除了检查桩基的承载力，还可以检查桩身的完整性。小应变是检验混凝土管桩完整性的重要方法。桩的完整性测试是桩施工中最后的质量控制环节。承载力的试验是基本要求，而对于条件的静负荷试验是必需的。本章介绍了港口工程桩基应变检测的方法和比例。作者根据多年工程实践，在实际测试过程中，它通常可以遵循以下原则选择测试桩：对于大型应变，尽可能选择少量的测试桩锤次数，如果少锤桩基础承载力可以满足承载力的要求，桩基础理论上可以推测锤数较高；对于小应变，尽可能地选择锤击多次数作为试验桩。如果锤数越多，桩基桩的概率越小，桩基础桩的概率越高。

沉桩后及时进行夹桩：在沉桩施工结束之后，当波浪力较大时，桩容易会被破坏，尤其是混凝土管桩的斜桩。在悬臂的情况下，桩的受力较大，容易开裂。水流也会引起桩身振动，并可能对桩身造成损害。因此，在桩基形成多桩结构后，保证桩基工程质量是有利的。

水上接桩应符合《码头结构施工规范》（JTS 215—2018）相关规定：

（1）沉桩船应保持平衡，上、下节应保持在同一轴线上。

（2）焊接工作平台应牢固，并应避免潮水和波浪的影响。

（3）下节桩锤击后，如有变形和破损时，接桩前应将变形和破损部分割除，用砂轮机磨平，并应满足表 12 - 1 - 4 的要求。

表 12 - 1 - 4　　　　　　　　　管节外形尺寸允许偏差

偏差名称	允许偏差/mm	说　　明
钢管外周长	5S/1000，且不大于 10	测量外周长
管端椭圆度	5D/1000，且不大于 5	两互相垂直的直径之差

续表

偏差名称	允许偏差/mm	说　明
管端平整度	2	多管节拼接时，以整桩质量要求为准
管端屏幕倾斜	5D/1000，并不大于 5	

（4）对口定位点焊应对称进行。

（5）接桩前应做好充分准备，避免接桩时间过长。

（6）焊接结束应停置一段时间，待焊缝冷却后再进行沉桩。

（7）在接桩后和沉桩前，应及时修补接桩处的涂层。

应用实例

广州石化 30 万吨级原油码头工程位于惠州市南海大亚湾中部岛屿——马鞭洲岛东南侧水域，本项目是国内为数不多的 30 万吨级原油码头工程之一，属于大型外海深水码头工程，于 2006 年竣工投产。

30 万吨级泊位长 490m，布置有 1 个工作平台、2 个靠船墩和 6 个系缆墩，码头呈"蝶"形布置，码头工作平台、靠船墩、系缆墩、引桥墩均采用高桩墩式结构型式。在地质条件方面，码头区地质自上至下分 8 层：①淤泥-淤泥质土；②粉质黏土-黏土；③粉质黏土-黏土；④粉质黏土-黏土；⑤粗砾砂；⑥强风化泥质粉砂岩，平均层顶高程 -31.90m 左右；⑦中风化泥质粉砂岩，平均层顶高程 -34.07m 左右；⑧微风化细砂岩，层顶高程 -36.92m 左右。

在设计荷载方面，码头区海域 50 年一遇波浪：SSE 向，波高 $H_{1\%}=6.8$m，平均周期 $T=8.6$s，波浪对墩台产生较大的浮托力和侧压力。靠船墩设两组 SUC2500H 一鼓一板标准型护舷，最大撞击能量 5633kJ，最大反力 6160kN。系缆力根据国际海洋石油协会推荐的 OPTIMOOR 软件计算，30 万吨级船泊总共考虑 16 根缆绳，其中 3 条艏缆，3 条艉缆，6 条横缆，4 条倒缆，每条缆绳单钩 1000kN。

通过充分的结构分析比选，各墩台均采用了透空式高桩墩式码头，桩基为钢管桩。靠船墩尺寸 20m×16m，墩台厚度 2.5m，布置 20 根 ϕ1200mm、壁厚 20mm 的钢管桩，斜桩斜率为 3∶1。系缆墩尺寸 13m×13m，墩台厚度 2.5m，采用 12 根 ϕ200mm、壁厚 20mm 的钢管桩，斜桩斜率为 3∶1。以上钢管桩材质均为 Q345B。

在桩基结构处理方面，码头区域港池的设计水深较深，泥面开挖后，持力层为中风化花岗岩，岩面上的覆盖层较薄，靠船墩和系缆墩局部桩基抗拔能力不足，需要进行嵌岩处理。为了减少工程费用，根据计算结果和桩基所处位置具体地质条件，将设计桩力大于地基抗拔能力的桩进行锚杆嵌岩处理，每根钢管桩采用两个锚孔，锚孔直径 200mm。锚孔深度要求进入中风化岩层 5m，每个锚孔采用 3 根 ϕ10mm 螺纹钢筋。图 12-1-4 为广州石化原油码头靠船墩结构断面图。

五、预应力混凝土管桩在高桩码头中的应用

预应力混凝土管桩由于桩身强度较高，可打入密实砂层及强风化岩层。虽造价比灌注桩高，但其承载力高，持力层浅，因此单位承载力造价较低。接桩速度较快，施工工效高、工期短。且一般都采用工程化生产，桩身质量可靠，只要严格执行沉桩操作规程，成

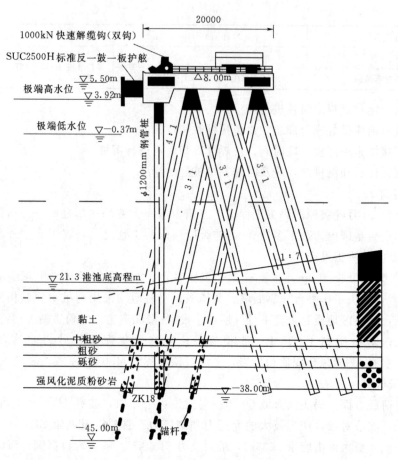

图 12-1-4　广州石化原油码头靠船墩结构断面图（单位：mm）

桩质量较好。预应力混凝土管桩已在东南沿海地区的大中型码头建设中得到广泛应用。在目前 30 座已建成的预应力混凝土管桩码头中有 5 个 10 万吨级的特大深水泊位。

高桩码头 PHC 沉桩施工工艺流程：

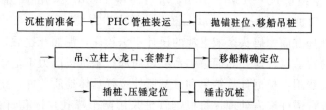

高桩码头 PHC 沉桩施工工艺如下。

沉桩前准备：在沉桩施工之前，应了解详细的地质数据信息，仔细分析项目地质调查报告，了解沉桩范围内每个截面中硬土层的高度与厚度，以便于在建设期间预估沉桩阻力，并计算对应的管理参数。根据设计桩位结合沉桩允许偏差，检查邻近桩基是否相互碰撞。根据桩位平面布置图，结合工程要求和施工条件，布置沉桩顺序，并充分考虑以下几点情况：①需分段施工的项目，应充分考虑沉桩的便利性及施工安全性和工程进度需要，通常使用结构段来进行分段。②应确保每根桩的可施工性，建议在沉桩位置图上（CAD绘图）上绘制出同一比例的打桩船，进行模拟沉桩施工以确认施工可行性，并确定沉桩顺序。③考虑水位、水深、风向、波浪和水流的干扰，制定沉桩船的牵引定位措施，以保证沉桩精度。④考虑土层变形的干扰。因为受土压力和孔隙水压力的多种影响，桩与桩彼此之间有很大的影响相互作用，先沉桩的位置与高度可能受到后沉桩的挤压产生变动，后沉桩位置土层已经被先沉桩压实，后沉桩施工的桩将会遇到沉桩困难，为了降低先沉桩和后沉桩相互间的影响，沉桩一般会使用阶梯式进展。

PHC 管桩装运：按照工程部门设计的落驳图，制造商采用管桩装驳出运，落驳的要求如下：①按照预先制定的沉桩序次来制定管桩装船的次序，而装船一般按照先沉桩的后装船，后沉桩的先装船，每驳堆叠都不应多于三层，并考虑驳船的安全性，在同一船层中，采取先沉桩的放到两旁，后沉桩用的放到中间的原则。根据该原则控制装船，能够避免在装船和卸载过程中，因"偏载"造成的翻船事故。②运输桩的驳船应在管桩两旁焊上封仓铁架，以预防桩晃动，并且，桩的所有接触面均应加上垫层，而且每层垫木要在一个垂直面上，位置偏差不能超过±200mm。③运输船开动前需要再一次进行检查，质量工程技术人员应检查桩的尺寸大小、轴偏差、合格证书、数量和堆叠顺序是不是和落驳施工图的需求相一致。

抛锚驻位、移船吊桩：沉桩之前，打桩船需要根据沉桩需要合理抛锚定位，在船抛锚固定缆绳时，应关注前穿芯锚，以预防发生碰桩问题。此外，沉桩期间需要按照潮汐变化情况合理地调节锚缆线的长度。在起吊之前要检查桩的完整性及吊点位置。

吊、立桩入龙口、套替打：利用紧松锚缆，使得装船离开运输桩驳船，在桩顺利升高到合适的高度后开展竖桩，吊桩高度不能太低，充足的吊桩高度可确保立桩时桩尖不会接触泥面，主体吊索升高，辅助吊索下降，根据降低的程度，一个一个解去辅助吊索，让PHC 管桩变为直立状。

移船精确定位：为确保测量的精确性和沉桩的正确度，大部分沉桩过程会采取双控措施，在打桩船上利用 GPS 测量定位和土地面上采用经纬表或全站仪器的前方交会方式（角度交叉在 $60°\sim120°$ 之间）测量定位进行复核。

插桩、压锤定位：沉桩前通过锚机精确调整船位、利用打桩架液压系统调整桩架的向前或向后的倾角，使桩到达设计位置。在稳定桩的时候，必须要缓慢且稳定，比如 PHC 管桩体略微偏移，可稍微调节，但一定记住不要强行挪动。沉桩的时候，当桩尖进入土壤 $2\sim3cm$ 以后，暂时停止下桩，校正桩位后继续下桩，直到桩体在其自身重量作用下不再继续下沉为止，如果桩体进入泥层比较深，发现桩体偏位就无须再进行纠正。在打锤时，需认真观察桩体的变化并及时调节，以保证沉桩的正确度。

锤击沉桩：在开锤之前，需要查看桩、桩锤、替打是否在同一轴上，以避免出现偏位锤打。完成所有准备工作以后，准备启动施锤。在施锤开始时，将桩锤开到一到二档，进行重锤轻打，在锤打过程中需要注重避免滑桩，如果发生滑桩问题，要即刻停止锤打。开展正常锤打时，根据设计需要调节到终锤击打所需的挡位。在施工期间，需要采取测量仪器，借着桩表面上的刻度，根据水位和标高对于沉桩开展观测和记录，直到锤打至设计需要的深入程度或者桩顶标高，完成沉桩记录。在沉桩过程中全程连续对沉桩进行观测，如果出现贯入度异常、桩身突然下降、过大倾斜、移位等现象，立即停止沉桩，及时向监理工程师和设计单位汇报。

高桩码头 PHC 沉桩施工质量控制如下。

召开 PHC 沉桩设计、施工专项交底会：在沉桩施工之前，应举行沉桩设计和施工专题交底会议，在会上不但应强调沉桩期间需要注意的有关问题，还需指出沉桩停锤指标以及发生沉桩意外的处理措施，并确保桩沉降期间的通讯顺畅。

PHC 沉桩施工专项方案审查：应对沉桩专题设计计划开展审查，主要审查打桩设施的选择、布局、打桩的序列图，以便能胸有成竹。

PHC 桩位计算成果复核和测量控制：当前，打桩船通常配备有 GPS 沉桩定位测量系统，通过该系统可对桩位与标高开展自动定位。对桩位的计算坐标的审查十分关键，这是保证桩位精确的最后一个流程，主要负责需逐一审查桩位。此外，在沉桩过程中岸边上也需设置全转仪与水平仪以及水准仪进行复核。

对桩船配备的锤型进行确认：锤型的选择对桩沉降的成功与否非常重要，锤型的选择应根据地质、桩身结构强度、桩的承载力和锤的性能，并结合施工经验及试桩情况确定。

重视 PHC 沉桩过程控制并如实记录：在具体施工中，通常会忽略掉沉桩记录，或者随意捏造沉桩记录。沉桩记录是沉桩期间最有效的数据参考，在沉桩期间或后续项目中，发现意外需要查找原因时，沉桩记录是非常重要且有效的参考依据。为此，主要负责人需随机开展抽查沉桩记录流程与记录结果，以保证记录的准确性与真实性。

用好大小应变检测手段：在高桩码头沉桩过程中，大小应变测试是后续质量管理的重要方法。对桩体系统性的测试，是沉桩工作的最后一个质量管理流程。荷载力的测试是最根本的要求，若条件许可，应采取静态负载措施开展测试。有关标准规定了港口项目桩基的大小应变测试的方法与比率。在开展具体检查中，一般按照以下原则选取测试桩：针对大应变，尽可能挑选锤打次数比较少的桩体来测试，如果这样的桩基荷载力能够符合要求，从理论上即可推断出锤打次数较多的桩基荷载力将更大；针对小应变，则应尽可能挑选锤打次数比较多的桩基来测试，如果这样的桩基完整，则从理论上能够推断出锤打次数比较少的桩基完整性会更高。

PHC 沉桩后及时进行夹桩：沉桩完成以后，水流急波浪比较大时将导致桩体倾覆、偏位及断裂，尤其斜桩在受强风和波浪的作用时，桩体所承受的压力增大，沉桩更易出现问题。所以，在完成沉桩以后，需要立即夹桩，以构成多桩结构，连成整体增加稳定性，这也有利于确保沉桩后桩基的受力状态及质量。

应用实例

妈湾港区是深圳港西部港区 3 个大型深水港区之一，如图 12-1-5 所示，深圳妈湾港区 5～7 号泊位工程规模为 3 个 5 万吨级集装箱码头（远期兼顾 10 万吨级超大型集装箱船），工程所在自然岸线位于深圳海星码头和妈湾电厂煤码头之间，长 1080m，其后方约 600m 处紧邻小南山，工程于 2005 年 8 月全部竣工投产。

根据地质勘探资料，码头区土层分为上部覆盖层和下部残积风化层。下卧的全风化花

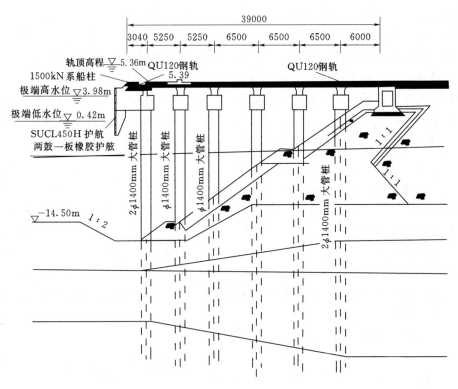

图 12-1-5 深圳妈湾港区 5 号泊位码头断面图（单位：mm）

岗岩呈硬塑或坚硬状态，平均贯入击数 37.4 击，有较高的承载力，层顶高程在 $-19\sim$ $-28\mathrm{m}$，局部达 $-33\mathrm{m}$；强风化花岗岩，坚硬，为良好的桩基持力层，该土层层顶高程有一定起伏，层顶高程大致在 $-28\sim-35\mathrm{m}$，该土层标贯击数 N 从 50 击增长到 100 击，土层厚度一般为 $4\sim8\mathrm{m}$，$N\geqslant100$ 击的岩面浅，高程一般为 $32\sim38\mathrm{m}$。

在设计荷载方面，50 年一遇波浪：波高 $H_{1\%}=2.4\mathrm{m}$，波浪较小；岸边集装箱装卸桥工作状态下最大轮压 $800\mathrm{kN/}$轮；流动机械为 40ft 集装箱牵引车和半挂车作业。防撞设施选用 1450H 两鼓一板低反力鼓型橡胶护舷，单鼓设计反力为 $749\mathrm{kN}$，吸能量为 $477\mathrm{kJ}$，码头系船柱为 $1500\mathrm{kN}$。

根据码头区地质条件和特点，结合荷载条件和使用要求，码头结构采用了高桩梁板型式，桩基为全直桩预应力混凝土管桩。在前、后轨道梁下均采用双直桩，桩径为 $1400\mathrm{mm}$，其余节点为单根直桩，桩径为 $1200\mathrm{mm}$，大管桩均带长 $0.5\mathrm{m}$ 的钢桩尖。桩尖持力层为强风化花岗岩，根据沉桩穿透能力，确定设计桩长，对于 $N\geqslant50$ 击到 $N\geqslant100$ 击的强风化岩，依据具体情况。桩尖大致在 $N\geqslant65$ 击岩面处，桩尖高程基本在 $-34\sim$ $-37\mathrm{m}$。另外，考虑到岩面的起伏存在截桩的可能，预留适当长度，桩长大致在 $38\sim41\mathrm{m}$ 之间。

上部结构为正交梁板体系，门机轨道梁和纵向联系梁为预制混凝土梁，采用预应力混凝土结构，横梁采用现浇混凝土结构，纵向梁系与横梁在桩帽节点处整体现浇；面板为预应力混凝土叠合板，为提高码头面的抗裂能力，减少面层开裂，在现浇面层及磨耗层内添加聚丙脂纤维。钢轨采用 QU120 钢轨。

预应力混凝土管桩具有较好的耐久性，该工程只考虑因锤击可能产生微小裂纹，故防腐措施为预应力混凝土管桩上两节管节计 8m 长加赛柏斯掺剂，以确保码头的使用年限。

常见的预应力混凝土管桩的单桩承载力为 8000～10000kN。查阅相关资料，上海宝钢三期码头的项目在试桩阶段采用反力架系统加载，在荷载加到 10620kN 后停止加荷载，桩周土没有破坏，实验的 q-s 曲线没有明显的突变；深圳赤湾港同样采用反力架加载，试桩在加载到 9003kN 时停止实验，桩未破坏，桩顶沉降量为 12.62mm，处于可允许范围内。

六、灌注桩在高桩码头中的应用

20 世纪 60 年代以来，我国使用灌注桩逐年增多，到目前为止有 10 多种成桩工艺和桩型。随着高层建筑发展，大直径灌注桩越来越多，最大直径达 4m，最长的达到 110m。和钢筋混凝土预制桩比较，造价低 40%～70%，其中桩身配筋率仅 0.2%～0.65%，大大低于预制桩配筋率。其施工噪声小，适用于城市改造和人口密集场地。还可做成扩底桩、糖葫芦桩或支承在基岩上的桩，大大提高桩的承载力。因此，灌注桩被广泛应用在沿海港口各类码头项目中。

高桩码头水下灌注桩施工工艺流程图：

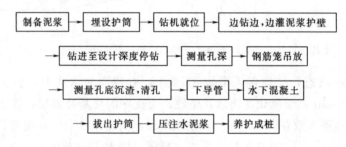

高桩码头水下钻孔灌注桩施工工艺技术如下。

沉桩施工：在水下施工阶段，需要根据建设单位提供的测量控制点完成控制网布设，在护岸上布置主要控制点，使施工坐标基线与引桥抽线平行或垂直。完成测量校核后，考虑到工程采用钢套管径在 $\phi 1600$～2600mm 之间，壁厚在 18～20mm 之间，需要加强锤击能量控制，在保证桩尖进入水下岩层的同时，避免套管发生变形问题。结合施工条件，需要先对引桥桩进行典型施打，之后对平台和缆墩桩进行沉桩施工。在引桥桩施工阶段，泥面标高需要控制在 -1～12.2m 的范围内，由于低潮水深无法达到沉桩要求，需要在赶高潮水深条件下施工。根据设计的平台荷载最大值，需要完成施工平台搭设，引桥每个排架设置 2 根桩，采用小钢套管施工，标高控制为 750mm. 确保泥浆面在水位之上，以免桩内泥浆性能受到影响。利用打桩船对沉桩进行撞击，桩尖以下成孔直径较之外径小 200mm，能够避免塌孔问题的发生。在沉桩施工阶段，需要对施工过程进行记录，加强现场情况分析，使关键工序得到合理安排，必要时适当增加小钢管数量，以便使平台承载能力符合设计要求。

钻孔施工：钻孔施工前应保证钻机和配套设施就位，能够正常进行水电供应。由于桩径不同，工程施工需要配备 JK8、JK10 和 JK12.5 三种型号的钻机。由于施工在水下进行，需要加强水文资料和气象条件分析，根据潮水涨落情况确定钻孔部位发生问题的可能性，发现问题及时固定钻孔内水头。常规浮平台的作用是将浮吊船起吊的大护筒（ϕ2000mm、δ12mm）沿浮平台导向架龙口沉放至岩面的桩位处，岸侧采用两台全站仪以切线方法控制大护筒平面位置和垂直度，通过导向架内顶推装置配合浮吊船沉放进行微调，以确保大护筒沉放位置和垂直度满足设计要求。大护筒沉放稳定后，采用直径1.8m的冲击钻机沿大护筒进行引孔，用掏渣桶进行掏渣，钻进深度为3.0m（图12-1-6）。

钻孔采用正循环钻孔施工方法，在钻机转动时将带动钻杆和钻头运转，破土削石的同时，利用泥浆加强孔壁保护，带走孔内部分残渣。泥浆经过泵到达钻杆内后，从钻头喷出，使得碎渣沿着钻孔于钻杆空隙溢出，流入泥浆池沉淀，用于下次施工。经过反复施工，可以完成孔内碎渣清理。工程施工将遭遇不均匀底层，应先利用刚度大、重量大的JK12.5钻机施工，遇到孤石或岩层减慢钻进速度。遇到厚度较大的砂层，将泥浆比重和黏度提高，

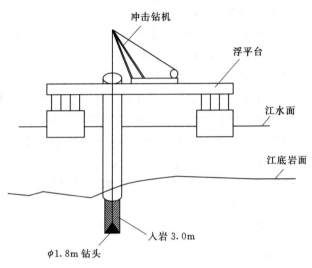

图 12-1-6　大护筒沉放示意图

促使护筒内水位始终比地下水位高，需要时向孔内抛填片石和黏土。

清孔施工：水下钻孔施工关键在于加强沉渣和孔深控制，需要根据孔深测量结果实现孔底沉渣厚设计。为保证施工质量，需要加强清孔施工，通过不断更换孔内泥浆降低相对密度和黏度，使孔底沉渣得到减少。在完成残渣清理的基础上，孔底土层才能作为桩底支撑，促使灌注桩的承受力得到提高。因此在混凝土灌注前需要加强清孔，端部承载力的主桩孔深比设计值增加50mm，沉渣厚不超50mm，摩擦桩孔深达到设计值，沉渣厚不超100mm。

完成孔深检查后，需要采用空压式吹砂管实施清孔，借助软风管将空气送至管底部，利用吹砂管将相对密度小的混合物排出。使用的泥浆比重不1.25，超过含砂率小于8%，黏度不超28Pa·s。在沉渣得到清理期间，泥浆将加速流动，使得沉淀的泥浆回流，孔管水位得到保持，直至满足设计要求。通过清孔可以避免泥浆沉淀，防止桩孔倒塌，促使混凝土灌注桩施工质量得到提高。

钢筋笼安装：在安装钢筋笼阶段，需要在岸上完成钢筋笼分段制作和连接，应确保相邻主筋接头错开，距离至少达到500mm，相同截面接头数不超主筋根数一半。主筋内侧利用箍筋防止结构变形，每隔2m完成一根推筋焊接，每隔3~4m设置可拆卸十字形加强架，用于临时稳固结构，周围主筋设置混凝土垫块。利用导向钢管对安装位置进行固定后，顺着钢管可以将钢筋笼吊入孔中，做到分段放置。对钢筋笼进行垂直连接后，应确认

垂直度达到施工要求。为确保钢筋笼能够挤入孔壁，需确保灌注桩混凝土主筋，保护层厚50mm，完成轮形保护块制作。

钢筋位于中间，在主筋外侧焊接。此外，为避免钢筋笼在灌注施工期间上浮，需要在每个笼子的同一截面主筋上完成3～4个"倒刺"焊接。

灌注施工：完成二次清孔后，将孔底沉渣厚度控制在50mm以内，可以进行混凝土灌注。使用的混凝土应保证具有较强的和易性，能够满足水下施工要求。为此需要添加适量的减水剂和粉煤灰，并选用5～30mm卵石作为石料，粒径在40mm范围内，避免卡管问题发生。采用导管进行混凝土灌注，管长距离孔底约30～50cm，中间不能停顿或发生渗漏，应确保上下平顺。初次灌入使用的导管应达到混凝土0.8m位置，结束后深度在2～4m范围，灌注期间混凝土坍落度在18～22cm范围内，桩顶对50～100cm浮浆凿除层进行预留。实际施工采用ϕ250mm导管，经过水压试验可以确定回路具有较好密封性。

阻水塞采用砂包结构，施工前，确认质量合格。施工期间，使用从搅拌泵出来的混凝土，应严格按照配合比加强水灰比的控制，保证材料具有较好流动性，不会出现离析现象。灌注期间加强孔内土结构和水位下降观察，确认不出现返浆现象后继续向漏斗添加混凝土，灌注后垂直将导管拔出。完成灌注施工后，需要加强混凝土养护，温度低于0℃需要加强保温。高于30℃需要采取措施减慢混凝土凝固速度。受周围地质条件影响，如果孔内泥浆密度过大，桩径过大，还要使灌注高度得到适当增加。而接桩前只要对超出的部分进行凿除，就能保证后续施工顺利进行。

应用实例

湖南城陵矶粮食专用码头工程，是《改善粮食流通世行贷款长江走廊项目》之一。港址位于湖南东洞庭湖与长江（荆江）河段汇流处左岸城陵矶城区。

码头型式按工艺要求采用顺岸直立式，能同时停靠一艘3000吨级江海轮及一艘500吨级自航驳。年吞吐量为107万t。

码头平台长158m，宽25m，供一台M10t‑25m低架门机、一台AHJ2524型（起重量25t，后改为40t）门机及一台装船机（产量2000t/h）作业，码头上下游端各设引桥一座与陆域相连。上游引桥宽6.5m，长114.5m；下游引桥宽6m，长98.5m。

根据地质及防汛泄洪要求，码头方案推荐采用前方平台为钢管桩（ϕ800mm）及钻孔灌注桩高桩梁板结构，引桥为预制空心大板（单跨长16m），由现浇钢筋混凝土排架支承，桩基采用灌注桩，其码头平台结构图如图12‑1‑7所示。

港区地质自上而下分为杂填土（厚0～3.1m）；淤泥质亚黏土（厚0.2～5.7m）；亚黏土（厚0～3.1m）及粉砂质板岩（为冷家溪群变余泥质，粉砂质结构，板状构造）。

岩层为一单斜岩层，走向300°，倾向北东，倾角75°～80°，小断层破碎带有13处，陡倾角裂隙发育，倾角一般为30°～50°。岩石的风化程度受岩性及断裂控制，泥质含量较高的板岩及断层破碎带风化较深，岩层风化自强风化带内局部夹中风化岩体，中风化带内局部夹强风化岩体。

基岩岩性极不均匀，受构造及裂隙的影响，力学指标变化很大。微风化岩层顶板埋深很大，若作为持力层则工程量太大，故设计以中风化下部岩层作为桩基持力层。

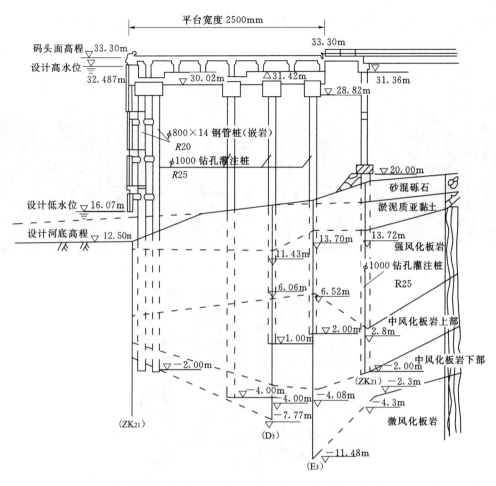

图 12 - 1 - 7　湖南城陵矶粮食专用码头平台结构图

　　在平台桩基中，根据不同地质情况以及桩力的大小，选定 9 根桩进行 PDA 高应变动测试桩，据此修正平台桩的设计长度。

　　码头平台共有 18 榀排架，90 根桩，其中钻孔灌注桩 54 根，钢管嵌岩桩 36 根。根据规范规定，取 10% 桩孔进行试桩，测试桩孔共 9 根，其中灌注桩 7 根，钢管桩 2 根。由于改进了工艺，提高了清孔质量，桩的总承载力（包括桩侧及桩端承载力）均得到很大的提高。

第二节　桩基础在板桩码头中的应用

一、概述

　　板桩码头是码头结构形式之一，其优点是，在合适的条件下，施工速度快、工期短、造价省，而且可以先打板桩后挖墙前港池，能大量减少挖填土方量；与高桩码头相比，其适应局部超载的能力比较强，耐久性好。桩基础作为板桩码头中非常重要的一环，在技术飞速发展的当今，也发展出了各类不同的形式，例如遮帘桩板状、H 形桩与钢板桩组合、钢管桩与钢板桩组合等新型结构，已建成 10 万吨级的板桩码头。板桩码头施工作业如图 12-2-1 所示。

(a)

(b)

(c)

图 12-2-1　板桩码头施工作业图

二、板桩码头桩基础施工规范

根据《码头结构设计规范》（JTS 167—2018）规定：

（1）钢筋混凝土板桩，可采用矩形或 T 形截面，也可采用圆管形或组合型截面。

（2）矩形截面的钢筋混凝土板桩，其厚度应由计算确定，可采用 200～600mm。当板桩厚度较大时，宜采用空心板桩。板桩宽度可采用 500～600mm，当施工条件允许时，宜增大板桩宽度，减少板桩和接缝的数量。

（3）矩形截面的钢筋混凝土板桩，宜采取如图 12-2-2 所示构造措施。

1）桩顶的宽度，根据替打尺寸各边缩窄 20～40mm，缩窄段的长度取 300～500mm。

2）桩顶主筋外伸的长度应满足锚固长度的要求，当板桩厚度较小时也可在沉桩后，凿除桩头混凝土露出外伸钢筋。

3）板桩一侧自桩尖至设计泥面以下 1m 范围内做凸榫，在此侧的其余范围和另一侧的全长范围做凹榫。当板桩墙后回填开山石或块石时，可一侧通长做凸榫，另一侧通长做凹槽。凹槽的深度不宜小于 50mm。

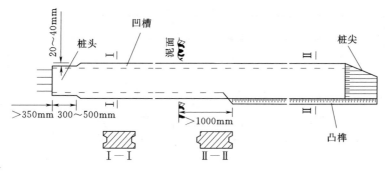

图 12 - 2 - 2 钢筋混凝土板桩构造图

4) 桩顶部应采取加固措施,可在桩顶设置三层钢筋网片。

5) 桩尖段在厚度方向应做成楔形,在凹槽一侧应削成斜角。

(4) 钢筋混凝土定位桩和转角桩的桩尖应做成对称型,桩长宜比一般桩长 2m。转角桩应根据码头转角处的平面布置,设计成异型截面。

(5) 钢筋混凝土板桩之间设计平均缝宽宜采用 20~30mm。

(6) 当墙后原土层或回填料为细颗粒土时,钢筋混凝土板桩之间的接缝,应采取防漏土措施。对于矩形截面的板桩,可采用在凹槽内填充细石混凝土或水泥砂浆;对于其他型式截面的板桩,也可采取其他合适的措施。

(7) T 形截面钢筋混凝土板桩的翼板和挡板式板桩墙中的挡板,其底面宜低于板桩墙前设计泥面 1m,当泥面可能遭受冲刷时,不应小于冲刷深度。

(8) 钢板桩可采用 U 形或 Z 形截面,当板桩墙弯矩较大时,也可采用圆管形、H 形或组合型截面。

(9) 钢板桩的转角桩,可用由原钢板桩沿纵向割下的带锁口的肢体焊接而成。

(10) 地下墙可采用现浇或预制的钢筋混凝土结构。现浇地下墙的截面可采用板型、T 形和钻孔桩排型等 (图 12 - 2 - 3)。预制地下墙的截面宜采用矩形。

(11) 地下墙的厚度或直径由强度计算确定。现浇下地墙的厚度宜采用 600~1300mm;预制地下墙的厚度宜采 400~800mm;钻孔桩的直径不宜小于 600mm。

(12) 地下墙各施工单元段之间的接头应采用防止漏土的接头形式或采用其他防漏土措施。排桩式地下连续墙宜采用一字排列,其缝宽不宜大于 100mm,墙后应设置水泥搅拌土或旋喷水泥浆帷幕。

(13) 现浇地下墙的混凝土和钢筋的设计应符合以下规定:

1) 混凝土的设计强度等级不低于 C30,并应满足现行行业标准《水运工程混凝土结构设计规范》(JTS 151—2011) 关于混凝土最低强度等级的相关规定。

2) 受力筋宜采用 HPB400 级、HRB500 级,也可采用 HRB335 级、RRB 级钢筋,其直径不应小于 16mm。

3) 构造筋可采用 HPB300 级钢筋,对于矩形地下连续墙,其直径不应小于 12mm,对于钻孔排桩,其直径不应小于 8mm。

4) 钢筋笼的宽度应根据单元段的尺度、墙段的接头形式和施工能力等因素确定,其

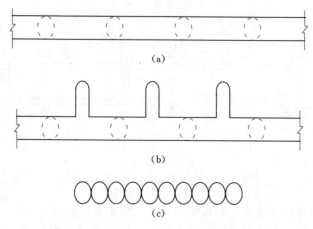

图 12-2-3　现浇地下墙截面型式图

(a) 板型；(b) T形；(c) 钻孔桩排型

端部与接头管、相邻段混凝土接头面之间应留 150～200mm 的间隙；钢筋笼的下部在墙厚方向宜适当缩窄；钢筋笼与墙底之间宜留 100～200mm 的间隙；钢筋笼的主筋应伸出墙顶并留有足够的锚固长度。

5) 钢筋笼的钢筋配置，除考虑强度需要外，还应考虑吊装的要求。

三、板桩码头桩的应用类型

板桩中各项分类见表 12-2-1。

表 12-2-1　　　　　　　　　　板桩中各项分类

桩结构类型	无锚板桩、单锚板桩、双锚板桩、长短板桩组合或主辅板桩组合、斜拉板桩、卸荷式板桩、遮帘式板桩
前墙所用材料分类	钢筋砼板桩、预应力钢筋砼板桩、木板桩、钢板桩、地下连续墙
桩断面类型	U形、Z形、H形、平板形、圆形、组合型

板桩结构按锚碇特点分为无锚板桩、有锚板桩。有锚板桩又可分为单锚、双锚和多锚结构，此外还有斜拉板桩，一般采用钢桩，也可采用钢绞线，小型码头也有采用钢筋混凝土桩的。而卸荷式和遮帘式划分原则是视作用于码头的水平力由谁来承担划分的，由锚碇结构承担水平力的应属卸荷式，由桩基承台的排架结构承担水平力的属于遮帘式。

板桩码头构成的另一个重要结构是板桩墙，一般由断面和长度相同的板桩组成，也可采用长短板桩组合、主辅板桩组合和主桩挡板组合等形式，也可采用地下连续墙结构。板桩墙上部设导梁、帽梁或胸墙，也属于前墙的组成部分，下面是关于各类桩的一些概述。

(1) 木板桩。需要耗用大量木材而且强度低，耐久性差，所以很少采用。

(2) 钢板桩。价格昂贵，抗弯强度较高，沉桩比较容易，适用于水深比较大的情况，但在临海环境中容易腐蚀，必须做好防腐。

(3) 钢筋混凝土板桩和预应力钢筋混凝土板桩。耐久性比较好，造价较低，但由于起重能力的限制，断面尺寸不能太大，抗弯强度比较低，适用于中、小型码头。

图 12-2-4～图 12-2-8 为一些板桩码头的设计实例。

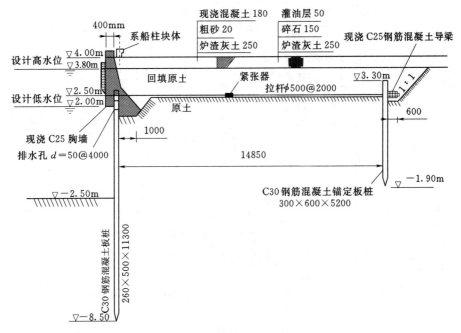

图 12-2-4　普通板桩墙（单位：mm）

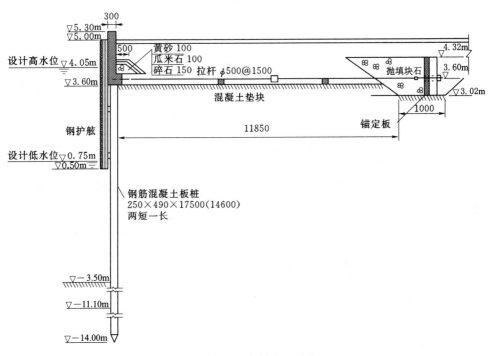

图 12-2-5　长短板桩结合（单位：mm）

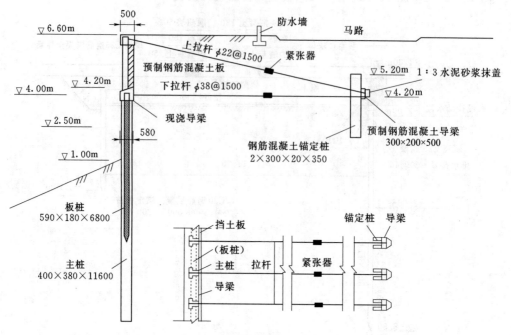

图 12-2-6 主桩板桩结合（单位：mm）

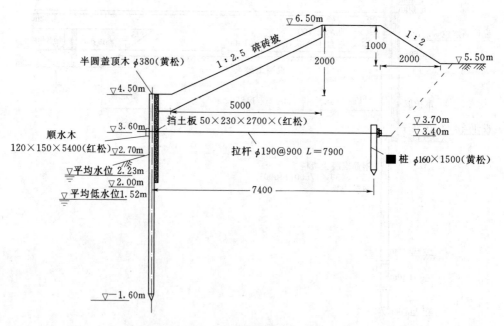

图 12-2-7 主桩与挡板结合（单位：mm）

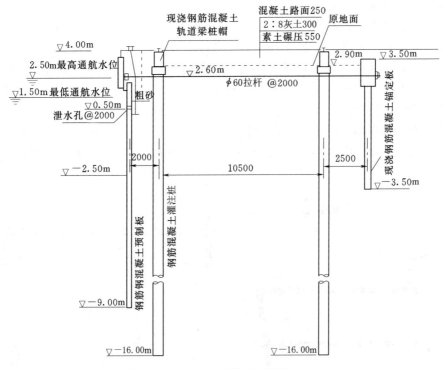

图 12-2-8　地下连续墙（单位：mm）

四、板桩码头的应用实例

1. 嘉新板桩码头

嘉新板桩码头就是利用钢筋砼桩的板桩码头的一个典型例子。由于钢筋混凝土板桩两侧采用阴阳榫构造，施工时易产生脱榫现象。如何使相邻板桩相互咬合形成一连续板桩墙，是板桩码头施工的关键所在。这里结合京阳水泥厂板桩码头桩基施工经验，详细地围绕桩基础来阐述钢筋混凝土板桩码头从预制到沉桩施工关键技术。

（1）工程概况。嘉新京阳水泥厂码头位于长江下游南岸镇江市境内。该码头基础采用钢筋混凝土板桩，共计 453 根；设备基础采用 50cm×50cm×2000cm 非预应力方桩，共计 40 根，混凝土强度等级为 C40。混凝土桩采用现场预制。

（2）陆上沉桩关键技术。

1）沉桩设备选择：根据现场施工条件和地质资料以及桩节长度，沉桩选用多功能 DN508-105MM70D（Ⅱ）陆上打桩机，桩锤为 D62 型柴油锤，重锤轻打，桩锤机械性能见表 12-2-2。

表 12.2-2　　　　　　　　　　　D62 桩 锤 性 能

锤型	总质量/t	活塞质量/t	总长/m	冲击频率/(次/min)	活塞行程/m	每锤打击能量/(kN·m)
D62	21.10	7.20	5.95	38～60	2.3	195

2）沉桩工艺。陆上沉桩施工在预制桩强度达到 100% 设计强度以后进行。沉桩施工之前须先清除芦苇杂草，平整施工场地，铺设好机械行走道路。

钢筋混凝土板桩沉放应注意以下几点：

a. 钢筋混凝土板桩沉桩采用"单独打"的方式进行施工，如图 12-2-9 所示。根据板桩分布情况，从上游端角桩 BZ5 开始，分组逐块依次延续插打至泥面上 30～50cm 送桩。至拐角处 5～6 根桩宽度时将该区间的板桩先行插入使角桩能够紧密合拢，再将板桩分组逐块打至泥面上 30～50cm。板桩由平板车运送至沉桩现场，由打桩机吊、插桩，插入桩后套上桩锤，轻轻锤击数下。待检查、纠正偏位后锤击完成。

b. 板桩沉桩施工前，须根据桩位布置情况先导梁安装好，如图 12-2-10 所示。导桩和导梁施工质量将直接影响到板桩的质量。要求导桩有足够的稳定性、导梁有足够的刚度和精度。

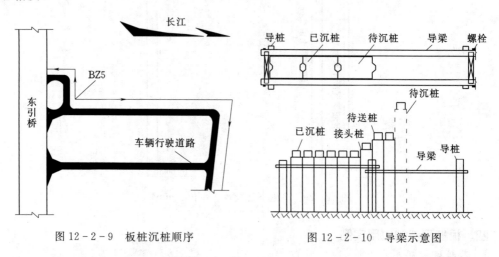

图 12-2-9 板桩沉桩顺序　　　　　图 12-2-10 导梁示意图

c. 沉桩工艺：吊、立桩入龙口→调整龙口垂直度→定位→桩自沉→测桩偏位情况→压锤→锤击下沉→停锤移位→分组送桩。

d. 由于设计桩顶高程低于工作面高程，因此必须采取送桩施工，送桩器采用 φ500mm 的无缝钢管加焊喇叭口，长度根据工作面高程与设计桩顶的高程差再加 1m 制作。送桩按分组（根据导梁长度每组 6～8 根）集中进行，逐根复打至设计高程，送桩时两组间的接头桩应略高于设计高程，防止出现被"带下"的情况，在下组送桩时复打至设计高程。

2. 京唐港散货泊位

京唐港散货泊位属于遮帘式板桩码头，是一个比较新的概念，自 2002 年中交第一航务工程勘察设计院提出的遮帘式板桩结构码头技术后，第一个深水遮帘式地连墙板桩结构码头在京唐港通用散货泊位建成，目前已经使用一段时间了，由于遮帘式板桩码头造价省、工期短，因此受到广泛关注。

（1）工程概况。京唐港泊位为 10 万吨级通用散货泊位，码头面顶高程为 4.2m，码头前沿设计水深为 -16.0m，结构型式采用全遮帘桩板桩方案，前板桩墙和锚碇墙均为地下连续墙，遮帘桩为长方形的现浇钢筋混凝土桩。码头断面如图 12-2-11 所示。

（2）桩基础以及施工。

1）码头基础。设计为直立式板桩结构，板桩采用现浇混凝土地下连续墙结构。12 号

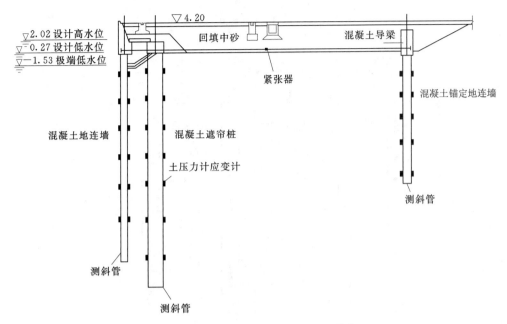

图 12-2-11 遮帘式板桩码头断面图（单位：m）

泊位前墙长 226m，13 号泊位前墙长 205m，前墙共计 109 段，顶高程均为 −0.45m，底高程均为 −0.45m。12 号、13 号泊位后锚碇墙均为独立墙体，共计 86 段，标准段长 4.2m，墙顶高程为 0.55m，底高程均为 −15.6m。前墙和后锚碇墙壁厚均为 105m。

2）导墙施工。工程非常重要的一环，在槽段开挖前，需要沿着地下连续墙设计的纵轴线位置开挖导沟，在导沟两侧浇筑钢筋混凝土导墙，在成槽过程中起导向和临时储浆排浆之用，并承受各种机具设备重量，保持土体稳定。根据京唐港松软土质的具体特点，导墙施工前先进行换土，以黏土置换原土（宽 6m、深 1.5m），黏土需要分层回填、碾压、夯实。导墙为现浇少筋混凝土结构，分段长 20m、厚度 200～300mm，两端净距比钻机宽 100mm，为防止导墙位移，在导墙内侧以 2m 间距设置木撑支顶。

3）槽段划分。12 号、13 号泊位前墙分 109 个单元槽段，共分为 4 个作业区段，标准段成槽尺寸为 4m，3 种成槽尺寸，第一种为两侧吊放接头管，应用于某一区段的起始段；第二种为一侧吊放接头管，沿一定方向延续，为延续段；第三种不放接头管，是某一区段的结束段（此时，本段两侧的地连墙已经施工完毕），成槽工艺如图 12-2-12 所示。

地下连续墙施工采用 KQ950L 型地连墙钻孔机（多头钻）成槽，膨润土泥浆护壁，泵举反循环出渣的施工工艺。

3. 汉堡港卸荷式板桩码头

在日常生活中，运用比较多的还有卸荷式板桩码头，它结合了斜拉板桩和桩基承台的结构特点，是二者组合的混合式结构。汉堡港内的多数集装箱码头扩建就是以这个形式进行的，下面以其为例来介绍这类码头。

（1）工程概况。汉堡港位于易北河入海口处，属河口港。作为枢纽港，汉堡港有着 800 多年与世界各国的贸易历史，港口占地面积约 7400km²，占整个汉堡市的十分之一，

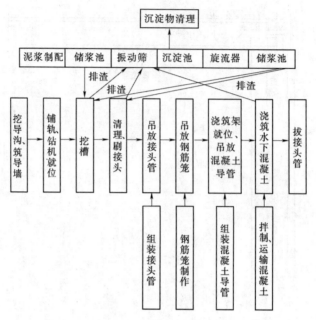

图 12-2-12　成槽工艺

是德国最大的海港，欧洲第二、世界第九的集装箱港。2022 年汉堡港集装箱吞吐量和
2021 年相比下降约 5%，达到 830 万 TEU。

作为港口扩建的一部分，在 1999 年共有 4 个深水集装箱泊位投入建设，总长度约
1400m。其中一期工程长 955m，包括两个集装箱泊位和一个工作船泊位，码头面高程为
7.5m，前沿水深－16.7m。

（2）码头施工要点。

1）基槽挖泥及换填砂。采用链斗式挖泥船挖除地基表面的软弱土层及冰川纪沉积块
石，并换填砂。

2）靠船桩及组合型前板桩施工。采用平台船吊打钢管桩、HZ 型和 AZ 型钢板桩，板
桩的施工是先锤击入土 8～10m，剩余的部分采用液压压入。

3）斜拉桩施工。当前板桩墙施工到一定流水长度后，采用平台船吊打，斜拉桩均采
用锤击打入。

4）墙后回填。斜拉桩沉桩完成后，采用铰接方法将它和前板桩连接，形成连续挡土
墙后，采用水力法在墙后回填砂。

5）承台下桩基施工。当墙后回填达到一定高程后，采用陆上打桩机施工承台预应力
钢筋混凝土桩和后轨道梁钻孔灌注桩。

6）上部 AZ 型钢板桩切割，砂土削坡。

7）码头承台施工。现场浇注码头胸墙、承台及轨道梁结构。

8）上部回填。码头施工现场如图 12-2-13 所示。

（3）工程中桩的运用。码头前板桩采用卢森堡阿赛洛公司的 HZ-AZ 新型组合钢板
桩，该组合钢板桩具有较高的承载能力，在该组合系统中，HZ 板桩为主体结构，AZ 板

桩为挡土结构，二者用特制的热轧 RZ 型锁扣连接，钢板桩组合断面的弹性抵抗矩为 $10330cm^3/m$，最大单元宽度为 2270mm，桩尖均进入下部沙层，组合系统中，两个 HZ975A-24 型钢板桩最长达 33.2m，作为主桩，钢材材质采用高强度的 S390GP 级，承受来自土压力、水压力的双向水平力以及上部结构的竖向荷载；两个 AZ-18 板桩长 27.45m，钢材材质采用 S240GP 级，插入主板桩中，只起到挡土和连接作用，比 HZ 板

图 12-2-13　码头施工现场图

桩入土要短一些，另外，AZ 型板桩上部从-1.5m 以上切除，后方砂土坍落形成 1：4 的自然稳定边坡，与码头承台构成消浪室，以改善泊稳条件。

　　码头前板桩与后面的桩基承台通过现浇混凝土承台面板连成整体，承台结构的支撑桩为 $\phi510mm$ 的预应力钢筋混凝土桩，桩尖进入砂层，承台后方端部设 PUI2 型钢板桩挡墙，底高程为-7.0m，斜拉桩采用 HTM600/136 型钢桩，斜度为 1：1.3，间距 2.95m，其上端与前板桩、承台面板连接，下端打入砂土中，最大长度 45m。

　　码头前方采用直径 1219mm、壁厚 16mm 的钢管桩作为靠船桩，间距 4.92m，靠船桩上部通过混凝土胸墙与前板桩及承台相连，整体承受船舶荷载，靠船桩与前板桩间形成一个消力舱，以减小由船舶螺旋桨引起的水流对板桩的冲击。

　　码头的前轨道设在胸墙上；中轨轨道梁与承台现浇为一体；后轨距前轨 35m，单独设置，后轨轨道梁基础为一对钢筋混凝土灌注桩叉桩，直径为 510mm。

第三节　桩基础在海洋平台中的应用

一、概述

　　近几年来，由于石油、天然气被视为 21 世纪重要的清洁能源，用于钻井、采油的海洋平台越来越受到人们的重视。作为新型设备，海洋平台是一种为在海上进行钻井、采油、集运、观测、导航、施工等活动提供生产和生活设施的构筑物。

　　海洋平台的建造历史可以追溯到 1887 年在美国加利福尼亚所建造的第一座用钻探海底石油的木质平台。1947 年，第一座钢质导管架平台在墨西哥湾 6m 水深的海域建成之后，海洋平台得到了迅速发展。然而，随着人类的要求越来越高，作业水深逐步增加，海洋平台的结构、形式也相应发生了改变。

　　随着油气的开发使用，人们对其资源的需求日益膨胀，石油的开采也从陆地走向近海，由近海走向深海。从而也在结构性、功能性、经济性、安全性等方面提高了对海洋平台的要求。目前，自升式平台、重力式平台和导管架平台在浅海中应用较广，而在深海地区，浮力式平台逐渐取代固定式平台，例如张力腿平台、立柱式平台等（图 12-3-1）。

　　与陆地上的桩基础不同，海洋平台的桩基础在水平方向上受到了更大的荷载，这也导致桩基础在海洋平台上的特殊性。因此在设计施工方面也有了独特的方法。

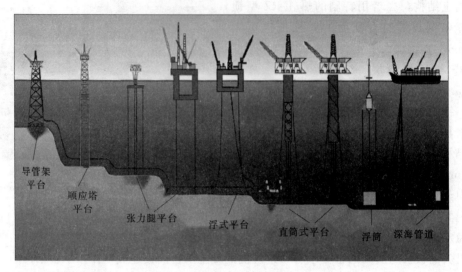

图 12-3-1　因海底地形、水深不同而采取不同的型式海洋平台

二、海洋平台的分类和介绍

根据分类的标准不同，海洋平台可分为几大类，按其结构特性与工作状态可分为固定型、半固定型和活动型 3 种。由于固定型平台下部由桩、扩大基脚或者其他构造直接支承固着于海底，所以又可按支承情况细分。活动式平台和半固定式平台也是如此。表 12-3-1 为海洋平台根据不同依据的分类情况。

表 12-3-1　　　　　　　　　　　海洋平台的分类

分类依据	分类型式	支撑情况	类　　型
结构特性与工作状态	固定型	桩基	导管架型（群桩式、桩基式、腿柱型）、塔架型
		重力	钢筋混凝土型重力式、钢重力式、钢-钢筋混凝土重力式
	半固定型	—	张力腿式、拉索塔式
	活动型	着底	坐底式、自升式
		浮动	钻井船、半潜式
水深	浅海	—	自升式、重力式、导管架式
	深海	—	张力腿式

桩基础作为在海洋工程中重要的组成部分，应用相当广泛。其中，导管架式（桩基式）平台和自升式平台目前运用最广。

1. 导管架平台

导管架式（桩基式）平台（图 12-3-2）是桩基础运用的典型代表。根据导管架式钻井平台所采用的建筑材料不同，可分为：木桩、钢筋混凝土桩、钢桩和铝质桩几种。钢桩穿过导管打入海底，并由若干根导管组合成导管架。导管架先在陆地预制好后，拖运到海上安装就位，然后顺着导管打桩，打一节接一节，最后在桩与导管之间的环形空隙里灌入水泥浆，使桩与导管连成一体固定于海底。平台设于导管架的顶部，高于作业区的波高，具体高度须视当地的海况而定，一般大约高出 4~5m，这样可避免波浪的冲击。

图 12-3-2 导管架式（桩基式）平台

导管架作为基本同时也是重要的组成部分之一，传递着荷载，是海洋石油平台的固定基础。导管架按数量划分为：单腿导管架、双腿导管架、三腿导管架、四腿导管架和八腿导管架；按水深分为浅水导管架（小于60m）、浅深水导管架（60～100m）和深水导管架（大于100m）；按重量分为小型导管架（小于1000t）、轻型导管架（1000～5000t）、中型导管架（5000～10000t）和重型导管架（大于10000t）；而按基本功能来分，可分为进口平台导管架（WHP），工艺性平台导管架（CEP），生活平台导管架（LQ）。

在我国陆丰13-1油田运用的导管架平台就采用的是四腿单斜式桩腿，其中两根平行的桩腿作为下水析架，打垂直的12根裙桩，不打主桩。

2. 自升式平台

自升式钻井平台由平台、桩腿和升降机构等组成，平台能沿桩腿升降，一般无自航能力。工作时桩腿下放插入海底，平台被抬起到离开海面的安全工作高度，并对桩腿进行预压，以保证平台遇到风暴时桩腿不致下陷。完井后平台降到海面，拔出桩腿并全部提起，整个平台浮于海面，由拖轮拖到新的井位。

桩腿及桩靴是自升式平台的关键组成部分。当自升式钻井平台实施作业的时候，需通过升降机构将平台举升到海面以上的安全高度，在进行完桩腿的插桩后，由桩靴来支撑整个平台。典型的自升式钻井平台有3个独立桩腿，每个桩腿根部设计有桩靴。

自升式平台依据其桩腿和桩靴的形式可分为两种：一是由桩靴支撑的，独立桁架式桩腿的自升式平台；二是席地支撑的自升式平台，该席地将所有的桩腿连接在一起。

典型自升式平台如图12-3-3所示。

三、海洋平台桩基计算与施工

作为海洋平台工程中应用最广的基础形式，海洋工程中桩基础的桩一般较长，有时长达几百米；其次，海洋工程中的桩基往往要承受很大的水平载荷，因此海工的桩基设计往往比陆地上的桩基设计更为复杂。

1. 海洋工程中桩基承载力的计算

除了桩基横向承载力和竖向承载力的计算要符合海洋工程的规范，尤为注意的是在海洋工程中，桩基可由单桩构成，但大多数情况下都是有多根桩组成的群桩。群桩尤其是摩擦型群桩，其承载机制有别于单桩，当桩的间距密到某种程度时，群桩承载力将不等于各单桩承载力之和，其群桩效率可能小于1，也可能大于1，群桩沉降也明显地超过单桩。

（a）　　　　　　　　　　　　　（b）

（c）

图 12-3-3　典型自升式平台

对于桩的轴向承载力，在黏土中其群桩效应一般小于 1，这可能主要是因为在成桩过程中由于土体的扰动，破坏了黏土的结构性，从而引起土体强度的降低，使得群桩的承载力也有所降低。相反，在砂土中的群桩效应一般大于 1，这可能是由于在成桩过程中砂土被振动挤密使得强度增加所造成的。对于桩的横向承载性能，无论是埋于黏土或非黏性土之中，正常情况下群桩的变形要大于单桩承受群桩平均荷载时的变形。

群桩效应由于受荷载大小、方向、土质、桩间距、打桩顺序、桩的倾斜度、桩的布置等等许多因素的支配，所以非常复杂，虽然目前有针对不同情况的多种计算方法，但都属于近似计算，群桩效应机理及计算方法并未完全搞清。因此在计算时应采用多个分析方法，选用土特性的上限及下限值分别进行多次分析，并根据海洋工程桩基的特殊性，采取适当的计算方法。

2. 海洋工程中的桩基施工

海洋工程中的桩一般由打桩船进行施工，打桩船的型号是根据预定施工区域、施工季节的海况、气象条件、现场作业条件、地基的土质条件、使用钢桩的规格、重量、桩锤的能力等因素选定。其中桩锤的选择是非常重要的。打入钢管桩，无论任何情况，都应使桩锤的效能超过桩的打入阻力。桩的打入阻力包括桩尖阻力、桩侧摩擦力、桩的弹性变形产生的能量损失。一般要结合各类桩锤的特性以及钢管桩的形状、尺寸、重量、埋入深度、结构形式，同时还要参考土质及海况、气象条件进行选择。如果桩锤选择不合理，与桩不相匹配，若是"轻锤重打"则容易形成桩帽部的压曲；若是"重锤轻打"则影响打桩工效。

为保证钢管桩的施工质量，在施工时要注意以下几个方面。

（1）打桩顺序的确定。由于桩的打入，会使土受到挤密，造成打入困难。对于软弱土，桩的打入还会造成孔隙水压力的急剧升高而使土向侧面流动或向上涌出。为避免这些现象的产生，使施工可以顺利进行，在施工前要根据地质条件、现场条件、桩基的分布形式等因素确定合理的打桩顺序。

（2）桩的就位。为保证桩按设计要求的位置、垂直度或倾角打入，在桩上应画出中线和尺寸线，以便于对中和掌握打入深度。海上作业时应依靠导框、从两个方向用经纬仪来确定打桩位置。由于桩的打入精度在相当大的程度上取决于桩的就位与角度控制，因此要将桩的中心安装准确，当桩埋入不深发现中心偏移时，应及时修正。

（3）打桩。桩打入初期要先做试打，在确认桩的中心位置及角度后，再转入正式打入。打桩时，在将桩锤放在桩帽上后，桩会在锤重的作用下被压入土中，桩锤处于空打的状态，此时桩锤轻放是很重要的。

此外在打桩时还应注意，打入大直径桩时，由于冲击可能产生局部压曲，应采取相应措施。桩的打入过程中应尽量避免长时间的中断。同时由于邻近桩的打入可能会造成已打入桩的浮起或下沉，因此对已打入的桩要及时进行桩头标高的测定，以判断再打入和修正的必要性。

（4）停打标准。控制停打，主要从 3 个方面判断，即桩的打入深度；最后 10 击平均贯入度；总锤击数与最后 1m 的击数。由于现场条件差异很大，不可能作出固定的统一停打标准，必须根据实际情况因地制宜地确定可行的标准。

四、桩基础在海洋平台上应用实例

1. 导管架平台

导管架式（桩基式）海洋平台作为重要的海洋石油开采设施，在国内应用广泛。目前，渤海海域（水深小于 40m）是我国海洋石油开发集中地之一，主要的桩基式海洋平台中均为浅水导管架式平台。

如图 12-3-4 所示，浅水导管架结构的特点为，导管架是由导管和拉筋管组成的空间桁架结构。浅水导管架一般有 3 层或 4 层由拉筋管组成的水平层。最下面一层是防沉板层，标高在泥面位置，此层没有井口导向管。导管架立面片由导管和拉筋十字花片组成，

图 12-3-4 导管架结构

导管在拉筋与导管链接的节点部位由于受力较大设有加厚层，加厚层一般再用 Z 向性能的钢板，以提高此节点抗冲剪的性能。

在 PL19-3 二期 RUP 导管架（图 12-3-5）工程中，PL19-3 二期 RUP 导管架有 8 根导管（4 根单倾，4 根般倾），3 层水平片。导管架垂直高度为 392m，底部尺寸为 69.6m×29.6m，顶部尺寸为 60.3m×20.3m，导管直径分别为 1778、1930.4、1854.2、1803.6、1879.6 和 1905mm 5 种。导舒架设计吊重 2950t。

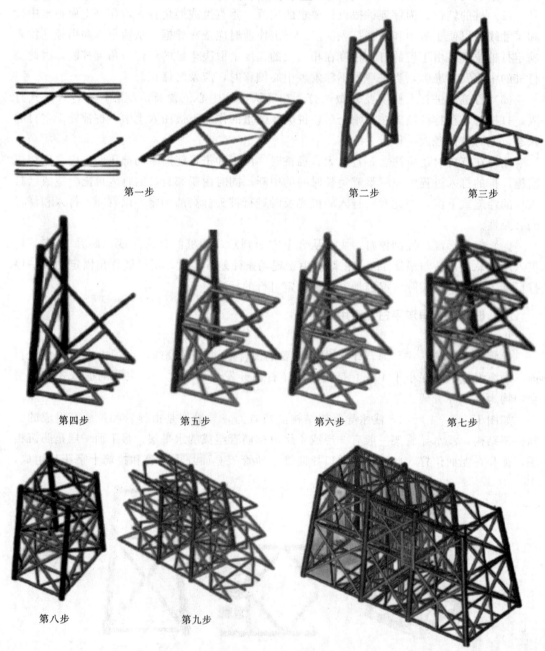

图 12-3-5　PL19-3 二期 RUP 导管架

以下即为导管架的安装过程：

第一步：预制水平片和立片。

第二步：ROW－2 片立片。

第三步：安装 ROW－2 和 ROW－3 片间的 EL（－）27600 的"K"形片。

第四步：安装十字拉筋。

第五步：安装 ROW－2 和 ROW－3 片间的 EL（－）8000 的"K"形片。

第六步：安装十字拉筋。

第七步：安装 ROW－2 和 ROW－3 片间的 EL（＋）8500 的"K"形片。

第八步：合拢 ROW－3 片。

第九步：安装 ROW－1 和 ROW－2、ROW－3 和 ROW－4 间的水平片。

第十步：合拢 ROW－1 和 ROW－4 片，安装附件，整体完工。

导管架的作用就是打桩时为桩准确打入海底提供导向作用，打桩后为桩提供侧向支承。通过导管的导向作用把桩打入海底一定深度，再在桩与导管之间的间隙灌注水泥浆，使导管架与桩作为整体牢牢地固定在海底。因此打桩后，导管架与桩作为整体一同承担风浪流等产生的侧向水平力，并且导管架通过水平拉筋和斜拉筋与导管的相互作用为整个结构提供侧向支承。

2．坐底式平台实例

中油海 3 号为坐底式钢质非自航石油钻井平台（图 12－3－6），平台结构由沉垫、上平台和中间支柱 3 部分组成。平台尾部设有 7.2m 长的固定式悬臂梁和 12m 宽的井口槽。钻机可以纵向和横向移动，平台一次坐底可以打 16 口以上丛式井。该平台适用于泥砂质或淤泥质地基表面承载能力很低（泥面以下 1m 处的地基许用承载力小于 40kPa）的海域，在无冰区进行钻井或试油、修井作业。

相比于其他的坐底式钻井平台，中油海 3 号具有以下的几个特点：

（1）沉垫型深仅 3m，相对沉垫长度和宽度而言尺度很小，这种薄型沉垫有利于防冲刷。由于沉垫坐落海底后，水流作用会产生冲刷和淘空，严重时造成平台倾斜，甚至滑移。该平台采用薄沉垫，并在沉垫四周

图 12－3－6　中油海 3 号钻井平台

1.2m 以上做成 45°斜坡，使水流比较流畅通过，以减少冲刷和淘空。

（2）设置抗滑桩 4 根，长度为 25.3m，最大插深 8m，有效增加了抗滑能力，防止了平台产生滑移。坐底平台需承受风、浪、流作用产生的巨大的水平载荷，仅靠沉垫底面与海底产生的摩擦力和黏结力是不够的。为了抵抗水平载荷以防止滑移，该平台在四角的端

立柱内各设置一根截面尺寸为 2m×1.3m 的抗滑桩，桩长 25.3m，最大插深 8m。用液压插销式升降装置升降。每根桩最大可产生抗滑力 300 多吨，能够有效抵抗滑移。

（3）尾部设计有固定悬臂梁，长度 7.2m，井口槽宽 12m，扩大了钻井作业范围，平台一次坐底可以打 16 口以上丛式井。

（4）钻台下面四角设置调平油缸，在平台产生倾斜时能调整钻台水平度，使钻井作业得以正常进行。

（5）沉垫底部安装喷冲头，用于破坏黏结力和吸附力，以便沉垫起浮。

（6）采用交流变频驱动系统。具有无级调速的钻井特性，可提高钻井效率；柴油发电机组始终运转在最佳状态，节能降耗效果明显；随着功率因素的提高，可节省无功功率，降低压降和线损，减少输电容量；简化了传动及控制系统，减少了设备重量，安装调整较为容易。

第四节　桩基础在风力发电工程中的应用

一、概述

随着世界各国经济的不断发展，那些不可再生的能源例如石油、煤炭等在不断地减少，为了要满足各国的需要，将要不断地探索新的能源来代替现在的能源，改变日趋严峻的能源市场结构。我国也在不断地开发利用可再生的能源，尽量减少那些不可再生能源的开挖，但这还远远不能满足我们对其的需求，开发并寻找新的能源是我们现在必须要做的工作。发展海上风电具有陆上风电没有的很多优点，减少了陆上土地资源的利用，有很大的发展空间，海上风能是清洁的可再生的能源，增加风能在整个能源结构中的比重将会改变世界的能源格局。

图 12-4-1　东海风力发电场

随着风电技术的日趋成熟，风电场的建设将会大量地向远离陆地的海洋发展，将给我们带来新的发展方向。我国著名的风力发电场有东海风力发电场、杭州湾风力发电场，等等。图 12-4-1 所示为东海风力发电场。

而风力发电的大部分资金都用在了风基础的施工设计上，所以风基础也就成为了风力发电的重中之重。随着研究的不断深入，风基础发展也越来越完善。本节主要来讨论风基础在海洋风力发电中的类型，承载力的计算以及施工方面的研究成果。

二、风力发电中桩基础的类型

海上风电场基础结构的类型得到了不断的发展。从浅海到深海，海上风电技术应用不断的成熟，基础型式也得到了不断的发展和完善，最常见的海上风力发电机基础结构按海水深度分布的形式见表 12-4-1。

表 12-4-1　　　　　　　　　　海上风力发电机组基础选型

海水深度/m	基础结构类型	海水深度/m	基础结构类型
0~10	重力式基础	>20	三脚架\套管式基础
0~30	单桩基础	>50	浮动平台基础

各种桩基础的形式如图 12-4-2 所示。

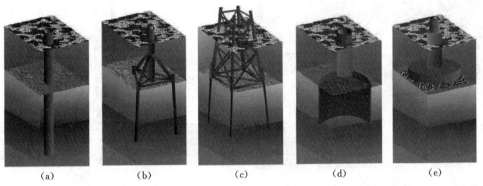

图 12-4-2　各种桩基础的形式

(a) 单桩基础；(b) 混凝土重力式基础；(c) 三脚架；(d) 导管架；(e) 吸力式沉箱基础

三、风力发电中风机基础的施工

合海上风机基础结构初步设计，进行多种风机机型的桩基础结构形式的设计和对比分析。以 2MW 机型为例进行说明各种桩基础的施工要求，见表 12-4-2。

表 12-4-2　　　　　　　　　　各种不同桩基础的施工要求

机型		单桩	三桩	三桩加中心桩	四桩	四桩加中心桩	八桩
2MW	特点	结构简单，受力明确，制造工艺相对简单，国外采用较多	结构稳定性好，国内平台石油采用较多，单桩的承载力要求较高，为提供必要的抗弯性能，桩心距较大	具有三桩的特点，在中心加一根桩，改善了整个受力条件，结构抗极端工况能力较强	采用四边形对称结构，抵御不同方向的载荷能力变强	在四边形中心加桩，改善了结构的受力条件，结构比较稳定可靠	承台需要承受较大的风浪作用、材料耗量较大，适合于各类地层
	施工	桩径达到4.8m，需要超大型设备，施工存在一定困难	桩径 2.5m以上，需要大型打桩设备，同时基础的水平度需严格控制，水下焊接与灌浆质量需保证	最大桩径2.5m，变水下施工为水上施工，焊接与灌浆质量易控制；桩支撑架不会下沉，调平容易；增加一道工序，需要两种桩锤	桩径 2m，变水下施工为水上施工，焊接与灌浆质量易控制；基础的水平度须严格控制	最大桩径2m，国内有类似经验，变水下施工为水上施工，焊接与灌浆质量易控制；桩支撑架不会下沉，调平容易；增加一道工序，需要两种桩锤	有类似经验借鉴，若承台在水面处，对受力极为不利；若承台在水底，则需沉井作业
	钢材量/(t/m)	5.3	5.51	4.78	3.13	3.82	4.7

四、风力发电中风机基础的施工

1. 东海大桥风力发电场

从基础结构特点、适用自然条件、海上施工技术与经验以及经济性方面考虑，东海大桥风力发电场风机基础（图 12-4-3）选用了 4 脚架组合式基础，如图 12-4-4 所示。

图 12-4-3　东海大桥风力发电的桩基础
（桩长 80m、直径 1.5m）

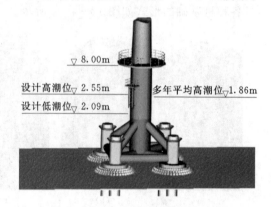

图 12-4-4　脚架组合式基础

脚架组合式基础结构型式为：用 4 根钢管桩定位于海底，桩顶通过与钢套管的固接支撑上部 4 脚架结构，构成组合式基础。

施工时，先在 4 个钢套管基座位置下的基床抛约 2m 厚度的高强土工网装碎石，以提高地基土对 4 脚桁架的承载力，然后沉放 4 脚桁架的预制钢构件，预制钢构件沉放定位后，再将 4 根钢管直桩穿过钢套管打入海床中，每根桩直径为 212m，桩长 55m，桩顶高程为 -3.00m，桩尖高程为 -58.00m，桩尖进入 2 层粉细砂层中，基桩呈等边四边形分布，间距为 16m。钢套管外壁配带特制固桩器与基桩初步连接，在调整上部结构水平度后，再采用高强灌浆法完成钢套管与钢桩的固接。上部 4 脚架为预制钢构件，并包括 12 根直径 2m 的水平和斜向钢管连杆，其分别连接 4 个钢套管以及位于中心的直径 615m 的上部竖向钢管。

2. 珠海风电场

珠海高栏岛风电场场址位于珠海市西南部的高栏岛，风电场总装机 66 台，布置高程为 125~356m，机组为浙江运达 WD49/750 型，单机容量 750kW，轮毂高度 55m。

图 12-4-5　正八边形扩展基础

风机基础方面采用正八边形扩展基础（图 12-4-5），基础底板内切圆直径为 15.0m，底板高 1.0m，其棱台高 0.6m。基础主体混凝土强度等级为 C35，垫层混凝土强度等级为 C15，厚 150mm，基础开挖深度 2.75m，基础埋深 2.6m。单台基础主体混凝土 C35 方量为 273m³，钢筋用量约 22.3t。

施工方面，总体的施工方法是使用凿岩机钻孔（配置 2.8m³ 空气压缩机和 15kW 发电机）松动爆破，基础钢筋集中钢筋厂下料，平板车运输现场绑扎，25t 汽车吊吊装基础环，12m³ 混凝土搅拌运输车配送混凝土，25m 混凝土输送泵车（SY5190THB25）泵送入仓。主要施工工序为：爆破开挖→垫层施工→基础环吊装→钢筋绑扎→模板、埋件安装→C35 混凝土浇筑→基础养护→基坑回填。

　　垫层施工后，可进行基础环吊装。基础环重 3.8t，直径 3.21m，高 1.6m，底部设 3 根 1.19m 高支腿，支腿垫板处 1.0m×1.0m 范围内垫层加厚至 3cm，以抵抗基础环吊装时可能带来的冲击动荷载作业。吊车采用 25t 汽车吊（TR-250M）进行吊装，作业半径取 13m（7.5m 半圆＋0.5m 作业空间＋0.825m 放坡＋0.5m 支腿位置＋3.7m 支腿到吊车纵轴距离），主臂 21m，额定起重能力 4.3t，总起重量 4.0t，吊车负荷率约 93%，满足要求。吊装时，支腿应预先焊接好，为便于调平，就位时支腿底部调节螺栓调至最长，使基础环底部法兰处于最高点，调平时下落基础环即可，避免上调。调平分两次进行，第一次调至高于设计高程 10mm，浇筑前再调至设计高程。

　　由于我国海洋风力发电桩基础设计技术还不是很全面，东海大桥海上风电场作为亚洲第一座大型海上风电场，在我国风力发电建设发展史上具有里程碑意义！

第十三章　桩基工程应用实例

第一节　武汉红钢城码头预应力混凝土大管桩承载力的确定

一、设计资料

武汉红钢城码头是国家"七五"重点科技攻关项目的依托工程，在现场所做的一根试桩，为交通部第二航务工程局在九江预制厂预制的预应力混凝土大管桩，外径 100cm，内径 74cm，壁厚 13cm，桩全长 44m，由 11 节组成，桩顶标高 20.126m，桩尖标高 −23.874m，泥面以上长度 8.4m，入土深度 35.6m，水平力的作用点距桩顶 0.345m，桩的抗弯刚度 $E_p = 1332467.2$kN·m²。第一层为淤泥质亚黏土，不排水抗剪强度的标准值 $C_u = 18.0$kPa，$\varepsilon_{50} = 0.08$，相关系数 ρ 采用 2.0，第二层为细砂，内摩擦角 $\phi = 26°$，土标贯 N 见钻孔柱状，垂直承载力试桩已压至 8300kN，相应的沉降 428mm，锚桩已上拔，试桩加荷终止，未达桩的极限荷载，荷载 8300kN，可认为是桩的屈服荷载。水平荷载加到 60kN，桩头位移已达 45.79mm。

二、竖向垂直承载力

桩虽为空心大管桩，但为了研究空心管桩灌注混凝土的效果，在管中灌注了 6m 长的混凝土芯，然后进行静载试验，故计算时按闭口计算，桩的垂直承载力设计值：

（1）按经验参数法。

$$Q_d = \frac{1}{\gamma_R}(U\sum q_{fi}l_i + q_R A) \tag{13-1-1}$$

其中：$\gamma_R = 0.45$；$U = 3.1416$m；$A = 0.785$m²；q_{fi} 及 q_R 查《建筑桩基技术规范》（JGJ 94—2008）（表 13-1-1）。

表 13-1-1　　　　　　　　　　　　q_{fi} 及 q_R 值

土层底标高/m	土的名称	标贯	q_{fi}	l_i	q_R
6.08	淤泥质亚黏土		4.0	2.0	
2.08	细砂	9	43.0	4.0	
0.08	粉砂	14	51.0	2.0	
−12.42	细砂	22.84	74.0	12.5	
−14.42	粉砂	25	84.0	2.0	
−23.62	细砂	30~50	108	9.2	5500

将上式各参数值代入式中，则得武汉红钢城码头预应力混凝土大管桩垂直承载力设计值，Q_d 为 8109.44kN。

（2）按桩的静载试验值 $Q_d = Q_u/\gamma_R$，γ_R 按《建筑桩基技术规范》（JGJ 94—2008）取 1.3。推算出桩的极限荷载的标准值

$$Q_d = \frac{Q_u}{\gamma_R} = \frac{10864}{1.3} = 8357\text{kN} \tag{13-1-2}$$

三、水平力作用下的弯矩和挠度

使用黏土及砂土的 $p-y$ 曲线的方法进行 $p-y$ 曲线的计算，再用有限差分迭代法和无量纲迭代法计算桩身弯矩和变位，计算结果如图 13-1-1 所示，计算桩身最大弯矩与试桩实测值的比较见表 13-1-2，计算桩头位移与试桩实测值的比较见表 13-1-3。计算时所推荐的二法均与实测值比较接近。

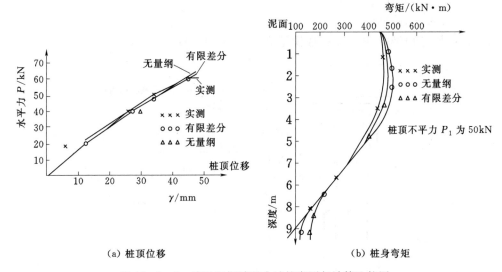

(a) 桩顶位移　　　　　　(b) 桩身弯矩

图 13-1-1　武汉红钢城码头试桩实测与计算比较图

表 13-1-2　计算桩身最大弯矩 M_{max} 与试桩实测值比较

单位：kN·m

计算方法或实测	水平力/kN		
	40	50	60
有限差分法	405.3	511.9	618.9
无量纲法	409.9	512.2	614.6
试桩实测	372.0	499.1	635.8

表 13-1-3　计算桩头位移 y 与试桩实测值比较

单位：mm

计算方法或实测	水平力/kN		
	40	50	60
有限差分法	27.4	35.26	44.06
无量纲法	29.18	35.39	43.10
试桩实测	26.06	34.35	45.79

第二节　某大桥双柱式桥墩钻孔灌注桩基础的桩长及桩身弯矩和水平位移的验算

一、工程简况

1. 地质与水文资料

双桩桥墩如图 13-2-1 所示。

墩帽顶（支座垫板）标高 346.88mm；

287

墩柱顶标高 345.31m；

桩顶（常水位）339.00m；

墩柱直径 1.5m；

桩直径 1.65m；

地基土密实细砂类砾石，$m=1000kN/m^2$；

桩身与土的极限摩阻力 $q_f=70kPa$；

地基土内摩擦角 $\phi=40°$，内聚力 $c=0$；

地基土允许承载力 $[\sigma]=400kPa$；

土的容重 $\gamma'=11.80kN/m^3$（已考虑浮力）；

桩身混凝土用 C20，其受压弹性模量 $E_h=2.6\times10^4MPa$。

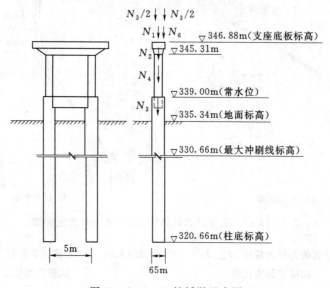

图 13-2-1　双桩桥墩示意图

2. 荷载情况

桥墩为单排双柱式，桥面宽 7m，设计荷载为公路Ⅱ级，人行荷载 $3kN/m^2$，两侧人行道各宽 1.5m。

上部为 30m 预应力混凝土梁，每一根桩承受载荷为：

两跨恒载反力 $N_1=1376.00kN$；

盖梁自重反力 $N_2=256.50kN$；

系梁自重反力 $N_3=76.40kN$；

一根墩柱（直径 1.5m）自重反力 $N_4=279.00kN$；

桩（直径 1.65m）每延米重 $q=\dfrac{\pi\times1.65^2}{4}\times15=32.10kN$（已扣除浮力）；

两跨活载反力 $N_5=558.00kN$；

一跨活载反力 $N_6=403.00kN$。

车辆荷载反力已按偏心受压原理考虑横向偏心的分配影响。

N_6 在顺桥向引起的弯矩 $M = 120.90 \text{kN} \cdot \text{m}$；

制动力 $H = 30.00 \text{kN}$。

纵向风力：

盖梁部分 $W_1 = 3.00 \text{kN}$，对桩顶力臂 7.16m；

墩身部分 $W_2 = 2.70 \text{kN}$，对桩顶力臂 3.15m。

桩基础采用冲抓锥钻孔灌注桩，基岩较深，决定采用摩擦桩。

二、桩长计算

由于地基土层单一，用确定单桩容许承载力的经验公式初步反算桩长。该桩埋入最大冲刷线以下深度 h，一般冲刷线以下深度为 h_3，则

$$[N] = V = \frac{1}{2}U\sum q_{fi}l_i + \lambda m_0 A_P \{[\sigma_0] + k_2\gamma_2(h_3 - 3)\} \qquad (13-2-1)$$

式中　V——一根桩桩底所受到的全部竖直荷载，kN；

其余符号意义同前。

当两跨活载时

$$V = N_1 + N_2 + N_3 + N_4 + N_5 + l_0 \times q + \frac{1}{2}qh$$

$$= 1376.00 + 256.50 + 76.40 + 279.00 + 558.00 + (339.00 - 330.66)$$

$$\times 32.10 + \frac{1}{2} \times 32.10 \times h$$

$$= 2813.61 + 16.05h \qquad (13-2-2)$$

设计桩径 $D = 1.65\text{m}$；

冲抓锥成孔直径 1.80m，桩周长 $U = \pi \times 1.80 = 5.65\text{m}$；

$Q_f = 70 \text{kPa}$；

$$A_p = \frac{\pi \times (1.65)^2}{4} = 2.14 (\text{m}^2)$$

$\lambda = 0.7$；

$m_0 = 0.8$；

$K_2 = 3$；

$[\sigma_0] = 400.00 \text{kPa}$；

$\gamma_2 = 11.80 \text{kN/m}^3$（已扣除浮力），所以

$$2213.61 + 16.05h = \left\{ \frac{1}{2}(\pi \times 1.80 \times h \times 70) + 0.7 \times 0.8 \times 2.14 \right.$$

$$\left. \times [400 + 3.00 \times 11.80(h + 4.68 \times 3.00)] \right\} \qquad (13-2-3)$$

$$h = \frac{2813.61 - 479.40 - 70.31}{197.90 - 16.05 + 42.40} = 10.09 (\text{m}) \qquad (13-2-4)$$

现取 $h = 10\text{m}$，桩底标高为 320.66m；以上式计算中的 4.68 为一般冲刷线到最大冲刷线高度。由以上计算也可知，h 取 10m，桩的轴向承载力可符合要求。

三、桩的弯矩计算

（1）确定桩的计算宽度 b_0。

$$b_0 = K_1(d+1) = 0.9(1.65+1) = 2.385(\text{m}) \qquad (13-2-5)$$

（2）计算桩的相对柔性度系数 α。

$$\alpha = \sqrt[5]{\frac{mb_0}{EI}} = \sqrt[5]{\frac{1000 \times 2.385}{0.67 \times 2.6 \times 10^7 \times 0.364}} = 0.327(\text{m}^{-1}) \qquad (13-2-6)$$

其中：$I = 0.049087D^4 = 0.364\text{m}^4$。

超静定结构，受弯构件：$EI = 0.67E_hI$

所以，$\bar{h} = \alpha h = 0.327 \times 10 = 3.27 > 2.5$

按弹性计算。

（3）墩桩顶上外力 N_i、Q_i、M_i 及最大冲刷线处桩上外力 P_0、Q_0、M_0 的计算桩帽顶的外力（按一跨活载计算）。

$$N_i = 1376.00 + 403.00 = 1779.00(\text{kN})$$

$$Q_i = 30.00\text{kN}$$

$$M_i = 120.90\text{kN} \cdot \text{m}$$

换算到最大冲刷线处：

$$N_0 = 1779.00 + 256.50 + 76.60 + 279.00 + (32.1 \times 8.34) = 2658.60(\text{kN})$$

其中 8.34 为桩顶到最大冲刷线一段桩长

$$Q_0 = 30 + 3 + 2.7 = 35.7(\text{kN})$$

$$M_0 = 120.90 + 30.00(346.88 - 330.66) + 3 \times 15.50 + 2.7 \times 11.49 = 684.70(\text{kN} \cdot \text{m})$$

（4）最大冲刷线以下深度 Z 处桩截面上的弯矩 M_z 用 m 法计算。

$$M_z = \frac{Q_0}{a} \cdot A_m + M_0 B_0 \qquad (13-2-7)$$

无量纲数 A_m 及 B_m 由胡人礼的《桥梁桩基分析和设计》附表 3 查得，M_z 值计算列表见表 13-2-1，其结果如图 13-2-2 所示。

表 13-2-1　　　　　　　　　　A_m，B_m 及 M_z 值计算列表

Z	$\bar{Z} = aZ$	$\bar{h} = ah$	A_m	B_m	$\dfrac{Q_0}{a}A_m$	$M_0 B_m$	$M_m/\text{kN} \cdot \text{m}$
0	0	3.27	0	1.0000	0	684.70	684.70
0.616	0.2	3.27	0.19675	0.99797	21.48	683.31	704.79
1.23	0.4	3.27	0.37571	0.98542	41.02	674.71	715.73
1.85	0.6	3.27	0.52399	0.95620	57.21	654.71	711.92
3.08	1.0	3.27	0.70067	0.84098	76.50	575.82	62.32
4.31	1.4	3.27	0.71097	0.66329	77.62	454.15	531.77
5.54	1.8	3.27	0.58685	0.45656	64.97	312.61	376.68
6.77	2.2	3.27	0.38675	0.25900	42.22	177.34	219.56
8.00	2.6	3.27	0.18144	0.10489	19.78	71.82	91.60
9.23	3.0	3.27	0.04768	0.02306	5.21	15.79	21.00

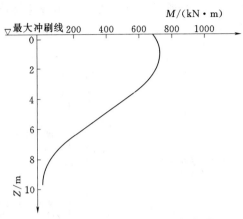

图 13 - 2 - 2　桩身弯矩分布图

四、桩在最大冲刷线处位 x_0 和 φ_0 转角的验算

$$x_0 = \frac{Q_0}{a^3 EI} A_x + \frac{M_0}{a^3 EI} B_x = \frac{35.70}{0.67 \times 2.6 \times 10^7 \times 0.327^3 \times 0.364} \times 2.614$$

$$+ \frac{684.70}{0.67 \times 2.6 \times 10^7 \times 0.327^2 \times 0.364} \times 1.699$$

$$= 2.14 \times 10^{-3} \text{m} = 2.14 \text{mm} < 6 \text{mm}(\text{符合 } m \text{ 法的要求}) \tag{13 - 2 - 8}$$

$$\varphi_0 = \frac{35.70}{0.67 \times 2.6 \times 10^7 \times 0.327^2 \times 0.364} \times (-1.699)$$

$$+ \frac{648.70}{0.67 \times 2.6 \times 10^7 \times 0.327^2 \times 0.364} \times (-1.788)$$

$$= -6.8 \times 10^{-4} (\text{rad}) \tag{13 - 2 - 9}$$

第三节　江阴长江大桥北塔桥墩钻孔灌注桩基础单桩抗压承载力的推求

一、工程试桩简况

江阴长江大桥北塔桥墩基础为 2.0m 直径的钻孔灌注桩，桩长 80m 以上，又在水中，试桩要达到极限承载力有一定难度，为了节约经费，加快施工进度，试桩就选在距北塔很近的北引桥 29 墩进行，如图 13 - 3 - 1 所示。桩的设计直径 $d=1$m，1 号试桩为摩擦桩，桩长 785m，2 号试桩为嵌岩的摩擦端承桩，桩长 81.5m。由 1.0m 直径的试桩求出极限承载力后，再推求北塔基础下 2.0m 直径的工程桩的极限承载力。

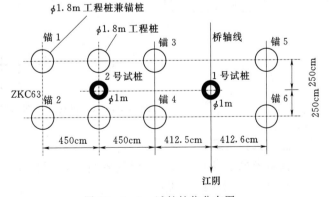

图 13 - 3 - 1　试桩桩位分布图

地质钻孔柱状图如图 13-3-2 所示。试验方法采用慢速维持荷载法，试桩的反力装置采用锚桩加堆载。桩身的应力应变采用电测，加荷采用油压千斤顶，沉降采用百分表量测。

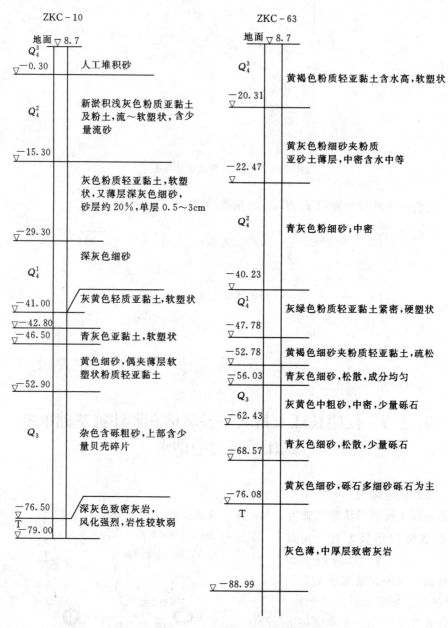

图 13-3-2　钻孔柱状图（单位：m）

二、试验成果

试验成果见表 13-3-1，绘制成 Q-S 曲线、S-$\lg Q$ 曲线和 S-$\lg t$ 曲线，分别如图 13-3-3~图 13-3-5 所示。

表 13 - 3 - 1　　　　　　　　　　**垂直静荷载试验成果汇总表**

序号	载荷/MN	历时/h 本次	历时/h 累积	沉降值/mm 本次	沉降值/mm 累积	序号	载荷/MN	历时/h 本次	历时/h 累积	沉降值/mm 本次	沉降值/mm 累积
1	3	2.0	2.0	1.53	1.53	1	3	2.5	2.5	1.01	1.01
2	6	2.0	4.0	20.2	3.55	2	6	2.0	4.5	2.43	3.44
3	7.5	2.0	6.0	1.37	4.91	3	7.5	2.5	7.0	1.55	4.99
4	9	2.0	8.0	1.83	6.74	4	9	2.0	9.0	1.78	6.77
5	10.5	3.5	11.5	2.14	8.88	5	10.5	2.0	11.0	1.63	8.40
6	12	4.5	16.0	3.07	11.95	6	12	2.0	13.0	2.19	10.59
7	13.5	3.5	19.5	4.05	16.00	7	13.5	2.0	15.0	2.3	12.89
8	15	6.0	25.5	6.15	22.15	8	15	2.0	17.0	2.50	15.39
9	16.5	12.0	37.5	9.59	31.74	9	16.5	4.0	21.0	2.97	18.36
10	18	12.0	49.5	13.59	45.69	10	18	5.0	26.0	2.94	21.30
11	19.5	24.0	73.5	37.06	82.75	11	19.5	4.0	30.0	2.48	23.78
12	16.5	1.0	74.5	−0.29	82.46	12	21	4.0	34.0	2.95	26.73
13	13.5	1.0	75.5	−1.09	81.37	13	22.5	2.0	36.0	2.61	29.34
14	10.5	1.0	76.5	−2.12	79.25	14A	24	2.5	38.5	5.21	34.55
15	7.5	1.0	77.5	−2.05	76.75	14B	24	18.0	56.5	6.24	35.58
16	3	1.0	78.5	−5.50	71.25	15	21	1.0	57.5	−0.52	35.06
17	0	0.5	79.0	−5.45	65.80	16	18	1.0	58.5	−1.71	33.35
18	0	2.0	81.0	−0.22	65.58	17	15	1.0	59.5	−2.27	31.08
						18	12	1.0	60.5	−3.77	27.31
						19	9	1.0	61.5	−4.19	23.12
						20	6	1.0	62.5	−3.62	19.50
						21	3	1.0	63.5	−5.07	14.43
						22	0	1.0	64.5	−4.47	9.96
						23	0	1.0	65.5	−0.35	9.61

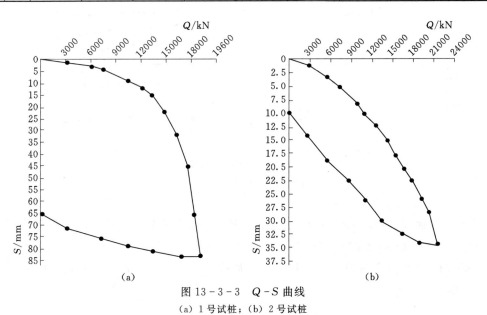

图 13 - 3 - 3　Q - S 曲线

(a) 1 号试桩；(b) 2 号试桩

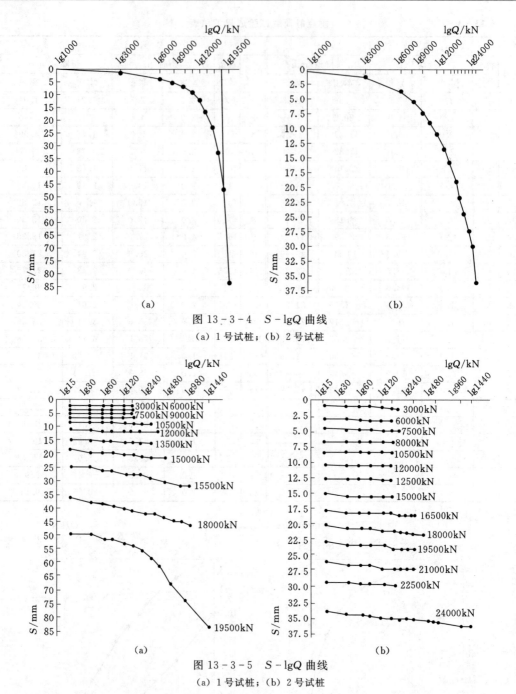

图 13-3-4　S-$\lg Q$ 曲线

(a) 1 号试桩；(b) 2 号试桩

图 13-3-5　S-$\lg Q$ 曲线

(a) 1 号试桩；(b) 2 号试桩

1. 1 号试桩极限荷载力的判定

从 Q-S 曲线分析，$\Delta S_{11}/\Delta S_{10}$ 大于 2 且经过 24h 不稳定，故该桩的极限承载力可取 18000kN；S-$\lg Q$ 曲线在荷载达到 18000kN 后有明显陡降坡；S-$\lg t$ 曲线在 $Q_{11}=$ 19500kN 时，在明显下弯段特征，其前一段荷载为 18000kN，故 1 号试桩的极限承载力为 18000kN。

2. 2 号试桩极限承载力的计算

从 Q-S 曲线、S-$\lg Q$ 曲线和 S-$\lg t$ 曲线均难以确定 2 号试桩极限承载力，故采用以下方法进行推算。

（1）折线发推算极限承载力。现采用求屈服荷载的折线法，即 $\Delta^2 K/\Delta Q^2$-Q 法来推算 2 号试桩极限承载力。此法假设试桩 Q-S 曲线末段符合如下指数函数：

$$S_i = a\exp(bQ_i) \tag{13-3-1}$$

式中　S_i——沉降量；

　　　　Q_i——荷载；

a、b——回归系数。

根据试桩最后 5 组实测数据见表 13-3-2。

表 13.3-2　　最后 5 组实测数据

Q/kN	18000	19500	21000	22500	2400
S/mm	21.30	23.78	26.73	29.34	34.55

对上式进行回归分析，得出回归系数：

$a=5.147$；$b=7.850\times10^{-5}$；相关系数 $\gamma=0.996$。

把最后一级实测荷载 $Q_i=24000$kN 加上每一级荷载增量 ΔQ（1500kN）代入上述拟合公式，即可预测 Q_{i+1} 荷载级时的沉降量 S_{i+1}。依次类推，便可得出以后各级荷载下沉降量的推算值，同时计算出任一级荷载 Q_i 相对应的 $K_i=(\Delta S/\Delta Q)_i$，以及 K_i 的一阶数值导数（$\Delta K/\Delta Q$），二阶数值导数（$\Delta^2 K/\Delta Q^2$），计算结果见表 13-3-3。再将计算结果给出 Q-$\Delta^2 K/\Delta Q^2$ 的折线图 13-4-6。

表 13-3-3　　($\Delta^2 K/\Delta Q^2$)_i 计算表

Q/kN	S_i/mm	S_i-S_{i-1}/mm	$K=\dfrac{S_i-S_{i-1}}{\Delta Q}$ /(10^{-7}mm/kN^2)	$\dfrac{\Delta K}{\Delta Q}$ /(10^{-7}mm/kN^2)	$\dfrac{\Delta^2 K}{\Delta Q^2}$ /(10^{-10}mm/kN^3)
1800	21.3	2.48	1.65		
19500	23.78			2.13	-2.44
		2.95	1.97		
21000	26.73			-1.53	8.71
		2.61	1.74		
22500	29.34			11.53	-12.57
		5.21	3.47		
24000	34.55			-7.33	8.44
		3.55	2.37		
25500	38.10			5.33	-1.77
		4.76	3.17		
27000	42.86			2.67	0.22
		5.35	3.57		
28500	48.21			3.00	0.22
		6.03	4.02		
30000	54.24			3.33	
		6.78	4.52		
31500	61.02				

由上图可知桩的屈服荷载 $Q_y = 21000\text{kN}$，根据经验公式 $Q_u = Q_y/0.765$，可得出预估极限荷载 $Q_u = 21000/0.765 = 27450\text{kN}$（式中 0.765 为经验系数）。

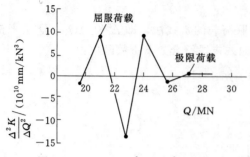

图 13-3-6　$Q - \Delta^2 K/\Delta Q^2$ 关系图

根据中国有色金属工业总公司和冶金工业部颁发的《灌注桩基础技术规程》（YS/T 5212—2019），对于缓变型 Q-S 曲线，一般可取 $S = 40 \sim 60\text{mm}$ 对应的荷载作为极限荷载，从工程安全角度考虑，建议取 27000kN 作为 2 号试桩的极限荷载，其对应的沉降量推算值为 42.86mm，符合上述规程的要求。

（2）波兰桩基规范（PN - 69/B - 02482）。此法假设 Q-S 曲线在破坏时为抛物线，可用作图法外延，求得极限荷载 $Q_u = 37500\text{kN}$。

（3）斜率倒数法。此法假设 Q-S 为双曲线关系：

$$Q = \frac{S}{a + bS} \tag{13-3-2}$$

当 $S \to \infty$ 时，$Q = Q_u$

$$Q_u = \lim_{S \to \infty} \frac{S}{a + bS} = \lim_{S \to \infty} \frac{1}{\frac{a}{S} + b} = \frac{1}{b} \tag{13-3-3}$$

双曲线亦可写成

$$S/Q = bS + a \tag{13-3-4}$$

由于 S/Q 为直线关系，此直线的斜率倒数 $1/b$ 即为极限荷载 Q_u。用回归分析求得 $a = 7.64 \times 10^{-4}$，$b = 1.92 \times 10^{-5}$，相关系数 $r = 0.987$。所以 $Q_u = 1/b = 52083\text{kN}$。

（4）百分率数解法。此法假设 Q-S 曲线符合下列指数方程

$$Q = Q_u[1 - \exp(-aS)] \tag{13-3-5}$$

上式亦可表示为

$$S = a + b\ln(1 - Q/Q_u) \tag{13-3-6}$$

$Q = 24000\text{kN}$ 及以前的 S_i 取实测值，24000kN 以后的 Q-S 取方法 1 推求的数值，即

$$S = 5.147\exp(7.85 \times 10^{-5}Q) \tag{13-3-7}$$

假设不同的 Q_u 进行回归性分析，当相关系数 $r = -1$ 时，相应的 Q_u 即为要求的极限荷载 Q_u。

计算结果如下：

Q_u 分别为 24000、27000、30000kN，相关系数 r 分别为 -0.863、-0.9845、-982。

取 $Q_u = 27000\text{kN}$ 作为推求的极限荷载。

从以上 4 种方法的分析对比中可见，波兰规范、斜率倒数法是建立在 $S \to \infty$ 基础上的推求极限荷载的，所得结果明显偏大，不够合理；而折线法及百分率法，所得结果很接

近，可能较符合 2 号试桩的实际情况，故推荐极限荷载为 27000kN。

3. 对北塔桥墩基础直径 2m 钻孔灌注桩极限承载力的估算值

1 号试桩浇筑时因桩底有 20cm 沉渣，由试桩曲线综合分析，1 号桩为摩阻桩。2 号桩桩底沉渣只有 5cm 并嵌入岩层，荷载加到 24MN 时，还难以判定其极限承载力。用求屈服荷载的折线法预估其极限荷载 27.45MN，取 27MN 为 2 号试桩的极限荷载。由 1.0m 直径的桩推算 2.0m。当为大直径桩时，应考虑尺寸效应的影响，根据《灌注桩基础技术规程》（YS/T 5212—2019），侧阻力尺寸效应系数及端阻尺寸效应系数均为

$$\psi = \left(\frac{0.8}{d}\right)^{1/3} = \left(\frac{0.8}{2.0}\right)^{1/3} = 0.737，预估 2m 工程桩的极限承载力如下。$$

（1）由 2 号试桩按静载试验结果推算。

Q_f（桩侧总的摩阻力）$=19.93$MN；

Q_b（桩端总的端阻力）$=7.07$MN；

端阻力占 26%；

2m 桩的极限承载力 Q_u 为

$$Q_u = \frac{Q_f}{\pi d_1 L}\psi \pi d_2 L + \frac{Q_b}{\frac{\pi d_1^2}{4}}\psi \frac{\pi d_2^2}{4} = Q_f \frac{d_2}{d_1}\psi + Q_b \frac{d_2^2}{d_1^2}$$

$$= \left(Q_f + Q_b \frac{d_2}{d_1}\right)\frac{d_2}{d_1}\psi = (19.93 + 7.07 \times 2) \times 2 \times 0.73 = 50.2 \text{kN} \quad (13-3-8)$$

（2）1 号试桩根据桩身应力测试结果推算。由上述测试报告得知 1 号桩在桩顶加载到 18MN 时，整个桩身测试的侧阻力的加权平均值为 67.1kPa，认为桩侧阻力已达极限；2 号桩在桩顶加荷到 24MN 时，整个桩身实测的侧阻力的加权平均值为 75.9kPa，则认为这根桩侧阻力已达到极限，端阻力尚未达到极限。两根试桩相距仅 8.625m，测试结果应比较接近。由欧洲地基规范可知

$$q_{f1}/q_{f2} = 75.9/67.1 = 1.13$$

取二桩的平均值作为推荐值

$$q_f = (75.9 + 67.1)/2 = 71.5(\text{kPa})$$

所以 $Q_f = 17.5$MN，$Q_b = 5.83$MN，端阻占 25% 考虑。

$$Q_u = \left(Q_f + Q_b \frac{d_2}{d_1}\right)\frac{d_2}{d_1}\psi = \left(17.5 + 5.822 \times \frac{2}{1}\right) \times \frac{2}{1} \times 0.737 = 42.99$$

（3）由《灌注桩基础技术规程》（YS/T 5212—2019）计算其端阻力后再估算 2m 桩的极限承载力。

桩底阻力

$$Q_b = \zeta_p f_{rc} A_p \quad (13-3-9)$$

式中　ζ_p——嵌岩桩端阻力修正系数，由规范查得为 0.15；

f_{rc}——岩石饱和单轴抗压强度，由勘察单位提供的室内力学试验成果表得为 18.53MPa。

$$Q_b = \zeta_p f_{rc} A_p = 0.15 \times 18.53 \times \frac{1}{4} \pi \times 1^2 = 2.183 \qquad (13-3-10)$$

即 $Q_b = 2.183\text{MN}$，$Q_f = 27 - 2.183 = 24.817\text{MN}$。

端阻力占 8%，所以

$$Q_u = 2\left(Q_f + Q_b \frac{d_2}{d_1}\right)\frac{d_2}{d_1}\psi = (24.817 + 2.183 \times 2) \times 2 \times 0.737 = 43.02$$

$$(13-3-11)$$

综上分析，推荐 2m 嵌岩灌注计的极限承载力为 43MN 是符合实际的，也是安全的。根据"北塔基础设计说明施工要点中的：通过试桩或其他有效的检测手段的验证，当单桩轴向极限承载力大于 41500kN，本塔墩的基桩数量可考虑相应减少"。为此，建议将北塔桩基数量适当减少。

关于桩基的安全系数，鉴于桩侧阻力与桩端力达到极限所需的为形相差较大，为了使桩侧桩端达到"等安全度"二建议桩侧桩端取不同的安全系数，桩侧取 1.5 桩端取 4.0，则 2m 桩的设计承载力

$$[Q] = \left(\frac{Q_f}{1.5} + \frac{Q_b}{4.0}\right) \times 2\psi = \left(\frac{17.5}{1.5} + \frac{5.833}{4.0}\right) \times 2 \times 0.737 = 21.5\text{MN} \qquad (13-3-12)$$

（4）建议北塔墩桩基础作为群桩的整体深基础进行强度和变形验算。为了减少基础不均匀沉降，钻孔灌注桩底端钻入中风化岩 3.5m，并进入弱风化层，对这样的重大工程是十分必要的。

第四节　根据双桥探头静力触探资料确定
混凝土预制桩抗压承载力

根据沪宁高速公路拓宽工程试验段昆山试桩资料得知：无桩帽单桩极限承载力大于 1650kN，用静力触探及桥探头法推算得知其极限承载力为 1800kN。桩直径为 40cm，桩的入土深度为 35m。现根据静力触探双桥探头用下面两种方法估算单桩的极限承载力，并与试桩值进行验证对比。

一、《铁路工程地质原位测试规程》（TB 10018—2018）法

用双桥探头估算单桩极限承载力 Q_u，打入混凝土桩承载力计算如下：

$$Q_u = \alpha_b \bar{q}_{ch} A_P + U \sum \beta_f \bar{f}_{ki} L_i \qquad (13-4-1)$$

式中　α_b，β_f——桩端承力、桩侧摩阻力的综合修正系数，其取值分别见表 13-4-1；

$\bar{q}_{ch}$——桩底上、下 4d 范围内的平均 q_c（kPa），如桩底以上 4d 的 q_c（kPa）平均值大于桩底以下 4d 和 q_c 平均值。则 $\bar{q}_{ch}$ 取桩底以下 4d 的 q_c 平均值。

表 13-4-1　　　打入桩的桩端承载力和侧摩阻力综合修正系数 α_b，β_f

条　件	α_b	条　件	β_f
同时满足 $\overline{q}_{ch}>2000$kPa，$\overline{f}_{si}/\overline{q}_{ch}\leqslant0.14$	$3.975\,(\overline{q}_{ch})^{-0.25}$	同时满足 $\overline{q}_{ch}>2000$kPa，$\overline{f}_{si}/\overline{q}_{ch}\leqslant0.14$	$5.067(\overline{f}_{cd})^{-0.25}$
不能同时满足 $\overline{q}_{ch}>2000$kPa，$\overline{f}_{si}/\overline{q}_{ch}\leqslant0.14$	$12.064\,(\overline{q}_{ch})^{-0.25}$	不能同时满足 $\overline{q}_{ch}>2000$kPa，$\overline{f}_{si}/\overline{q}_{ch}\leqslant0.14$	$10.045(\overline{f}_{cd})^{-0.25}$

注　$\overline{q}_{ch}=100$kPa；$\overline{f}_{si}$ 为第 i 层土的探头平均侧阻力。

二、《建筑桩基技术规范》(JGJ94—2008)

用双桥探头估算预制单桩极限承载力计算式如下：

$$Q_{uk}=U\sum l_i\beta_i f_{si}+\alpha q_c A_P \tag{13-4-2}$$

式中　f_{si}——第 i 层土的探头平均侧阻力；

　　　q_c——桩底平面上、下探头阻力，取桩端平面以上 $4d$（d 为桩的直径或边长）范围内的探头阻力加权平均值，然后再和桩端平面以下 $1d$ 范围内的探头阻力进行平均；

　　　α——桩端阻力修正系数，对黏性土、粉土取 2/3 和砂土的 1/2；

　　　β_i——第 i 层土侧阻力综合修正系数，按下式计算：

黏性土　　　　　　$\beta_i=10.04(\overline{f}_{si})^{-0.55}$

砂性土　　　　　　$\beta_i=5.05(\overline{f}_{si})^{-0.45}$

注：双桥探头的圆锥底面积为 15cm^2，锥角 $60°$，套筒高 21.85cm，侧面积 300cm^2。

三、对沪宁高速公路昆山试验段的试桩进行验证

$$A_p=\frac{1}{4}\pi d^2=\frac{1}{4}\pi\times0.4^2=0.1257\text{m}^2$$

$$u=\pi d=3.1416\times0.4=1.25\text{m}$$

1.《铁路工程地质原位测试规程》(TB 10018—2018) 法

$$Qu=\alpha b\overline{q}_c bAp+u\sum\beta_c\overline{f}_{ki}Li \tag{13-4-3}$$

$$\alpha b\overline{q}_c bAp=0.99\times1250\times0.1257=155.4(\text{kN})$$

$$\begin{aligned}u\sum\beta_c\overline{f}_{ki}Li&=1.257(1.43\times34.63\times1.8+4.19\times4.89\times6.7+1.28\times43.18\\&\quad\times3.2+0.72\times76.92\times3.7+0.85\times51.98\times3.0+1.0\times36.55\\&\quad\times5.9+2.44\times13.07\times11.5)\\&=1.257(89.14+137.3+176.87+204.9+132.55+215.645+366.744)\\&=1.257\times1322.969=1662.972(\text{kN})\end{aligned}$$

$$Q_u=1622.972+155.4=1818.372(\text{kN})$$

验算结果与试验桩值 1800kN 十分接近。

2.《建筑桩基技术规范》(JGJ 94—2008) 法

$$Q_{uk} = u \sum L_i \beta_c f_{ki} + \alpha q_c A_p$$

$$\alpha q_c A_p = \frac{2}{3} \times 1250 \times 0.1257 = 104.8 (kN) \tag{13-4-4}$$

$$\begin{aligned}
u \sum \beta_c \overline{f_{ki}} Li &= 1.257(1.8 \times 34.63 \times 1.43 + 6.7 \times 4.19 \times 4.98 + 1.28 \times 43.18 \\
&\quad \times 3.2 + 3.4 \times 10.04 \times 76.92^{-0.55} \times 76.92 + 3.0 \times 10.04 \times 51.98^{-0.55} \times 51.98 \\
&\quad + 5.9 \times 10.04 \times 36.55^{-0.55} \times 36.55 + 11.5 \times 10.04 \times 13.07^{-0.55} \times 13.07) \\
&= 1.257(89.14 + 137.3 + 176.87 + 262.2 + 178.23 + 299.15 + 367.08) \\
&= 1898.05 (kN)
\end{aligned}$$

$$Q_u = 1898.05 + 104.8 = 2002.85 kN$$

验算结果与试验桩值 1800kN 稍大 11%。

据统计铁道部全国 61 根试桩中，95% 的桩误差在 ±30% 以内；建设部 43 根试桩，其中 25 根的误差在 10% 以内，17 根的误差在 10%~20% 之间。在工程无试桩资料的情况下，可用上述方法估算单桩的极限承载力。

第五节 上海港某试桩竖向抗压承载力的分析比较

试验资料如下：

试桩的横截面 $= 50 \times 50 = 2500$ (cm²)；

试桩的长度 $= 30m$；

施工工艺：预制打入桩；

试桩的荷载 Q 与相应的桩顶沉降 S 资料见表 13-5-1。

表 13-5-1　　　　　　　　　　　试桩荷载 Q 与相应的桩顶沉降 S 资料

荷载/kN	沉降/mm	备　注	荷载/kN	沉降/mm	备　注
200	0.33		1500	15.15	9.5h 稳定
400	1.00		1600	18.21	
600	1.89		1700	21.29	
800	3.43		1800	25.16	15h 稳定
1000	5.66		1900	31.52	
1200	8.85		2000	38.16	23h 稳定
1400	13.25		2100	70.20	31h 稳定

1. 水运工程桩基设计规范 (JTS 147-7—2022) 法

按试桩资料绘制装的 Q-S 曲线，如图 13-5-1 所示。$\dfrac{\Delta S_n}{\Delta Q_n} = 0.664$；$\dfrac{\Delta S_{n+1}}{\Delta Q_{n+1}} =$

0.3204；$f(L) = \dfrac{3.3}{L} = \dfrac{3.3}{30} = 0.11$，符合 $\dfrac{\Delta S_n}{\Delta Q_n} \leqslant f(L)$、而 $\dfrac{\Delta S_{n+1}}{\Delta Q_{n+1}} > f(L)$ 的条件，或

$\dfrac{\Delta S_{n+1}}{\Delta Q_{n+1}} > 5$ 且 $\Delta S_{n+1} = 70.2 \text{mm} > 40 \text{mm}$ 的条件，n 点对应的荷载为 2000kN，就是该试桩

的极限荷载 Q_u。

2. 波兰桩基规范法（图 13-5-2）

$$Q_u = 2170 \text{kN}$$

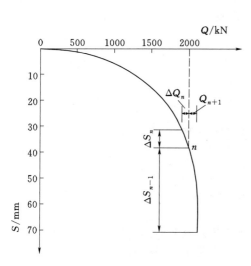

图 13-5-1　水运工程桩设计规范法

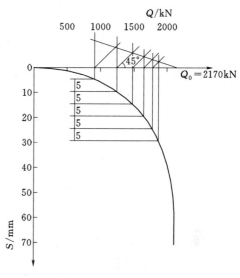

图 13-5-2　波兰桩基规范法

3. 单对数法（图 13-5-3）

$$Q_u = 2000 \text{kN}$$

4. 百分率法（图 13-5-4）

$$Q_u = 2100 \text{kN}$$

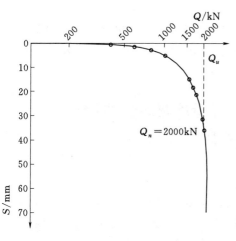

图 13-5-3　单对数法

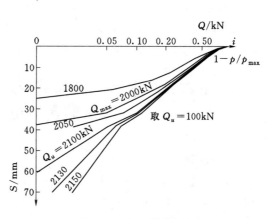

图 13-5-4　百分率法

301

5. 斜率倒数法（图 13-5-5）

$$Q_u = 2320\text{kN}$$

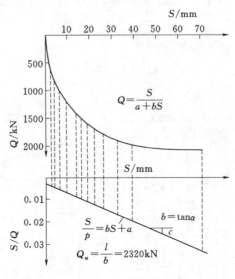

图 13-5-5　斜率倒数法

现用水运工程桩基设计规范法、波兰桩基规范法、单对数法、百分率法及斜率倒数进行分析计算，并将结果绘制成曲线，各分析方法确定的桩极限荷载见表 13-5-2。

表 13-5-2　　　　　　　　　　几 种 对 比 表

分析方法	极限载荷/kN	分析方法	极限载荷/kN
水运工程桩基设计规范	2000	百分率法	2100
波兰桩基规范法	2170	斜率倒数法	2320
单对数法	2000		

从结果来看，试桩所求出的极限荷载除斜率倒数法外，均比较接近。斜率倒数法求出的值之所以偏大，是因为该法求出的值是双曲线函数 $Q = S/(a+bS)$ 的渐近线，是桩的破坏荷载，故用该法确定的桩的极限荷载自然偏大。

第六节　水平试桩的桩身最大弯矩及泥面位移计算值与试验实测位的计算与比较

一、厦门东渡二期工程

厦门东渡二期工程做了甲、乙两根试桩，采用 100kN 卧式千斤顶加载，70MPa 超压油泵加压，50kN 拉压传感器测读并控制荷载。甲、乙两试桩如图 13-6-1 所示。试桩规格及各层土的主要物理力学指标、水平荷载作用位置见表 13-6-1 和表 13-6-2。采用双参数法、$p-y$ 曲线法和也法计算甲桩在各级荷载作用下桩的泥面位移，桩身最大弯矩的计算值与实测值之间的比较见表 13-6-1。乙桩的计算与实测值比较见表 13-6-2。

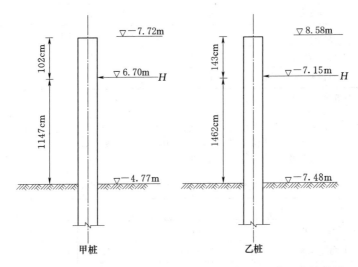

图 13-6-1 甲、乙两混凝土预制桩水平荷载 H 作用点的位置

表 13-6-1 甲桩在各级荷载作用下各方法的计算值与实测值的比较表

荷载/kN		4	16	20	32	40
实测泥面位移 y_0/mm		2.1	11.02	15.78	42.72	79.59
实测泥面转角 ϕ/rad		−0.00076	−0.0421	−0.005	−0.01525	−0.02424
实测桩身最大弯矩 M_{max}/(kN/m)		50.99	209.50	264.11	429.52	543.61
计算泥面位移 y_0/mm	m 法 取 m 上限值时	2.0108	8.0431	10.0538	16.0861	20.1076
	相对误差/%	−4.25	−27.01	−36.29	−62.35	−74.73
	取 m 下限值时	2.7581	11.0325	13.791	22.0649	27.5812
	相对误差/%	+31.33	+0.11	−12.60	−48.35	−65.35
	双参数法	2.10	11.02	15.78	42.72	79.59
	相对误差/%	0	0	0	0	0
	$p-y$ 曲线法	2.07	12.01	20.1	43.01	85.24
	相对误差/%	−1.43	+8.98	+27.38	+0.68	−7.1
计算桩身最大弯矩 M_{max}/(kN·m)	m 法 取 m 上限值时	51.9426 / 49.8448	207.7707 / 199.3795	259.713 / 249.224	412.4761 / 403.2576	519.427 / 498.449
	相对误差/%	+1.87 / −2.25	−0.83 / −4.83	−1.66 / −5.64	−3.97 / −6.11	−4.45 / −8.31
	取 m 下限值时	51.6957 / 50.6768	206.7832 / 202.7074	258.479 / 253.384	413.5664 / 405.4147	516.958 / 506.768
	相对误差/%	+1.38 / −0.61	−1.3 / −3.24	−2.13 / −4.06	−3.71 / −5.61	−4.9 / −6.78

续表

荷载/kN		4	16	20	32	40
计算桩身最大弯矩 M_{max} /(kN·m)	双参数法	49.58	209.2474	264.4103	429.4646	543.612
	相对误差/%	−2.77	−0.12	+0.11	−0.013	0
	$p-y$ 曲线法	51.8288	215.1129	271.1245	447.1245	560.4528
	相对误差/%	+1.65	+2.68	+2.66	+4.1	+3.1

注　1. 相对误差 $=\dfrac{\text{计算值}-\text{实测值}}{\text{实测值}}\times 100\%$ 。

　　2. 计算桩弯矩时，m 法分别采用规范中的两个公式计算 M_{max}，$M_{max}=M_0 C_2$，$M_{max}=H_0 T D_2$ 。

　　3. 桩为 60cm×60cm 预制桩，入土深度 25.51m，力作用点距泥面距离 11.47m。

　　4. 土质：上层为 10m 灰色淤泥，原状 $q_u=0.25$MPa，中层为 7.9m 黄色砾砂，下层为强风化花岗岩。

表 13-6-2　　乙桩在各级荷载作用下各方法的计算值与实测值的比较表

		荷载/kN			
		4	10	20	30
实测泥面位移 y_0/mm		2.81	6.36	19.24	60.10
实测泥面转角 ϕ/rad		−0.00106	−0.00236	−0.00666	−0.021
实测桩身最大弯矩 M_{max}/(kN·m)		69.85	160，97	330.54	500.26
计算泥面位移 y_0 /mm	m 法　取 m 上限值时	3.048	7.62	15.2401	22.8601
	相对误差/%	+8.47	+19.81	−21.52	−61.96
	m 法　取 m 下限值时	4.1489	10.3723	20.7446	31.1168
	相对误差/%	+47.65	+63.09	+6.82	−48.22
	双参数法	2.81	6.36	19.42	60.10
	相对误差/%	0	0	0	0
	$p-y$ 曲线法	3.02	6.53	22.14	64.82
	相对误差/%	+7.47	+2.67	+14.01	+7.85
计算桩身最大弯矩 M_{max} /(kN·m)	m 法　取 m 上限值时	65.2809 61.7666	155.7023 154.4166	311.4040 308.8332	467.1069 463.2499
	相对误差/%	−10.84 −11.57	−3.27 −4.07	−5.79 −6.57	−6.63 −7.4
	m 法　取 m 下限值时	64.7098 62.528	161.7745 156.320	323.5491 312.6401	485.3237 468.9601
	相对误差/%	−7.36 −10.48	+0.5 −2.89	−2.11 −5.42	−2.99 −6.26
	双参数法	66.391	160.970	322.3511	500.2503
	相对误差/%	−4.95	0	−2.48	0
	$p-y$ 曲线法	73.1025	171.0014	346.8424	514.1249
	相对误差/%	+4.66	+6.23	+4.93	+2.77

注　1. 桩为 50cm×50cm 预制桩，入土深度 19.95m，着力点距泥面距离 14.62m。

　　2. 土质：上层为 6.63m 灰色、灰绿色淤泥，中层为 4.8m 淤泥及淤泥质黏土，3.5m 褐色黄色砾砂，下层为强风化花岗岩。

二、上海市苏州河挡潮闸（桥）工程

该试桩是在 1989 年 3 月 28 日进行的，试桩为直径为 90cm 的钢桩，试桩前在桩周对表土进行了冲刷、松动。冲刷后的泥面标高为 −2.25m，水平力作用点距泥面距离为 8.05m，试桩是在桩顶自由的情况下进行的，最大荷载加至 320kN，试验中分别量测了各级荷载作用下的位移、桩身各测点应变。试桩土层的主要物理力学指标、试桩规格及有关参数见表 13-6-3。水平力作用点位置如图 13-6-2 所示，钢桩在各级荷载作用下采用 m 法、双参数法及 $p-y$ 曲线法计算力 y_0 和 M_{max}，计算结果与实测值比较见表 13-6-3。

表 13-6-3　钢桩各级荷载作用下各方法的计算值与实测值的比较表

荷载/kN			2.0	6.0	10.0	14.0	20.0	26.0	30.0	32.0
实测泥面位移加 y_0/mm			1.09	5.61	11.46	18.6	28.68	39.4	46.5	50.1
实测泥面转角 ϕ/rad			−0.00058	−0.00193	−0.00348	−0.0053	−0.00802	−0.0108	−0.0128	−0.0139
实测桩身最大弯矩 M_{max}/(kN·m)			202	590	979	1403	1984	2520	2903	3117
计算泥面位移 y_0 /mm	m 法	取 m 上限值时	2.34	7.01	11.06	16.36	23.38	30.39	35.06	37.4
		相对误差/%	+114.68	+24.96	+2,00	−12.04	−18.48	−22.87	−24.60	−25.35
		取 m 下限值时	3.09	9.27	15.45	21.63	30.9	40.18	46.36	49.45
		相对误差%	+183.49	+65.24	+34.82	+16.29	+7.74	+1.98	−0.30	−1.30
	双参数法		1.09	5.61	11.46	18.6	28.68	39.4	46.5	50.1
	相对误差/%		0	0	0	0	0	0	0	0
	$p-y$ 曲线法		0.99	5.52	12.41	19.07	31.61	42.56	48.19	52.75
	相对误差/%		−9.17	−1.60	+8.29	+2.35	+10.22	+8.02	+3.63	+5.29
计算桩身最大弯矩 M_{max} /(kN·m)	m 法	取 m 上限值时	337.2834 / 328.8883	1011.8 / 986.6648	1686.417 / 1644.441	2360.983 / 2302.218	3372.834 / 3288.883	4384.684 / 4275.548	5059.25 / 4933.324	5396.534 / 5262.212
		相对误差%	+66.97 / +62.82	+71.50 / +67.23	+72.26 / +67.97	+68.28 / −64.09	+70.00 / +60.77	+74.00 / +69.66	+74.28 / +69.94	+73.13 / +68.82
		取 m 下限值时	356.127 / 349.8264	1068.381 / 1049.479	1780.635 / 1749.132	2492.889 / 2448.785	3551.27 / 3198.264	4629.651 / 547.744	5341.904 / 5247.396	5698.032 / 5262.212
		相对误差/%	+76.30 / +73.18	+81.88 / +78.67	+81.88 / +78.67	+77.68 / +74.50	+79.50 / +76.32	+83.72 / +80.47	+84.01 / +80.76	+82.81 / +79.57
	双参数法		202.8702	590.9122	979.867	1403.858	1984.57	2519.139	2904.738	3316.109
	相对误差/%		+0.43	4−0.15	+0.089	+0.06	+0.03	−0.03	−0.06	+6.39
	$p-y$ 曲线法		205.1255	593.2146	985.3255	1491.2536	2007.3256	2616.2356	3426.1255	3599.9542
	相对误差/%		+1.55	+0.54	+0.65	+6.29	+1.18	+3.82	+17.99	+15.40

注　1. 桩为的 $\phi90$ 开口钢管桩，壁厚 16mm，入土深度 38.76m，着力点距泥面距离 8.05m。

　　2. 土质第一层为 2.83m 的亚黏土，第二层为 8.7m 灰色淤泥质黏土，原状 $q_u=0.037$MPa，第三层为 7.05m 灰色黏土，$q_u=0.051$MPa，再以下为灰褐色亚黏土 $q_u=0.037$MPa。

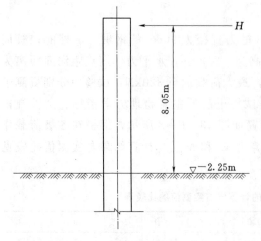

图 13-6-2 钢管桩在加荷时水平力
作用点位置

通过表 13-6-1 和表 13-6-3 的比较可以看出，$p-y$ 曲线法的计算值与实测值很吻合，特别是桩身最大弯矩与实测值的误差一般不超过 5%，只是位移较实测值稍大一点，但为使结构偏以安全，位移稍大一点也是容许的。如果有试桩的实测资料应优先选用综合刚度原理和双参数法进行计算。如果没有试桩的实测资料，只要土工指标取得准确，$p-y$ 曲线的计算值与试桩实测值吻合也较好，这是目前在没有试桩实测资料时设计方法中，最接近于实际的计算方法：它适用性广，对均质土、成层土、静载、循环荷载，大变形、小变形均可适用，在某些情况下可以起到水平试桩的作用，故《水运工程桩基设计规范》(JTS 147-7—2022) 用该法验算了 20 余根有水平力试验资料的桩身弯矩和泥面位移。其桩有钢管桩、预应力混凝土大直径桩和预应力混凝土方桩，计算值与试桩实测值都比较接近。

第七节　路堤下管桩复合地基沉降量计算

一、工程概况

广梧高速公路马安至河口段起点位于高要区马安镇鸡肾岗，经马安、白诸、思劳、安塘，终于云浮市河口镇田心村，全长 37.312km。其中约 18km 路段为软土地基，软土厚度 0~23m 不等。软土物理学指标较差。软土地基处理采用袋装砂井排水固结＋土工织物＋等超载为主、真空联合堆载预压、搅拌桩复合地基为辅的处理方案。

为了满足工期的要求，软基深度超过 12~15m 且计算沉降超过 2m 的路段采用路改桥，软基深度 12~15m。计算沉降量 1~1.5m 的路段，管桩十袋装砂井复合地基方案与路改桥方案比选；对于沉降量大、软基厚的一般路段采用管桩十袋装砂井复合地基。对桥台、涵洞、机耕通道附近的路基采用管桩复合地基进行软基处理。广梧高速公路软基处理采用管桩累积约 25 万延米。管桩复合地基应用于处理路堤地基的设计理论，尤其是复合地基沉降计算方法尚有待探讨。按上述提出的管桩复合地基沉降计算，对比了 K12＋540 断面计算沉降与实测沉降。

二、地质条件

现场钻探结果显示，K12＋540 帕断面位置地层自上而下如图 13-7-1 所示。

(1) 素填土：0~3.2m，褐黄色，很湿，主要由砂、页岩风化残积土及砂土回填组成，约含 15% 的硬质物，土层结构疏松。

(2) 亚黏土：32~43m，灰黄色，软塑，土质不均匀，局部夹薄层亚砂土或薄层粉砂、土质黏性较差，手感粗糙。

（3）粉砂：43～6.9m，灰白～灰黄色，饱和，松散，质较纯，局部含少量黏性土，颗粒均匀，分选性好。

（4）黏土：6.9～11.70m，灰黄色，青灰色，软塑，土质较均匀，黏性好，韧性强，含少量粘砂。

（5）粗砂：11.70m 以下，灰黄色，饱和松散，石英颗粒不均匀，分选性差，其中孔深 12.20～12.60m 为淤泥质土，呈软塑状。

序号	图例	厚度/m
1		3.2
2		4.3
3		6.9
4		11.7
5		

图 13 - 7 - 1　地质剖面示意图

三、设计情况

管桩地基剖面图如图 13 - 7 - 2 所示。管桩型号 PHC - 400A，长度 $L=11.7$m，桩径 $d=400$mm，桩距 $a=2.5$mm，正方形布置。每个桩段 1m×1m×0.4m 托板＋1 层土工格栅（CATT 60 - 60）。上部加载高度 5.0m。K12＋540 断面仪器布置如图 13 - 7 - 3 所示，分别在路基路肩及中线位置设置沉降观测点，即图中的左、中、右标号，整个加载、预压过程进行了详细的动态跟踪观测工作，监测历时达 221 天。

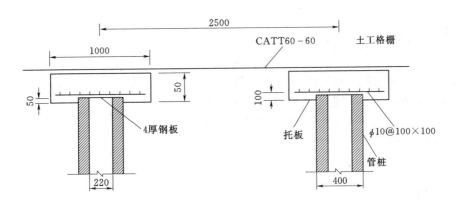

图 13 - 7 - 2　管桩地基剖面图（单位：mm）

四、管桩复合地基沉降量计算

1. 单桩承载力计算

依据《建筑桩基技术规范》（JGJ 94—2008），根据土的物理指标与承载力之间的经验关系确定单桩竖向极限承载力标准值 Q_{uk}

$$Q_{uk}=u\sum q_{sik}l_i+q_{pk}A_p \tag{13-7-1}$$

式中　q_{sik}——桩侧第 i 层土的极限侧阻力标准值；

q_{pk}——极限端阻力标准值。

q_{sik} 和 q_{pk} 分别由表查得，得到：$Q_{uk}=996.0$kN

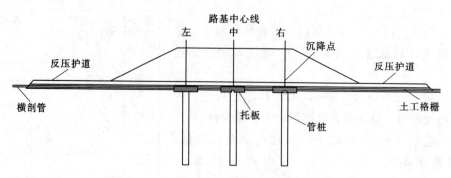

图 13-7-3　K12+540 断面观测仪器示意图

2. 沉降计算

K12+540 断面加载高度 $H=5\mathrm{m}$，填土容重 γ 平均为 $20\mathrm{kN/m^3}$，因此

$$N=AH\gamma=6.25\times20\times5=625(\mathrm{kN}) \qquad (13-7-2)$$

因为 $N<Q_{uk}$，所以 $P_p=N=625\mathrm{kN}$，$P_s=0$，$S_s=0$。

S_P 采用分层总和法，设单桩的沉降主要由桩端以下土层的压缩组成：

$$L_0=1.5\mathrm{m},\varphi=28° \qquad (13-7-3)$$

$$A_c=\frac{\pi}{4}\left[d+2(L-L_0)\tan\frac{\pi}{4}\right]^2=6.37\mathrm{m^2}$$

$$A=a^2=6.25\mathrm{m^2}$$

由于 $A_c>A$，取 $A_c=A=6.25\ \mathrm{m^2}$

$$\sigma=P_p/A_c=100\mathrm{kPa} \qquad (13-7-4)$$

根据《土体原位测试机理方法及其工程应用》（孟高头编著），结合现场经理触探资料，桩端底部为粗砂层，按 $E_s=2-3.5q_c$ 确定 E_s：

$$E_s=2\times3000=6000\mathrm{kPa} \qquad (13-7-5)$$

取 $m=1.5$ 得

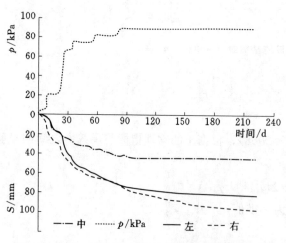

图 13-7-4　K12+540 断面沉降随荷载变化曲线

$$S_p=m\sum_{i=1}^{n}\frac{\sigma_i}{E_{si}}\Delta Z_i=76.7\mathrm{mm}$$

$$(13-7-6)$$

3. 与实测沉降量对比分析

沉降变化曲线如图 13-7-4 所示，左、中、右观测点累计沉降量分别为 43.2mm、79.5mm、93.4mm。由于计算点与中观测点位置相近，计算结果与其仅相差 2.8mm。另外，由于计算点与左、右观测点位置相差较远，计算结果与其相差较大，但将观测 3 点取平均值 72.0mm，则与计算结果相差较小，由此可见此计算方法

基本合理可行。

第八节　苏通大桥超长灌注桩基持力层分析

拟建的苏州—南通长江公路大桥（简称苏通大桥）为江苏省跨长江连接苏州与南通两市的重要交通枢纽。在工程可行性研究阶段对东、中二个桥位方案进行了选比分析，研究推荐东桥位为初步设计阶段勘测、设计和研究的桥位。研究项目中需要考虑钻孔灌注桩基持力层的选择问题。

一、优势指标的确定

通过综合分析得出了能反映地层持力特性的七项优势指标。

（1）深度（成本）优势指标。深度对桩基持力层的选择是一个最重要的优势指标。深度太深在成本上是极不划算的，比如本工程中的基岩深度290m，其优势指标的确定从成本上来看几乎是不可能的。

（2）承载力大小优势指标。某一持力层的选择必须保证桩基有足够的承载力，才能确保工程的安全。承载力的计算为持力层端阻力加上桩侧所有分层土侧阻力之和。

（3）厚度优势指标。持力层一般有较大的端阻力和侧阻力，但这是以持力层有足够的厚度为保证的。地层太薄的话，是谈不上持力性的。所以厚度也是选择持力层的一个优势指标。

（4）厚度变化率优势指标。在桩分布范围内的持力层必须厚度稳定，否则的话就会产生差异沉降等问题，影响桥梁安全。

（5）下卧层性质优势指标。下卧层太软弱的话会对持力层带来隐患，如它的液化问题就必须引起重视。以极限端阻力来表示下卧层性质，因为极限端阻力在一定程度上反映了下卧层的综合性质。

（6）N 的标准差优势。指标贯击数能反映土层的动力特性。

（7）抗震动或抗沉降效果优势指标。这是一个综合性的优势指标。

从以上可看出，第（2）、（3）、（5）、（7）项优势指标是越大越好；（1）、（4）、（6）项优势指标是越小越好。

二、持力层选择

1. 各方案优势指标原始值

苏通大桥桥址区4个备选方案中持力层具体情况见表13－8－1。

表 13 - 8 - 1　　　　各方案的优势指标原始值表

序号	持力层方案	优　势　指　标						
		承载力大小/kN	厚度/m	厚度变化率/%	下卧层性质（极限端阻力）/kPa	深度/m	抗震动或抗沉降效果	N 的标准差
1	6～1中粗砂	35986	12.0	38	200	73.4	0.56	19.79
2	8～1中粗砂	56510	22.0	32	250	90.8	0.65	14.91
3	9～11硬土层	94444	13.9	46	250	128.2	0.75	20.4
4	基岩	232184	13.0	31	4500	290.0	0.85	

2. 优势指标权重值和因子值取值范围的确定

各方案持力层优势指标的权重值和因子值取值范围如图 13-8-1 所示。

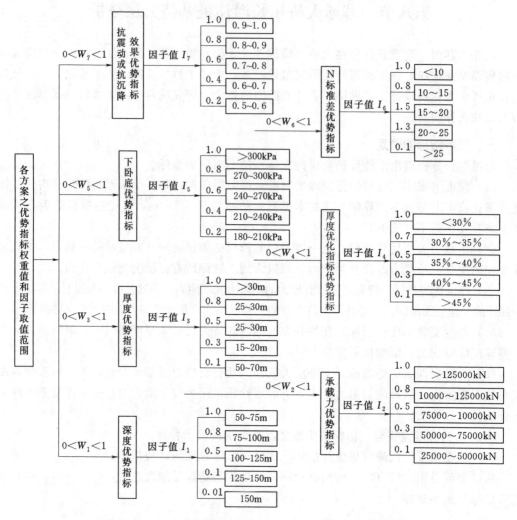

图 13-8-1 优势指标权重值（W）和因子值（I）取值范围

3. 优势指标权重值和因子值具体赋值

苏通大桥桥址区各方案持力层优势指标权重值和因子值的具体赋值情况见表 13-8-2。需说明的是，权重值的取值带经验性，主要由专家确定。

4. 综合值具体计算

综合值计算公式为

$$R_i = I_{1i} \times W_1 + I_{2i} \times W_2 + I_{3i} \times W_3 + I_{4i} \times W_4 + I_{5i} \times W_5 + I_{6i} \times W_6 + I_{7i} \times W_7$$

$$(13-8-1)$$

式中 R_i——综合值；

$W_1 \sim W_7$——权重值；

$I_{1i} \sim I_{7i}$——因子值。

四方案综合值具体计算见表 13 - 8 - 3。

表 13 - 8 - 2 　　　　　各方案的优势指标权重值、因子值具体赋值表

序号	持力层厚度	优势指标												
		承载力		厚度		厚度变化率		下卧层性质		深度（成本）		抗振动或抗沉降效果		N 的标准差	
		因子值 I_1	权重值 W_1	因子值 I_2	权重值 W_2	因子值 I_3	权重值 W_3	因子值 I_4	权重值 W_4	因子值 I_5	权重值 W_5	因子值 I_6	权重值 W_6	因子值 I_7	权重值 W_7
1	6～1 中粗砂	0.1	0.20	0.2	0.14	0.5	0.1	0.2	0.08	1.0	0.35	0.2	0.06	0.5	0.07
2	8～1 中粗砂	0.3		0.6		0.7		0.6		0.8		0.4		0.8	
3	9～11 硬土层	0.5		0.2		0.1		0.6		0.1		0.6		0.3	
4	基岩	1.0		0.2		0.7		1.0		0.01		0.8		0.1	

表 13 - 8 - 3 　　　　　　　　　　四 方 案 综 合 值 表

序号	持力层方案	R 计 算 式	结果
1	6～1 中粗砂	$R_1 = 0.1 \times 0.2 + 0.2 \times 0.14 + 0.5 \times 0.1 + 0.2 \times 0.08 + 1.0 \times 0.35 + 0.2 \times 0.06 + 0.5 \times 0.07$	0.511
2	8～100 中粗砂	$R_2 = 0.3 \times 0.2 + 0.6 \times 0.14 + 0.7 \times 0.1 + 0.6 \times 0.08 + 0.8 \times 0.35 + 0.4 \times 0.06 + 0.8 \times 0.07$	0.588
3	9～11 硬土层	$R_3 = 0.5 \times 0.2 + 0.2 \times 0.14 + 0.1 \times 0.1 + 0.6 \times 0.08 + 0.1 \times 0.35 + 0.6 \times 0.06 + 0.3 \times 0.07$	0.278
4	基岩	$R_4 = 1.0 \times 0.2 + 0.2 \times 0.14 + 0.7 \times 0.1 + 1.0 \times 0.08 + 0.01 \times 0.35 + 0.8 \times 0.06 + 0.1 \times 0.07$	0.499

从表中可看出，第二方案为优选出的桩基持力层方案。

综上所述，选出的苏通大桥桥址区桩基持力层应是第二方案，即 90.8m 深的中粗砂层。同时也可看出选持力层所用的优势指标法，不失为一个简单、实用而较为可靠的方法。

参 考 文 献

[1] 杨克己，韩理安．桩基工程 [M]．北京：人民交通出版社，1992.

[2] 桩基工程手册编写委员会．桩基工程手册 [M]．北京：中国建筑工业出版社，1995.

[3] 史佩栋．实用桩基工程手册 [M]．北京：中国建筑工业出版社，1999.

[4] 张忠苗．桩基工程 [M]．北京：中国建筑工业出版社，2007.

[5] 中国建筑科学研究院．JGJ 94—2008 建筑桩基技术规范 [S]．北京：中国建筑工业出版社，2008.

[6] 韩理安．港口水工建筑物 [M]．北京：人民交通出版社，2008.

[7] 杨克己．实用桩基工程 [M]．北京：人民交通出版社，2004.

[8] 刘金砺．桩基设计施工与检测 [M]．北京：中国建筑工业出版社，2001.

[9] 彭振斌．灌注桩工程设计计算与施工 [M]．武汉：中国地质大学出版社，1997.

[10] 徐至钧，李智宇，张亦农．预应力混凝土管桩设计施工及应用实例 [M]．北京：中国建筑工业出版社，2009.

[11] 于海峰．全国注册岩土工程师专业考试培训教材 [M]．武汉：华中科技大学出版社，2012.

[12] 龚维明，戴国亮，宋晖．大直径深长嵌岩桩承载机理研究与应用 [M]．北京：人民交通出版社，2008.

[13] 交通部第二公路勘察设计院．JTG D 30—2004 公路路基设计规范 [S]．北京：人民交通出版社，2001.

[14] 铁道部第一勘测设计院．铁路工程设计技术手册 路基（修订版）[S]．北京：中国铁道出版社，1995.

[15] 赵明阶，何光春，王多垠．边坡工程处治技术 [M]．北京：人民交通出版社，2003.

[16] 交通部第三航务工程勘察设计院．JTS 147 - 7—2022 水运工程桩基设计规范 [S]．北京：人民交通出版社，2012.

[17] 交通部第三航务工程勘察设计院．JTS 167 - 1—2010 高桩码头设计与施工规范 [S]．北京：人民交通出版社，2010.

[18] 中华人民共和国住房和城乡建设部．GB 50010—2010 混凝土结构设计规范 [S]．北京：中国建筑工业出版社，2010.

[19] 中交公路规划设计院有限公司．JTG 3363—2019 公路桥涵地基与基础设计规范 [S]．北京：人民交通出版社，2007.

[20] 中交天津港湾工程研究院有限公司．JTS 147 - 1—2010 港口工程地基规范 [S]．北京：人民交通出版社，2010.

[21] 中国建筑科学研究院．JGJ 106—2003 建筑基桩检测技术规范 [S]．北京：中国建筑工业出版社，2003.

[22] 中华人民共和国运输部．JTS 151—2011 水运工程混凝土结构设计规范 [S]．北京：人民交通出版社，2011.

[23] 苏州混凝土水泥制品研究院．JC 934—2004 预制钢筋混凝土方桩 [S]．北京：中国建筑工业出版社，2005.

[24] 中港第二航务工程局．JTJ 215—2018 码头结构施工规程 [S]．北京：人民交通出版社，2001.

[25] 山西建筑工程总公司．地基与基础工程施工工艺标准 [S]．太原：山西科学技术出版社，2007.

[26] 中华人民共和国住房和城乡建设部．JGJ 94—2008 建筑桩基技术规范 [S]．北京：中国建筑工业

出版社，2008.

[27]　铁道第三勘察设计院 . TB 10093—2017 铁路桥涵地基和基础设计规范［S］. 北京：中国铁道出版社，2005.

[28]　中交第一公路工程局有限公司 . JTGT F 80—2017 公路工程质量检测评定标准［S］. 北京：人民交通出版社，2011.

[29]　杨克己，王惠初，苏耀祥，等 . 群桩承载力的研究［J］. 华东水利学院学报，1981 (3)：15 - 30.

[30]　杨克己，李启新，王福元 . 基础-桩-土共同作用的性状与承载力研究［J］. 岩土工程学报，1988，10 (1)：30 - 38.

[31]　杨克己，李启新，王福元，等 . 抗拔桩的破坏机理和承载力的研究［J］. 海洋工程，1989，7 (2)：69 - 75.

[32]　沈慧容，于志淳，张增祈，等 . 冲吸式钻孔灌注桩的抗拔承载力［J］. 岩土工程学报，1982，4 (3)：11 - 26.

[33]　Poulos H G，Davis E H. Pile Foundation Analysis and Design［M］. New York：Wiley，1980.

[34]　杨克己，李启新，王福元 . 水平力作用下群桩性状的研究［J］. 岩土工程学报，1990：42 - 52.

[35]　韩礼安 . 桩基水平承载力的群桩效率［J］. 岩土工程学报，1984：66 - 74.

[36]　Holloway D M. Moriwaki Y，Finno R J，et al. Lateral load Response of Pile Group in Sand［C］// Proceeding of the 2nd International Conf. on Numerical Methods in Offshore Piling，1982：28 - 30.

[37]　Jonhston I. W，Lam T S K，Williams A F. Constant normal stiffness direct shear testing for socketed pile design in weak rock［J］. Géotechnique，1987，37 (1)：83 - 89.

[38]　SEIDEL J P，CHRIS M. HABERFIELD. A theoretical model for rock joints subjected to constant normal stiffness direct shear［J］. International Journal of Rock Mechanics & Mining Sciences，2002，39：539 - 553.

[39]　Kraft L M，Ray R P，Kagawa T. Theoretical r - z curves［J］. Journal of the Geo - technical Engineering Division，1981，107 (3)：1465 - 1488.

[40]　叶建忠，周健，韩冰，等 . 灌注桩侧摩阻力发挥模式的研究［J］. 岩土力学，2006，27 (11)：2029 - 2032.

[41]　W. Johnston ，S. K. Choi. A synthetic soft rock for laboratory model studies［J］. Géotechnique，1986，36 (2)：251 - 263.

[42]　史佩栋，梁晋渝 . 嵌岩桩竖向承载力的研究［J］. 岩土工程学报，1994，16 (4)：32 - 39.

[43]　陈斌，卓家涛，吴天寿 . 嵌岩桩承载性状的有限元分析［J］. 岩土工程学报，2002，24 (1)：51 - 55.

[44]　陈斌，卓家涛，周力军 . 嵌岩桩垂直承载力的有限元分析 (下) -基岩强度和桩底沉渣厚度对承载性状的影响［J］. 水运工程，2001 (10)：25 - 27.

[45]　耿毅 . 软质岩石中的嵌岩桩受力机理研究［D］. 重庆：重庆大学，2011.

[46]　王远祥 . 嵌岩桩荷载传递及承载机理研究［D］. 杭州：浙江大学，2005.

[47]　杨俊杰 . 相似理论与结构模型试验［M］. 北京：人民交通出版社，1999.

[48]　吴宋仁，陈永宽 . 港口及航道工程模型试验［M］. 北京：人民交通出版社，1993.

[49]　李昌华，金德春 . 河工模型试验［M］. 北京：人民交通出版社，1981.

[50]　袁文忠 . 相似理论与静力学模型试验［M］. 成都：西南交通大学出版社，1998.

[51]　潘琦 . 深水码头大直径钢护筒嵌岩桩承载性状模型试验研究［D］. 重庆：重庆交通大学，2013.

[52]　中华人民共和国住房和城乡建设部 . JGJ 98—2010 砌筑砂浆配合比设计规程［S］. 北京：建筑工业出版社，2010.

[53]　中交第二航务工程勘察设计院有限公司 . 重庆港主城港区果园作业区二期扩建工程设计说明书［R］. 武汉：中交第二航务工程勘察设计院有限公司.

［54］ 王多垠，兰超，何光春，等．内河港口大直径嵌岩灌注桩横向承载性能室内模型试验研究 ［J］．岩土工程学报，2007（9）：1307－1313.

［55］ 中华人民共和国住房和城乡建设部．JGJ 55—2011.普通混凝土配合比设计规程 ［S］．北京：中国建筑工业出版社，2011.

［56］ 中华人民共和国住房和城乡建设部．GB/T 50152—2012.混凝土结构试验方法标准 ［S］．北京：中国建筑工业出版社，2012.

［57］ 邱喜，尹崇清．大直径嵌岩桩承载特性的试验研究 ［J］．铁道建筑，2008（12）：60－63.

［58］ 孙训方，方孝淑，关来泰．材料力学 ［M］．北京：高等教育出版社，2012.

［59］ 陈斌，卓家寿，吴天寿．嵌岩桩承载性状的有限元分析 ［J］．岩土工程学报，2002，24（1）：51－54.

［60］ 张建新，吴东云．桩端阻力与桩侧阻力相互作用研究 ［J］．岩土力学，2008，29（2）：541－544.

［61］ 朱斌，孔令刚，郭杰锋，等．高桩基础水平静载和撞击模型试验研究 ［J］．岩土工程学报，2012，33（10）：1537－1546.

［62］ 茜平一，陈小平．无粘性土中水平荷载桩的地基土极限水平反力研究 ［J］．土木工程学报，1998，31（2）：30－38.

［63］ 史曼曼，王成，郑颖人．嵌岩桩破坏模式有限元极限分析 ［J］．地下空间与工程学报，2014，10（2）：340－346.

［64］ 汪承志，刘建国，石兴勇．架空直立式码头钢护筒嵌岩桩受力性状综述 ［J］．嘉应学院学报（自然科学），2013，32（2）：115－120.

［65］ 尹文，贾理．钢护筒与钢筋混凝土联合受力的内河大水位差架空直立式码头力学特性分析 ［J］．水运工程，2012，6（6）：33－38.

［66］ 钟善桐．钢管混凝土结构 ［M］．3 版．北京：清华大学出版社，2004.

［67］ 薛立红，蔡绍怀．钢管混凝土柱组合界面的粘结强度（上）［J］．建筑科学，1996，1（3）：22－28.

［68］ 薛立红，蔡绍怀．钢管混凝土柱组合界面的粘结强度（下）［J］．建筑科学，1996，1（4）：19－23.

［69］ Shakir Khalil H. Resistance of concrete – filled steel tubes to pushout force ［J］. Structural Engineering，1993，71（13）：234－243.